小型制冷装置设计指导

主编　吴业正

参编　翁文兵　蒋能照　揭基华

　　　王启杰　张华俊　刘楚芸

　　　韩宝琦　邹根南

主审　周启瑾

机　械　工　业　出　版　社

本书介绍了制冷的基本原理,并针对采用蒸气压缩式制冷系统的小型制冷装置,较全面地介绍了其设计方法。所涉及的对象包括制冷工质、蒸发器、冷凝器、全封闭制冷压缩机、冰箱、空调器和小型冷库。编写时注意了内容的先进性和实用性,并考虑了国内、外 CFC_s 类工质替代的现状和发展,使读者在阅读本书后,能更好地跟上时代的步伐。

为了便于读者阅读和应用,本书各章既有联系又有相对的独立性。读者可视工作和学习之需要,仅选读其中的一章或几章。

本书可供制冷专业的学生作为教材使用,也可供从事制冷技术的工程技术人员在设计或生产时参考。

图书在版编目(CIP)数据

小型制冷装置设计指导/吴业正主编 . 一北京:机械
工业出版社,1998.8(2024.7重印)
ISBN978 -7-111-06132-8

Ⅰ. 小⋯ Ⅱ. 吴⋯ Ⅲ. 制冷装置 – 设计 – 指导 Ⅳ. TB657

中国版本图书馆 CIP 数据核字(98)第 01055 号

机械工业出版社(北京市百万庄大街22号 邮政编码 100037)
责任编辑:钱飒飒 蔡开颖 版式设计:霍永明 责任校对:魏俊云
封面设计:姚 毅   责任印制:郜 敏
中煤(北京)印务有限公司印刷
2024年7月第1版第15次印刷
184mm×260mm·24.5 印张·597 千字
标准书号:ISBN 978 – 7 – 111 – 06132 – 8
定价:69.80 元

电话服务   网络服务
客服电话:010-88361066   机 工 官 网:www.cmpbook.com
        010-88379833   机 工 官 博:weibo.com/cmp1952
        010-68326294   金 书 网:www.golden-book.com
封底无防伪标均为盗版   机工教育服务网:www.cmpedu.com

前　言

出于教学和生产的需要，在一些有制冷专业的院校中，已经编写出一些用于指导小型制冷装置设计的教材，在培养人材时起了很好的作用。但这些教材均是针对小型制冷装置的局部内容而编写的。如：有的以热交换器为对象，有的针对空调器，有的针对电冰箱。为了能集中这些教材的内容，并进一步提高其质量，全国高等工业学校"压缩机低温技术"专业教学指导委员会决定编写《小型制冷装置设计指导》一书。

全书共有八章，较系统地介绍了用于小型制冷装置的主要制冷方法、制冷工质的热物理性质、蒸发器、冷凝器、全封闭压缩机、冰箱、空调器、小型冷库的设计方法。书中每一章均附有例题，以便使读者不仅能了解设计原理及步骤，而且能在实际上应用。

参加本书编写的成员有：西安交通大学吴业正教授（第一章），上海理工大学翁文兵讲师、蒋能照教授（第二章），华中理工大学揭基华讲师（第三章），西安交通大学王启杰教授（第四章），西安交通大学张华俊副教授（第五章），浙江大学刘楚芸副教授（第六章），西安交通大学韩宝琦教授（第七章），上海交通大学邹根南教授（第八章）。全书由吴业正主编，由周启瑾教授（上海理工大学）主审。

由于作者的水平有限，书中不足之处，请读者批评指正。

作者　1997 年 12 月

目　录

第1章 制冷方法

制冷是指用人工的方法将物体冷却,使其温度降低到环境温度以下,并保持这个温度。制冷的方法虽然很多,但其基本原理都是相同的,即应用一种专门的装置,消耗一定的外加能量,使热量从温度较低的物体传给温度较高的物体,从而获得所需要的低温。外加的能量有两类:一类是机械能或电能;另一类是热能。压缩式制冷和热电制冷需消耗机械能或电能;吸收式制冷则消耗热能。压缩式制冷、热电制冷和吸收式制冷是三种主要的制冷方法。

1 压缩式制冷

压缩式制冷系统如图1-1所示。制冷剂(工质)在蒸发器中吸收外界(被冷却物)的热量,蒸发成气体后进入压缩机。气体被压缩机压缩,温度升高。从压缩机排出的气体进入冷凝器,被冷却介质冷却,成为液体。离开冷凝器的制冷剂液体流经节流元件时,降低压力和温度,成为由气体和液体组成的两相混合物,再进入蒸发器,吸收蒸发器周围物体的热量,使它的温度降低。制冷剂在蒸发器中的饱和温度 t_0 称为蒸发温度,其数值与蒸发压力 p_0 有关;制冷剂在冷凝器中的饱和温度称为冷凝温度 t_k,它与冷凝压力 p_k 有关。制冷剂在蒸发器中的蒸发温度和在冷凝器中的冷凝温度都不是恒定的,只是在假定工质为纯工质或共沸混合工质,

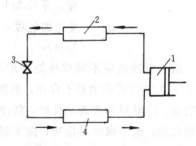

图1-1 压缩式制冷系统
1—压缩机 2—冷凝器 3—节流阀
4—蒸发器

且不考虑制冷剂在蒸发器和冷凝器中的压力损失时,即假定蒸发器和冷凝器中制冷剂的压力不变时,蒸发温度和冷凝温度才是不变的。纯制冷剂处于饱和状态时,其饱和温度与饱和压力的关系如图1-2所示。饱和压力随饱和温度之增加而增加。不同制冷剂的饱和压力和饱和温度的关系曲线虽有类似的形状,却有不同的数值。

1.1 制冷量和制冷系数

输入压缩机的功率为 P_c;单位时间制冷剂在蒸发器中吸收的热量为 Q_0,Q_0 简称制冷量;单位时间内制冷剂在冷凝器中放出的热量为 Q_k,简称冷凝器热负荷;制冷量 Q_0 与实际输入压缩机的功率 P_c 的比值称为实际制冷系数,简称制冷系数,用符号 ε(或 cop,EER)表示

$$\varepsilon = \frac{Q_0}{P_c}$$

对于大、中型开启式压缩机,压缩机的实际输入功率即轴功率 P_e;对于全封闭、半封闭和小型开启式压缩机,压缩机的实际输入功率即电功率 P_{el}。ε 愈大,单位输入功率产生的制冷量愈多,制冷机的经济性愈高。

在稳定工况下,对于制冷机的每一个部件,热力学第一定律的表达式为

2

$$Q + P = q_m\left(h_2 + \frac{1}{2}u_2^2 \times 10^{-3} + gZ_2 \times 10^{-3}\right) -$$
$$q_m\left(h_1 + \frac{1}{2}u_1^2 \times 10^{-3} + gZ_1 \times 10^{-3}\right) \tag{1-1}$$

式中　　　　　Q——单位时间传递给制冷剂的热量，单位为 kW；

　　　　　　　P——单位时间对制冷剂所作的功，单位为 kW；

h_1、u_1、Z_1——制冷剂进入该部件前的比焓、速度和离地面的高度，单位分别为 kJ/kg、m/s、m；

h_2、u_2、Z_2——制冷剂离开该部件时的比焓、速度和离地面的高度，单位分别为 kJ/kg、m/s、m；

　　　　　　q_m——制冷剂的质量流量，单位为 kg/s；

　　　　　　　g——重力加速度，单位为 m/s²。

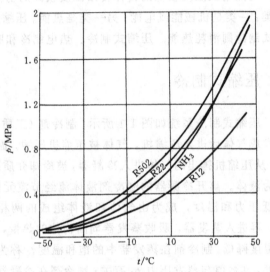

图 1-2　制冷剂的饱和压力与饱和温度

由于制冷机中不同部件的作用不同，式（1-1）中的有些项并不存在。例如：在蒸发器、冷凝器和节流元件中，制冷剂既不吸收功，也不向外界作功；由于制冷剂流经各部件时动能和位能的变化均很小，所以式（1-1）中的有关项亦可忽略不计。

取制冷剂吸收的热量和吸收的功为"正"时，各部件的热力学第一定律表达式为：

（1）压缩机　制冷剂入口状态为1，出口状态为2。此时
$$P = P_i$$
$$Q = Q_c$$

式中　P_i——压缩机指示功率，单位为 kW；

　　　Q_c——单位时间制冷剂向外界的放热量，单位为 kW。

热力学第一定律的表达式为
$$P_i - Q_c = q_m(h_2 - h_1) \tag{1-2}$$

（2）冷凝器　制冷剂的入口状态为2，出口状态为3。由于
$$P = 0$$
$$Q = Q_k$$

因而
$$Q_k = q_m(h_2 - h_3) \tag{1-3}$$

（3）节流元件　制冷剂入口状态为3，出口状态为4。因制冷剂流经节流元件时，既不向外作功，也不从外界吸收功，因而 $P = 0$。

热力膨胀阀是常见的节流元件之一。制冷剂流经热力膨胀阀时，虽因压力下降导致温度

下降，并从外界吸收热量，但因换热时间很短，且膨胀阀表面处空气的换热系数很低，因而比值 Q/q_m 很小，可以忽略。据此，制冷剂流经热力膨胀阀时，热力学第一定律的表达式为

$$0 = q_m(h_4 - h_3)$$

或

$$h_4 = h_3 \tag{1-4}$$

节流元件为毛细管时，若蒸发器出口处的低温制冷剂并不用于冷却毛细管内的制冷剂，式 (1-4) 仍然适用；若利用蒸发器出口处的低温制冷剂冷却毛细管内的制冷剂，Q/q_m 不应该忽略。因为毛细管内的制冷剂被冷却，故 $h_4 < h_3$，制冷剂在毛细管出口处的比焓低于入口处的比焓。

(4) 蒸发器　制冷剂入口状态为 4，出口状态为 1。此时

$$P = 0$$
$$Q = Q_0$$

按式 (1-1)

$$Q_0 = q_m(h_1 - h_4) \tag{1-5}$$

(5) 整台制冷机　制冷循环的热力学第一定律表达式为

$$Q_0 + P_i = Q_k + Q_s \tag{1-6}$$

制冷量 Q_0 等于质量流量 q_m 和比焓差 $(h_1 - h_4)$ 的乘积。质量流量 q_m 与压缩机的结构、尺寸以及转速有关；比焓差 $(h_1 - h_4)$ 与制冷剂的热力学性质以及制冷机的运转工况有关，因为它表示单位质量（如：1kg）制冷剂的吸热量，所以又称为单位质量制冷量，用 q_0（单位为 kJ/kg）表示。因而

$$Q_0 = q_m q_0 \tag{1-7}$$

质量流量 q_m 与体积流量 q_V（单位为 m^3/s）及制冷剂比体积 v 有关，

$$q_V = q_m v$$

参数 q_V 在设计压缩机时有特别重要的意义。它影响压缩机的体积和重量。因压缩机吸入口处制冷剂的状态为 1，故

$$q_{V1} = q_m v_1$$

以此代入式 (1-5) 中，得到

$$Q_0 = q_{V1} \frac{(h_1 - h_3)}{v_1} \tag{1-8}$$

令

$$q_v = \frac{(h_1 - h_3)}{v_1}$$

得到

$$Q_0 = q_{V1} q_v \tag{1-9}$$

q_v（单位为 kJ/m^3）为压缩机吸入单位体积制冷剂时的制冷量，称为单位体积制冷量。

1.2 压缩机输入功

高转速压缩机的质量流量大且传热时间短,比值 Q_s/q_m 可以忽略不计。此时式(1-2)转变为

$$P_i = q_m(h_2 - h_1) \tag{1-10}$$

输入压缩机的轴功率等于指示功率与压缩机的机械效率之比

$$P_e = \frac{P_i}{\eta_m}$$

式中 P_e——轴功率,单位为 kW;

η_m——机械效率。

输入压缩机的电功率等于轴功率与电动机效率之比

$$P_{el} = \frac{P_e}{\eta_{m0}}$$

式中 P_{el}——电功率,单位为 kW;

η_{m0}——电动机效率。

若压缩过程为可逆的绝热过程,压缩时制冷剂的比熵不变。可逆绝热压缩时的制冷系数用 ε_s 表示,称为等熵压缩的制冷系数

$$\varepsilon_s = \frac{q_m(h_1 - h_3)}{q_m(h_2 - h_1)_s} = \frac{(h_1 - h_3)}{(h_2 - h_1)_s} \tag{1-11}$$

下标 s 表示等熵过程。

等熵压缩时,单位质量制冷剂的压缩功和单位体积制冷剂的压缩功分别用 w_{ms} 和 w_{vs} 表示,单位为 kJ/kg

$$w_{ms} = (h_2 - h_1)_s$$

$$w_{vs} = \frac{(h_2 - h_1)_s}{v_1} \tag{1-12}$$

等熵压缩时压缩机的输入功率与压缩机绝热压缩的指示功率之比称为指示效率,用 η_i 表示

$$\eta_i = \frac{q_m(h_2 - h_1)_s}{q_m(h_2 - h_1)} = \frac{(h_2 - h_1)_s}{(h_2 - h_1)} \tag{1-13}$$

小型制冷压缩机的指示效率 η_i、机械效率 η_m 和电动机效率 η_{m0} 的数据将在本书第 5 章中详细介绍。

1.3 压力-比焓图(p-h 图)

制冷剂在循环时的状态变化,它所吸收的功以及与外界的热交换,均可在 p-h 图上表明。图中压力 p 取对数坐标,以便更好地反映制冷剂在低压时的状态。在 p-h 图上,临界点 CP 附近的饱和线比较平坦,见图 1-3。图上的饱和蒸气线和饱和液态线将 p-h 图划分为三个区域:过热蒸气区、两相区和过冷液体区。对于纯制冷剂或共沸的混合物,两相区内的水平线既是等压线,又是等温线。在过热蒸气区和过冷液体区,等温线、等熵线和等容线均为倾斜线。将

图 1-1 所示的压缩式制冷循环画在 $p\text{-}h$ 图上，得到图 1-4。

制冷剂在饱和蒸气状态 1 下进入压缩机，压缩至过热状态 2′ 或 2。1—2′ 表示等熵压缩过程；1—2 表示实际的压缩过程。因不可逆的绝热压缩伴有比熵增加，所以点 2 位于点 2′ 的右侧。在有些压缩机中，实测的状态与计算的状态 2′ 很接近，这不一定表明实际的压缩过程为可逆过程，也可能是压缩时制冷剂向外界放热所致。制冷剂放热时引起的比熵减与不可逆压缩引起的比熵增加互相抵消，使压缩过程初、终态的比熵相近。过热的制冷剂从状态 2 等压冷却到饱和状态 3，再节流到状态 4。状态 4 位于两相区。制冷剂流经蒸发器时，吸收热量，转变为状态 1。

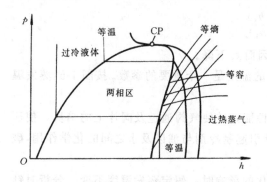

图 1-3 $p\text{-}h$ 图

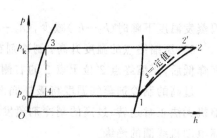

图 1-4 压缩式制冷循环

1.4 蒸发温度和冷凝温度对制冷机性能的影响

压缩式制冷机的性能随蒸发温度和冷凝温度的变化而变化。其中蒸发温度的变化对性能的影响更大。

(1) 蒸发温度变化的影响 分析蒸发温度变化的影响时，假定冷凝温度不变。为了便于分析，取压缩过程为等熵过程。由此得到的结论对非等熵过程也是适用的。按图 1-5，蒸发温度从 t_0 降低到 t_0' 时，循环 1—2—3—4—1 转变成 1′—2′—3—4′—1′，并产生下列影响：

1) 单位质量制冷量下降。蒸发温度为 t_0 时，单位质量制冷量为 q_0，$q_0 = h_1 - h_4$。当蒸发温度降低至 t_0' 时，单位质量制冷量为 q_0'，$q_0' = h_{1'} - h_{4'}$。由图 1-5 可知，$q_0' < q_0$。

2) 单位体积制冷量下降。单位体积制冷量 $q_v = (h_1 - h_4)/v_1$。当蒸发温度降低至 t_0' 时，单位体积制冷量 $q_v' = (h_{1'} - h_{4'})/v_{1'}$。因为 $(h_{1'} - h_{4'}) < (h_1 - h_4)$，而 $v_{1'} > v_1$，所以 $q_v' < q_v$。

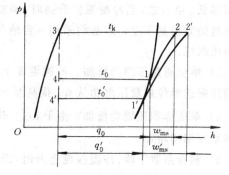

图 1-5 蒸发温度变化的影响

3) 单位质量压缩功增加。等熵压缩时，单位质量压缩功写成 w_{ms}，单位体积压缩功表示为 w_{vs}。蒸发温度为 t_0 时，$w_{ms} = (h_2 - h_1)_s$；蒸发温度降低至 t_0' 时，$w_{ms}' = (h_{2'} - h_{1'})_s$。由图 1-5 可知，$w_{ms}' > w_{ms}$。

4) 单位体积压缩功（单位为 kJ/m³）出现最大值。蒸发温度为 t_0 时

$$w_{vs} = \frac{(h_2 - h_1)_s}{v_1} \tag{1-14}$$

蒸发温度下降至 t_0' 后

$$w_{vs}' = \frac{(h_{2'} - h_{1'})_s}{v_{1'}} \tag{1-15}$$

随着蒸发温度的下降，$(h_{2'} - h_{1'})_s > (h_2 - h_1)_s$，且 $v_{1'} > v_1$。若焓差 $(h_2 - h_1)_s$ 的变化程度超过了比体积 v_1 的变化程度，则 $w_{vs}' > w_{vs}$；若两者的变化程度相等，$w_{vs}' = w_{vs}$；若 $(h_2 - h_1)_s$ 的变化程度小于 v_1 的变化程度，$w_{vs}' < w_{vs}$。计算表明，蒸发温度 t_0 下降时，w_{vs} 的数值先由小到大，再由大到小，有一个最大值。

5）制冷系数下降。因为图 1-5 所示的压缩过程为等熵过程，所以循环的制冷系数为 ε_s，

$$\varepsilon_s = \frac{(h_1 - h_4)}{(h_2 - h_1)_s}$$

因蒸发温度下降时 $(h_1 - h_4)$ 减少，$(h_2 - h_1)_s$ 增加，因而 ε_s 下降。

6）压缩终点的温度升高。制冷剂在压缩终点的温度是一个重要的参数。按图 1-5，蒸发温度降低后，压缩终点 2′ 位于点 2 的右侧，$t_{2'} > t_2$。

过高的制冷剂蒸气温度将破坏润滑油的润滑性能，并使气阀通道及阀片上的结炭，使压缩机无法正常运转；过高的制冷剂蒸发温度还可能引起制冷剂与油以及水之间的化学作用，破坏电动机线圈的绝缘。

（2）冷凝温度变化的影响 分析冷凝温度变化的影响时，假定蒸发温度不变。分析时针对的循环如图 1-6 所示。图中的压缩过程也是等熵过程。当冷凝温度从 t_k 提高到 t_k' 时，除冷凝压力 p_k 升高外，还产生下列影响：

1）单位质量制冷量下降。冷凝温度升高后，单位质量制冷量由 q_0 降低到 q_0'。

2）单位体积制冷量下降。因为 q_0 下降而 v_1 不变，所以冷凝温度提高后单位体积制冷量 q_v 下降。这就意味着压缩机的制冷量随冷凝温度的升高而降低。换言之，当冷凝温度升高时，要想保持压缩机的制冷量不变，就必须采用一台输气量更大的压缩机。

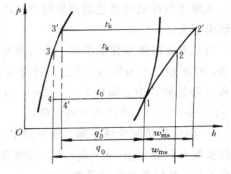

图 1-6 冷凝温度变化的影响

3）单位质量压缩功增加。冷凝温度上升后，等熵压缩的单位质量压缩功从 w_{ms} 提高至 w_{ms}'。

4）单位体积压缩功增加。由于 w_{vs} 上升而 v_1 不变，所以冷凝温度上升后，等熵压缩的单位体积压缩功增加。

5）制冷系数下降。冷凝温度上升时，因 $(h_1 - h_4)$ 减少，$(h_2 - h_1)_s$ 增加，故制冷系数 ε_s 下降。

6）压缩终点的温度升高。因冷凝压力 p_k 提高，由压力—比焓图可以看到，压缩终点的气体状态 2′ 位于状态 2 的右上方，故 $t_{2'} > t_2$。

冷凝温度 t_k 升高和蒸发温度 t_0 降低时，制冷机各项性能的变化列在表 1-1 中。从表中看到，蒸发温度的降低和冷凝温度的升高对制冷机的性能是不利的，因而在设计和使用制冷机时，应尽量降低冷凝温度，提高蒸发温度。为此需降低蒸发器和冷凝器的传热温差。增加蒸发器和冷凝器的换热面积虽然能够减少传热温差，但同时会引起两器材料消耗量和体

积的增加。采用强化传热管是降低传热温差的一条重要途径，已得到日益广泛的应用。

表 1-1　蒸发温度下降和冷凝温度升高的影响

影响项目	蒸发温度降低	冷凝温度升高	影响项目	蒸发温度降低	冷凝温度升高
单位质量制冷量	下降	下降	单位体积压缩功	有极大值	上升
单位体积制冷量	下降	下降	制冷系数	下降	下降
单位质量压缩功	上升	上升	压缩终点的温度	上升	上升

1.5　液体过冷

在图 1-4 中可以看出，在理论制冷循环中冷凝后的液体处于饱和状态，而在实际循环中，为了防止制冷剂在节流过程前气化，冷凝后的液体是过冷液体，此时状态 3 位于饱和液态线的左侧，见图 1-7。液体过冷后，单位质量制冷量为 (h_1-h_3)，它大于比焓差 (h_1-h_{fc})。两者的差别与制冷剂液体的过冷程度有关。液体过冷使单位质量制冷量增加了 $(h_{fc}-h_3)$。其比焓差比值 $(h_{fc}-h_3)/(h_1-h_{fc})$ 表示液体过冷引起的单位质量制冷量的相对增量，它与制冷剂的气化热及液体的比热容有关。单位体积制冷量也将因液体过冷而增加。因为图 1-7 所示循环的单位质量压缩功不变，所以制冷系数也因液体过冷而增加。

制冷剂液体的过冷度取决于冷凝器的设计、制冷剂的种类以及冷却介质与制冷剂之间的温差。制冷剂与冷却介质进行逆流换热时，两者的温度变化如图 1-8 所示。图中制冷剂的温度从 t_2 降至 t_k，再降低到 t_3。冷却介质的温度从 t_{w1} 上升到 t_{w2}。如果冷却介质的流量极大，t_{w2} 几乎等于 t_{w1}，此时传热温差最大，但消耗于冷却介质流动的能量也很大，这是不恰当的。通常取冷却水温度的升高为 4～6℃，冷却空气的温升为 8～10℃。

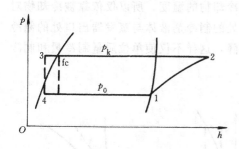

图 1-7　液体过冷

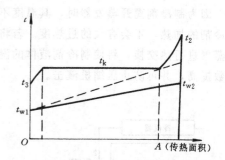

图 1-8　制冷剂及冷却介质的温度变化

制冷剂的实际冷却过程并不像图 1-8 所示的那样明显地区分为过热阶段、饱和阶段和过冷阶段。当换热器的壁面温度低于 t_k 时，即使进入换热器的制冷剂为过热蒸气，它也会在壁面上部分地冷凝下来。若水流量很小，使 t_{w2} 高于 t_k，且水的温度升高如图上虚线所示时，过热蒸气进入换热器后便不可能立刻在壁面上部分凝结。通常取 (t_k-t_{w2}) 为 2～3℃。

要使液体过冷，必须在远离气-液相平衡的界面处冷却液体。若在相界面处或相界面附近冷却液体，只能使冷凝器内的压力下降，而不能产生液体的过冷。

在一般的制冷剂热力学性质图和表中没有给出过冷液体的比焓值。为了估计过冷液体的比焓值，可采用以下两种方法：

（1）在等压下将饱和液体冷却到过冷液体 此时饱和液体与过冷液体的比焓差为

$$h_{fc} - h_3 = c_{pf}(t_k - t_3) \tag{1-16}$$

式中 c_{pf}——液体的比定压热容，可查制冷剂热物理性质表。

（2）在等温下将饱和液体压缩到过冷液体 此时过冷液体的比焓大于同样温度下饱和液体的比焓。两者之差即压缩所消耗的功。因为在常压范围内压缩液体所消耗的功可以忽略，所以过冷液体的比焓可以取相同温度下饱和液体的比焓。

1.6 蒸气过热

为了使进入压缩机的制冷剂不含液滴，状态 1 应位于过热蒸气区，如图 1-9 所示。若制冷剂从饱和状态加热到状态 1 时吸收的热量全部用于制冷，则制冷机的单位质量制冷量增加，增加量为 $(h_1 - h_{ge})$。由于过热，使比体积 v_1 增加，所以单位体积制冷量 $(h_1 - h_3)/v_1$ 可能增加，也可能减少。对常用的制冷剂，经过点 ge 的等熵线一般地较经过点 1 的等熵线为陡，表明蒸气过热后，等熵压缩时单位质量制冷剂所消耗的功也增加。由于单位质量制冷量和等熵压缩时的单位质量压缩功均随蒸气过热而增加，等熵压缩制冷系数也有增加或减少的两种可能性。

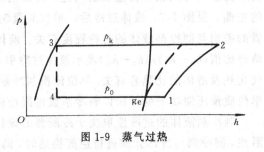

图 1-9 蒸气过热

从被冷却空间的出口至压缩机入口，制冷剂在管道中吸热，这相当于减少了制冷机的部分制冷能力，但为了防止压缩机液击，少量的吸气过热也是必需的。

1.7 回热

因为制冷剂离开蒸发器时，其温度不可能高于被冷却物的温度，所以仅依靠被冷却物对制冷剂的加热，不会有大的过热度。若将冷凝器出口处的制冷剂液体与蒸发器出口处的制冷剂蒸气进行热交换，将使制冷剂液体的温度及焓值下降，这样不仅使单位质量制冷量和制冷系数提高，并可防止压缩机液击。

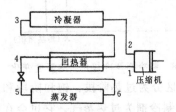

图 1-10 回热循环的流程

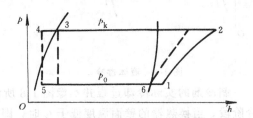

图 1-11 回热循环的 p-h 图

回热循环的流程和 p-h 图如图 1-10 和图 1-11 所示。按图 1-11，回热循环的制冷量为

$$Q_0 = q_m(h_6 - h_4) \tag{1-17}$$

蒸气与液体间无回热时，制冷量为 $q_m(h_6 - h_3)$。与无回热的循环相比，回热循环的单位质量制冷量增加了 $(h_3 - h_4)$，等于蒸发器出口处比焓的增量，即

$$(h_3 - h_4) = (h_1 - h_6) \qquad (1-18)$$

进而得

$$Q_0 = q_m(h_1 - h_3) \qquad (1-19)$$

式(1-19)亦可用比热容与温差的乘积表示

$$c_{pf}(t_3 - t_4) = c_{pv}(t_1 - t_6) \qquad (1-20)$$

式中 c_{pf}——过冷液体的比定压热容,单位为 kJ/(kg·℃);

c_{pv}——过热蒸气的比定压热容,单位为 kJ/(kg·℃)。

由于 $c_{pf} > c_{pv}$,所以蒸气温度的升高必大于液体温度的下降。液体和蒸气温度的变化如图 1-12 所示。若气-液热交换器的面积足够大,t_1 接近于 t_3,但 t_4 不可能接近 t_6。冰箱制冷系统中,蒸发器出口处的低温蒸气与流经毛细管的制冷剂进行热交换,如图 1-13 所示。制冷剂的状态变化分为两个阶段。在第一阶段中,由于回热使制冷剂的温度和比焓同时降低,单位体积制冷量增加。在第二阶段中,制冷剂在毛细管中的节流过程可按等焓过程处理。

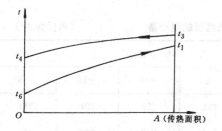

图 1-12 液体和蒸气的温度变化   图 1-13 冰箱制冷系统中的回热

几种小型全封闭制冷压缩机的制冷量随蒸发温度的变化情况列于表 1-2 至表 1-4 中。这些压缩机由意大利阿斯贝拉公司生产,工质为 R22 和 R134a。这些表中的数据按表 1-5 所列试验参数测得。

表 1-2 应用 R22 的低回压压缩机的制冷量   （单位为 W）

机　型	气缸容积/cm³	蒸　发　温　度/℃						
		−40	−35	−30	−25	−20	−15	−10
E2125	8.9			158	252	349	463	586
E2134E	12.0			256	361	469	587	719
T2140	14.5	186	238	337	419	570	773	1035
T2155E	17.4	221	302	419	535	704	942	1244
T2168E	20.4	279	372	512	651	861	1151	1500
J2178E	23.5	326	407	593	802	1082	1396	1721
J2190E	27.0	419	582	802	1000	1303	1698	2210

表 1-3　应用 R22 的中、高回压压缩机的制冷量　　　　（单位为 W）

机　　型	气缸容积/cm³	蒸　发　温　度/℃						
		−20	−15	−10	−5	0	5	10
B6144E	4.38	174	221	279	347	419	506	599
B6165E	6.00	262	326	413	506	611	727	849
B6181E	7.40	349	430	535	640	762	901	1047
E5195E	8.0	378		558	704	884	1105	1372
E7213F	12.0		605	768	954	1186	1442	1791
T6217E	14.5	465	616	849	1087	1367	1721	2105
T6220E	17.4	605	791	1035	1326	1674	2059	2483
J9226E	21.7	663	907	1308	1710	2152	2652	3175
J9232E	26.2	837	1151	1657	2163	2721	3355	4018

表 1-4　应用 R134a 的低回压压缩机的制冷量　　　　（单位为 W）

机　　型	气缸容积/cm³	蒸　发　温　度/℃					
		−30	−25	−20	−15	−10	−5
BK1086Z	5.40	86	128	171	227	291	361
BK1112Z	6.27	98	136	186	248	320	404
BK1114Z	7.40	108	157	216	288	373	470
BK1116Z	8.38	140	187	251	330	427	534
E2121Z	13.6	174	270	387	529	694	882
E3130Z	15.3	198	291	411	558	727	930
T1134Z	19.04	247	361	494	634	782	948

表 1-5　小型全封闭制冷压缩机的试验参数

型　　式	冷凝温度/℃	过冷液体温度/℃	过热蒸气温度/℃
低回压压缩机	54.4	32.2	32.2
高回压压缩机	54.4	35.0	46.1

　　图 1-14 为一台半封闭制冷压缩机 2FL6B 的全性能曲线,该机由西安交通大学制冷教研室与商业部洛阳制冷机械厂共同开发。图上曲线表明:在冷凝温度不变时,制冷量随蒸发温度的升高而增加;在蒸发温度不变时,制冷量随冷凝温度的降低而增加。在冷凝温度不变时,由于

制冷量随蒸发温度升高而增加的速度大于输入电功率的增加速度,因而制冷系数亦随蒸发温度的升高而增加。

1.8 计算举例

例 制冷量为 4kW 的空调器,使用全封闭制冷压缩机,制冷剂为 R22,运转时的蒸发温度为 5℃,冷凝温度为 40℃。各状态点的参数见图 1-15 和表 1-6。求各项性能参数。

解

单位质量制冷量

$$q_0 = h_1 - h_4 = (414.5 - 243.1)\text{kJ/kg} =$$
$$171.4\text{kJ/kg}$$

质量流量

$$q_m = \frac{Q_0}{q_0} = \left(\frac{4}{171.4}\right)\text{kg/s} =$$
$$2.334 \times 10^{-2}\text{kg/s} = 84.01\text{kg/h}$$

压缩机入口处的比熵

$$s_1 = 1.7708\text{kg/(kg} \cdot \text{k)}$$

沿等熵线求得 $2'$ 点的比焓

$$h_{2'} = 439.2\text{kJ/kg}$$

等熵压缩时输入压缩机的功率

$$P_s = q_m(h_{2'} - h_1) =$$
$$2.334 \times 10^{-2} \times$$
$$(439.2 - 414.5)\text{kW} =$$
$$0.576\text{kW}$$

实际压缩的指示功率 P_i(取指示效率 $\eta_i = 0.65$)

$$P_i = \frac{P_s}{\eta_i} = \left(\frac{0.576}{0.65}\right)\text{kW} = 0.886\text{kW}$$

轴功率 P_e(取机械效率 $\eta_m = 0.92$)

$$P_e = \frac{P_i}{\eta_m} = \left(\frac{0.886}{0.92}\right)\text{kW} = 0.963\text{kW}$$

电功率 P_{el}(取电动机效率 $\eta_{m0} = 0.8$)

$$P_{el} = \frac{P_e}{\eta_{m0}} = \left(\frac{0.963}{0.8}\right)\text{kW} = 1.204\text{kW}$$

制冷系数

$$\varepsilon = \frac{Q_0}{P_{el}} = \frac{4}{1.204} = 3.32$$

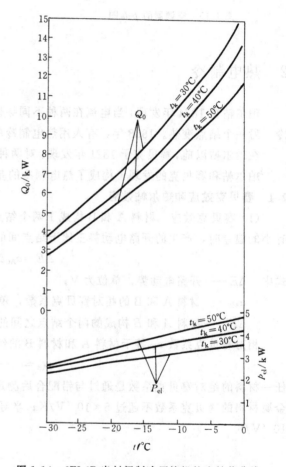

图 1-14　2FL6B 半封闭制冷压缩机的全性能曲线

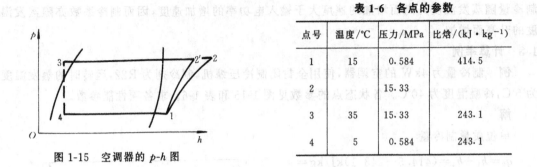

图 1-15 空调器的 *p-h* 图

表 1-6 各点的参数

点号	温度/℃	压力/MPa	比焓/(kJ·kg⁻¹)
1	15	0.584	414.5
2		15.33	
3	35	15.33	243.1
4	5	0.584	243.1

2 热电制冷

珀尔帖在 1834 年发现，当电流在两种不同导体构成的回路中流动时，回路的一个结点变冷，另一个结点变热。1938 年，有人用热电制冷的方法获得了少量的冰。

在珀尔帖以前，赛贝克于 1821 年发现，对两种不同导体的结点加热时，会产生的电动势。

珀尔帖和赛贝克的发现，构成了热电制冷的基础。

2.1 赛贝克效应和珀尔帖效应

（1）赛贝克效应　材料 A 和 B 构成了两个结点，见图 1-16。赛贝克发现，当两个结点间有小的温差时，产生的开路电动势正比于结点间的温差

$$\Delta E = \alpha_{AB} \Delta T \tag{1-21}$$

式中　ΔE——开路电动势，单位为 V；

　　　α_{AB}——材料 A 和 B 的相对赛贝克系数，单位为 V/K；

　　　ΔT——材料 *A* 和 *B* 构成的两个结点之间的温差，单位为 K。

相对赛贝克系数 α_{AB} 等于材料 A 和材料 B 的绝对赛贝克系数之差

$$\alpha_{AB} = \alpha_A - \alpha_B \tag{1-22}$$

任一材料的绝对赛贝克系数是通过与铅配合后测定的。铅的绝对赛贝克系数极小，可以忽略。金属材料的赛贝克系数不超过 5×10^{-5} V/K；半导体材料的赛贝克系数可达到 $2 \times 10^{-4} \sim 3 \times 10^{-4}$ V/K。

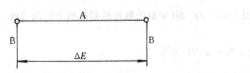

图 1-16　赛贝克效应

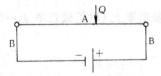

图 1-17　珀尔帖效应

（2）珀尔帖效应　图 1-17 为材料 A 和 B 构成的回路。回路上通以直流电。通电后，回路的一端放热，另一端吸热。单位时间吸收的热量与电流成正比，

$$Q = \pi_{AB} I \tag{1-23}$$

式中　Q——单位时间吸收的热量，单位为 W；

　　　π_{AB}——材料 A 和 B 的相对珀尔帖系数，单位为 W/A；

　　　I——电流，单位为 A。

开尔文对上述电路作热力学分析后，指出赛贝克系数与珀尔帖系数有下列关系

$$\pi_{AB} = \alpha_{AB}T \tag{1-24}$$

式中　T——结点处的温度，单位为 K。

将式（1-24）代入式（1-23）中，得到

$$Q = \alpha_{AB}TI \tag{1-25}$$

图 1-17 中的热表面和冷表面即由珀尔帖效应形成。研究表明，热电制冷利用了电子能量与热量之间的相互转换。电子流经两种不同材料构成的结点时，因这两种材料中电子有不同能级，使电子的能量发生了变化。能量增加时从外界吸热，能量减少时向外界放热。

在热电回路中，还有以下两种附加效应：

1）焦耳热效应，即电流流经回路时产生焦耳热；

2）热传导，即温度不同的两个结点之间的导热。

2.2　热电对的性能

典型的热电对如图 1-18 所示。分别用符号 P 和 N 表示这两种材料。P 和 N 是两种半导体材料。P 型半导体材料的赛贝克系数为负值，N 型半导体材料的赛贝克系数为正值。图 1-18 的电流方向按常规标明，即从电池的正极向负极。通电后热电材料构成两个结点：吸热的上结点，即冷结点，和放热的下结点，即热结点。冷结点制冷，热结点供热。改变电流方向时，冷、热结点相互更换。

假定，除了热源、冷源与热电对臂之间有热交换外，热电对的两臂与周围介质间无热交换，则冷端制冷量应等于珀尔帖效应在冷端产生的冷量减去热电对臂传入冷端的热量。计算因珀尔帖效应在冷端产生的冷量时，其珀尔帖系数不是按冷端半导体的物理系数求得，而是按整条臂的平均的半导体物理参数计算确定的，因半导体的性质与温度有关，半导体冷端的物理参数与平均的半导体材料的物理参数不同。

热电对冷端的制冷量 Q_0 为

$$Q_0 = \alpha_{pn}IT_c - Q_1 \tag{1-26}$$

式中　Q_0——制冷量，单位为 W；

　　　α_{pn}——P 和 N 型半导体材料的相对赛贝克系数，单位为 V/K；

　　　I——电流，单位为 A；

　　　T_c——冷端温度，单位为 K；

　　　Q_1——单位时间通过热电对两臂传至冷端的热量，单位为 W。

Q_1 可以通过分析图 1-19 的含有均匀内热源的等截面棒内温度场而确定。棒内的均匀内热源系电流流过时产生的焦耳热。

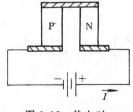

图 1-18　热电对

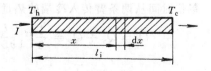

图 1-19　含有均匀内热源的等截面棒

设棒的长度为 l_i，截面积为 A_i；棒两端的温度为 T_h 和 $T_c(T_h>T_c)$；电导率为 σ_i；热导率为 λ_i；电流为 I；除了两个端面外，棒的其它表面与外界无热交换，则在稳定工况下，对于长度为 dx 的微元体，其热平衡公式为

$$dQ_k = dQ_j \tag{1-27}$$

式中　dQ_k——微元体两端面处单位时间内导出和导入热量之差，单位为 W；

　　　dQ_j——单位时间微元体内产生的焦耳热，单位为 W。

因为

$$dQ_k = \frac{dQ_k}{dx}dx = \left[\frac{d}{dx}\left(-\lambda_i A_i \frac{dT}{dx}\right)\right]dx = -\lambda_i A_i \frac{d^2T}{dx^2}dx$$

式中 T 表示温度，且

$$dQ_j = d(I^2 R_i) = I^2 dR_i = I^2 \frac{dx}{\sigma_i A_i}$$

所以

$$-\lambda_i A_i \frac{d^2T}{dx^2} = \frac{I^2}{\sigma_i A_i} \tag{1-28}$$

解方程式(1-28)时，边界条件为

$$T_{x=l} = T_c$$
$$T_{x=0} = T_h$$

式(1-28)的解为

$$T = T_h - (T_h - T_c)\frac{x}{l_i} + \frac{1}{2}\frac{I^2}{A_i^2 \sigma_i \lambda_i}x(l_i - x) \tag{1-29}$$

在 $x=l_i$ 处，温度梯度为

$$\left(\frac{dT}{dx}\right)_{x=l_i} = -\frac{(T_h - T_c)}{l_i} - \frac{1}{2}\frac{I^2}{A_i^2 \sigma_i \lambda_i}l_i \tag{1-30}$$

单位时间因温度梯度传入冷端的热量 Q_i 为

$$Q_i = -\lambda_i A_i\left(\frac{dT}{dx}\right)_{x=l_i} = \frac{1}{2}I^2\frac{l_i}{\sigma_i A_i} + \lambda_i A_i\frac{(T_h - T_c)}{l_i} \tag{1-31}$$

上述诸式对于 P 型和 N 型半导体臂都是适用的。用字母 p 和 n 代替字母 i 后，所有公式即可用于 P 型或 N 型半导体。由此可以得到单位时间从 P 型臂传入冷端的热量 Q_p 和 N 型臂传入冷端的热量 Q_n 为

$$Q_p = \frac{1}{2}I^2\frac{l_p}{\sigma_p A_p} + \lambda_p A_p\frac{(T_h - T_c)}{l_p} \tag{1-32}$$

$$Q_n = \frac{1}{2}I^2\frac{l_n}{\sigma_n A_n} + \lambda_n A_n\frac{(T_h - T_c)}{l_n} \tag{1-33}$$

单位时间从两条臂传入冷端的热量为

$$Q_l = Q_p + Q_n = \frac{1}{2}I^2\left(\frac{l_p}{\sigma_p A_p} + \frac{l_n}{\sigma_n A_n}\right) + \left(\frac{\lambda_p A_p}{l_p} + \frac{\lambda_n A_n}{l_n}\right)(T_h - T_c) \tag{1-34}$$

令

$$K = \left(\frac{\lambda_p A_p}{l_p}\right) + \left(\frac{\lambda_n A_n}{l_n}\right) = K_p + K_n$$

$$R = \left(\frac{l_p}{\sigma_p A_p}\right) + \left(\frac{l_n}{\sigma_n A_n}\right) = R_p + R_n$$

则上式转变为

$$Q_1 = \frac{1}{2}I^2R + K(T_h - T_c) \tag{1-35}$$

式中　R 和 K——热电对两臂的总电阻和总热导；

　　K_p 和 K_n——P 型臂和 N 型臂的热导；

　　R_p 和 R_n——P 型臂的电阻和 N 型臂的电阻。

将式(1-35)代入式(1-26)中,求得热电对冷端的制冷量 Q_0

$$Q_0 = \alpha_{pn}IT_c - \frac{1}{2}I^2R - K(T_h - T_c) \tag{1-36}$$

它在数值上等于因珀尔帖效应产生的冷量,减去 1/2 的焦耳热,再减去热电对内部不产生焦耳热时因两端温差产生的热导率。

为制取冷量而输入热电对的电功率为

$$P = I^2R + (\alpha_p - \alpha_n)(T_h - T_c)I \tag{1-37}$$

上式右边第一项表示单位时间消耗在焦耳热上的电能;第二项系克服赛贝克效应产生冷、热端之间的温差电动势所需要的电功率。乘积 $(\alpha_p - \alpha_n)(T_h - T_c)$ 即赛贝克效应产生的温差电动势,其方向与流经热电对的电流方向相反。

热电对的制冷系数 ε 等于制冷量 Q_0 与输入电功率 P 之比值

$$\varepsilon = \frac{Q_0}{P} \tag{1-38}$$

将 Q_0 和 P 的计算式(1-36)和式(1-37)代入式(1-38)中,得到

$$\varepsilon = \frac{(\alpha_p - \alpha_n)IT_c - \frac{1}{2}I^2R - K(T_h - T_c)}{I^2R + (\alpha_p - \alpha_n)(T_h - T_c)I} \tag{1-39}$$

(1) 最大制冷量工况　式(1-36)表明,改变电流可以改变制冷量。将制冷量 Q_0 对电流 I 求导数,并令导数等于零,得到 Q_0 最大时的电流 I_{Qmax}(单位为 A)

$$I_{Qmax} = \frac{(\alpha_p - \alpha_n)T_c}{R} = \frac{\alpha_{pn}T_c}{R} \tag{1-40}$$

输入电压为 U_{Qmax}(单位为 V)

$$U_{Qmax} = I_{Qmax}R + \alpha_{pn}\Delta T = \alpha_{pn}T_h \tag{1-41}$$

式中,$\Delta T = T_h - T_c$。

式(1-41)表明:输入电压只与热端温度及相对珀尔帖系数有关。

输入电功率为 P_{Qmax}(单位为 W)

$$P_{Qmax} = I_{Qmax}^2 R + \alpha_{pn}\Delta T I_{Qmax} = \frac{\alpha_{pn}^2}{R}T_cT_h \tag{1-42}$$

令优值系数 Z 为

$$Z = \frac{\alpha_{pn}^2}{KR} \tag{1-43}$$

得到

$$P_{Qmax} = KZT_cT_h \tag{1-44}$$

16

热电对的最大制冷量 Q_{0max} 为

$$Q_{0max} = (\alpha_p - \alpha_n)I_{Qmax}T_c - \frac{1}{2}I_{Qmax}^2 R - K(T_h - T_c) \tag{1-45}$$

将式(1-40)代入上式后,得到

$$Q_{0max} = \frac{(\alpha_p - \alpha_n)^2}{2R}T_c^2 - K(T_h - T_c) = K(0.5ZT_c^2 - \Delta T) \tag{1-46}$$

制冷系数 ε_{Qmax} 为

$$\varepsilon_{Qmax} = \frac{Q_{0max}}{P_{Qmax}} = \frac{1}{2T_h}(T_c - \frac{2KR}{\alpha_{pn}^2}\frac{\Delta T}{T_c}) = (0.5ZT_c^2 - \Delta T)/(ZT_hT_c) \tag{1-47}$$

(2) 最大温差工况　在不改变热电对材料及几何尺寸的前提下,增加冷、热端之间的温差时,制冷量降低,因而在确定冷、热端之间的最大温差时,取 $Q_0=0$,此时式(1-36)转变为

$$\alpha_{pn}IT_c - 0.5I^2R - K\Delta T = 0 \tag{1-48}$$

移项后

$$\Delta T = (\alpha_{pn}IT_c - 0.5I^2R)/K \tag{1-49}$$

将 ΔT 对电流 I 求导数并令其等于零,即 $\frac{\partial(\Delta T)}{\partial I}=0$,得到最大温差 ΔT_{max} 对应的电流 $I_{\Delta Tmax}$(单位为 A)

$$I_{\Delta Tmax} = \frac{\alpha_{pn}T_c}{R} \tag{1-50}$$

与其对应的最大温差(单位为 K)

$$\Delta T_{max} = (\alpha_{pn}I_{\Delta Tmax}T_c - 0.5I_{\Delta Tmax}^2R)/K = \frac{1}{2}\frac{\alpha_{pn}^2}{KR}T_c^2 = \frac{1}{2}ZT_c^2 \tag{1-51}$$

$T_h=300K$ 时,ΔT_{max} 与优值系数 Z 的关系见图1-20。在最大温差工况时,制冷量及制冷系数均等于零。

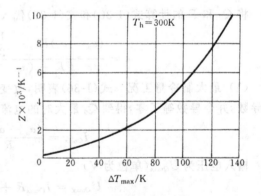

图 1-20　最大温差与优值系数的关系

(3) 最大制冷系数工况　制冷量 Q_0 和输入电功率 P 均随电流变化,并在某一电流下两者之比值 Q_0/P 达到最大值。

按式(1-39),将制冷系数 ε 对电流求导,并令导数等于零,即 $\frac{\partial\varepsilon}{\partial I}=0$,得到制冷系数最大时的电流 $I_{\varepsilon max}$(单位为 A)

$$I_{\varepsilon max} = \frac{\alpha_{pn}\Delta T}{R(\sqrt{1+ZT_m}-1)} = \frac{\alpha_{pn}(T_h - T_c)}{R(\sqrt{1+ZT_m}-1)}$$

式中,T_m 是平均温度

$$T_m = \frac{1}{2}(T_h + T_c)$$

令

$$M = \sqrt{1 + ZT_m}$$

得到

$$I_{\epsilon max} = \frac{\alpha_{pn}\Delta T}{R(M-1)} = \frac{\alpha_{pn}(T_h - T_c)}{R(M-1)} \tag{1-52}$$

最大制冷系数 ϵ_{max} 为

$$\epsilon_{max} = \frac{T_c}{(T_h - T_c)} \frac{\sqrt{1 + ZT_m} - T_h/T_c}{\sqrt{1 + ZT_m} + 1} =$$

$$\frac{T_c}{\Delta T} \frac{(M - T_h/T_c)}{M + 1} \tag{1-53}$$

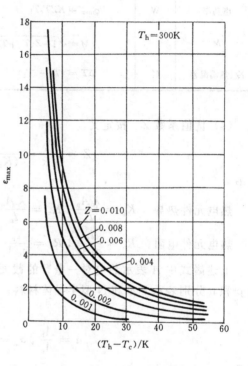

图 1-21 ϵ_{max} 与 Z 的关系

输入电压为 $U_{\epsilon max}$（单位为 V）

$$U_{\epsilon max} = I_{\epsilon max}R + \alpha_{pn}(T_h - T_c) =$$

$$(\alpha_{pn}\Delta TM)/(M-1) \tag{1-54}$$

输入功率为 $P_{\epsilon max}$（单位为 W）

$$P_{\epsilon max} = I_{\epsilon max}^2 R + \alpha_{pn}(T_h - T_c)I_{\epsilon max} =$$

$$\frac{\alpha_{pn}^2 \Delta T^2 \sqrt{1 + ZT_m}}{(\sqrt{1 + ZT_m} - 1)^2 R} =$$

$$(KZ\Delta T^2 M)/(M-1)^2 \tag{1-55}$$

制冷量为 $Q_{0\epsilon max}$（单位为 W）

$$Q_{0\epsilon max} = \epsilon_{max}P_{\epsilon max} = \left(\frac{T_c}{\Delta T}\right)\frac{M - (T_h/T_c)}{(M+1)}\frac{KZ\Delta T^2 M}{(M-1)^2} = \frac{2K\Delta TM(M - T_h/T_c)}{(M-1)(1 + T_h/T_c)} \tag{1-56}$$

图 1-21 给出了最大制冷系数 ϵ_{max} 与优值系数 Z 的关系。随着 Z 值的提高，ϵ_{max} 的数值提高。

表 1-7 中列出了计算热电对性能的部分公式。

表 1-7　热电对性能计算公式

性能参数	单位	计　算　公　式	
		工况 Q_{0max}	工况 ϵ_{max}
电流	I	$I_{Qmax} = \dfrac{\alpha_{pn}T_c}{R}$	$I_{\epsilon max} = \dfrac{\alpha_{pn}\Delta T}{R(\sqrt{1 + ZT_m} - 1)}$
电压	V	$U_{Qmax} = \alpha_{pn}T_h$	$U_{\epsilon max} = \dfrac{\alpha_{pn}\Delta TM}{M-1}$
制冷系数		$\epsilon_{Qmax} = \dfrac{0.5ZT_c^2 - \Delta T}{ZT_hT_c}$	$\epsilon_{max} = \dfrac{T_c}{\Delta T}\dfrac{(M - T_h/T_c)}{M+1}$

(续)

性能参数	单位	计 算 公 式	
		工况 Q_{0max}	工况 ε_{max}
制冷量	W	$Q_{0max} = K(0.5ZT_c^2 - \Delta T)$	$Q_{0\varepsilon max} = \dfrac{2K\Delta T M(M - T_h/T_c)}{(M-1)(1 + T_h/T_c)}$
电功率	W	$P_{Qmax} = KZT_cT_h$	$P_{\varepsilon max} = (KZ\Delta T^2 M)/(M-1)^2$
M		$M = \sqrt{1 + Z(T_h + T_c)/2}$	$M = \sqrt{1 + Z(T_h + T_c)/2}$
冷、热端温差	K	$\Delta T = (T_h - T_c)$	$\Delta T = (T_h - T_c)$

(4) 优值系数 Z　按定义

$$Z = \frac{\alpha_{pn}^2}{KR} = \frac{\alpha_{pn}^2}{(K_p + K_n)(R_p + R_n)}$$

其中

热电元件热导　$K_p = \dfrac{\lambda_p A_p}{l_p}$, $K_n = \dfrac{\lambda_n A_n}{l_n}$

热电元件电阻　$R_p = \dfrac{l_p}{\sigma_p A_p}$, $R_n = \dfrac{l_n}{\sigma_n A_n}$

上述诸式中 A 表示热电对一条臂的截面积；l 表示臂长；λ 表示热导率；σ 表示电导率；下标 p 和 n 分别表示 P 型和 N 型半导体材料。

令

$$a = \frac{A_p}{A_n}, \quad \alpha_m = \frac{\alpha_{pn}}{2} = \frac{(\alpha_p - \alpha_n)}{2}$$

以及

$$D = (\lambda_p a + \lambda_n)\left(\frac{1}{\sigma_n} + \frac{1}{\sigma_p a}\right)\bigg/4$$

并取　　　　　　　　$l_p = l_n$

得

$$Z = \frac{(\alpha_p - \alpha_n)^2}{(\lambda_p a + \lambda_n)\left(\dfrac{1}{\sigma_p a} + \dfrac{1}{\sigma_n}\right)} = \frac{\alpha_m^2}{D} \tag{1-57}$$

α_p 和 α_n 给定后，为获得最大的 Z 值，应使 D 最小。从 $\dfrac{\partial D}{\partial a} = 0$ 的条件，可求得 a。

$$\frac{\partial D}{\partial a} = \frac{\lambda_p}{\sigma_n} - \frac{\lambda_n}{\sigma_p a^2} = 0$$

$$a = \sqrt{\frac{\lambda_n \sigma_n}{\lambda_p \sigma_p}} \tag{1-58}$$

将 a 代入式(1-57)中，得到

$$Z_{max} = \frac{(\alpha_p - \alpha_n)^2}{[(\lambda_p/\sigma_p)^{0.5} + (\lambda_n/\sigma_n)^{0.5}]^2} \tag{1-59}$$

若构成热电对的两种材料，其 $|\alpha_p| = |\alpha_n| = |\alpha|$，$\sigma_p = \sigma_n = \sigma$，$\lambda_p = \lambda_n = \lambda$，则

$$Z_{max} = \frac{(2\alpha)^2}{[2(\lambda/\sigma)^{0.5}]^2} = \frac{\alpha^2\sigma}{\lambda}$$

此时材料对的优值系数等于每一种材料的优值系数。材料的优值系数随温度而变。图 1-22 为 P 型材料和 N 型材料的优值系数与温度的关系。

推导各种工况下热电对性能的计算公式时,未考虑热电对臂与汇流条结合处的电阻。该电阻影响热电对的性能,相当于降低 Z 的数值。当臂长 $l=1$ cm,接触电阻 $\rho_c=1\times10^{-5}\sim1\times10^{-4}$ Ω/cm^2 时,Z 值降低 2%~17%。$l=0.5$ cm 时,Z 值降低 4%~29%。

表 1-8 和表 1-9 中列出了一些热电对元件的规格和性能。

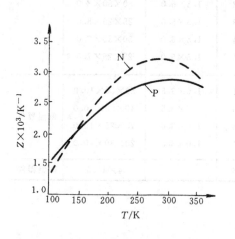

图 1-22　材料的优值系数随温度的变化

表 1-8　热电对元件规格

工作电流/ A　　　元件高度/ mm　　元件截面积/ mm²	6	5	4	3	2
6²	—	32.4	36	—	—
5²	18.7	—	28.1	37.5	56.2
3.3²	8.2	—	—	16.4	—
2.8²	6.0	7.0	8.8	11.7	—
1.9²	—	3.6	—	5.4	—
1.4²	—	1.8	—	3.0	4.5

表 1-9　热电堆型号及主要性能

序号	型　号	最大工作电流 /A	当热端温度 $T_h=27℃$ 时			导电铜片的截面积 /mm²	器件的尺寸	用途
			最大电压降 /V	最大温差 /℃	最大制冷量 /W		$\frac{长}{mm}\times\frac{高}{mm}\times\frac{宽}{mm}$	
1	1.4²×3-49-30×30	3.0	5.9	64	9.7	0.5×2.0	30×30×6.5	
2	1.4²×3-31-25×25	3.0	3.7	64	6.1	0.5×2.0	25×25×6.5	小电流器件
3	1.9²×3-49-30×30	5.2	5.9	64	18.4	0.5×2.0	30×30×6.5	
4	1.9²×3-31-25×25	5.2	3.7	64	11.5	0.5×2.0	25×25×6.5	
5	2.8²×5-49-50×50	7.0	5.9	68	24.8	1.0×3.5	50×50×9.0	
6	2.8²×5-39-40×50	7.0	4.7	68	19.7	1.0×3.5	40×50×9.0	大温差器件
7	2.8²×5-17-25×25	7.0	2.0	68	8.4	1.0×3.5	25×25×9.0	
8	2.8²×5-11-20×30	7.0	1.3	68	5.5	1.0×3.5	20×30×9.0	
9	2.8²×4-49-50×50	8.8	5.9	64	29.4	1.0×3.5	50×50×8.0	
10	2.8²×4-39-40×50	8.8	4.7	64	23.3	1.0×3.5	40×50×8.0	
11	2.8²×4-17-25×25	8.8	2.0	64	10.0	1.0×3.5	25×25×8.0	
12	2.8²×4-11-20×30	8.8	1.3	64	6.5	1.0×3.5	20×30×8.0	常用器件
13	2.8²×3-49-50×50	11.8	5.9	64	39.3	1.0×3.5	50×50×7.0	
14	2.8²×3-39-40×50	11.8	4.7	64	31.3	1.0×3.5	40×50×7.0	
15	2.8²×3-17-25×25	11.8	2.0	64	13.3	1.0×3.0	25×25×7.0	
16	2.8²×3-11-20×30	11.8	1.3	64	8.7	1.0×3.5	20×30×7.0	

（续）

序号	型号	最大工作电流/A	当热端温度 $T_h=27℃$ 时			导电铜片的截面积/mm²	器件的尺寸 $\dfrac{长}{mm}×\dfrac{高}{mm}×\dfrac{宽}{mm}$	用途
			最大电压降/V	最大温差/℃	最大制冷量/W			
17	$5^2×6$-17-$50×50$	20.0	2.0	68	22.4	1.0×6.0	50×50×11.0	
18	$5^2×6$-7-$25×25$	20.0	0.8	68	9.0	1.0×5.0	25×25×11.0	
19	$5^2×4$-17-$50×50$	28.1	2.0	64	31.7	1.0×6.0	50×50×9.0	
20	$5^2×4$-7-$25×25$	28.1	0.8	64	12.7	1.0×6.0	25×25×9.0	大功率器件
21	$5^2×3$-17-$50×50$	37.5	2.0	64	42.3	1.5×6.0	50×50×8.0	
22	$5^2×3$-7-$25×25$	37.5	0.8	64	16.9	1.5×5.0	25×25×8.0	
23	$5^2×2$-17-$50×50$	56.2	2.0	64	63.4	1.5×6.0	50×50×7.0	
24	$5^2×2$-7-$25×25$	56.2	0.8	64	25.4	1.5×5.0	25×25×7.0	
25	$2.8^2×6$-49-$50×50$	6.0	5.9	64	20.1	1.0×3.5	50×50×10.0	
26	$2.8^2×6$-39-$40×50$	6.0	4.7	64	16.0	1.0×3.5	40×50×10.0	低温器件
27	$2.8^2×6$-17-$25×25$	6.0	2.6	64	6.8	1.0×3.5	25×25×10.0	
28	$2.8^2×6$-11-$20×30$	6.0	1.3	64	4.4	1.0×3.5	20×30×10.0	
29	$B0.7^2×1.3$-7-$4×4$	1.9	1.0	72	0.86	—	4×4×3	微型器件

注：型号含义举例：$1.4^2×3$ - 31 - $25×25$

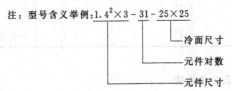

└─ 冷面尺寸
└── 元件对数
└─── 元件尺寸

2.3 热电制冷计算举例

设计一台用于冷却液体的小型热电制冷器。

2.3.1 已知条件

环境温度（空气温度）	$t_a=20℃$
工作腔内温度	$t_i=5℃$
直流电压	$U=4V$
赛贝克系数	$\|\alpha_p\|=\|\alpha_n\|=175\mu V/K$
电导率	$\sigma_p=\sigma_n=1000\Omega^{-1}\cdot cm^{-1}$
优值系数	$Z=2×10^{-3}K^{-1}$
制冷器外表面积	$A=0.05m^2$
空气对腔内液体的传热系数	$K=3.72W/(m^2\cdot K)$
工作腔内液体放热率	$Q_2=1.3W$

2.3.2 设计计算

（1）工况选择　在最大制冷量工况下，制冷量是设计时优先考虑的因素，经济性次之；在最大制冷系数工况下，电能最有效地产生冷量。热电对在 ε_{max} 工况和 Q_{0max} 工况下，制冷系数与冷、热端温差 (T_h-T_c) 的关系如图 1-23 所示。当 (T_h-T_c) 的数值等于 40K 时，两种工况的制冷系数已相当接近，因而在 $(T_h-T_c)>40K$ 时，宜选用最大制冷量工况。在 $(T_h-T_c)<40K$

时,最大制冷系数工况常是优先考虑的工况。

在本例题中,因$(T_h-T_c)=32K<40K$(此数据在下面计算中得到),故按最大制冷系数工况设计。

（2）制冷量Q_0　制冷量应等于两部分热量之和：

1）单位时间由空气传入工作腔之热量Q_1；

2）工作腔内物体在单位时间放出之热量Q_2。

$$Q_1 = KA\Delta t = [3.72 \times 0.05 \times$$
$$(20 - 5)]W = 2.79W$$

$$Q_2 = 1.3W（已知）$$

$$Q_0 = Q_1 + Q_2 = (2.79 + 1.3)W = 4.09W$$

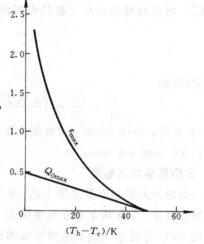

图 1-23　制冷系数与(T_h-T_c)的关系

（3）冷端温度T_c和热端温度T_h　热端用散热片。取热端与空气之温差ΔT_h为13K，则

$$T_h = T_a + \Delta T_h = [(273 + 20) + 13]K = 306K$$

冷端与液体接触。取冷端与液体之温差$\Delta T_c=4K$，则

$$T_c = T_i - \Delta T_c = [(273 + 5) - 4]K = 274K$$

（4）性能参数

1）M

$$M = \sqrt{1 + Z(T_h + T_c)/2} = \sqrt{1 + 2 \times 10^{-3}(306 + 274)/2} = 1.257$$

2）制冷系数ε_{max}

$$\varepsilon_{max} = \frac{T_c}{\Delta T} \frac{(M - T_h/T_c)}{M + 1} = \frac{274}{32} \frac{(1.257 - 306/274)}{1.257 + 1} = 0.567$$

3）输入功率P

$$P = \frac{Q_0}{\varepsilon_{max}} = \left(\frac{4.09}{0.567}\right)W = 7.21W$$

4）每一个热电对的输入电压$U_{\varepsilon max}$

$$U_{\varepsilon max} = \frac{\alpha_{pn}\Delta T M}{M - 1} = \left[\frac{(175 \times 2 \times 10^{-6}) \times 32 \times 1.257}{1.257 - 1}\right]V = 0.0548V$$

5）制冷器包含的热电对数N（热电对串联）

$$N = \frac{U}{U_{\varepsilon max}} = \left(\frac{4}{0.0548}\right)对 = 73 \text{ 对}$$

6）每一个热电对的输入功率$P_{\varepsilon max}$

$$P_{\varepsilon max} = \frac{P}{N} = \left(\frac{7.21}{73}\right)W = 0.099W$$

7）电流$I_{\varepsilon max}$

$$I_{\varepsilon max} = \frac{P_{\varepsilon max}}{U_{\varepsilon max}} = \left(\frac{0.099}{0.0548}\right)A = 1.81A$$

8) 每一热电对的电阻 R

$$R = \frac{\alpha_{pn}\Delta T}{(M-1)I_{emax}} = \left\{\frac{(175 \times 2 \times 10^{-6}) \times 32}{(1.257-1) \times 1.81}\right\}\Omega = 0.0225\Omega$$

（5）热电对臂的尺寸　取热电对两条臂的长度和截面积相等，即 $l_p = l_n = l$; $A_p = A_n = A$，则

$$R = \frac{l_p}{\sigma_p A_p} + \frac{l_n}{\sigma_n A_n} = \frac{2l}{\sigma A}$$

移项后，得到

$$\frac{l}{A} = \frac{R\sigma}{2} = \left\{\frac{0.0225 \times (1 \times 10^3)}{2}\right\}cm^{-1} = 11.25cm^{-1}$$

当 $l = 1cm$ 时，$A = 0.09cm^2$。臂截面为正方形时，截面的边长等于 $0.3cm$。热电对每条臂的尺寸为 $1cm \times 0.3cm \times 0.3cm$。

2.4 多级复叠式热电堆

一对热电对的制冷量是很小的。为了获得较大的制冷量可将很多热电对串联成热电堆，称为单级热电堆。单级热电堆在通常情况下能得到大约 $50℃$ 的温差。为了达到更低的冷端温度，可用串联、并联及串并联的方法组成多级热电堆。以图 1-24 三级复叠式热电堆为例，第一级热电堆的冷端贴在第二级热电堆的热端上，使第二级热电堆的热端温度降低，从而在第二级热电堆的冷端处产生更低的温度。第二级热电堆的冷端贴在第三级热电堆的热端上，使第三级热电堆冷端处的温度进一步降低，达到很低的温度。各级热电堆之间有极薄的电绝缘层，因为此绝缘层既要保证级与级之间的电

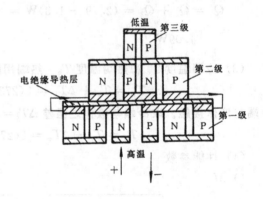

图 1-24　三级复叠式热电堆

绝缘，又要使级与级之间有良好的热传导，所以称为导热的电绝缘层。在多级复叠式热电堆中，下面一级热电堆的制冷量应等于上面一级热电堆的放热量，以达到热平衡。

多级复叠式热电堆运转时，总的效应是最上面一级热电堆制冷，最下面一级热电堆向周围环境放热。设第一级热电堆的制冷量为 Q_{01}，输入功率为 P_1，制冷系数为 ε_1；第二级热电堆的制冷量为 Q_{02}，输入功率为 P_2，制冷系数为 ε_2；第三级、第四级直到第 n 级热电对的制冷量、输入功率及制冷系数的符号依此类推，则第 n 级热电堆的输入功率为

$$P_n = \frac{Q_{0n}}{\varepsilon_n} \tag{1-60}$$

第 $(n-1)$ 级热电堆的制冷量为

$$Q_{0(n-1)} = Q_{0n} + P_n = Q_{0n}\left(1 + \frac{1}{\varepsilon_n}\right) \tag{1-61}$$

第 $(n-2)$ 级热电堆的制冷量为

$$Q_{0(n-2)} = Q_{0(n-1)} + P_{(n-1)} = Q_{0(n-1)}\left(1 + \frac{1}{\varepsilon_{(n-1)}}\right) = Q_{0n}\left(1 + \frac{1}{\varepsilon_n}\right)\left(1 + \frac{1}{\varepsilon_{(n-1)}}\right) \tag{1-62}$$

依此类推，第一级热电堆的制冷量为

$$Q_{01} = Q_{02} + P_2 = Q_{02}\left(1 + \frac{1}{\varepsilon_2}\right) = Q_{0n}\left(1 + \frac{1}{\varepsilon_n}\right)\left(1 + \frac{1}{\varepsilon_{(n-1)}}\right)\cdots\left(1 + \frac{1}{\varepsilon_2}\right) \tag{1-63}$$

设想在第一级热电堆上再虚设一个热电堆，它的制冷量为 Q_{00}，用于吸收第一级热电堆放

出的全部热量,则

$$Q_{00} = Q_{01} + P_1 = Q_{01}\left(1 + \frac{1}{\varepsilon_1}\right) = Q_{0n}\left(1 + \frac{1}{\varepsilon_n}\right)\left(1 + \frac{1}{\varepsilon_{(n-1)}}\right)\cdots\left(1 + \frac{1}{\varepsilon_1}\right) \tag{1-64}$$

整个热电堆由第一至第 n 级热电堆复叠而成。它的制冷量就是第 n 级热电堆的制冷量 Q_{0n};制冷系数为 $\varepsilon^{(n)}$。按制冷系数的定义,输入的总功率为

$$P = \frac{Q_{0n}}{\varepsilon^{(n)}} \tag{1-65}$$

$$P = P_1 + P_2 + \cdots + P_n$$

按能量平衡关系

$$Q_{00} = Q_{0n} + P = Q_{0n}\left(1 + \frac{1}{\varepsilon^{(n)}}\right) \tag{1-66}$$

与式(1-64)比较后,得到

$$\left(1 + \frac{1}{\varepsilon^{(n)}}\right) = \prod_{i=1}^{n}\left(1 + \frac{1}{\varepsilon_i}\right)$$

移项后

$$\varepsilon^{(n)} = \frac{1}{\prod_{i=1}^{n}\left(1 + \frac{1}{\varepsilon_i}\right) - 1} \tag{1-67}$$

当各级热电堆的制冷系数相同时

$$\varepsilon_1 = \varepsilon_2 = \cdots = \varepsilon_n$$

且

$$\varepsilon^{(n)} = \frac{1}{\left(1 + \frac{1}{\varepsilon_1}\right)^n - 1} \tag{1-68}$$

图 1-25 给出了单级、两级及多级复叠式热电堆的制冷系数。图中曲线表明:$\varepsilon^{(n)} > 0.5$ 时,多级复叠式热电堆与单级热电堆获得的温差几乎相同。只是在 $\varepsilon^{(n)} < 0.5$ 时,两级复叠式热电堆才显示出能获得较大温差之优点。实际上,考虑到多级热电堆制造时的困难,常在 $\varepsilon^{(n)} < 0.2$ 以后才采用两级复叠式热电堆。当 $\varepsilon < 0.05$ 时,宜采用三级复叠式热电堆。大于三级的复叠式热电堆,只用在温差很大而制冷系数几乎不予考虑的场合。

表 1-10 和表 1-11 中列出了国外生产的部分热电堆的数据。在表 1-10 中,Q_{0max} 为最大制冷量;ΔT_{max} 为最大温差。对应于 Q_{0max} 的电流和电压为 I_{Qmax} 和 U_{Qmax};N 为热电堆包含的热电元件数;L 和 A 表示元件的长度和截面积;R_0 表示热电堆的电阻;d 为系数,表示某一热电堆的最大制冷量与商品目录中制冷量较小的热电堆的最大制冷量的比值。q 等于 $Q_{0max}/(2AN)$;q_{of} 为最大制冷量与整个冷端包括构架在内的面积之比值;Z 为热电堆优值系数。

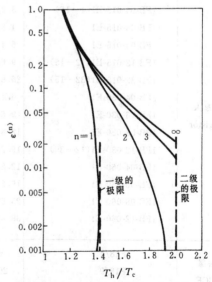

图 1-25　单级和多级复叠式热电堆的
制冷系数(n 为热电堆的级数)

表 1-10 国外生产的一

国别商号	牌 号 (商标)	$\Delta T=0$ 时 Q_{0max}/W	$Q_0=0$ 时 $\Delta T_{max}/K$	T_h/K	电流 I_{Qmax}/A	电压 U_{Qmax}/V	$N/$只
德国 DDK	P22	—	—	—	—	—	—
	P23	—	—	—	—	—	—
	P24	16.0	70/60	343/313	35	1.10	8
	P32	—	—	—	—	—	—
	P33	—	—	—	—	—	—
	P34	15.7	67	343	35	1.10	8
	PE52	16.0	52	313	—	—	—
	PE62	20.0	62	313	36	—	—
	PE67	22.0	67	313	42	—	—
德国 Valvo	PT48/6	13.5	48	293	5.5	4.80	43
	PT47/5	16.0	51	293	5.5	4.70	47
	PT11/20	16.0	51	293	22.0	1.10	11
	PT11/20	16.0	51	293	22.0	1.10	11
	PT20/20	23.0	45	293	20.0	2.00	20
	PT20/20H	23.0	45	293	20.0	2.00	20
	PT60/10	30.0	45	293	10.0	6.10	60
	PT72/10	35.0	45	293	10.0	7.40	72
德国 Siemens	PKE18 0240	16.0	43	313	—	—	18
	PKE18 0250	20.0	50	313	—	—	18
	PKE36E0260	23.0	63	313	9.0	3.50	36
	PKE18E0260	23.0	63	313	18.0	1.80	18
加拿大 Frigistor	1FB-04-015-E1(4—15)	3.2/3.7	63	300	15.0	0.36	4
	1FB-06-015-E1	4.8/5.6	63	300	15.0	0.56	6
	1FB-08-015-E1	6.4/7.4	63	300	15.0	0.75	8
	1FB-12-015-E1(12—15)	9.6/11.2	63	300	15.0	1.13	12
	1FB-32-015-E1(32—15)	25.6/29.8	63	300	15.0	3.00	32
	1FB-04-030-E1	6.4/7.4	63	300	30.0	0.36	4
	1FB-16-030-E1	9.6/11.2	63	300	30.0	0.56	6
	1FB-08-030-E1	12.8/14.9	63	300	30.0	0.75	8
	1FB-12-030-E1(12—30)	19.2/22.3	63	300	30.0	1.13	12
	1FB-04-060-E1	12.8/14.9	63	300	60.0	0.36	4
	1FB-06-060-E1	19.2/22.3	63	300	60.0	0.56	6
	1FB-08-060-E1	25.6/29.8	63	300	60.0	0.75	8
	1FB-12-060-E1	38.4/44.6	63	300	60.0	1.13	12
法国 CICE	F18/4	6.5	45	300	7.0	1.50	18
	F18/9	20.0	50	300	18.0	1.80	18
	F60/21	42.0	50	300	12.0	5.00	60

些热电堆的特性数据

A/mm^2	L/mm	$R_\sigma/k\Omega$	电堆尺寸 $\frac{长}{mm} \times \frac{高}{mm} \times \frac{宽}{mm}$	d	$q/(W \cdot cm^{-2})$	$q_{0f}/(W \cdot cm^{-2})$	$Z/K^{-1} \times 10^{-3}$
—	—	20.5	—	—	—	—	—
—	—	26.0	—	—	—	—	—
7×7	4	30	50×60×8	1.00	2.00	0.53	2.00
—	—	20.5	—	—	—	—	—
—	—	26	—	—	—	—	—
7×7	4	30	—	1.00	2.00	—	1.80
—	—	—	—	1.10	—	—	1.50
—	—	—	—	1.25	—	—	2.00
—	—	—	—	2.10	—	—	2.20
—	—	—	70×80×14	1.00	—	0.24	1.63
—	—	—	—	1.19	—	—	1.75
—	—	45.0	75×57×30	1.19	—	0.37	1.75
—	—	45.0	75×57×44	1.19	—	0.37	1.75
—	—	80.0	60×120×15	1.44	—	0.32	1.46
—	—	80.0	60×100×15	1.44	—	0.38	1.46
—	—	—	80×80×11	1.30	—	0.47	1.46
—	—	—	90×80×11	1.17	—	0.49	1.46
5×5	5	90.0	40×40×8	1.00	1.80	1.00	1.20
5×5	5	90.0	40×40×8	1.25	2.20	1.20	1.50
—	—	370.0	27.5×53×6.5	1.15	—	1.60	2.00
5×5	5	90.0	40×40×7.5	1.15	2.50	1.40	2.00
4×4	3—4	—	9.5×19.1×6.3	1.00	2.5/2.90	1.8/2.0	2.20
4×4	3—4	—	9.5×28.6×6.3	1.50	2.5/2.90	1.7/2.1	2.20
4×4	3—4	—	19.1×19.1×6.3	1.33	2.5/2.90	1.8/2.1	2.20
4×4	3—4	—	19.1×28.6×6.3	1.50	2.5/2.90	1.8/2.1	2.20
4×4	4—5	—	38.1×38.1×6.3	1.33	2.2/2.50	1.7/2.0	2.20
9×9	4—5	—	19.1×38.1×7.9	1.33	1.0/1.15	0.81/1.0	2.20
9×9	4—5	—	19.1×57.1×7.9	1.50	1.0/1.15	0.88/1.0	2.20
9×9	4—5	—	38.1×38.1×7.9	1.33	1.0/1.15	0.88/1.0	2.20
9×9	3—4	—	38.1×57.1×7.9	1.50	1.0/1.15	0.88/1.0	2.20
12×12	3—4	—	26.2×53.2×6.3	1.33	2.2/2.50	0.91/1.1	2.20
12×12	3—4	—	26.2×80.2×6.3	1.50	2.2/2.50	0.97/1.1	2.20
12×12	3—4	—	53.2×53.2×6.3	1.33	2.2/2.50	0.91/1.0	2.20
12×12	3—4	—	53.2×30.2×6.3	1.50	2.2/2.50	0.91/1.1	2.20
3×3	4	—	20×20×5	1.00	2.00	1.60	1.40
4×3	4	—	30×30×6	3.00	2.50	2.20	1.60
3.5×3.5	4	—	40×50×6	2.10	2.90	2.10	1.60

3 扩散-吸收式制冷

利用液体蒸发连续不断地制冷时,需不断输出制冷剂气化时产生的蒸气。压缩式制冷机用压缩机吸取此蒸气,吸收式制冷机用吸收剂(如:水)吸收制冷剂的蒸气。

扩散-吸收式制冷机中的流体包括制冷剂、吸收剂和辅助气体。表 1-11 中列出了两组制冷剂和吸收剂。常用的辅助气体为氢气,当它扩散到制冷剂内时,使制冷剂的分压力降低,起压缩式制冷机中节流元件的作用,因而在扩散-吸收式制冷系统中,不需要节流元件。此外,因氢气密度小,易于上浮,所以可促进制冷剂蒸气在系统内的循环。目前广泛应用的制

表 1-11 制冷剂和吸收剂

组号	制冷剂	吸收剂
1	氨	水
2	酒精	水

冷剂是氨,吸收剂是水。应用氨-水混合物的扩散-吸收式制冷机最早由泊莱登和孟塔尔提出,因而又称为泊莱登-孟塔尔系统。因该系统无任何运动件,且为全封闭结构,所以寿命长,可靠性高,适用于家用制冷设备。

3.1 扩散-吸收式制冷机的工作过程

扩散-吸收式制冷系统如图 1-26 所示。从贮液器 1 流出的氨-水浓溶液,经热交换器 2 到达气泡泵 3。溶液在气泡泵内吸热后温度上升,直到沸腾。沸腾时产生的气泡向上运动,将溶液沿上升管 4 提升至发生器 5 内。溶液在发生器中继续蒸发,产生的蒸气流入精馏器 6,在精馏器内,大部分的水蒸气凝结,流回发生器 5,使精馏器出口处蒸气的含氨量提高,成为高浓度的氨蒸气。这一股蒸气进入冷凝器 7 后,被冷凝器外的空气冷却,凝结成液氨,再进入蒸发器 9 中。蒸发器入口处有两股流体:一股是来自冷凝器的氨液,另一股是来自吸收器 11 的氢-氨混合气体。两者混合,使蒸发器内充满了氨和氢的混合物。进入蒸发器的氨液不断蒸发,吸收外界热量,实现制冷。由于氢与氨蒸气之间的不断扩散,使蒸发器不同截面处的气体浓度不同。在蒸发器入口处,气体中氢气含量较多,氨的分压力较低,相应的液氨蒸发温度也较低,构成了蒸发器中温度较低的区域。

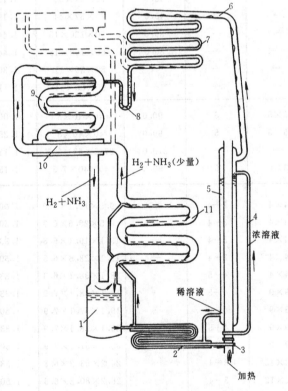

图 1-26 扩散-吸收式制冷系统

1—贮液器 2—溶液热交换器 3—气泡泵 4—上升管
5—发生器 6—精馏塔 7—冷凝器 8—液氨密封管
9—蒸发器 10—气体热交换器 11—吸收器

随着液氨的不断蒸发,混合气体中氨的分压力不断增加,蒸发温度升高,构成了蒸发器中温度较高的区域。

从蒸发器流出的混合气体，经气体热交换器 10 进入贮液器 1 中，然后沿吸收器 11 的管道上升。混合气体上升时，与来自溶液热交换器的稀溶液接触，大部分氨蒸气被稀溶液吸收。稀溶液从吸收器 11 流出时，已变成浓溶液，流入贮液器中。进入吸收器的含氨量高的混合气在吸收器内与溶液接触，氨蒸气不断被吸收，混合气体中氢气含量增加，密度下降，产生向上的浮力，使混合气体在吸收器中有足够的流速。这股气体在热交换器 10 内冷却后，进入蒸发器。

3.2　氨-水溶液的特性

在常温下，氨和水可以按任何比例完全混合。在低温下，由于有纯水冰、纯氨冰或氨的水化物从溶液中析出，如图 1-27 的温度-质量分数(t-w)图上，曲线上部的区域为液体区，曲线下为固态区。只有位于曲线上部的溶液能用于扩散-吸收式制冷机。

图 1-28 上画出了各种氨的质量分数下氨水溶液的蒸气压力-温度曲线。作图时取纵坐标p为对数坐标。

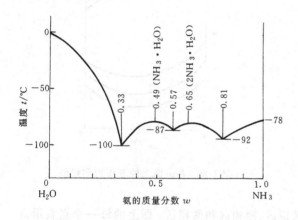 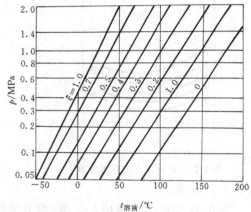

图 1-27　氨-水溶液的相平衡图　　　图 1-28　氨-水溶液的蒸气压力

氨-水溶液氨的质量分数 w 是溶液中氨的质量与溶液质量之比，

$$w = \frac{m_{NH_3}}{m_{NH_3+H_2O}} \tag{1-69}$$

式中　m_{NH_3} 和 $m_{NH_3+H_2O}$——氨的质量和溶液的质量。

氨-水溶液氨的摩尔分数 y 是氨的物质的量 n_{NH_3} 与溶液的物质的量 $n_{NH_3+H_2O}$ 之比

$$y = \frac{n_{NH_3}}{n_{NH_3+H_2O}} \tag{1-70}$$

氨-水溶液氨的摩尔分数与质量分数有以下关系。

$$y = \frac{w/17}{(w/17)+(1-w)/18} \tag{1-71}$$

溶液的压力、质量分数和温度这三个参数中，只要有两个已知，第三个参数即可从图 1-28 确定。例如：氨的质量分数为 0.4，温度为 40℃ 的溶液，其压力为 0.3MPa，相应压力下纯氨的饱和温度为 −9℃。

3.3　焓-质量分数图(h-w 图)

以氨-水作工质对的扩散-吸收式制冷机，在气泡泵和发生器内加热，在热交换器内浓溶液和稀溶液进行热交换。因这些过程均在等压下进行,加入或放出的热量可用焓差求得,故氨-水混合物的 h-w 图是十分有用的。

3.3.1 h-w 图上的等温线

图 1-29 的上半部为气相区,下半部为液相区。改变压力时,混合气体的等温线相应地发生变化,形成一组新的等温线;液体的焓几乎与压力无关,改变压力时,液体的等温线簇几乎不变。

3.3.2 h-w 图上的等压饱和线

氨-水的饱和液态线如图 1-30 所示,图中还画出了饱和蒸气线。

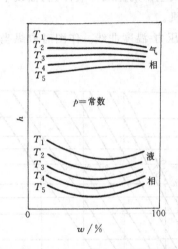

图 1-29　h-w 图上的等温线簇

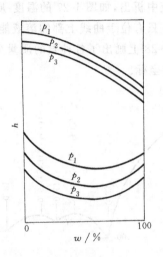

图 1-30　h-w 图上的等压饱和线簇

3.3.3 h-w 图

图 1-31 为氨-水溶液的 h-w 图。共分为气相区、液相区和两相区。图上的每一个点表示许多状态,例如 A 点既可表示温度为 t_A、压力为 p_2 的饱和液体,也可表示温度为 t_A、压力为 p_1 的过冷液体。表示过冷液体的点,它在 h-w 图上的位置必处于与其压力相同的饱和液态线以下。

图的上半部分为气态区,只画出等压饱和线,没有画出等温线。因为气相的等温线太多,全部画在 h-w 图上反而会影响画面的清晰度,所以只给出一组平衡辅助线,利用辅助线求出等压饱和线各点的温度。以图 1-31 上的点 A 为例,从点 A 向上作垂线,它与压力为 p_2 的辅助线交于点 B。从点 B 作水平线,它与压力为 p_2 的饱和蒸气线交于点 C。点 C 就是对应于点 A 的饱和蒸气,它们的压力和温度相同,即点 A 和点 C 的压力均为 p_2,温度均为 t_A。

饱和蒸气线和饱和液态线之间的区域是两相区。该区域内每个点的质量分数及比焓均可从 w 坐标和 h 坐标求得。该区域内每个点的压力和温度由饱和液态线和饱和蒸气线决定。例如:d 点处在两相区,已知它的比焓为 h_d、质量分数为 w_d、压力为 p_2,为了求得 d 点的温度 t_d,用直角三角形试凑法。通过试凑,得到一个直角三角形。该三角形的三个顶点分别处在压力为 p_2 的饱和蒸气线、辅助线和饱和液态线上,其斜边经过 d 点。在图 1-31 上,该直角三角形就是 $\triangle ABC$。因 AC 是两相区内的等温线,故 d 点的温度与 A 点的温度相等,$t_d = t_A$。

在点 d 处,两相混合物的比焓为 h_d

$$h_d = (1 - x)h_A + xh_C$$

式中　　　　　　　　x——干度;

h_d、h_A 和 h_c——是 d、A 和 c 点的比焓。

移项后,得到

$$x = \frac{h_d - h_A}{h_c - h_A}$$

(1-72)

因为 A-d-c 为直线,所以 x 还可用下式计算

$$x = \frac{w_d - w_A}{w_c - w_A}$$

(1-73)

3.3.4 扩散-吸收式制冷机的工作过程分析

扩散-吸收式制冷机的工作过程示于图1-32上。参照图 1-26 和图 1-32,扩散-吸收式制冷机的工作过程可简述如下:

来自贮液器的浓溶液经溶液热交换器后温度升高,达到点 1a,然后在气泡泵中加热,先达到点 1 再达到点 2,点 2 在两相区内。由于溶液中气泡的浮力,将溶液提升到发生器内,此时点 2′′的蒸气位于发生器的上部。点 2′的溶液与精馏器中回流下来的液体(点 6)混合后在发生器内继续加热,氨溶液浓度减少至点 3。溶液在发生器中加热时产生的蒸气为点 2′′,它含有较多的水分。这股蒸气进入精馏器后浓度不断提高,直至点 5 以后离开精馏器,进入冷凝器。从精馏器回流的液体达到点 6 时离开精馏器。进入冷凝器的高浓度氨蒸气在冷凝器中冷凝至点 8,再进入蒸发器,在蒸发器中吸热,比焓值增加。因蒸发器内的气体为氨-水-氢的混合物,故不能在溶液的 h-w 图上表示。基于同样的理由,混合气体在吸收器中的过程也无法在该图上表示出来。

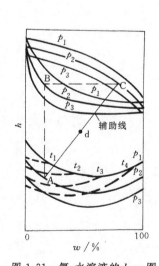

图 1-31 氨-水溶液的 h-w 图

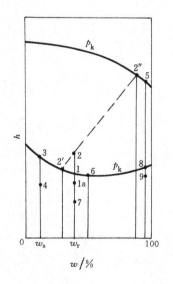

图 1-32 扩散-吸收式制冷机的工作过程

从发生器流出的稀溶液(点 3)经过溶液热交换器时,温度降低,达到点 4,它在吸收器中吸收了氨,成为浓溶液,先进入贮液器,再进入溶液热交换器(点 7),在热交换器中吸热,温度升高,达到点 1a,然后进入气泡泵,再次重复上述过程。图 1-32 中,稀溶液氨的质量分数 w_a,浓溶液氨的质量分数为 w_r。

3.3.5 扩散-吸收式制冷机的应用

扩散-吸收式制冷机主要用于家用冰箱。目前,欧洲的年产量超过 130 万台。产品有:单室

冷藏箱式(容积 23～36L);嵌装柜式(23～200L);带轮子的移动式(31～80L);双室冰柜式(170～325L)。约 70%的吸收式冰箱容积在 100L 以内。

吸收式冰箱的热源有两个方案:单一式方案——完全采用电加热,电压为 220V/110V;综合式方案——可兼用燃料和电加热,电源为 220V/110V 的交流电,或 12V/24V 的直流电。瑞士的西比尔公司从 1944 年起就从事此领域的工作,现在年产 10 万台。该公司 1980 年开始批量生产 S-225,S-230 和 S-270 型冰箱。它们具有优良的部件,用电源加热,容积在 230～270L 的范围内。在环境温度 25℃时,每天耗电 1.9～2.1kW·h。西比尔公司的气体燃烧器无声,工作可靠,效率高,单位时间煤油燃烧器的供热量为 120～300W。

国外对于使用煤油或煤气加热的吸收式冰箱需求很广。在有些设备上,例如避暑拖车上更欢迎这种冰箱。意大利叶列克托柳克斯公司的这类产品几乎占有 50%的美国市场。

日本三洋公司生产了 20 种吸收式冰箱,其中 6 种为双室式,冷藏室容积从 192L 到 327L。双室冰箱有两种型式:用液化气或交流电工作;用液化气或煤油工作。三洋公司吸收式制冷机的热力系数达 0.45～0.5(蒸发温度-22℃,冷凝温度 55℃)。考虑到一次能源(煤气、煤油)的转换系数为 33%～35%,应用燃料的吸收式冰箱的能耗低于压缩式冰箱,因此在煤气、煤油供应充分的地区,吸收式冰箱有很好的应用前景。

由于 CFCs 对大气臭氧层的破坏,各国正在开发采用新工质的制冷机。扩散-吸收式制冷机因其工质对大气臭氧层无害且制冷机的噪声很低而倍受重视。

第 2 章　制冷剂与载冷剂

1　制冷剂的应用与 CFC$_s$ 的替代

1.1　制冷剂的应用

制冷工质或制冷剂的选择对制冷循环及制冷机的性能有重大影响。

1834 年由美国人珀金斯发明的世界上第一台制冷机采用乙醚作制冷剂。1866 年二氧化碳被用作制冷剂。1872 年，英籍美国人波义耳又发明了以氨为制冷剂的压缩机。

从本世纪 30 年代起，一系列的氟利昂（Freon，美国杜邦公司商标名）陆续出现。如氟利昂 12（或 R12）于 1931 年、R11 于 1932 年、R114 于 1933 年、R113 于 1934 年、R22 于 1936 年、R13 于 1945 年、R14 于 1955 年相继问世。这些热力性能优良、无毒、不燃、能适应不同工作温度范围的制冷剂改善了制冷机的性能，大大促进了制冷与空调工业的发展。除了氨在大型冷库中仍占有相当地位外，"氟利昂"几乎已风靡于制冷领域。随后在 50 年代又开始使用了共沸混合工质，60 年代又开始应用非共沸混合工质。直至 80 年代 CFC$_s$ 问题正式被公认之前，制冷剂的发展几乎已达到了相当完善的地步。

1.2　CFC$_s$ 问题及其替代技术

1974 年美国加里福尼亚大学莫莱耐（Molina）和罗兰（Rowland）教授提出，由于像 R11、R12 等氟氯化碳或称氯氟烃（Chlorofluorocarbon，简称 CFC）的大量使用，当这些在大气中寿命长达几十或几百年的 CFC$_s$ 工质扩散至上层大气时被紫外线光解分裂成自由的氯原子，同温层中的臭氧就会被氯催化而破坏，而臭氧层的减薄或消失，就不能有效地保护地球上的生物免遭紫外线的损伤。

CFC$_s$ 及卤族化合物类物质还是造成温室效应的因素之一。全球气候变暖会导致一系列的环境问题。

地球臭氧层的破坏已引起国际社会的严重关注，1985 年在维也纳制订了《保护臭氧层维也纳公约》。随后，在 1987 年于加拿大制订了《关于消耗臭氧层物质的蒙特利尔议定书》。在议定书中对 CFC$_s$ 工质 R11、R12、R113、R114、R115 及哈龙 1211、1301、2402（主要用于灭火剂）等两类八种物质的生产与使用量进行了控制。并由于观察到臭氧层破坏日益加剧，导致此后一系列的有关会议，不仅在日程上一再提前禁用期限，还逐步扩大了有关物质的限制品种。1991 年 6 月，我国正式提出加入经修正的《蒙特利尔议定书》。1992 年 11 月，在哥本哈根召开了蒙特利尔议定书缔约国第四次会议。该会议决定，对经济发达国家来说，必须在 1995 年年底前完全停止使用 CFC$_s$ 工质。但对 CFC$_s$ 工质人均年使用量在 0.3kg 以下的发展中国家可放宽 10 年期限。此外，还决定自 1996 年起，冻结 HCFC$_s$ 工质（如 R22）的产量。至 2004 年底，削减 HCFC$_s$ 工质产量 35%，2010 年削减 65%，至 2030 年前完全停止使用 HCFC$_s$ 工质。这一系列的国际性决定迫使制冷、空调界要寻找新的替代工质来逐步淘汰原先认为性能优良的 R12、R22 等工质。当然，随之而来的便是新的替代工质的应用也会影响到制冷系统的变革。也就是说，制冷压缩机、换热器，节流元件及润滑油，干燥过滤器等均应与新的制冷剂相适应。

对常用的制冷工质替代可分成两大阶段，即近期对 CFC, 工质（主要是 R11，R12，也包括 R502 等）的替代，随后是对 HCFC, （主要是 R22）的替代。

对 R11（或 CFC-11）的替代，从其标准蒸发温度及热力性质相近的角度出发，优先考虑的是 R123（或 HCFC-123）。已有较成熟的报告认为，在离心式制冷机中用 R123 替代 R11，效果十分良好。但从对 R123 的毒性试验结果来看，似乎人们对 R123 的大量使用还有所保留。在离心式制冷机中，用 R22 或 R134a 来替代 R11 也是一种途径，但它们与 R11 的性能相差较大。再者，因 R123 属于 HCFC,，最终还是属于被淘汰之列。

对 R12（或 CFC-12）的替代，大量的研究工作表明，作为单工质，最优先考虑的是用 R134a（或 HFC-134a）替代。替代中的一系列技术问题（如制冷系统的耗功，制冷量，润滑油，干燥剂等）几乎已逐步解决。当然，仅从热力性能说来，用 R152a 来替代 R12 似乎更好些。但 R152a 的缺点是它的可燃性。对于小型的 R12 制冷装置，如家用冰箱或冷柜，另一种有效替代途径是用碳氢化合物（如丙烷或异丁烷），此时因充注量少，碳氢化合物的可燃性比较容易控制与管理。

除了单工质，也有许多研究工作者认为，可用二元或三元非共沸混合工质来替代 R12。较为成熟的混合工质是 R22/R152a，R22/R142b，R134a/R152a，R22/R124/R152a 以及 R134a/R22/R152a 等。但这些非共沸工质的采用在系统热力计算与设计、工质的充注及管理以及工质泄漏影响及补充等均比单工质要复杂些。

自 1992 年哥本哈根会议以来，国际上已开始对 R22 的替代进行了研究。迄今为止，还提不出一种较理想的单工质来替代性能优良的 R22。较有可能替代 R22 的混合工质有 R32/R134a，R32/R125 以及 R32/R125/R134a，如 R407C，R410A 等等。

最近，国际制冷界提出用天然制冷剂（像氨、二氧化碳及碳氢化合物等）来替代 CFC, 与 HCFC, 是一个十分值得注意的动向。这将涉及对某些天然制冷剂可燃性问题的处理以及制冷系统及机器结构上的改变。

总之，CFC, 与 HCFC, 工质的替代，是制冷剂发展史上一个十分重要的标志。

2 对制冷剂的要求

2.1 一般要求

制冷剂根据其不同的使用场合有着不同的要求，通常需要满足下列要求：

1) 制冷剂的热力性质好。要求工质在相同的工作条件（即相同的环境温度和制冷空间温度）下，用同样的输入功率，产生较大的制冷量。

2) 制冷剂具有适宜的饱和压力和压力比。在工作温度范围内，其蒸发压力不要低于大气压力，否则容易使空气进入制冷系统，致使制冷机的制冷能力下降，功耗增加。此外，其冷凝压力不宜过高，否则会导致设备笨重。冷凝压力与蒸发压力比也不宜过大，否则会导致压缩机排气温度过高和往复式压缩机输气系数降低。

3) 对容积式压缩机，希望有较大的单位体积制冷量 q_v，这有利于减小压缩机的尺寸；对离心式压缩机，因过小的尺寸反而会造成制造上的困难，故需要 q_v 较小的制冷剂。

4）制冷剂具有较低的压缩终了温度。压缩机排气温度过高会影响润滑油的润滑性能，并且加剧制冷剂与金属材料间的化学反应，影响压缩机的使用寿命。

5）良好的流动性。要求制冷剂粘度和密度小，以减小制冷剂在管道内的流动阻力损失。

6）较好的换热特性。要求制冷剂热导率大，而粘度小，从而提高换热设备的传热系数，减小设备尺寸，提高循环效率。

7）与润滑油的相溶性好。在小型不设油分离设备的制冷系统中，润滑油能随制冷剂一起回到压缩机，保证压缩机得到良好的润滑。

8）从安全角度考虑制冷剂应无毒、不燃烧、不爆炸。

9）具有良好的化学稳定性，不与油、水、金属材料及密封材料产生化学反应，制冷剂本身在高温下也不易分解。

10）易检漏。

11）价格低，容易获得。

2.2 考虑环境因素对制冷剂提出新的要求

由于氯氟烃（CFC_s）对大气臭氧层具有破坏作用，并产生温室效应，因此国际社会已开始限用，并逐步禁用，其中包括目前使用十分广泛的 R11 和 R12。为了评估各种工质对臭氧层的消耗能力和对全球温室效应的作用，提出了用消耗臭氧潜能值（Ozone Depletion Potential）简称 ODP 值和全球变暖潜能值（Global Warming Potential）简称 GWP 值两个指标。规定 R11 的 ODP 值、GWP 值均为 1.0，这样就可用 ODP 值表示各种工质相对 R11 对臭氧层消耗能力的大小；用 GWP 值表示相对 R11 的温室效应能力的大小。选择制冷剂时须考虑这两个值。显然制冷剂的 ODP 值和 GWP 值越小越好。表 2-1 为各种制冷工质的 ODP 值和 GWP 值。

表 2-1 一些制冷工质的 ODP 值与 GWP 值

制冷工质	ODP	GWP	制冷工质	ODP	GWP
R11(CFC—11)	1.0	1.0	HCFC—124	0.016~0.024	0.092~0.10
R12(CFC—12)	0.9~1.0	2.8~3.4	HFC—125	0	0.51~0.65
R13(CFC—13)	1.0		HFC—134a	0	0.24~0.29
R113(CFC—113)	0.8~0.9	1.3~1.4	HCFC—141b	0.07~0.11	0.084~0.097
R114(CFC—114)	0.6~0.8	3.7~4.1	HCFC—142b	0.05~0.06	0.34~0.39
R115(CFC—115)	0.3~0.5	7.4~7.6	HFC—143a	0	0.72~0.76
R22(HCFC—22)	0.04~0.06	0.32~0.37	HFC—152a	0	0.026~0.033
R123(HCFC—123)	0.013~0.022	0.017~0.020			

注：本表数值取自联合国环境署技术方案专家组报告。

3 制冷剂的分类

3.1 制冷剂的种类和代号

目前国际上最通用的对制冷剂编号的方法是采用美国供暖制冷空调工程师协会标准的规定。制冷剂以 R 开头，后面跟一个数字，数字与制冷剂所属的种类及分子结构有关。

3.1.1 无机化合物

无机化合物的代号以 R7 开头，后面再跟化合物相对分子质量的整数部分。当两种或两种以上的化合物具有相同的相对分子质量时，则在数字后面再跟小写英文字母如 a、b 等来区别。例如：NH_3 相对分子质量为 17，其代号为 R717；H_2O 相对分子质量为 18，其代号为 R718。

3.1.2 氟利昂制冷剂

氟利昂制冷剂的代号是根据其分子组成确定的。

氟利昂是饱和碳氢化合物的卤族元素衍生物，其通用分子式为

$$C_mH_nF_xCl_yBr_z$$

由于氟利昂是烷族的卤族元素衍生物，因而

$$2m+2=n+x+y+z$$

规定氟利昂代号为：R(m-1)(n+1)(x)B(z)，若 m-1=0，可不写；如溴原子为零则 B 可省略。例如，三氟二氯乙烷分子式为 $C_2HCl_2F_3$ 即 m=2-1=1，n=1+1=2，x=3，z=0，故其代号为 R123。若有同素异形体化合物，则在其后加小写字以示区别，如 R134a。一些制冷剂的代号如表 2-2 所示。

表 2-2　一些氟利昂制冷剂的代号

制 冷 剂	分子式	代　号	制 冷 剂	分子式	代　号
一氟三氯甲烷	$CFCl_3$	R11	四氟乙烷	$C_2H_2F_4$	R134a
二氟二氯甲烷	CF_2Cl_2	R12	二氟乙烷	$C_2H_4F_2$	R152a
二氟一氯甲烷	CHF_2Cl	R22	三氟二氯乙烷	$C_2HCl_2F_3$	R123

在上表中 R11 与 R12 属于 CFCs 工质，R22 与 R123 属于 HCFC 工质，而 R134a 和 R152a 则属于 HFC 工质。

3.1.3 饱和碳氢化合物

饱和碳氢化合物可参照氟利昂的编号规则，如甲烷为 R50，但丁烷则不按上述规则，而记为 R600，丁烷的同素异形体异丁烷记为 R600a。

3.1.4 烯烃和它们的卤族衍生物

规定 R 后面先跟 1，然后再跟按氟利昂规则编号的数字。常见的烯烃及其卤族元素衍生物的代号如表 2-3 所示。

表 2-3　非饱和碳氢化合物及其卤族元素衍生物的代号

制 冷 剂	分子式	代　号	制 冷 剂	分子式	代　号
二氟二氯乙烯	$CF_2=CCl_2$	R1112a	二氟乙烯	$CH_2=CF_2$	R1132a
四氟乙烯	$CF_2=CF_2$	R1114	乙烯	$CH_2=CH_2$	R1150
三氯乙烯	$CHCl=CCl_2$	R1120	丙烯	$CH_2CH_2=CH_2$	R1270

3.1.5 环状化合物

环状化合物的代号以 RC 开头，后面的数字部分仍按氟利昂的编写规则。如六氟二氯环丁烷可记作 RC316；七氟一氯环丁烷记作 RC317；八氟环丁烷记作 RC318。

3.1.6 共沸制冷剂

共沸制冷剂是由两种或两种以上单质制冷剂按一定比例的混合物。因为它能像单工质那样在恒定的压力下具有恒定的蒸发温度，且气相与液相组分相同，所以被称为共沸制冷剂。共沸制冷剂代号以 R5 开头，后面两位数字按规定投入实用的先后次序编号。表 2-4 为常用共沸制冷剂的代号及组分。

表 2-4 共沸制冷剂的代号

编 号	单一制冷剂名称	混合的质量比	编 号	单一制冷剂名称	混合的质量比
R500	R12/R152a	73.8/26.2	R504	R32/R115	43.2/51.8
R501	R22/R12	75/25	R505	R12/R31	78.0/22.0
R502	R22/R115	48.8/51.2	R506	R31/R114	55.1/44.9
R503	R23/R13	40.1/59.9	R507	R125/R143a	50/50

3.1.7 非共沸制冷剂

非共沸制冷剂也由多种互溶的单质制冷剂混合而成、非共沸制冷剂在恒定的压力下不具有恒定的蒸发温度，而且在整个蒸发过程中，气相和液相的组分是不同的，可变的。非共沸制冷剂在冷凝过程中也有类似的特性。常见的非共沸制冷剂有 R12/R22、R21/R22、R12/R13、R114/R22、R22/R142、R13B1/R12、R22/R13B1 以及 R32/R134a、R32/R125/R134a。

某些非共沸制冷剂在蒸发过程中，其压力与温度关系有类似共沸制冷剂的特点，被称为近共沸制冷剂。如用于替代 R12 的 R22/R124/R152a（质量比为：52/20/28）以及用于替代 R502 的 R125/R22/R290（质量比为：38/60/2，即 R402A）、R125/R143a/R134a（质量比为：44/52/4，即 R404A）均属于三元近共沸制冷剂。

3.2 制冷剂代号的新表示法

由于部分氟利昂制冷剂对大气臭氧层有破坏作用，且破坏作用的大小直接与制冷剂的分子组成有关，因此，为了更明显地表达制冷剂的分子组成，近年来国际上引入一种新的表示方法，即用一串代表工质原子组成的字母代替原表示方法中的 R，其后跟一个数字，数字规定同前。例如用 HCFC 代表含有氢、氯、氟和碳原子的工质。其中 H、C、F、C 分别代表上述四种原子。如常用的 R22 可表示为 HCFC—22；若工质分子中不含氢原子，则以 CFC 表示，如 CFC—11、CFC—12；若工质分子中不含氯原子，则用 HFC 表示，如 HFC—152a，HFC—134a 等。

3.3 制冷剂的分类

表 2-5 为按代号顺序排列的常用制冷剂的物理性质。

制冷剂工作时需要合适的工作压力。蒸发压力希望略大于大气压力，冷凝压力不要过高，因此，每种制冷工质都有着各自的工作温区，根据制冷剂蒸发温度的不同，可把制冷剂分成高温制冷剂、中温制冷剂和低温制冷剂。

高温制冷剂在常温下具有较低的饱和压力，一般小于 300kPa，所以又称低压制冷剂。主要用于蒸发温度大于 0℃ 的场合，如空调。

中温制冷剂在常温下的饱和压力为 300~2000kPa，压力适中，所以也称中压制冷剂，主要用于蒸发温度为 −60~0℃ 的场合，是应用得最多，制冷范围最广的制冷剂。

低温制冷剂在常温下的饱和压力，一般大于 2000kPa，所以也称为高压制冷剂，主要用于蒸发温度低于 −60℃ 的场合，通常在复叠式制冷机的低温级中使用。

表 2-5 制冷工质的一般特性

名　称	符　号	分子式	相对分子质量 M	标准沸点 t_s/℃	凝固温度 t_f/℃	临界温度 t_c/℃	临界压力 p_c/MPa	临界比体积 $v_c \times 10^3$/(m³·kg⁻¹)	等熵指数 k(20℃,103.25kPa)
一氟三氯甲烷	R11	CFCl₃	137.39	23.7	−111.0	198.0	4.37	1.805	1.135
二氟二氯甲烷	R12	CF₂Cl₂	120.92	−29.8	−155.0	112.04	4.12	1.793	1.138
三氟一氯甲烷	R13	CF₃Cl	104.47	−81.5	−180.0	28.78	3.86	1.721	1.15(10℃)
三氟一溴甲烷	R13B1	CF₃Br	148.90	−58.7	−168	67	3.91	1.343	1.12(0℃)
四氟甲烷	R14	CF₄	88.01	−128.0	−184.0	−45.5	3.75	1.58	1.22(−80℃)
一氟二氯甲烷	R21	CHFCl₂	102.92	8.90	−135.0	178.5	5.166	1.915	1.12
二氟一氯甲烷	R22	CHF₂Cl	86.48	−40.84	−160.0	96.13	4.986	1.905	1.194(10℃)
三氟甲烷	R23	CHF₃	70.01	82.2	−160.0	25.9	4.68	1.905	1.19(0℃)
二氯甲烷	R30	CH₂Cl₂	84.94	40.7	−96.7	245	5.95	2.12	1.18(30℃)
二氟甲烷	R32	CH₂F₂	52.02	−51.2	−78.4	59.5	—	—	—
氯甲烷	R40	CH₃Cl	50.49	−23.74	−97.6	143.1	6.68	2.70	1.2(30℃)
甲烷	R50	CH₄	16.04	−161.5	−182.8	−82.5	4.65	6.17	1.31(15.6℃)
三氟三氯乙烷	R113	C₂F₃Cl₃	187.39	47.68	−36.6	214.1	3.415	1.735	1.08(60℃)
四氟二氯乙烷	R114	C₂F₄Cl₂	170.91	3.5	−94.0	145.8	3.275	1.715	1.092(10℃)
五氟一氯乙烷	R115	C₂F₅Cl	154.48	−38	−106.0	80.0	3.24	1.680	1.091(30℃)
六氟乙烷	R116	C₂F₆	138.02	−78.2	−100.6	24.3	3.26	—	—
三氟二氯乙烷	R123	C₂HF₃Cl₂	152.9	27.9	−107	183.8	3.67	1.818	1.09
四氟乙烷	R134a	C₂H₂F₄	102.0	−26.2	−101.0	101.1	4.06	1.942	1.11
二氟一氯乙烷	R142	C₂H₃F₂Cl	100.48	−9.25	−130.8	136.45	4.15	2.35	1.12(0℃)
三氟乙烷	R143	C₂H₃F₃	84.04	−47.6	−111.3	73.1	3.776	2.305	—
二氟乙烷	R152a	C₂H₄F₂	66.05	−25	−117.0	113.5	4.49	2.74	—
乙烷	R170	C₂H₆	30.06	−88.6	−183.2	32.1	4.933	4.7	1.18(15.6℃)
丙烷	R290	C₃H₈	44.1	−42.17	−187.1	96.8	4.256	4.46	1.13(15.6℃)
八氟环丁烷	RC318	C—C₄F₈	200.04	−5.97	−40.2	115.39	2.783	1.613	1.03(0℃)
R12 和 R152a 的共沸混合物	R500	CF₂Cl₂/C₂H₄F₂ 73.8/26.2	99.30	−33.3	−158.9	105.5	4.30	2.008	1.127(30℃)
R22 和 R12 的共沸混合物	R501	CHF₂Cl/CF₂Cl₂ 75/25	93.1	−43.0	—	100.0	—	—	—
R22 和 R115 的共沸混合物	R502	CHF₂Cl/C₂F₅Cl 48.8/51.2	111.64	−45.6	—	90.0	42.66	1.788	1.133(30℃)
R23 与 R13 的共沸混合物	R503	CHF₃/CF₃Cl 40.1/59.9	87.24	−88.7	—	19.49	4.168	—	1.21(−34℃)
R32 与 R115 的共沸混合物	R504	CH₂F₂/C₂F₅Cl 48.2/51.8	79.2	−57.2	—	66.1	4.844	—	1.16

名　称	符　号	分子式	相对分子质量 M	标准沸点 $t_s/°C$	凝固温度 $t_f/°C$	临界温度 $t_c/°C$	临界压力 p_c/MPa	临界比体积 $v_c×10^3/$ $(m^3 \cdot kg^{-1})$	等熵指数 $k(20°C,$ $103.25kPa)$
正丁烷	R600	C_4H_{10}	58.13	−0.5	−138.5	152.0	3.794	4.383	1.10(15.6°C)
异丁烷	R600a	C_4H_{10}	58.13	−11.73	−160	135	3.645	4.526	—
氨	R717	NH_3	17.03	−33.35	−77.7	132.4	11.52	4.13	1.32
水	R718	H_2O	18.02	100.0	0.0	374.12	21.2	3.0	1.33(0°C)
二氧化碳	R744	CO_2	44.01	−78.52	−56.6	31.0	7.38	2.456	1.295
乙烯	R1150	C_2H_4	28.05	−103.7	−169.5	9.5	5.06	4.62	1.22(15.6°C)
丙烯	R1270	C_3H_6	42.08	−47.7	−185.0	91.4	46.0	4.28	1.15(15.6°C)

4　主要制冷剂及其应用

本节主要介绍水、氨、R12、R22、R502、R134a 及 R152 的化学性能，上述制冷剂与水及润滑油的互溶性、对各种材料的相容性、毒性、燃烧性、热稳定性和对环境的影响，以及它们在制冷空调工程中的应用。

4.1　水

水，符号 R718，化学分子式 H_2O，标准沸点 100°C。冰点 0°C，无毒，无味，不易燃，不易爆。它来源广，价格低，使用安全。但水蒸气比体积大，常温下蒸发压力很低，系统处于高真空状态，所以用水作制冷剂仅限于 0°C 以上，且不宜在压缩式制冷机中使用，只适合在空调中的吸收式和蒸气喷射式制冷机中使用，例如：溴化锂吸收式冷水机组。

4.2　氨

氨，符号 R717，化学分子式 NH_3，标准沸点 −33.4°C，凝固温度 −77.7°C。

氨易于燃烧和爆炸。当空气中氨含量达到 11%～14%（指体积分数）即可点燃（黄色火焰），当含量达到 16%～25% 时可引起爆炸，为了防止爆炸，必须限制排气温度和压力，并且对气缸采取水冷措施，除此之外，氨制冷系统必须设空气分离装置，及时排除系统内的空气和其它不凝性气体。

氨毒性大，蒸气无色，有强烈刺激性臭味，当空气中氨含量（体积分数）达到 0.5%～0.8%时，会引起人体严重受损，因此车间内工作区氨蒸气质量浓度不得超过 0.02mg/L。

氨与水可以任何比例互溶，形成的氨水溶液在低温下水不会从氨中析出，因此氨制冷系统可不设干燥器，但氨水溶液对金属腐蚀加剧。而且蒸发温度也略升高，所以氨液中水含量质量分数不能超过 0.2%。

氨在润滑油中不易溶解，为了减少润滑油进入冷凝器和蒸发器中，从而影响传热效果，氨制冷装置中必须设有油分离装置，而且在冷凝器、蒸发器及贮液器底部设放油孔，定期放油。

纯氨不腐蚀钢铁，但含水时对锌、铜及其它合金有腐蚀，只有磷青铜例外，故氨制冷机中不允许使用铜和铜合金，必要时只能用高锡磷青铜。

氨单位体积制冷量 q_v 较 R12、R22 大，所以相同制冷量时，氨制冷机尺寸较小，氨的价格也最便宜。

氨工作压力适中，是应用最为广泛的中温制冷剂之一，尤其适用于大型的活塞式、回转式和离心式制冷机中，可用于制冰、冷藏、化学工业和其它工业之中。但其有毒，须注意通风安全。

寻找泄漏部位时，可以在接头、焊缝处涂以肥皂水，如有气泡产生，说明该处泄漏；还可以用石蕊试纸或酚酞试纸，如有漏氨，石蕊试纸由红变蓝，酚酞试纸则变成玫瑰红色。

4.3 氟利昂 12

符号 R12，化学分子式 CF_2Cl_2，无色、透明、没有气味，标准沸点 $-29.8℃$，冷凝压力比氨低，它的蒸气无色、无毒、不燃烧、不爆炸，在 $400℃$ 高温并与明火接触时，能分解出有毒的光气 $(CoCl_2)$，因此应避免明火情况下放空。

水在 R12 液体中溶解度很小，而且随温度的降低而减小。因此，为防止冰塞现象发生，规定 R12 含水量不得超过 0.025%（质量分数）；在向系统中充注 R12 时要用干燥器将 R12 中水分吸收掉，或者在系统中装设干燥器。

在单级压缩系统中，R12 液体能够与润滑油以任意比例互溶，因此在 R12 制冷系统中一般都采用蛇管式蒸发器（包括壳管式蒸发器），上部进液，下部回气，并要求一定的回气速度，以保证回油。

R12 能溶解多种有机物质，会造成密封材料的膨胀而引起制冷剂泄漏，因此必须用氯丁二烯人造橡胶或丁腈橡胶作为密封材料。

R12 的渗透性很强，能透过机器的结合缝隙、铸件中小孔及螺纹等结合处，所以对铸件的质量要求高，机器密封性要好。

R12 应用的温度范围 $10\sim-60℃$，它主要用于中、小型制冷装置中，如冰箱、空调器、去湿机、小冷库等。与氨和 R22 相比，R12 在相同温度下的饱和压力低，压缩终温低，单位体积制冷量小，相对分子质量大，所以它也可用于双级压缩制冷系统和容量在 1000kW 以上的大型离心式压缩机组。

4.4 氟利昂 22

符号 R22，化学分子式 CHF_2Cl、R22 的标准沸点为 $-40.8℃$，凝固温度为 $-160℃$。

R22 不燃烧、不爆炸、无色、无味，毒性比 R12 稍大。

水在 R22 液体中的溶解度比 R12 稍大，这样在制冷机工作中，同样会发生冰塞现象。因此也要求 R22 含水量不大于 0.0025%（质量分数），系统中也必须配干燥器。

R22 与润滑油是部分溶解的，其溶解度亦随温度的降低而减小。

R22 对金属的作用与 R12 相同，但对有机物质则比 R12 有更强的腐蚀能力。密封材料可采用氯乙醇橡胶或 CH—1—30 橡胶。封闭式压缩机中电动机可采用 QF 改性缩醛漆包线（E 级绝缘），QZY 聚脂亚胺漆包线。

R22 为中温制冷剂，温度范围 $0\sim-80℃$，R22 在常温下的冷凝压力和体积制冷量与氨差不多，压缩终温介于 R12 和 R717 之间。在中等温度下 R22 的饱和压力比 R12 高 65%，单位体积制冷量比 R12 大得多。

R22 比 R12 更易泄漏，它的检漏方法与 R12 相同。

目前，R22 越来越多地应用于小型空调装置中。R22 使用在双级压缩机中可达到 $-50\sim$

−60℃的低温。在−80℃的复迭压缩式低温箱中常用来作高温级的制冷剂。

4.5 R502

R502是由R115和R22以51.2%和48.8%的质量百分比混合而成的一种共沸溶液制冷剂，它是一种中温制冷剂，温度范围0～−80℃。

R502不燃、不爆、无毒、对金属无腐蚀作用。

相同工况下R502排气温度与R12相接近，比R22要低，R502的排气温度比R22低10～25℃，适用于全封闭和半封闭制冷压缩机系统，由于排气温度低，冷凝温度可允许达到60℃，并可采用风冷式冷凝器。

与R22相比，在同样的蒸发温度和冷凝温度下，R502的吸入压力高，而压缩比小，故压缩机的输气系数和制冷量都较高。而且使用单级压缩的蒸发温度可达−60℃。实验数据表明，与R22相比，采用R502的单级压缩机，制冷量可增加5%～30%；两级压缩机，制冷量可增加4%～20%。在低温下制冷量的增加较大。

R502特别适用于单级，低蒸发温度（低于−15℃）的低温冷藏装置中，机组采用全封闭和半封闭制冷压缩机，配风冷冷凝器。

4.6 R134a

R134a的化学分子式为$C_2H_2F_4$，常压下的蒸发温度为−26.2℃，无毒，不燃不爆。与R12有着相似的热力性质，其ODP值为0，GWP值为0.24～0.29，对臭氧层无破坏作用，温室效应也较小。

R134a与R12相比，在相同的蒸发温度下，其蒸发压力略低，而在相同的冷凝温度下，其冷凝压力略高于R12。R134a的单位体积制冷量略低于R12，其理论循环效率也比R12略有下降，一般来讲采用R134a的压缩机其制冷量和单位功耗都将下降2%～5%，采用过冷和回热循环后，可缩小这种差距。

R134a的等熵指数较R12小，所以在同样的蒸发温度和冷凝温度下，其排气温度较低。

与R12相比，水在R134a中的溶解度更小，因此在使用R134a的制冷系统中，尤其是低温系统，需要采用吸水性能更好的干燥过滤器。

R134a的换热性能比R12有较大的提高，其冷凝和蒸发过程的表面传热系数一般与R12相比要高15%～35%，这将提高R134a系统的效率和性能。

R134a与传统的矿物油不相溶，因此必须采用新的润滑油与R134a相适应。目前有聚二醇类（Polyalkene Glycol 简称PAG）和聚酯类（Polyol Ester 简称POE）两种。

目前R134a替代R12的研究工作还在不断发展之中，在汽车空调中R134a替代R12已成定局，在其它场合如冰箱、冷柜、运输式制冷机组等，R134a仍然是最有希望的替代工质之一。

4.7 R123

R123的化学分子式为$C_2HF_3Cl_2$，标准沸点为27.9℃，无毒，不燃，不爆，ODP值为0.013～0.022，GWP值为0.017～0.020。

R123是近年来发展起来的一种新型制冷剂，其热力性质与R11相似，是R11最有希望的替代工质，可用于大型离心式制冷机中。

R123属于乙烷的衍生物，在相同的温度下饱和压力略低于R11，单位体积制冷量也比R11略低，但有微毒性。

4.8　R152a

R152a 分子式为 $C_2H_4F_2$，属中温制冷剂。

R152a 具有可燃性，但与其它工质混合达到一定比例后，就不再可燃。通常 R152a 不作单工质使用。在目前的 CFC 替代研究中，将 R152a 与其它工质混合形成二元或多元混合工质用于 R12 等 CFC 制冷剂的替代。

除了可燃性以外，R152a 是一种热力性质较好的制冷剂，它的饱和压力略低于 R12，但理论循环效率比 R12 略高，而且能与普通的矿物润滑油相容。

5　主要制冷剂的热物理性质

主要制冷剂详细的热物理性质示于附录图 1 至附录图 6 中。其名称如下：附录图 1：制冷剂饱和液体比热容；附录图 2：制冷剂饱和气体比定压热容；附录图 3：制冷剂饱和液体热导率；附录图 4：制冷剂饱和气体热导率；附录图 5：制冷剂饱和液体动力粘度；附录图 6：制冷剂饱和气体动力粘度。

6　制冷剂的热力学性质计算

制冷剂的热力学性质是进行制冷循环分析计算的基础。从理论上讲，只要状态方程有足够的精度，那么只须状态方程和制冷工质在理想气体状态下的比热容方程，即可根据热力学基本关系式导出制冷工质的所有热力性质表达式。然而，一般的状态方程往往很难保证在气相和液相同时具有很高的精度，所以通常状态方程仅描述工质的气体状态，而饱和气体压力和饱和液体密度由单独的表达式直接给出，工质的气相饱和状态由状态方程和饱和气体压力表达式联立求得。通常，实际工质的状态方程是一种半经验方程，不同的学者提出了不同的表达式。在制冷领域中，马丁-侯（Martin-Hou）方程是最常用的方程之一。下面就介绍马丁-侯方程的表达式和一些常用工质的热力性质计算系数。

（1）状态方程

$$p = \frac{RT}{v-b} + \frac{A_2 + B_2T + C_2e^{-KT/T_c}}{(v-b)^2} + \frac{A_3 + B_3T + C_3e^{-KT/T_c}}{(v-b)^3} +$$

$$\frac{A_4 + B_4T + C_4e^{-KT/T_c}}{(v-b)^4} + \frac{A_5 + B_5T + C_5e^{-KT/T_c}}{(v-b)^5} +$$

$$\frac{A_6 + B_6 + C_6e^{-KT/T_c}}{e^{av}(1 + c'e^{av})} \tag{2-1}$$

（2）饱和气体压力（单位为 kPa）

$$\ln p = A + \frac{B}{T} + CT + DT^2 + E\frac{(F-T)}{T}\ln(F-T) + G\ln T \tag{2-2}$$

（3）饱和液体密度（单位为 kg/m³）

$$\rho_l = \rho_c + \sum_{i=1}^{6} D_i\left(1 - \frac{T}{T_c}\right)^{i/3} \tag{2-3}$$

（4）理想气体比定容热容〔单位为 kJ/(kg·K)〕

$$c_v = c_1 + c_2T + c_3T^2 + c_4T^3 + \frac{c_5}{T} + \frac{c_6}{T^2} \tag{2-4}$$

(5) 气体比焓（单位为 kJ/kg）

$$h = c_1 + \frac{c_2 T^2}{2} + \frac{c_3 T^3}{3} + \frac{c_4 T^4}{4} + c_5 \ln T - \frac{c_6}{T} + pv +$$

$$\left\{ \frac{A_2}{v-b} + \frac{A_3}{2(v-b)^2} + \frac{A_4}{3(v-b)^3} + \frac{A_5}{4(v-b)^4} + \right.$$

$$\left. \frac{A_6}{\alpha} \left[\frac{1}{e^{\alpha v}} + c' \ln \left(1 + \frac{1}{c' e^{\alpha v}} \right) \right] \right\} +$$

$$e^{-KT/T_c} \left(1 + \frac{KT}{T_c} \right) \left\{ \frac{C_2}{v-b} + \frac{C_3}{2(v-b)^2} + \frac{C_4}{3(v-b)^3} + \frac{C_5}{4(v-b)^4} + \right.$$

$$\left. \frac{C_6}{\alpha e^{\alpha v}} - \frac{C_6 c'}{\alpha} \ln \left(1 + \frac{1}{c' e^{\alpha v}} \right) \right\} + h_0 \tag{2-5}$$

式中的 h_0 为由基准点比焓值确定的积分常数。

(6) 气体比熵〔单位为 kJ/(kg·K)〕

$$s = C_1 \ln T + C_2 T + \frac{C_3 T^2}{2} + \frac{C_4 T^3}{3} - \frac{C_5}{T} - \frac{C_6}{2T^2} + R\ln(v-b) -$$

$$\left[\frac{B_2}{v-b} + \frac{B_3}{2(v-b)^2} + \frac{B_4}{3(v-b)^3} + \frac{B_5}{4(v-b)^4} \right] +$$

$$\frac{B_6}{\alpha} \left[\frac{1}{e^{\alpha v}} - c' \ln \left(1 + \frac{1}{c' e^{\alpha v}} \right) \right] +$$

$$\frac{K e^{-KT/T_c}}{T_c} \left[\frac{C_2}{v-b} + \frac{C_3}{2(v-b)^2} + \frac{C_4}{3(v-b)^3} + \frac{C_5}{4(v-b)^4} + \right.$$

$$\left. \frac{C_6}{\alpha e^{\alpha v}} - \frac{C_6 c'}{\alpha} \ln \left(1 + \frac{1}{c' e^{\alpha v}} \right) \right] + s_0 \tag{2-6}$$

式中的 s_0 为由基准点比熵值确定的积分常数。

(7) 气体气化热、液体比焓和液体比熵〔单位分别为 kJ/kg、kJ/kg 和 kJ/(kg·K)〕

$$r = T(v'' - v')p \left\{ -\frac{B}{T^2} + C + 2D - E\left[\frac{1}{T} + \frac{F\ln(F-T)}{T^2} \right] + \frac{G}{T} \right\} \tag{2-7}$$

$$h' = h'' - r' \tag{2-8}$$

$$s' = s'' - \frac{r'}{T} \tag{2-9}$$

式(2-1)~式(2-9)中各符号的意义如下：

c_v——比定压热容，单位为 kJ/(kg·K)；

h——比焓，单位为 kJ/kg；

p——压力，单位为 kPa；

r——气化热，单位为 kJ/kg；

s——比熵，单位为 kJ/(kg·K)；

T——热力学温度，单位为 K；

v——比体积，单位为 m³/kg；

ρ——密度，单位为 kg/m³；

42

上标

　'——液体；

　"——气体；

下标

　c——临界状态；

　l——液体。

表 2-6 为一些常见制冷工质的马丁-候公式计算系数。

表 2-6　一些制冷工质的马丁-候公式系数

系　数＼工　质	R22	R134a	R502	R12
R	9.61470×10^{-2}	8.148816×10^{-2}	7.44744×10^{-2}	6.87481×10^{-2}
b	1.24856×10^{-4}	3.455467×10^{-4}	1.04255×10^{-4}	4.06368×10^{-4}
A_2	-1.16982×10^{-1}	-1.19505×10^{-1}	-8.76340×10^{-2}	-9.16214×10^{-2}
B_2	1.16432×10^{-4}	1.13759×10^{-4}	9.95215×10^{-5}	7.71140×10^{-5}
C_2	-1.18410	-3.531592	-6.51580×10^{-1}	-1.52525
A_3	-2.92955×10^{-5}	1.44780×10^{-4}	5.84882×10^{-5}	1.01050×10^{-4}
B_3	2.30321×10^{-7}	-8.94255×10^{-8}	-2.62063×10^{-8}	-5.67543×10^{-8}
C_3	2.48898×10^{-3}	6.46925×10^{-3}	5.58177×10^{-4}	2.19984×10^{-3}
A_4	2.41921×10^{-7}	-1.04901×10^{-7}	-8.98151×10^{-8}	-5.74646×10^{-8}
B_4	-6.79674×10^{-10}	0	1.32402×10^{-10}	0
C_4	0	0	2.34706×10^{-6}	0
A_5	-2.43461×10^{-10}	$-6.953904 \times 10^{-12}$	5.77716×10^{-11}	0
B_5	6.30209×10^{-13}	1.269806×10^{-13}	-9.31617×10^{-14}	4.08198×10^{-14}
C_5	-1.20621×10^{-9}	-2.05137×10^{-9}	-2.42983×10^{-9}	-1.66309^{-10}
A_6	9.40023×10^8	0	-2.63778×10^8	0
B_6	-2.07581×10^{-4}	0	6.92709×10^5	0
C_6	0	0	1.06030×10^{10}	0
K	4.2	5.475	4.2	5.475
α	8781.32	0	9755.24	0
c'	0	0	7.0×10^{-7}	0
T_c	369.167	374.25	355.311	385.167
d_c	524.765	512.2	560.646	558.083

（续）

系　数 ＼ 工　质	R22	R134a	R502	R12
T_0	273.161	273.15	273.15	273.167
A	6.46465×10	2.48034×10	2.57445×10	8.64361×10
B	-4.81897×10^3	-3.98041×10^3	-4.52191×10^3	-4.39619×10^3
C	9.08068×10^{-3}	-2.40533×10^{-2}	-7.23802×10^{-3}	1.96061×10^{-2}
D	0	2.245211×10^{-4}	0	0
E	4.45747×10^{-1}	1.99555×10^{-1}	8.16114×10^{-1}	0
F	3.81167×10^2	3.74847×10^2	3.63333×10^2	0
G	-7.86103	0	-3.69835×10^{-1}	-1.24715×10
D_1	8.75159×10^2	8.19618×10^2	8.56737×10^2	8.54444×10^2
D_2	5.88661×10^2	1.02358×10^3	1.02301×10^3	0
D_3	-3.57093×10^2	-1.15676×10^3	-1.12258×10^3	2.99407×10^2
D_4	3.27951×10^2	7.89719×10^2	7.76559×10^2	0
D_5	0	0	0	3.52149×10^2
D_6	0	0	0	-5.04741×10
c_1	1.17768×10^{-1}	-8.67456×10^{-2}	8.54903×10^{-2}	3.38900×10^{-2}
c_2	1.69973×10^{-3}	3.29657×10^{-3}	2.25846×10^{-3}	2.50702×10^{-3}
c_3	-8.83043×10^{-7}	-2.01732×10^{-6}	-1.91140×10^{-6}	-3.27451×10^{-6}
c_4	0	0	5.39835×10^{-10}	1.64174×10^{-9}
c_5	0	1.58217×10	0	0
c_6	3.32542×10^2	0	0	0

7　主要制冷剂的热力学性质表和图

主要制冷剂的热力学性质如表 2-7 至表 2-14 所示。也可在附录图 7 至附录图 13 中查取。这些表和附录图的名称如下：表 2-7：R12 饱和状态下的热力性质；表 2-8：R22 饱和状态下的热力性质；表 2-9：R123 饱和状态下的热力性质；表 2-10：R134a 饱和状态下的热力性质；表 2-11：R152a 饱和状态下的热力性质；表 2-12：R502 饱和状态下的热力性质；表 2-13：R717（氨）饱和状态下的热力性质；表 2-14：R718（水）饱和状态下的热力性质；附录图 7：R12 压-焓图；附录图 8：R22 压-焓图；附录图 9：R123 压-焓图；附录图 10：R134a 压-焓图；附录图 11：R152a 压-焓图；附录图 12：R502 压-焓图；附录图 13：R717（氨）压-焓图。

表 2-7 R12 饱和状态下的热力性质

温 度 t/℃	绝对压力 p/kPa	比 体 积		比 焓		气化热 r kJ/kg	比 熵	
		液体 v' $10^{-3}\mathrm{m}^3/\mathrm{kg}$	蒸气 v'' m^3/kg	液体 h' kJ/kg	蒸气 h'' kJ/kg		液体 s' kJ/(kg·K)	蒸气 s'' kJ/(kg·K)
−70	12.268	0.62662	1.12728	137.820	319.584	181.764	0.73828	1.63293
−65	16.803	0.63167	0.84117	142.134	321.908	179.774	0.75924	1.62285
−60	22.622	0.63689	0.63791	146.463	324.237	177.774	0.77977	1.61374
−55	29.978	0.64226	0.49100	150.807	326.569	175.762	0.79989	1.60552
−50	39.148	0.64782	0.38310	155.169	328.899	173.730	0.81963	1.59811
−45	50.438	0.65355	0.30268	159.548	331.224	171.676	0.83901	1.59142
−40	64.173	0.65949	0.24191	163.948	333.543	169.595	0.85804	1.68540
−35	80.707	0.66563	0.19540	168.368	335.851	167.483	0.87675	1.57997
−30	100.41	0.67200	0.15937	172.810	338.145	165.335	0.89516	1.57508
−28	109.27	0.67461	0.14728	174.593	339.059	164.466	0.90243	1.57327
−26	118.72	0.67726	0.13628	176.380	339.969	163.589	0.90967	1.57153
−24	128.80	0.67996	0.12628	178.171	340.877	162.706	0.91686	1.56986
−22	139.53	0.68269	0.11717	179.965	341.782	161.817	0.92400	1.56826
−20	150.93	0.68547	0.10885	181.764	342.684	160.920	0.93110	1.56673
−18	163.05	0.68829	0.10124	183.567	343.582	160.015	0.93816	1.56526
−16	175.89	0.69115	0.094278	185.374	344.476	159.102	0.94518	1.56386
−14	189.50	0.69407	0.087895	187.185	345.367	158.182	0.95216	1.56251
−12	203.90	0.69703	0.082034	189.001	346.253	157.252	0.95910	1.56122
−10	219.12	0.70004	0.076646	190.822	347.136	156.314	0.96601	1.55998
−8	235.19	0.70310	0.071686	192.647	348.014	155.367	0.97287	1.55880
−6	252.14	0.70622	0.067114	194.477	348.888	154.411	0.97971	1.55766
−4	270.01	0.70939	0.062895	196.313	349.757	153.444	0.98650	1.55657
−2	288.82	0.71261	0.058996	198.154	350.621	152.467	0.99327	1.55553
0	308.61	0.71590	0.055389	200.000	351.479	151.479	1.00000	1.55453
2	329.40	0.71924	0.052048	201.852	352.333	150.481	1.00670	1.55357
4	351.24	0.72265	0.048949	203.710	353.180	149.470	1.01337	1.55265
6	374.14	0.72612	0.046073	205.574	354.022	148.448	1.02001	1.55177
8	398.15	0.72955	0.043400	207.445	354.858	147.413	1.02663	1.55092
10	423.30	0.73327	0.040913	209.323	355.688	146.365	1.03322	1.55010
12	449.62	0.73695	0.038597	211.207	356.511	145.304	1.03978	1.54932
14	477.14	0.74071	0.036438	213.099	357.327	144.228	1.04632	1.54857
16	505.91	0.74454	0.034422	214.998	358.136	143.138	1.05284	1.54784
18	535.94	0.74846	0.032540	216.906	358.937	142.031	1.05934	1.54714
20	567.29	0.75246	0.030780	218.822	359.731	140.341	1.06581	1.54646

（续）

温度	绝对压力	比 体 积		比 焓		气化热 r	比 熵	
$t/℃$	p/kPa	液体 v' $\overline{10^{-3}\text{m}^3/\text{kg}}$	蒸气 v'' $\overline{\text{m}^3/\text{kg}}$	液体 h' $\overline{\text{kJ/kg}}$	蒸气 h'' $\overline{\text{kJ/kg}}$	$\overline{\text{kJ/kg}}$	液体 s' $\overline{\text{kJ/(kg·K)}}$	蒸气 s'' $\overline{\text{kJ/(kg·K)}}$
22	599.98	0.75655	0.029132	220.746	360.516	139.770	1.07227	1.54580
24	634.05	0.76073	0.027589	22.680	361.293	138.613	1.07871	1.54516
26	669.54	0.76501	0.026142	224.623	362.061	137.438	1.08514	1.54454
28	706.48	0.76938	0.014783	226.576	362.819	136.243	1.09155	1.54394
30	744.90	0.77385	0.023508	228.540	363.568	135.028	1.09795	1.54334
32	784.85	0.77845	0.022308	230.515	364.307	133.792	1.10434	1.54277
34	826.36	0.7815	0.021180	232.501	365.035	132.534	1.11072	1.54220
36	869.48	0.78798	0.020117	234.500	365.751	131.251	1.11710	1.54163
38	914.23	0.79294	0.019115	236.511	366.456	129.945	1.12347	1.54108
40	960.66	0.79802	0.018170	238.535	367.148	128.613	1.12984	1.54052
42	1008.8	0.80325	0.017278	240.574	367.827	127.253	1.13620	1.53997
44	1058.7	0.80863	0.016435	242.627	368.493	125.866	1.14257	1.53941
46	1110.4	0.81416	0.015638	244.696	369.143	124.447	1.14894	1.53885
48	1163.9	0.81985	0.014884	246.782	369.779	122.997	1.15532	1.53829
50	1219.3	0.82573	0.014170	248.884	370.398	121.514	1.16170	1.53771
52	1276.6	0.83179	0.013493	251.005	371.000	119.995	1.16810	1.53712
54	1335.9	0.83804	0.012850	253.145	371.583	118.438	1.17451	1.53652
56	1397.2	0.84451	0.012241	255.305	372.147	116.842	1.18093	1.53590
58	1460.5	0.85121	0.011662	257.487	372.690	115.203	1.18738	1.53525
60	1525.9	0.85814	0.011111	259.691	373.212	113.521	1.19385	1.53458
65	1698.8	0.87667	0.009847	265.309	374.408	109.099	1.21014	1.53276
70	1885.8	0.89716	0.008725	271.103	375.429	104.326	1.22666	1.53067
75	2087.5	0.92009	0.007722	277.101	376.236	99.135	1.24348	1.52821
80	2304.6	0.94612	0.006821	283.342	376.780	93.438	1.26070	1.52527
85	2538.0	0.97621	0.006004	289.880	376.987	87.107	1.27845	1.52165
90	2788.5	1.0119	0.005257	296.789	376.750	79.961	1.29691	1.51709
95	3056.9	1.0558	0.004563	304.183	375.890	71.707	1.31637	1.51114
100	3344.1	1.1131	0.003902	312.262	374.072	61.810	1.33733	1.50297
105	3650.9	1.1967	0.003242	321.469	370.516	49.047	1.36089	1.49059
110	3978.5	1.3643	0.002461	333.498	361.943	28.445	1.39139	1.46562

46

表 2-8 R22 饱和状态下的热力性质

温 度 t/°C	绝对压力 p/kPa	比 体 积		比 焓		气化热 r kJ/kg	比 熵	
		液体 v' $10^{-3}\mathrm{m^3/kg}$	蒸气 v'' $\mathrm{m^3/kg}$	液体 h' kJ/kg	蒸气 h'' kJ/kg		液体 s' kJ/(kg·K)	蒸气 s'' kJ/(kg·K)
−80	10.461	0.65807	1.7632	115.063	369.314	254.251	0.63561	1.95188
−75	14.796	0.66381	1.2763	119.911	371.775	251.864	0.66038	1.93139
−70	20.524	0.66972	0.94094	124.807	374.232	249.425	0.68476	1.91248
−65	27.966	0.67581	0.70547	129.756	376.681	246.925	0.70880	1.89502
−60	37.482	0.68208	0.53715	134.762	379.116	244.354	0.73254	1.87887
−55	49.475	0.68856	0.41483	139.829	381.532	241.703	0.75599	1.86390
−50	64.389	0.69526	0.32456	144.958	383.923	238.965	0.77919	1.85001
−45	82.706	0.70219	0.25699	150.152	386.285	236.133	0.80215	1.83709
−40	104.95	0.70936	0.20575	155.413	388.611	233.198	0.82489	1.82505
−35	131.68	0.71680	0.16640	160.742	390.898	230.156	0.84742	1.81381
−30	163.48	0.72452	0.13584	166.139	393.140	227.001	0.86976	1.80330
−26	192.99	0.73092	0.11621	170.507	394.898	224.391	0.88748	1.79536
−24	209.22	0.73420	0.10770	172.707	395.764	223.057	0.89630	1.79153
−22	226.48	0.73753	0.099936	174.919	396.621	221.702	0.90509	1.78780
−20	244.83	0.74091	0.092843	177.142	397.469	220.327	0.91385	1.78416
−18	264.29	0.74436	0.086354	179.376	398.308	218.932	0.92259	1.78060
−16	284.93	0.74786	0.080410	181.621	399.136	217.515	0.93129	1.77712
−14	306.78	0.75143	0.074957	183.878	399.954	216.076	0.93997	1.77372
−12	329.89	0.75506	0.069947	186.147	400.761	214.614	0.94862	1.77040
−10	354.30	0.75876	0.065339	188.426	401.558	213.132	0.95725	1.76714
−8	380.06	0.76253	0.061095	190.718	402.343	211.625	0.96585	1.76395
−6	407.23	0.76637	0.057181	193.020	403.117	210.097	0.97442	1.76083
−4	435.84	0.77028	0.053568	195.335	403.878	208.543	0.98297	1.75776
−2	465.94	0.77427	0.050227	197.662	404.627	206.965	0.99150	1.75476
0	497.59	0.77834	0.047135	200.000	405.364	205.364	1.00000	1.75180
2	530.83	0.78249	0.044270	202.351	406.087	203.736	1.00848	1.74890
4	565.71	0.78673	0.041612	204.713	406.796	202.083	1.01694	1.74605

（续）

温度 t/℃	绝对压力 p/kPa	比体积		比焓		气化热 r kJ/kg	比熵	
		液体 v′ $10^{-3}\mathrm{m^3/kg}$	蒸气 v″ $\mathrm{m^3/kg}$	液体 h′ kJ/kg	蒸气 h″ kJ/kg		液体 s′ kJ/(kg·K)	蒸气 s″ kJ/(kg·K)
6	602.28	0.79107	0.039144	207.089	407.491	200.402	1.02537	1.74325
8	640.59	0.79549	0.036849	209.477	408.172	198.695	1.03379	1.74048
10	680.70	0.80002	0.034713	211.877	408.838	196.961	1.04218	1.73776
12	722.65	0.80465	0.032723	214.291	409.488	195.197	1.05056	1.73507
15	789.15	0.88180	0.029987	217.938	410.432	192.494	1.06309	1.73110
18	860.08	0.81922	0.027517	221.615	411.339	189.724	1.07559	1.72720
20	909.93	0.82431	0.026003	244.084	411.921	187.837	1.08390	1.72463
22	961.89	0.82954	0.024585	226.569	412.484	185.915	1.09220	1.72207
24	1016.0	0.83491	0.023257	229.068	413.027	183.959	1.10049	1.71954
26	1072.3	0.84043	0.022011	231.584	413.551	181.967	1.10876	1.71702
28	1130.9	0.84610	0.020841	234.115	414.053	179.938	1.11703	1.71451
30	1191.9	0.85193	0.019741	236.664	414.533	177.869	1.12530	1.71201
32	1255.2	0.85793	0.018707	239.230	414.990	175.760	1.13356	1.70951
34	1321.0	0.86412	0.017734	241.815	415.423	173.608	1.14181	1.70702
36	1389.2	0.87051	0.016816	244.418	415.830	171.412	1.15007	1.70451
38	1460.1	0.87710	0.015951	247.042	416.211	169.169	1.15833	1.70200
40	1533.5	0.88392	0.015135	249.686	416.563	166.877	1.16659	1.69947
42	1609.7	0.89097	0.014363	252.353	416.886	164.533	1.17487	1.69693
44	1688.5	0.89828	0.013634	255.043	417.177	162.134	1.18315	1.69436
46	1770.2	0.90586	0.012943	257.757	417.435	159.678	1.19145	1.69176
48	1854.8	0.91374	0.012289	260.497	417.657	157.160	1.19977	1.68912
50	1942.3	0.92193	0.011669	263.265	417.842	154.577	1.20811	1.68644
53	2079.3	0.93488	0.010797	267.473	418.042	150.569	1.22068	1.68232
56	2223.2	0.94872	0.009989	271.755	418.140	146.385	1.23333	1.67806
58	2323.2	0.95850	0.009483	274.655	418.143	143.488	1.24183	1.67512
60	2420.6	0.96878	0.009000	277.595	418.092	140.497	1.25038	1.67209

表 2-9　R123 饱和状态下的热力性质

温　度 t/°C	绝对压力 p/kPa	比 体 积		比 焓		气化热 r kJ/kg	比 熵	
		液体 v′ 10^{-3}m³/kg	蒸气 v″ m³/kg	液体 h′ kJ/kg	蒸气 h″ kJ/kg		液体 s′ kJ/(kg·K)	蒸气 s″ kJ/(kg·K)
−40	3.816	0.61921	3.31326	167.808	356.182	188.374	0.87296	1.68091
−35	5.215	0.62344	2.47437	171.499	359.078	187.579	0.88862	1.67627
−30	7.029	0.62778	1.87255	175.283	362.005	186.721	0.90434	1.67227
−25	9.350	0.63221	1.43484	179.162	364.959	185.798	0.92012	1.66885
−20	12.287	0.63676	1.11236	183.135	367.940	184.805	0.93597	1.66599
−18	13.660	0.63861	1.00779	184.752	369.139	184.387	0.94233	1.66499
−16	15.160	0.64047	0.91461	186.384	370.342	183.958	0.94869	1.66407
−14	16.794	0.64236	0.83143	188.031	371.548	183.517	0.95507	1.66322
−12	18.573	0.64426	0.75705	189.694	372.757	183.063	0.96146	1.66245
−10	20.505	0.64619	0.69041	191.372	373.970	182.597	0.96786	1.66175
−8	22.600	0.64813	0.63061	193.067	375.185	182.119	0.97426	1.66112
−6	24.869	0.65009	0.57687	194.776	376.404	181.627	0.98068	1.66055
−4	27.323	0.65208	0.52848	196.502	377.625	181.123	0.98711	1.66006
−2	29.973	0.65408	0.48484	198.243	378.848	180.605	0.99355	1.65962
0	32.830	0.65611	0.44543	200.000	380.074	180.074	1.00000	1.65925
2	35.906	0.65816	0.40979	201.773	381.302	179.529	1.00646	1.65894
4	39.213	0.66023	0.37750	203.561	382.532	178.971	1.01293	1.65868
6	42.764	0.66232	0.34820	205.364	383.764	178.399	1.01940	1.65848
8	46.573	0.66444	0.32159	207.184	384.997	177.813	1.02589	1.65834
10	50.652	0.66658	0.29738	209.019	386.231	177.213	1.03238	1.65824
12	55.015	0.66874	0.27533	210.869	387.467	176.598	1.03888	1.65820
14	59.676	0.67093	0.25521	212.734	388.704	175.969	1.04539	1.65820
16	64.650	0.67315	0.23683	214.615	389.941	175.326	1.05191	1.65825
18	69.951	0.67539	0.22002	216.511	391.179	174.668	1.05843	1.65835
20	75.595	0.67766	0.20463	218.422	392.417	173.995	1.06496	1.65849
22	81.597	0.67996	0.19052	220.348	393.656	173.308	1.07149	1.65867
24	87.973	0.68228	0.17757	222.289	394.894	172.606	1.07803	1.65890
26	94.738	0.68463	0.16566	224.244	396.132	171.888	1.08457	1.65916

（续）

温 度 $t/℃$	绝对压力 p/kPa	比 体 积		比 焓		气化热 r kJ/kg	比 熵	
		液体 v' $10^{-3}m^3/kg$	蒸气 v'' m^3/kg	液体 h' kJ/kg	蒸气 h'' kJ/kg		液体 s' kJ/(kg·K)	蒸气 s'' kJ/(kg·K)
28	101.91	0.68702	0.15471	226.214	397.370	171.156	1.09112	1.65946
30	109.50	0.68943	0.14462	228.198	398.607	170.409	1.09767	1.65979
32	117.54	0.69187	0.13532	230.196	399.843	169.647	1.10422	1.66016
34	126.03	0.69435	0.12673	232.208	401.078	168.870	1.11077	1.66057
36	134.99	0.69686	0.11879	234.234	402.311	168.078	1.11732	1.66100
38	144.45	0.69940	0.11145	236.273	403.543	167.270	1.12388	1.66146
40	154.42	0.70197	0.10465	238.325	404.773	166.448	1.13043	1.66196
42	164.91	0.70459	0.098341	240.391	406.001	165.610	1.13698	1.66248
44	175.95	0.70723	0.092492	242.469	407.227	164.758	1.14353	1.66302
46	187.56	0.70992	0.087059	244.560	408.450	163.890	1.15008	1.66360
48	199.74	0.71264	0.082007	246.663	409.670	163.007	1.15662	1.66419
50	212.54	0.71540	0.077307	248.778	410.887	162.109	1.16316	1.66481
52	225.95	0.71821	0.072929	250.905	412.101	161.196	1.16969	1.66544
54	240.00	0.72105	0.068847	253.043	413.311	160.268	1.17621	1.66610
56	254.72	0.72394	0.065039	255.193	414.517	159.324	1.18273	1.66678
58	270.12	0.72687	0.061482	257.353	415.719	158.366	1.18924	1.66747
60	286.21	0.72985	0.058158	259.524	416.917	157.393	1.19574	1.66818
65	329.65	0.73750	0.050751	264.996	419.890	154.895	1.21195	1.67001
70	377.91	0.74548	0.044450	270.527	422.830	152.303	1.22808	1.67192
75	431.31	0.75380	0.039064	276.113	425.730	149.618	1.24412	1.67388
80	490.19	0.76250	0.034439	281.749	428.587	146.838	1.26007	1.67587
85	554.89	0.77162	0.030450	287.431	431.394	143.963	1.27591	1.67787
90	625.75	0.78119	0.026993	293.155	434.146	140.991	1.29163	1.67987
95	703.13	0.79127	0.023985	298.916	436.835	137.918	1.30722	1.68184
100	787.39	0.80191	0.021358	304.712	439.453	134.741	1.32267	1.68376
105	878.92	0.81318	0.019054	310.540	441.993	131.453	1.33799	1.68561
110	978.10	0.82515	0.017026	316.398	444.445	128.047	1.35317	1.68736

表 2-10 R134a 饱和状态下的热力性质

温 度 $t/°C$	绝对压力 p/kPa	比 体 积		比 焓		气化热 r kJ/kg	比 熵	
		液体 v' $10^{-3}m^3/kg$	蒸气 v'' m^3/kg	液体 h' kJ/kg	蒸气 h'' kJ/kg		液体 s' $kJ/(kg·K)$	蒸气 s'' $kJ/(kg·K)$
−60	16.317	0.67873	1.05020	127.283	360.230	232.948	0.70139	1.79427
−55	22.263	0.68511	0.78512	132.808	363.392	230.583	0.72699	1.78399
−50	29.899	0.69168	0.59570	138.433	366.555	228.121	0.75246	1.77474
−45	39.564	0.69847	0.45821	144.158	369.714	225.557	0.77780	1.76643
−40	51.641	0.70548	0.35692	149.981	372.865	222.885	0.80301	1.75898
−35	66.547	0.71273	0.28129	155.902	376.003	220.101	0.82809	1.75231
−30	84.739	0.72024	0.22408	161.920	379.123	217.203	0.85305	1.74633
−28	93.045	0.72332	0.20518	164.354	380.365	216.010	0.86299	1.74413
−26	101.99	0.72645	0.18817	166.804	381.603	214.799	0.87292	1.74202
−24	111.60	0.72963	0.17282	169.268	382.836	213.568	0.88282	1.74001
−22	121.92	0.73285	0.15896	171.748	384.066	212.318	0.89270	1.73809
−20	132.99	0.73612	0.14641	174.242	385.290	211.048	0.90256	1.73625
−18	144.83	0.73945	0.13504	176.752	386.510	209.758	0.91240	1.73450
−16	157.48	0.74283	0.12472	179.276	387.724	208.448	0.92222	1.73283
−14	170.99	0.74627	0.11533	181.815	388.933	207.118	0.93202	1.73124
−12	185.40	0.74977	0.10678	184.369	390.136	205.767	0.94179	1.72972
−10	200.73	0.75332	0.098985	186.938	391.333	204.395	0.95155	1.72827
−8	217.04	0.75694	0.091864	189.521	392.523	203.003	0.96128	1.72689
−6	234.36	0.76062	0.085351	192.119	393.707	201.589	0.97099	1.72558
−4	252.73	0.76437	0.079385	194.731	394.884	200.153	0.98068	1.72433
−2	272.21	0.76819	0.073915	197.358	396.054	198.695	0.99035	1.72314
0	292.82	0.77208	0.068891	200.000	397.215	197.215	1.00000	1.72200
2	314.62	0.77605	0.064272	202.656	398.370	195.713	1.00963	1.72092
4	337.65	0.78009	0.060019	205.328	399.515	194.188	1.01924	1.71990
6	361.95	0.78422	0.056099	208.014	400.653	192.639	1.02883	1.71892
8	387.56	0.78843	0.052481	210.715	401.781	191.066	1.03840	1.71798
10	414.55	0.79273	0.049138	213.431	402.900	189.469	1.04795	1.71709
15	488.29	0.80390	0.041830	220.289	405.654	185.365	1.07175	1.71504

（续）

温度 $t/℃$	绝对压力 p/kPa	比 体 积		比 焓		气化热 r kJ/kg	比 熵	
		液体 v' $10^{-3}m^3/kg$	蒸气 v'' m^3/kg	液体 h' kJ/kg	蒸气 h'' kJ/kg		液体 s' $kJ/(kg \cdot K)$	蒸气 s'' $kJ/(kg \cdot K)$
20	571.60	0.81572	0.035775	227.246	408.341	181.096	1.09545	1.71321
25	665.26	0.82827	0.030723	234.305	410.952	176.647	1.11907	1.71155
30	770.06	0.84166	0.026483	241.474	413.478	172.004	1.14262	1.71001
32	815.28	0.84727	0.024978	244.373	414.462	170.089	1.15203	1.70942
34	862.47	0.85305	0.023571	247.292	415.430	168.138	1.16143	1.70884
36	911.68	0.85899	0.022252	250.231	416.380	166.149	1.17083	1.70827
38	962.98	0.86512	0.021017	253.190	417.313	164.122	1.18023	1.70770
40	1016.4	0.87144	0.019857	256.171	418.226	162.055	1.18963	1.70713
42	1072.0	0.87796	0.018769	259.174	419.118	159.944	1.19904	1.70655
44	1129.9	0.88471	0.017745	262.200	419.989	157.789	1.20845	1.70597
46	1190.1	0.89169	0.016782	265.251	420.837	155.586	1.21787	1.70537
48	1252.6	0.89892	0.015875	268.327	421.660	153.333	1.22730	1.70475
50	1317.6	0.90642	0.015021	271.429	422.456	151.027	1.23675	1.70411
52	1385.1	0.91421	0.014214	274.560	423.224	148.665	1.24622	1.70344
54	1455.2	0.92232	0.013453	277.720	423.962	146.242	1.25571	1.70273
56	1527.8	0.93077	0.012733	280.912	424.667	143.755	1.26523	1.70198
58	1603.2	0.93960	0.012051	284.136	425.336	141.200	1.27478	1.70118
60	1681.3	0.94883	0.011406	287.396	425.967	138.571	1.28438	1.70032
65	1889.3	0.97396	0.0099346	295.718	427.353	131.635	1.30857	1.69785
70	2116.2	1.00271	0.0086373	304.325	428.410	124.085	1.33318	1.69479
75	2363.4	1.03628	0.0074840	313.283	429.041	115.758	1.35837	1.69086
80	2632.4	1.07662	0.0064479	322.693	429.100	106.407	1.38439	1.68570
85	2925.0	1.12714	0.0055026	332.719	428.342	95.622	1.41168	1.67867
90	3243.5	1.19485	0.0046182	343.673	426.300	82.628	1.44102	1.66855
95	3591.0	1.29833	0.0037449	356.317	421.831	65.514	1.47441	1.65237
100	3974.2	1.54430	0.0026776	374.716	409.119	34.404	1.52257	1.61477

表 2-11 R152a 饱和状态下的热力性质

温 度 t/°C	绝对压力 p/kPa	比 体 积		比 焓		气化热 r kJ/kg	比 熵	
		液体 v' $10^{-3}m^3/kg$	蒸气 v'' m^3/kg	液体 h' kJ/kg	蒸气 h'' kJ/kg		液体 s' kJ/(kg·K)	蒸气 s'' kJ/(kg·K)
−70	8.154	0.90685	3.11740	100.923	454.894	353.970	0.58554	2.32795
−65	11.386	0.91458	2.28332	106.877	458.673	351.796	0.61448	2.30458
−60	15.631	0.92253	1.69949	112.992	462.482	349.491	0.64348	2.28313
−55	21.122	0.93072	1.28386	119.272	466.312	347.041	0.67258	2.26342
−50	28.125	0.93918	0.98327	125.723	470.157	344.434	0.70179	2.24530
−45	36.941	0.94790	0.76268	132.349	474.007	341.658	0.73112	2.22863
−40	47.902	0.95691	0.59857	139.153	477.855	338.702	0.76057	2.21329
−35	61.378	0.96623	0.47491	146.138	481.692	335.554	0.79015	2.19916
−30	77.771	0.97587	0.38062	153.303	485.508	332.205	0.81986	2.18612
−28	85.242	0.97982	0.34930	156.220	487.027	330.807	0.83178	2.18119
−26	93.277	0.98384	0.32102	159.165	488.540	329.375	0.84371	2.17640
−24	101.91	0.98791	0.29544	162.140	490.047	327.907	0.85567	2.17177
−22	111.17	0.99204	0.27227	165.143	491.547	326.405	0.86763	2.16727
−20	121.08	0.99623	0.25126	168.174	493.040	324.866	0.87962	2.16291
−18	131.69	1.00049	0.23216	171.234	494.525	323.291	0.89161	2.15868
−16	143.02	1.00482	0.21478	174.322	496.001	321.680	0.90362	2.15457
−14	155.11	1.00921	0.19894	177.437	497.468	320.031	0.91565	2.15057
−12	167.99	1.01367	0.18449	180.581	498.925	318.344	0.92768	2.14669
−10	181.69	1.01821	0.17128	183.751	500.370	316.619	0.93972	2.14291
−8	196.27	1.02282	0.15919	186.948	501.805	314.856	0.95177	2.13923
−6	211.74	1.02751	0.14811	190.172	503.227	313.054	0.96382	2.13565
−4	228.15	1.03227	0.13795	193.422	504.635	311.213	0.97588	2.13216
−2	245.53	1.03712	0.12861	196.698	506.030	309.332	0.98794	2.12875
0	263.93	1.04206	0.12002	200.000	507.411	307.411	1.00000	2.12543
2	283.38	1.04708	0.11211	203.327	508.776	305.450	1.01206	2.12218
4	303.93	1.05219	0.10481	206.678	510.125	303.447	1.02412	2.11900
6	325.60	1.05740	0.098079	210.053	511.457	301.404	1.03617	2.11589
8	348.45	1.06270	0.091856	213.452	512.771	299.319	1.04822	2.11284

（续）

温　度	绝对压力	比　体　积		比　焓		气化热 r	比　熵	
$t/°C$	p/kPa	液体 v' $10^{-3}m^3/kg$	蒸气 v'' m^3/kg	液体 h' kJ/kg	蒸气 h'' kJ/kg	kJ/kg	液体 s' $kJ/(kg \cdot K)$	蒸气 s'' $kJ/(kg \cdot K)$
10	372.52	1.06811	0.086099	216.874	514.066	297.192	1.06025	2.10985
15	438.28	1.08209	0.073486	225.527	517.216	291.689	1.09030	2.10258
20	512.56	1.09680	0.063007	234.314	520.228	285.914	1.12025	2.09557
25	596.04	1.11230	0.054247	243.226	523.085	279.859	1.15009	2.08874
30	689.45	1.12869	0.046880	252.255	525.769	273.514	1.17977	2.08201
32	729.75	1.13551	0.044264	255.897	526.790	270.893	1.19159	2.07933
34	771.80	1.14250	0.041815	259.556	527.779	268.223	1.20339	2.07665
36	815.65	1.14967	0.039521	263.232	528.734	265.502	1.21515	2.07397
38	861.34	1.15702	0.037371	266.923	529.654	262.731	1.22688	2.07127
40	908.93	1.16455	0.035353	270.629	530.536	259.908	1.23858	2.06856
42	958.47	1.17229	0.033457	274.350	531.380	257.031	1.25024	2.06582
44	1010.0	1.18025	0.031676	278.085	532.184	254.099	1.26186	2.06306
46	1063.6	1.18842	0.030000	281.834	532.945	251.111	1.27345	2.06026
48	1119.2	1.19684	0.028422	285.596	533.661	248.065	1.28499	2.05742
50	1177.1	1.20550	0.026936	289.371	534.330	244.959	1.29649	2.05453
52	1237.1	1.21443	0.025535	293.159	534.949	241.791	1.30795	2.05158
54	1299.4	1.22364	0.024212	296.958	535.516	238.558	1.31937	2.04857
56	1364.0	1.23316	0.022963	300.770	536.029	235.259	1.33074	2.04549
58	1431.0	1.24299	0.021783	304.593	536.483	231.890	1.34207	2.04233
60	1500.4	1.25317	0.020666	308.427	536.875	228.449	1.35336	2.03908
65	1684.9	1.28028	0.018128	318.060	537.562	219.502	1.38136	2.03049
70	1886.0	1.31017	0.015904	327.762	537.771	210.010	1.40907	2.02108
75	2104.7	1.34347	0.013945	337.533	537.412	199.879	1.43650	2.01062
80	2342.0	1.38107	0.012209	347.380	536.364	188.984	1.46367	1.99880
85	2599.3	1.42425	0.010661	357.317	534.457	177.140	1.49059	1.98519
90	2878.0	1.47501	0.009269	367.369	531.440	164.071	1.51734	1.96914

表 2-12 R502 饱和状态下的热力性质

温 度 $t/°C$	绝对压力 p/kPa	比 体 积		比 焓		气化热 r kJ/kg	比 熵	
		液体 v' $10^{-3}m^3/kg$	蒸气 v'' m^3/kg	液体 h' kJ/kg	蒸气 h'' kJ/kg		液体 s' kJ/(kg·K)	蒸气 s'' kJ/(kg·K)
−70	27.567	0.64203	0.54046	131.684	313.132	181.448	0.71499	1.60817
−65	36.923	0.64830	0.41190	135.793	315.665	179.872	0.73495	1.59909
−60	48.719	0.65479	0.31829	140.020	318.195	178.175	0.75498	1.59089
−55	63.392	0.66149	0.24911	144.367	320.719	176.352	0.77509	1.58349
−50	81.422	0.66842	0.19726	148.835	323.231	174.396	0.79528	1.57680
−45	103.32	0.67561	0.15791	153.425	325.727	172.302	0.81556	1.57077
−40	129.64	0.68307	0.12769	158.136	328.201	170.065	0.83591	1.56533
−38	141.53	0.68613	0.11759	160.054	329.184	169.130	0.84407	1.56331
−36	154.26	0.68925	0.10845	161.992	330.162	168.170	0.85223	1.56136
−34	167.87	0.69241	0.10016	163.949	331.135	167.186	0.86041	1.55950
−32	182.39	0.69563	0.092625	165.925	332.103	166.178	0.86860	1.55771
−30	197.86	0.69890	0.085769	167.920	333.066	165.146	0.87679	1.55599
−28	214.33	0.70223	0.079522	169.933	334.023	164.090	0.88499	1.55434
−26	231.84	0.70562	0.073819	171.966	334.974	163.008	0.89320	1.55275
−24	250.43	0.70906	0.068606	174.017	335.919	161.902	0.90141	1.55123
−22	270.14	0.71257	0.063835	176.086	336.857	160.771	0.90963	1.54977
−20	291.01	0.71615	0.059461	178.173	337.788	159.615	0.91784	1.54836
−18	313.09	0.71979	0.055446	180.278	338.712	158.434	0.92607	1.54701
−16	336.41	0.72350	0.051756	182.402	339.628	157.226	0.93429	1.54571
−14	361.02	0.72729	0.048359	184.542	340.536	155.994	0.94251	1.54445
−12	386.97	0.73115	0.045230	186.700	341.435	154.735	0.95073	1.54325
−10	414.30	0.73509	0.042342	188.875	342.326	153.451	0.95895	1.54208
−5	488.93	0.74531	0.036043	194.387	344.513	150.126	0.97949	1.53935
0	573.13	0.75612	0.030839	200.000	346.636	146.636	1.00000	1.53683
5	676.61	0.76758	0.026509	205.712	348.690	142.978	1.02046	1.53449
10	773.05	0.77978	0.022883	211.519	350.666	139.147	1.04086	1.53229
15	890.17	0.79282	0.019826	217.417	352.577	135.140	1.06119	1.53018
20	1019.7	0.80684	0.017233	223.406	354.351	130.945	1.08144	1.52812
25	1162.3	0.82199	0.015020	229.482	356.037	126.555	1.10160	1.52606
30	1318.9	0.83848	0.013120	235.647	357.600	121.953	1.12167	1.52395
32	1385.6	0.84551	0.012435	238.138	358.136	120.048	1.12967	1.52308
34	1454.7	0.85281	0.011788	240.644	358.748	118.104	1.13767	1.52218
36	1526.2	0.86042	0.011177	243.166	359.284	116.118	1.14565	1.52126
38	1600.3	0.86834	0.010599	245.703	359.793	114.090	1.15363	1.52030

（续）

温度 $t/°C$	绝对压力 p/kPa	比 体 积		比 焓		气化热 r kJ/kg	比 熵	
		液体 v' $10^{-3}m^3/kg$	蒸气 v'' m^3/kg	液体 h' kJ/kg	蒸气 h'' kJ/kg		液体 s' kJ/(kg·K)	蒸气 s'' kJ/(kg·K)
40	1677.0	0.87662	0.010052	248.257	360.272	112.015	1.16159	1.51930
42	1756.3	0.88528	0.009532	250.828	360.720	109.892	1.16955	1.51825
44	1838.3	0.89437	0.009040	253.418	361.133	107.715	1.17752	1.51715
46	1923.1	0.90392	0.008572	256.027	361.509	105.482	1.18548	1.51599
48	2010.7	0.91399	0.008126	258.659	361.844	103.185	1.19345	1.51475
50	2101.3	0.92464	0.007702	261.314	362.135	100.821	1.20143	1.51343
52	2194.9	0.93594	0.007297	263.997	362.376	98.379	1.20944	1.51201
54	2291.6	0.94797	0.006910	266.709	362.564	95.855	1.21748	1.51048
56	2391.5	0.96084	0.006539	269.456	362.690	93.234	1.22556	1.50881
58	2494.7	0.97467	0.006184	272.242	362.748	90.506	1.23369	1.50700
60	2601.4	0.98962	0.005842	275.076	362.727	87.651	1.24191	1.50501

表 2-13　R717（氨）饱和状态下的热力性质

温度 $t/°C$	绝对压力 p/kPa	比 体 积		比 焓		气化热 r kJ/kg	比 熵	
		液体 v' $10^{-3}m^3/kg$	蒸气 v'' m^3/kg	液体 h' kJ/kg	蒸气 h'' kJ/kg		液体 s' kJ/(kg·K)	蒸气 s'' kJ/(kg·K)
−70	10.938	1.37861	9.0158	−189.119	1274.273	1463.392	−2.74401	4.45949
−65	15.608	1.38953	6.4632	−168.651	1283.797	1452.448	−2.64451	4.33338
−60	21.859	1.40076	4.7158	−147.938	1293.094	1441.032	−2.54622	4.21443
−55	30.091	1.41230	3.4975	−126.971	1302.149	1429.120	−2.44901	4.10205
−50	40.762	1.42417	2.6334	−105.728	1310.943	1416.671	−2.35283	3.99568
−45	54.398	1.43639	2.0106	−84.158	1319.448	1403.606	−2.25733	3.89480
−40	71.591	1.44898	1.5551	−62.325	1327.648	1389.973	−2.16277	3.79894
−34	97.853	1.46460	1.1607	−35.731	1337.046	1372.777	−2.05032	3.68992
−30	119.36	1.47534	0.96349	−17.770	1343.023	1360.793	−1.97597	3.62055
−28	131.46	1.48082	0.88004	−8.722	1345.920	1354.642	−1.93898	3.58679
−24	158.63	1.49199	0.73770	9.503	1351.523	1342.020	−1.86540	3.52099
−22	173.82	1.49769	0.67697	18.677	1354.226	1335.549	−1.82882	3.48892
−20	190.15	1.50347	0.62214	27.891	1356.861	1328.970	−1.79237	3.45736
−18	207.67	1.50932	0.57257	37.142	1359.426	1322.284	−1.75608	3.42630
−16	226.47	1.51526	0.52768	46.429	1361.921	1315.492	−1.71993	3.39573
−14	246.59	1.52128	0.48696	55.749	1364.342	1308.593	−1.68395	3.36561
−12	268.10	1.52739	0.44997	65.102	1366.690	1301.588	−1.64812	3.33594
−10	291.06	1.53358	0.41632	74.484	1368.962	1294.478	−1.61247	3.30670

（续）

温　度 $t/°C$	绝对压力 p/kPa	比　体　积		比　　焓		气化热 r $\mathrm{kJ/kg}$	比　　熵	
		液体 v' $10^{-3}\mathrm{m^3/kg}$	蒸气 v'' $\mathrm{m^3/kg}$	液体 h' $\mathrm{kJ/kg}$	蒸气 h'' $\mathrm{kJ/kg}$		液体 s' $\mathrm{kJ/(kg \cdot K)}$	蒸气 s'' $\mathrm{kJ/(kg \cdot K)}$
-8	315.56	1.53986	0.38565	83.893	1371.157	1287.264	-1.57699	3.27786
-6	341.64	1.54624	0.35768	98.328	1373.274	1279.946	-1.54169	3.24942
-4	369.39	1.55272	0.33212	102.786	1375.311	1272.525	-1.50658	3.22136
-2	398.88	1.55929	0.30874	112.264	1377.266	1265.002	-1.47166	3.19366
0	430.17	1.56596	0.28731	121.761	1379.140	1257.379	-1.43695	3.16631
2	463.34	1.57274	0.26766	131.273	1380.929	1249.657	-1.40244	3.13929
4	498.47	1.57963	0.24961	140.799	1382.634	1241.836	-1.36815	3.11259
6	535.63	1.58663	0.23302	150.335	1384.253	1233.918	-1.33407	3.08619
9	595.34	1.59734	0.21055	164.655	1386.517	1221.862	-1.28339	3.04715
10	616.35	1.60097	0.20365	169.431	1387.227	1217.796	-1.26661	3.03428
12	660.07	1.60832	0.19065	178.986	1388.581	1209.595	-1.23323	3.00873
14	706.13	1.61579	0.17864	188.542	1389.843	1201.302	-1.20009	2.98344
16	754.62	1.62340	0.16754	198.097	1391.015	1192.918	-1.16721	2.95839
18	805.62	1.63114	0.15725	207.649	1392.093	1184.444	-1.13457	2.93359
20	859.22	1.63902	0.14772	217.196	1393.078	1175.882	-1.10219	2.90900
22	915.48	1.64704	0.13888	226.736	1393.968	1167.232	-1.07008	2.88463
24	974.52	1.65522	0.13066	236.266	1394.762	1158.496	-1.03822	2.86047
26	1036.4	1.66354	0.12303	245.786	1395.460	1149.674	-1.00664	2.83650
28	1101.2	1.67203	0.11592	255.293	1396.060	1140.767	-0.97532	2.81271
30	1169.0	1.68068	0.10930	264.787	1396.562	1131.775	-0.94428	2.78910
32	1240.0	1.68950	0.10313	274.265	1396.963	1122.699	-0.91351	2.76566
34	1314.1	1.69850	0.097376	283.727	1397.265	1113.538	-0.88301	2.74237
36	1391.6	1.70769	0.091998	293.172	1397.464	1104.293	-0.85279	2.71924
38	1472.4	1.71707	0.086970	302.599	1397.561	1094.962	-0.82284	2.69624
40	1556.7	1.72665	0.082266	312.008	1397.554	1085.546	-0.79316	2.67337
42	1644.6	1.73644	0.077861	321.399	1397.442	1076.043	-0.76376	2.65063
44	1736.2	1.74645	0.073733	330.772	1397.224	1066.453	-0.73461	2.62800
46	1831.5	1.75668	0.069860	340.127	1396.898	1056.772	-0.70573	2.60547
48	1930.7	1.76716	0.066225	349.465	1396.464	1046.999	-0.67711	2.58304
50	2033.8	1.77788	0.062809	358.787	1395.918	1037.131	-0.64874	2.56070
52	2141.1	1.78887	0.059598	368.095	1395.261	1027.165	-0.62061	2.53844
54	2252.5	1.80013	0.056576	377.391	1394.489	1017.098	-0.59272	2.51624
56	2368.1	1.81167	0.053730	386.677	1393.602	1006.925	-0.56506	2.49410
58	2488.2	1.82352	0.051048	395.956	1392.596	996.640	-0.53762	2.47201

（续）

温度 t/℃	绝对压力 p/kPa	比 体 积		比 焓		气化热 r kJ/kg	比 熵	
		液体 v' $10^{-3}\mathrm{m^3/kg}$	蒸气 v'' $\mathrm{m^3/kg}$	液体 h' kJ/kg	蒸气 h'' kJ/kg		液体 s' kJ/(kg·K)	蒸气 s'' kJ/(kg·K)
60	2612.7	1.83568	0.048518	405.231	1391.470	986.239	−0.51038	2.44996
65	2944.5	1.86759	0.042793	428.428	1388.109	959.681	−0.44310	2.39493
70	3306.8	1.90190	0.037814	451.703	1383.926	932.223	−0.37678	2.33988
75	3701.6	1.93898	0.033464	475.161	1378.854	903.693	−0.31111	2.28460
80	4130.9	1.97931	0.029644	498.939	1372.805	873.866	−0.24569	2.22880
85	4596.8	2.02351	0.026272	523.220	1365.660	842.440	−0.18004	2.17216
90	5101.7	2.07238	0.023281	548.242	1357.256	809.014	−0.11353	2.11424

表 2-14 R718（水）在饱和状态下的热力性质

温度 t/℃	绝对压力 p/kPa	比 体 积		比 焓		比 熵	
		固（液）体 v' $\mathrm{m^3/kg}$	蒸汽 v'' $\mathrm{m^3/kg}$	液体 h' kJ/kg	蒸汽 h'' kJ/kg	液体 s' kJ/(kg·K)	蒸汽 s'' kJ/(kg·K)
−60	0.00108	0.001082	90942.00	−446.40	2389.87	−1.6854	11.6211
−55	0.00209	0.001082	48061.05	−438.00	2399.13	−1.6464	11.3590
−50	0.00394	0.001083	26145.01	−429.41	2408.39	−1.6075	11.1096
−45	0.00721	0.001084	14612.36	−420.65	2417.65	−1.5686	10.8719
−40	0.01285	0.001084	8376.33	−411.70	2426.90	−1.5298	10.6452
−35	0.02235	0.001085	4917.10	−402.56	2436.16	−1.4911	10.4289
−30	0.03802	0.001086	2951.64	−393.25	2445.42	−1.4524	10.2222
−25	0.06329	0.001087	1809.35	−383.74	2454.67	−1.4137	10.0246
−20	0.10326	0.001087	1131.27	−374.06	2463.91	−1.3750	9.8356
−15	0.16530	0.001088	720.59	−364.18	2473.15	−1.3364	9.6546
−10	0.25991	0.001089	467.14	−354.12	2482.37	−1.2978	9.4812
−5	0.40178	0.001090	307.91	−343.87	2491.58	−1.2592	9.3149
0	0.61117	0.001090	206.16	−333.43	2500.77	−1.2206	9.1553
*	* * *	* * * * *					
0	0.6112	0.001000	206.143	−0.04	2500.77	−0.0001	9.1553
5	0.8725	0.001000	147.033	21.02	2509.95	0.0762	9.0244
10	1.2280	0.001000	106.329	42.01	2519.12	0.1511	8.8995
15	1.7055	0.001001	77.896	62.97	2528.26	0.2244	8.7800
20	2.3389	0.001002	57.773	83.90	2537.38	0.2965	8.6658
25	3.1693	0.001003	43.350	104.81	2546.47	0.3672	8.5565
30	4.2462	0.001004	32.887	125.72	2555.52	0.4367	8.4518
35	5.6280	0.001006	25.212	146.62	2564.53	0.5051	8.3516
40	7.3838	0.001008	19.520	167.52	2573.49	0.5724	8.2554

（续）

温度 $t/℃$	绝对压力 p/kPa	比 体 积		比 焓		比 熵	
		固（液）体 v' m³/kg	蒸汽 v'' m³/kg	液体 h' kJ/kg	蒸汽 h'' kJ/kg	液体 s' $\overline{kJ/(kg·K)}$	蒸汽 s'' kJ/(kg·K)
45	9.5935	0.001010	15.256	188.42	2582.41	0.6386	8.1632
50	12.3503	0.001012	12.029	209.33	2591.27	0.7038	8.0747
55	15.7601	0.001015	9.566	230.25	2600.07	0.7680	7.9897
60	19.994	0.001017	7.6686	251.17	2608.80	0.8313	7.9079
65	25.040	0.001020	6.1943	272.11	2617.46	0.8936	7.8293
70	31.199	0.001023	5.0401	293.06	2626.04	0.9551	7.7537
75	38.594	0.001026	4.1292	314.02	2634.53	1.0157	7.6808
80	47.414	0.001029	3.4053	335.00	2642.93	1.0755	7.6106
85	57.866	0.001032	2.8260	356.00	2651.23	1.1346	7.5430
90	70.182	0.001036	2.3591	377.03	2659.42	1.1928	7.4776
95	84.609	0.001040	1.9806	398.08	2667.49	1.2504	7.4145
100	101.420	0.001043	1.6708	419.16	2675.44	1.3072	7.3536
105	120.908	0.001047	1.4184	440.27	2683.26	1.3633	7.2946
110	143.390	0.001052	1.2093	461.41	2690.93	1.4188	7.2375
115	169.192	0.001056	1.0359	482.59	2698.46	1.4737	7.1822
120	198.688	0.001060	0.8912	503.81	2705.83	1.5279	7.1286
130	270.306	0.001070	0.6680	546.39	2720.04	1.6347	7.0261
140	361.572	0.001080	0.5085	589.18	2733.51	1.7393	6.9292
150	476.207	0.001091	0.3925	632.21	2746.13	1.8419	6.8372
160	618.283	0.001102	0.3069	675.52	2757.82	1.9427	6.7497
170	792.245	0.001114	0.2427	719.14	2768.48	2.0418	6.6659
180	1002.899	0.001127	0.1939	763.12	2777.99	2.1394	6.5854
190	1255.367	0.001141	0.1564	807.50	2786.23	2.2356	6.5076
200	1555.099	0.001157	0.1272	852.33	2793.09	2.3307	6.4321

注：＊＊＊＊＊以上为气固两相
以下为气液两相

8 载冷剂

载冷剂又称第二制冷剂，在间接冷却的制冷循环中制冷剂将冷量通过载冷剂传递给被冷却物质。这种形式的制冷系统可减少制冷剂的充注量，减少制冷剂泄漏的可能性，并且可方便地将冷量传递到较远的区域，适用于大型、集中式制冷系统。

8.1 载冷剂的选择

8.1.1 载冷剂一般需要满足的要求

1）载冷剂在工作温度区域内应处于液态且不挥发，而凝固或结晶点应低于工作温度范围

10℃ 左右，沸点则高于工作温度范围 20～30℃ 以上。

2）载冷剂具有良好的换热性能和流动性能，即要求载冷剂具有较大的比热容，较小的密度和粘度。

3）载冷剂具有良好的化学性能，不燃、不爆，化学性能稳定，对管道无腐蚀作用，对人体无害。

4）价格低廉。

8.1.2 常用载冷剂介绍

表 2-15 列出了几种常用载冷剂的物理性质。

表 2-15 常用载冷剂的热物理性质比较

使用温度/ ℃	载冷剂名称	质量分数 $w/(\%)$	密度 $\frac{\rho\times10^3}{kg/m^3}$	比定压热容 $\frac{c_p}{kJ/(kg\cdot K)}$	热导率 $\frac{\lambda}{W/(m\cdot K)}$	粘度 $\frac{\mu\times10^3}{Pa\cdot s}$	凝固点 $t_f/℃$
0	氯化钙水溶液	12	1.111	3.465	0.528	2.5	−7.2
	甲醇水溶液	15	0.979	4.1868	0.494	6.9	−10.5
	乙二醇水溶液	25	1.03	3.834	0.511	3.8	−10.6
−10	氯化钙水溶液	20	1.188	3.041	0.501	4.9	−15.0
	甲醇水溶液	22	0.97	4.066	0.461	7.7	−17.8
	乙二醇水溶液	35	1.063	3.561	0.4726	7.3	−17.8
−20	氯化钙水溶液	25	1.253	2.818	0.4755	10.6	−29.4
	甲醇水溶液	30	0.949	3.813	0.3878	—	−23
	乙二醇水溶液	45	1.080	3.312	0.441	21	−26.6
−35	氯化钙水溶液	30	1.312	2.641	0.441	27.2	−50
	甲醇水溶液	40	0.963	3.50	0.326	12.2	−42
	乙二醇水溶液	55	1.097	2.975	0.3725	90.0	−41.6
	二氯甲烷	100	1.423	1.146	0.2038	0.80	−96.7
	三氯乙烯	100	1.549	0.9976	0.1503	1.13	−88
	三氯一氟甲烷	100	1.608	0.817	0.1316	0.88	−111
−50	二氯甲烷	100	1.450	1.146	0.1898	1.04	−96.7
	三氯乙烯	100	1.578	0.7282	0.1712	1.90	−88
	三氯一氟甲烷	100	1.641	0.8125	0.1364	1.25	−111
−70	二氯甲烷	100	1.478	1.146	0.2213	1.37	−96.7
	三氯乙烯	100	1.590	0.4567	0.1957	3.40	−88
	三氯一氟甲烷	100	1.660	0.8340	0.1503	2.15	−111

（1）水 水凝固点 0℃，标准沸点为 100℃，传热性能好，流动阻力小，无毒，价廉，是一种理想的载冷剂。在 0℃ 以上的温度范围内，如空调系统中，水被广泛地采用作为载冷剂。但是水的凝固点较高因此水作为载冷剂受到很大的限制。在低温应用场合往采用水溶液代替水作为载冷剂。

表 2-16 为水的热物理性质。

表 2-16　水的热物理性质

温度 $t/℃$	密度 $\rho/(kg/m^3)$	比定压热容 c_p $\overline{kJ/(kg \cdot K)}$	热导率 λ $\overline{W/(m \cdot K)}$	热扩散率 $a \times 10^7$ $\overline{m^2/s}$	动力粘度 $\mu \times 10^3$ $\overline{Pa \cdot s}$	运动粘度 $\gamma \times 10^6$ $\overline{m^2/s}$	体膨胀系数 $\alpha_v \times 10^4$ $\overline{1/℃}$	表面张力 $\sigma \times 10^2$ $\overline{N/m}$	普朗特数 P_r
0	999.87	4.208	0.551	1.31	1.789	1.789	-0.63	7.56	13.67
5	999.99	—	0.563	—	1.512	—	—	—	—
10	999.73	4.191	0.575	1.37	1.303	1.306	0.70	7.41	9.52
15	999.12	—	0.587	—	1.142	—	—	—	—
20	998.23	4.183	0.599	1.43	1.00	1.006	1.82	7.26	7.02
25	997.06	—	0.608	—	0.888	—	—	—	—
30	995.67	4.178	0.734	1.49	0.801	0.805	3.21	7.11	5.42
35	994.06	—	0.626	—	0.721	—	—	—	—
40	992.24	4.178	0.634	1.53	0.653	0.659	3.87	6.96	4.31

注：本表为 $p=101.35kPa$ 时的值。

（2）盐水　在温度较低的场合，常常采用盐水作为载冷剂。应用最多的为氯化钙水溶液和氯化钠水溶液。

盐水的凝固点 T 随盐的质量分数 w 的不同变化很大。如图 2-1 所示，WE 曲线为析冰曲线，EG 曲线为析盐曲线，E 点为共晶点，t_E 和 w_E 分别被称为共晶温度和共晶的质量分数。当 $w<w_E$ 时，溶液析冰温度随 w 增大而下降。当溶液析出冰后，质量分数增加，析冰温度下降，直至共晶点 E。析出冰盐固溶体；当 $w>w_E$ 时，溶液析盐温度随 w 下降而下降。当溶液析出盐后，溶液盐的质量分数不断降低，直至 E 点，生成冰盐固溶体。

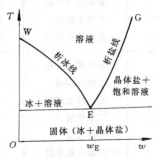

图 2-1　盐水相平衡图

对氯化钙溶液而言，其共晶温度为 $-55.52℃$，含盐量为 42.7%（质量分数）。

对氯化钠溶液而言，其共晶温度为 $-21.2℃$，含盐量为 29%（质量分数）。

表 2-17 和表 2-18 分别列出了氯化钙和氯化钠盐水的热物理性质。

表 2-17　氯化钙水溶液的热物理性质

质量分数 $w/\%$	凝固点 $t_l/℃$	15℃时的密度 $\rho/(kg \cdot m^{-3})$	温度 $t/℃$	比定压热容 c_p $\overline{kJ/(kg \cdot K)}$	热导率 λ $\overline{W/(m \cdot K)}$	动力粘度 $\mu \times 10^3$ $\overline{(Pa \cdot s)}$	运动粘度 $\nu \times 10^6$ $\overline{m^2/s}$	热扩散率 $a \times 10^7$ $\overline{m^2/s}$	普朗特数 P_r
9.4	-5.2	1080	20	3.642	0.584	1.24	1.15	1.49	7.8
			10	3.634	0.570	1.55	1.44	1.45	9.9
			0	3.626	0.556	2.16	2.00	1.42	14.1
			-5	3.601	0.549	2.55	2.36	1.41	16.7

（续）

质量分数 $w/\%$	凝固点 $t_l/{}^\circ\text{C}$	15℃时的密度 $\rho/(\text{kg}\cdot\text{m}^{-3})$	温度 $t/{}^\circ\text{C}$	比定压热容 c_p $\overline{\text{kJ}/(\text{kg}\cdot\text{K})}$	热导率 λ $\overline{\text{W}/(\text{m}\cdot\text{K})}$	动力粘度 $\mu\times10^3$ $\overline{(\text{Pa}\cdot\text{s})}$	运动粘度 $\nu\times10^6$ $\overline{\text{m}^2/\text{s}}$	热扩散率 $a\times10^7$ $\overline{\text{m}^2/\text{s}}$	普朗特数 P_r
14.7	−10.2	1130	20	3.362	0.576	1.49	1.32	1.52	8.7
			10	3.349	0.563	1.86	1.64	1.49	11.0
			0	3.328	0.549	2.56	2.27	1.46	15.6
			−5	3.316	0.542	3.04	2.70	1.44	18.7
			−10	3.308	0.534	4.06	3.60	1.43	25.3
18.9	−15.7	1170	20	3.148	0.572	1.80	1.54	1.56	9.9
			10	3.140	0.558	2.24	1.91	1.52	12.6
			0	3.128	0.544	2.99	2.56	1.49	17.2
			−5	3.098	0.537	3.43	2.94	1.48	19.8
			−10	3.086	0.529	4.67	4.00	1.47	27.3
			−15	3.065	0.523	6.15	5.27	1.47	35.9
20.9	−19.2	1190	20	3.077	0.569	2.00	1.68	1.55	10.9
			10	3.056	0.555	2.45	2.06	1.53	13.4
			0	3.044	0.542	3.28	2.76	1.49	18.5
			−5	3.014	0.535	3.82	3.22	1.49	21.5
			−10	3.014	0.527	5.07	4.25	1.47	28.9
			−15	3.014	0.521	6.59	5.53	1.45	38.2
23.8	−25.7	1220	20	2.973	0.565	2.35	1.94	1.56	12.5
			10	2.952	0.551	2.87	2.35	1.53	15.4
			0	2.931	0.538	3.81	3.13	1.51	20.8
			−5	2.910	0.530	4.41	3.63	1.49	24.4
			−10	2.910	0.523	5.92	4.87	1.48	33.0
			−15	2.910	0.518	7.55	6.20	1.46	42.5
			−20	2.889	0.510	9.47	7.77	1.44	53.8
			−25	5.889	0.504	11.57	9.48	1.43	66.5
25.7	−31.2	1240	20	2.889	0.562	2.63	2.12	1.57	13.5
			10	2.889	0.548	3.22	2.51	1.53	16.5
			0	2.868	0.535	4.26	3.43	1.51	22.7
			−10	2.847	0.521	6.68	5.40	1.48	36.6
			−15	2.847	0.514	8.36	6.75	1.46	46.3
			−20	2.805	0.508	10.56	8.52	1.46	58.5
			−25	2.805	0.501	12.90	10.40	1.44	72.0
			−30	2.763	0.494	14.81	12.00	1.44	83.0

质量分数 $w/\%$	凝固点 $t_f/℃$	15℃ 时的密度 $\rho/(kg \cdot m^{-3})$	温度 $t/℃$	比定压热容 c_p $kJ/(kg \cdot K)$	热导率 λ $W/(m \cdot K)$	动力粘度 $\mu \times 10^3$ $(Pa \cdot s)$	运动粘度 $\nu \times 10^6$ m^2/s	热扩散率 $a \times 10^7$ m^2/s	普朗特数 P_r
27.5	−38.6	1260	20	2.847	0.558	2.93	2.33	1.56	14.9
			10	2.826	0.545	3.61	2.87	1.53	18.8
			0	2.809	0.531	4.80	3.81	1.50	25.3
			−10	2.784	0.519	7.52	5.97	1.48	40.3
			−20	2.763	0.506	11.87	9.45	1.46	65.0
			−25	2.742	0.499	14.71	11.70	1.44	80.7
			−30	2.742	0.492	17.16	13.60	1.42	95.5
			−35	2.721	0.486	21.57	17.10	1.42	120.0
28.5	−43.5	1270	20	2.805	0.557	3.14	2.47	1.56	15.8
			0	2.780	0.529	5.12	4.02	1.50	26.7
			−10	2.763	0.518	8.02	6.32	1.48	42.7
			−20	2.721	0.505	12.65	10.0	1.46	68.8
			−25	2.721	0.500	15.98	12.6	1.44	87.5
			−30	2.700	0.491	18.83	14.9	1.43	103.5
			−35	2.700	0.484	24.52	19.3	1.42	136.5
			−40	2.680	0.478	30.40	24.0	1.41	171.0
29.4	−50.1	1280	20	2.805	0.555	3.33	2.65	1.55	17.2
			0	2.755	0.528	5.49	4.30	1.5	28.7
			−10	2.721	0.576	8.63	6.75	1.49	45.4
			−20	2.680	0.504	13.83	10.8	1.47	73.4
			−30	2.659	0.490	21.28	16.6	1.44	115.0
			−35	2.638	0.483	25.50	19.9	1.43	139.0
			−40	2.638	0.477	32.36	25.3	1.42	179.0
			−45	2.617	0.470	40.21	31.4	1.40	223.0
			−50	2.617	0.464	49.03	38.3	1.3	295.0
29.9	−55	1286	20	2.784	0.554	3.51	2.75	1.55	17.8
			0	2.738	0.528	5.69	4.43	1.50	29.5
			−10	2.700	0.515	9.04	7.04	1.48	47.5
			−20	2.680	0.502	14.42	11.23	1.46	77.0
			−30	2.659	0.488	22.56	17.6	1.43	123.0
			−35	2.638	0.483	28.44	22.1	1.42	156.5
			−40	2.638	0.576	35.30	27.5	1.40	196.0
			−45	2.617	0.470	43.15	33.5	1.39	240.0
			−50	2.617	0.463	50.99	39.7	1.38	290.0

表 2-18 氯化钠水溶液的热物理性质

质量分数 $w/\%$	凝固点 $t_t/°C$	15℃时的密度 $\rho/(kg \cdot m^{-3})$	温度 $t/°C$	比定压热容 c_p kJ/(kg·K)	热导率 λ W/(m·K)	动力粘度 $\mu \times 10^3$ Pa·s	运动粘度 $\nu \times 10^6$ m²/s	热扩散率 $a \times 10^7$ m²/s	普朗特数 P_r
7	−4.4	1050	20	3.843	0.593	1.08	1.03	1.48	6.9
			10	3.835	0.576	1.41	1.34	1.43	9.4
			0	3.827	0.559	1.87	1.78	1.39	12.7
			−4	3.818	0.556	2.16	2.06	1.39	14.8
11	−7.5	1080	20	3.697	0.593	1.15	1.06	1.48	7.2
			10	3.684	0.570	1.52	1.41	1.43	9.9
			0	3.676	0.556	2.02	1.87	1.40	13.4
			−5	3.672	0.549	2.44	2.26	1.38	16.4
			−7.5	3.672	0.545	2.65	2.45	1.38	17.8
13.6	−9.8	1100	20	3.609	0.593	1.23	1.12	1.50	7.4
			10	3.601	0.568	1.62	1.47	1.43	10.3
			0	3.588	0.554	2.15	1.95	1.41	13.9
			−5	3.584	0.547	2.61	2.37	1.39	17.1
			−9.8	3.580	0.510	3.43	3.13	1.37	22.9
16.2	−12.2	1120	20	3.534	0.573	1.31	1.20	1.45	8.3
			10	3.525	0.569	1.73	1.57	1.44	10.9
			−5	3.508	0.544	2.83	2.58	1.39	18.6
			−10	3.504	0.535	3.49	3.18	1.37	23.2
			−12.2	3.500	0.533	4.22	3.84	1.36	28.3
18.8	−15.1	1140	20	3.462	0.582	1.43	1.26	1.48	8.5
			10	3.454	0.566	1.85	1.63	1.44	11.4
			0	3.442	0.550	2.56	2.25	1.40	16.1
			−5	3.433	0.542	3.12	2.74	1.39	19.8
			−10	3.429	0.533	3.87	3.40	1.37	24.8
			−15	3.425	0.524	4.78	4.19	1.35	31.0
21.2	−18.2	1160	20	3.395	0.579	1.55	1.33	1.46	9.1
			10	3.383	0.563	2.01	1.73	1.44	12.1
			0	3.374	0.547	2.82	2.44	1.40	17.5
			−5	3.366	0.538	3.44	2.96	1.38	21.5
			−10	3.362	0.530	4.30	3.70	1.36	27.1
			−15	3.358	0.522	5.28	4.55	1.35	33.9
			−18	3.358	0.518	6.08	5.24	1.33	39.4

（续）

质量分数 $w/\%$	凝固点 $t_l/{}^\circ C$	15℃时的密度 $\rho/(kg \cdot m^{-3})$	温度 $t/{}^\circ C$	比定压热容 c_p $\overline{kJ/(kg \cdot K)}$	热导率 λ $\overline{W/(m \cdot K)}$	动力粘度 $\frac{\mu \times 10^3}{Pa \cdot s}$	运动粘度 $\frac{\nu \times 10^6}{m^2/s}$	热扩散率 $\frac{a \times 10^7}{m^2/s}$	普朗特数 P_r
23.1	−21.2	1175	20	3.345	0.565	1.67	1.42	1.47	9.6
			10	3.333	0.549	2.16	1.84	1.40	13.1
			0	3.324	0.544	3.04	2.59	1.39	18.6
			−5	3.320	0.536	3.75	3.20	1.38	23.3
			−10	3.312	0.528	4.71	4.02	1.36	29.5
			−15	3.308	0.520	5.75	4.90	1.34	36.5
			−21	3.303	0.514	7.75	6.60	1.32	50.0

盐水对金属管道有严重的腐蚀作用，因此使用时需加防腐剂，一般采用重铬酸钠（$NaCr_2O_7$）作为防腐剂。通常 $1m^3$ 的氯化钙盐水中加入 2kg 重铬酸钠；$1m^3$ 的氯化钠盐水中加入 3.2kg 重铬酸钠，加入防腐剂后应使溶液呈弱碱性，即 pH＝8.5。

（3）有机载冷剂　常用的有机载冷剂有甲醇、乙二醇水溶液、二氯甲烷、三氯乙烯等。它们的使用温度可低至−35℃以下，如前表 2-15 所示。

乙二醇水溶液凝固点很低，对金属无腐蚀作用，传热性能良好，是使用最为广泛的有机载冷剂。表 2-19 为乙二醇水溶液的热物理性质。

三氯乙烯也是一种常用的低温载冷剂，但易挥发，气体有毒。三氯乙烯对金属、橡胶有机物具有腐蚀作用，吸水后会水解出盐酸，对不锈钢也会孔蚀。目前可用乙二醇（质量分数为 40%）、乙醇（质量分数为 20%）和水（质量分数为 40%）组成的三元溶液代替三氯乙烯使用。该溶液沸点为98℃，凝固点为−64℃，密度为 $10^3 kg/m^3$，比定压热容为 0.75kJ/(kg·K)，在25℃时粘度为 $1 \times 10^{-3} Pa \cdot s$，闪点为80℃。

表 2-19　乙二醇水溶液的热物理性质

乙二醇的质量分数 %	凝固点 ℃	15℃时的密度 $\rho/(kg \cdot m^{-3})$	温度 $t/{}^\circ C$	比定压热容 c_p $\overline{kJ/(kg \cdot K)}$	动力粘度 $\frac{\mu \times 10^3}{Pa \cdot s}$	运动粘度 $\frac{\nu \times 10^4}{m^2/s}$	热导率 λ $\overline{W/(m \cdot K)}$	热扩散率 $\frac{a \times 10^7}{m^2/s}$	普朗特数 P_r
4.6	−2	1005	50	4.1	0.58	0.586	0.62	1.54	3.96
			20	4.1	1.08	1.07	0.58	1.39	7.7
			0	4.1	1.96	1.95	0.56	1.35	14.4
8.4	−4	1010	50	4.1	0.69	0.68	0.59	1.43	4.75
			20	4.1	1.18	1.17	0.57	1.39	8.4
			0	4.1	2.25	2.23	0.55	1.33	16.7
12.2	−5	1015	50	4.1	0.69	0.677	0.58	1.41	4.8
			20	4.0	1.37	1.35	0.55	1.33	10.1
			0	4.0	2.54	2.51	0.53	1.33	18.9

（续）

乙二醇的质量分数 %	凝固点 ℃	15℃ 时的密度 $\rho/(kg \cdot m^{-3})$	温度 $t/℃$	比定压热容 c_p kJ/(kg·K)	动力粘度 $\mu \times 10^3$ Pa·s	运动粘度 $\nu \times 10^4$ m²/s	热导率 λ W/(m·K)	热扩散率 $a \times 10^7$ m²/s	普朗特数 P_r
16	−7	1020	50	4.0	0.78	0.77	0.56	1.36	5.65
			10	3.91	2.06	2.02	0.52	1.31	15.4
			−5	3.89	3.43	3.37	0.50	1.26	26.6
19.8	−10	1025	50	3.95	0.78	0.76	0.55	1.33	5.7
			10	3.87	2.25	2.20	0.51	1.29	17
			−5	3.85	3.82	3.73	0.49	1.25	30
23.6	−13	1030	50	3.94	0.88	0.858	0.52	1.29	6.6
			10	3.81	2.54	2.48	0.49	1.26	19.6
			−10	3.77	5.10	4.95	0.49	1.26	39.4
27.4	−15	1035	50	3.85	0.88	0.855	0.51	1.28	6.7
			0	3.73	3.92	3.8	0.48	1.24	31
			−15	3.66	7.06	6.83	0.47	1.24	55
31.2	−17	1040	50	3.81	0.98	0.94	0.50	1.26	7.5
			0	3.64	4.41	4.25	0.47	1.24	34.5
			−15	3.62	8.23	7.9	0.46	1.22	65
35	−21	1045	50	3.73	1.08	1.03	0.48	1.22	8.4
			20	3.64	2.45	2.35	0.47	1.22	19.2
			−10	3.56	7.64	7.35	0.45	1.22	60
			−20	3.52	11.8	11.3	0.45	1.24	92
38.8	−26	1050	50	3.68	1.18	1.12	0.47	1.21	9.3
			20	3.56	2.74	2.63	0.45	1.21	21.6
			−10	3.48	8.62	8.25	0.45	1.24	67
			−25	3.41	18.6	17.8	0.45	1.26	144
42.6	−29	1055	50	3.60	1.37	1.3	0.44	1.16	11.2
			20	3.48	2.94	2.78	0.44	1.21	23
			−10	3.39	9.60	9.1	0.44	1.24	73
			−25	3.33	21.6	20.5	0.44	1.26	162
46.4	−33	1060	50	3.52	1.57	1.48	0.43	1.15	2.8
			20	3.39	3.43	3.24	0.43	1.19	27
			−10	3.31	1.08	10.2	0.43	1.22	84
			−20	3.27	18.1	17.2	0.43	1.24	140
			−30	3.22	32.3	30.5	0.43	1.26	242

第3章 小型制冷装置的冷凝器

1 冷凝器的型式选择

在小型氟利昂制冷装置中，为使用方便起见，通常采用空气冷却式冷凝器。空气冷却式冷凝器又可分为强制通风式和自然对流式两种。在制冷量相对较大（10kW以上）的机组中也可采用水冷冷凝器。在小型制冷装置中所用的水冷冷凝器有套管式和卧式壳管式冷凝器。其它型式的冷凝器在小型制冷装置中很少采用。

强制通风的空气冷却式冷凝器以空气为冷却介质，适用于缺水或无法供水的场合，特别是在以氟利昂为制冷剂的小型制冷装置，如窗式空调器、分体式空调器、冷藏柜、商场食品陈列柜、小型颗粒冰机、冰淇淋机、炒冰机、车用空调装置、车用冷藏装置以及高温行车空调机中使用。

自然对流空气冷却式冷凝器主要用于容积为300L以下的家用冰箱或其它制冷量小于0.5kW的小型氟利昂制冷机中。与强制通风空气冷却式冷凝器比较，由于不使用风机，因而节省了风机的功率消耗，同时避免了风机运转时引起的噪声。在家用冰箱中采用箱壁式冷凝器可以使整台制冷装置更紧凑，外观更平整美观。由于箱壁式冷凝器和丝管式冷凝器的强度较差，冷凝器极易被碰损，特别是在运输途中更是如此，在需要一定强度的特殊小冷量制冷装置中，可采用单管组套片式冷凝器。

水冷套管式冷凝器结构简单，制造方便，冷凝器占用空间小，使制冷机组的体积小、重量轻，因此，套管式冷凝器在单元式空调机组及其它制冷量相对较大的小型氟利昂制冷装置中得到广泛的应用。一般来说，套管式冷凝器的水耗量比卧式壳管式冷凝器的水耗量要小，但清洗更加困难，因此，套管式冷凝器应使用水质较好的冷却水。

在小型制冷装置中，制冷量在10kW以上时应优先采用套管式冷凝器，若制冷量相对较大，盘管总长过长时可采用卧式壳管式冷凝器。卧式壳管式冷凝器大多与制冷压缩机组成压缩冷凝机组。

在卧式壳管式冷凝器中，水在管内流动，不可避免地会在管壁上形成水垢而影响传热，清洗时须拆去两端封头，且传热管内径通常较小，清洗很不方便，为减少清洗次数或不清洗，因此，对卧式壳管式冷凝器亦应使用水质较好的冷却水。卧式壳管式冷凝器的冷却水量一般都较大（每5kW制冷量约需水量1m³/h），为节约冷却水处理费用及减少水消耗量，有条件时，冷凝器出口的冷却水经冷水塔降温后循环使用。

目前，在制冷量小于10kW的小型氟利昂制冷装置如冷藏箱、冰棒机、小型冷库、冷饮水箱、−60～−80℃低温箱以及各种空调机组和船用制冷机组中，除了广泛地采用空冷式冷凝器外，亦仍有不少采用套管式冷凝器和卧式壳管式冷凝器，但从维护使用方便及相关的经济分析角度，应采用空冷式冷凝器为佳。

2 冷凝器设计中有关参数的选择

2.1 传热表面的内外污垢系数 r_i 和 r_o

在冷凝器中，水垢、油垢或尘垢的形成会影响换热器的传热性能。通常，换热器中制冷剂侧的温度越低或制冷剂液体与润滑油的互溶性越弱，润滑油越容易在传热面上形成油膜，则污垢系数越大。一般，在氟利昂冷凝器中，由于氟利昂与润滑油能相互溶解，可不考虑氟利昂侧的污垢系数。

在空气冷却式冷凝器中，流过冷凝器的空气量大，空气中的尘埃会逐渐粘附在翅片及翅间管面上形成尘埃垢层，特别是在传热面被水润湿时尘埃会形成较大的热阻。

在水冷冷凝器中，水侧表面的温度越高、水的流速越低、水中含盐量越大、传热表面的粗糙度越大，那么，水中的盐分容易沉积在传热面上形成水垢，则污垢系数越大。

我国《单元式空气调节机组用冷凝器型式与基本参数》(JB/T5444—91)标准中规定，对水冷冷凝器，当传热管为紫铜管时，水侧污垢系数取 $1.72 \times 10^{-4} (m^2 \cdot K)/W$，对钢管取 $3.44 \times 10^{-4} (m^2 \cdot K)/W$。

表 3-1 给出冷凝器中推荐选用的冷却介质侧的污垢系数值。

表 3-1　冷却介质侧的污垢系数

类　　　别	污垢系数 /$(m^2 \cdot K \cdot W^{-1})$	类　　　别	污垢系数 /$(m^2 \cdot K \cdot W^{-1})$
强制通风空气冷却式冷凝器尘埃垢层	0.1×10^{-3}	清净河水垢层	0.34×10^{-3}
城市生活用水垢层	0.17×10^{-3}	混浊河水垢层	0.5×10^{-3}
经处理的工业循环用水垢层	0.17×10^{-3}	井水、湖水垢层	0.17×10^{-3}
未经处理的工业循环用水垢层	0.43×10^{-3}	近海海水垢层	0.17×10^{-3}
处理过的冷水塔循环用水垢层	0.17×10^{-3}	远海海水垢层	0.086×10^{-3}

2.2 冷却介质的流速

强制通风空气冷却式冷凝器的迎面风速一般在 $2.0 \sim 3 m/s$ 之间取值。迎面风速过高会导致较高的最窄截面风速，一般情况下，最窄截面风速 w_{max} 应控制在 6m/s 以下为宜。最窄截面风速过高，则传热管组对空气的流动阻力增大，风机会产生扰人的噪声。对整体舒适性空调用空气冷却式冷凝器应选取低风速并选配低噪声风机。在特殊情况下，如野外机械工程车车用空调机、铁路列车车用空调机及冷藏车车用制冷机中，为提高冷凝器的传热系数，降低冷凝温度，也允许有较高的最窄截面风速，但一般也不得超过 7m/s。

在氟利昂套管式冷凝器中，水速在 $1 \sim 2.5 m/s$ 范围内为宜，若水速偏低或偏高，应另选管径或改变芯管数量使水速在上述范围内。

在氟利昂卧式壳管式冷凝器中，冷却水的设计水速与冷凝器的年运行小时有关，为了延长冷凝器的使用寿命，对年运行时间较长的冷凝器应取较低的设计水速。

表 3-2 给出了氟利昂卧式壳管式冷凝器中按年运行小时数选择的冷却水的流速。

表 3-2　冷却水在氟利昂卧式壳管式冷凝器中的设计水速

年运行小时数	1500	2000	3000	4000	6000	8000
水速/（m·s⁻¹）	3.0	2.9	2.7	2.4	2.1	1.3

　　在水冷冷凝器中，由于水在管内的流动状态与水速、管径及水温有关，在一定管径和水温条件下，所选取的水速应保证水的流动状态处于湍流状态，即雷诺数 $Re=wd_i/\nu>10^4$，w、d_i 和 ν 分别为水速、管内径和水的运动粘度；若 $Re<10^4$，水侧换热系数会大大降低。

　　冷却介质的流速已有标准规定的，应按标准规定取值。如在《单元式空气调节机组用冷凝器型式与基本参数》（JB/T5444—91）标准中规定，套管式冷凝器和壳管式冷凝器的水速分别为 2.5m/s 和 2m/s，强制通风空气冷却式冷凝器的迎面风速为 2.5m/s。

2.3　冷却介质的温升

　　冷却介质的温升与冷却介质的流量有很大关系，流量大则温升小。

　　在设计冷凝器时，冷却介质的进口温度和制冷剂的冷凝温度通常由相应标准或具体条件规定和限制，那么冷却介质的温升大小在很大程度上确定了对数平均温差的大小，从而，在选取冷却介质温升的同时应使对数平均温差在一定范围内。

　　表 3-3 中列出小型制冷装置中各种结构型式的冷凝器的冷却介质的温升及对数平均温差范围。

表 3-3　冷却介质温升及对数平均温差范围

冷凝器型式	氟利昂壳管式冷凝器	氟利昂套管式冷凝器	强制通风空气冷却式冷凝器
冷却介质温升/℃	3～5	5～8	8～10
对数平均温差/℃	6～7	6～8	8～12

　　若冷却介质的温升已由标准规定，则应按标准取值，如对单元式空调机组，JB/T5444—91 标准规定，套管式冷凝器和壳管式冷凝器中水的温升均为 5℃，强制通风空气冷却式冷凝器中空气温升 $\Delta t_a \geqslant 8℃$。

2.4　冷凝负荷系数 C_0

　　使用开启式及半封闭制冷压缩机和名义制冷量大于 1.28kW 的全封闭制冷压缩机的单级压缩制冷装置的冷凝热负荷 Q_k（单位为 W）可表示成

$$Q_k = C_0 Q_0$$

式中　C_0——冷凝负荷系数；

　　　Q_0——制冷量。

　　以 R22 和 R12 为制冷剂的氟利昂制冷装置的冷凝负荷系数可以从图 3-1 中查得。

　　在使用小型全封闭压缩机的制冷装置如家用冰箱中，由于通过压缩机机壳外表面散发的热量与其制冷量之比较其它型式压缩机要

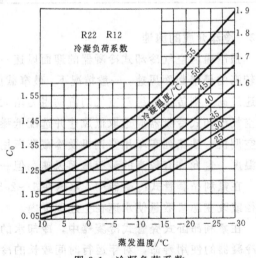

图 3-1　冷凝负荷系数

大得多，在这种情况下，通过压缩机机壳向空气中散发热量，使从机壳排出的制冷剂蒸气温度降低，从而使冷凝器的热负荷大为减少。压缩机的容量越小，通过机壳散发的热量与制冷量的比值越大，则冷凝器的实际热负荷越小。

在家用冰箱中，通常在门框四周设置防露管，通过防露管散发的冷凝热量约占全部冷凝负荷的40%。另外，若在箱体底部融霜水盘中加装压缩机排气的预冷蛇管，通过预冷蛇管散发的冷凝热量约占全部冷凝负荷的10%。这样，冷凝器的实际热负荷仅占全部冷凝负荷的一半。因此，对于使用小型全封闭压缩机的制冷装置，必须针对其结构特点和系统组成，区别不同情况确定冷凝器的实际热负荷 Q_k。

3 氟利昂卧式壳管式冷凝器的设计及计算

在设计制冷装置用冷凝器时，有关冷凝器的结构型式、材料选择、技术条件、工艺要求等必须遵循或参照相应的规定和标准，如《制冷装置用压力容器》(JB/T6917—93)、《钢制壳管式换热器》(GB151)、《制冷设备通用技术规范》(GB9237) 以及《单元式空气调节机组用冷凝器型式与基本参数》(JB/T5444—91) 等。

冷凝器的设计在满足传热需要和保证安全的前提下，应尽量减少传热面积、减少材料消耗量、降低设备费用、减小安装面积及减小占用空间，同时，冷凝器的结构应保证已冷凝下来的制冷剂液体能迅速排出。

3.1 氟利昂卧式壳管式冷凝器的结构及设计

3.1.1 卧式壳管式冷凝器的整体结构

图 3-2 为氟利昂卧式壳管式冷凝器的整体结构图。

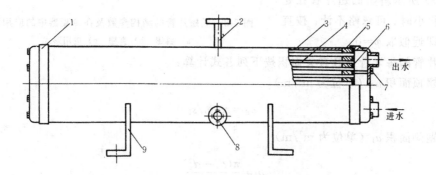

图 3-2 氟利昂卧式壳管式冷凝器

1—端盖 2—进气管 3—简体 4—传热管 5—管板 6—密封橡胶

7—紧固螺钉 8—出液管口 9—支座

卧式壳管式冷凝器的外壳为圆筒形，在壳体两端各焊接一块管板。小型制冷装置用卧式壳管式冷凝器的管板直径一般与简体外径相同，因此，在管板的周边上应均匀分布6个或8个螺纹孔（不通孔），用螺钉将端盖固定在管板上。

密封橡胶的作用是防止冷却水从端盖与管板之间的结合处外漏，并与端盖的分隔筋贴合，避免不同流程之间冷却水"串流"。

在卧式壳管式冷凝器中，制冷剂蒸气从上部进气管进入壳体内，冷凝液体从壳体下部出液管流出。在壳体较长时（大于1.5m）时，为使进入壳体的蒸气沿长度方向均匀分布，并减缓蒸气进入壳体时对传热管的冲击，可在壳体内部沿长度方向上焊接一块多孔均气板（或均气管）。

对小型氟利昂制冷装置用卧式壳管式冷凝器，为简单起见，一般不在壳体下部焊接液包。另外，根据需要，可在氟利昂冷凝器壳体下部安装易熔塞起安全保护作用。

3.1.2 卧式壳管式冷凝器的零部件及其设计

（1）传热管、传热管的布置及与管板的固定方式　在氟利昂卧式壳管式冷凝器中较为适宜使用的低翅片管是采用 $\phi16mm\times1.5mm$ 和 $\phi19mm\times1.5mm$ 的紫铜管坯管轧制而成，轧制后，其内径一般小于坯管内径。另一种传热管是锯齿管，系车制而成，其翅距较滚轧而成的低翅片管更密，翅片外沿开有锯齿形缺口，锯齿管内径与原坯管内径相同。

图3-3所示为低翅片管对冷凝换热有影响的某些结构参数及在冷凝器中的应用形式。

表3-4列出了几种低翅片管的结构参数。

图3-3a所示斜翅低翅片管在翅间夹角 φ 很小时，可忽略不计，按直翅计算，即近似取 $\varphi=0$。

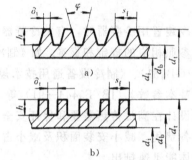
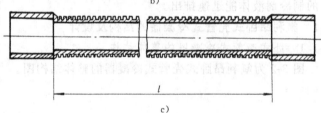

图3-3　低翅片管的结构参数及在冷凝器中的应用形式
a）斜翅　b）直翅　c）应用形式

低翅片管的每米管长各有关面积按下列各式计算：

每米管长翅顶面积 a_d（单位为 m^2/m）

$$a_d=\pi d_t\delta_t/s_f$$

每米管长翅侧面积 a_f（单位为 m^2/m）

$$a_f=\frac{\pi(d_t^2-d_b^2)}{2s_f\cos\dfrac{\varphi}{2}}$$

每米管长翅间管面面积 a_b（单位为 m^2/m）

$$a_b=\pi d_b\left(s_f-\delta_t-2h\tan\frac{\varphi}{2}\right)\Big/s_f$$

每米管长管外总面积 a_{of}（单位为 m^2/m）

$$a_{of}=a_d+a_f+a_b$$

表 3-4　几种低翅片管的结构参数

序号	坯管规格 直径/mm × 壁厚/mm	s_f/mm	δ_f/mm	h/mm	d_i/mm	d_b/mm	d_t/mm	φ	a_{of}/(m²·m⁻¹)	ψ
1	$\phi16\times1.5$	1.25	0.223	1.5	11	12.86	15.86	—	0.15	1.35
2	$\phi16\times1.5$	1.5	0.35	1.5	11	13	16	—	0.134	1.347
3	$\phi16\times1.5$	1.2	0.4	1.35	10.4	12.4	15.1	—	0.139	1.384
4	$\phi19\times1.5$	1.1	0.25	1.5	14	15.9	18.9	20°	0.179	1.48
5	$\phi19\times1.5$	1.34	0.25	1.45	14	15.85	18.75	20°	0.152	1.457

注：表中 a_{of} 为每米管长管外总面积，ψ 为增强系数，其余符号参见图 3-3。

在小型氟利昂制冷装置的制冷系统中，一般很少在卧式壳管式冷凝器之后增设贮液器，为适应工况及负荷的变化，在传热管布置时，通常在冷凝器壳体内下部留出一定空间不装传热管，可起贮液器的作用。

由于叉排较顺排平均管排数少，管排修正系数大，因此传热管的布置通常采用叉排即正三角形排列。管板上管孔中心间距 $s=(1.25\sim1.30)d_o$，d_o 为管外径。使用小管径传热管时，管孔净间距不得小于 4mm。最外层传热管与壳体内壁间距 $s_1\geqslant5$mm，《制冷装置用压力容器》(JB/T6917—93)标准中规定 s_1 最小应为换热管外径的 1/4。

氟用卧式壳管式冷凝器的管板直径通常与壳体外径相同，端盖采用螺钉固定在管板上，因此，传热管的布置应兼顾管板周边上螺纹孔（不通孔）的均布（螺纹孔不得少于 6 个）。

传热管与管板之间的固定方式有焊接和胀接两种，如图 3-4 所示。

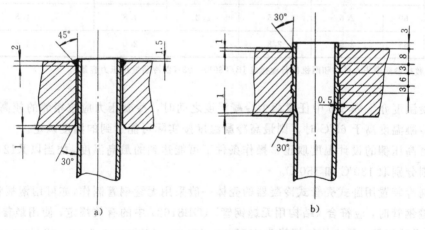

图 3-4　传热管与管板的固定方式
a）焊接连接　b）胀接连接

在氟利昂冷凝器中，紫铜管与管板的固定通常采用胀接方式。采用胀接时，一般应在管板上加工密封沟槽，但实践表明，当管外径小于 16mm 时不设密封沟槽也能达到密封效果。

为保证铜管与管板之间的胀接密封效果，不同管径的管孔名义直径及管径和管孔直径的允许偏差应按表 3-5 取值。

表 3-5　管径、管孔直径及允许偏差　　　　　（单位为 mm）

管外径 d_o	10	12	14	16	19
管孔直径 d_p	10.18	12.2	14.2	16.2	19.25
管外径允许偏差	0 −0.10		0 −0.16		0 −0.24
管孔直径允许偏差			+0.05 −0.10		

注：表中数据摘自中华人民共和国机械行业标准 JB/T6917—93《制冷装置用压力容器》。

（2）壳体、管板及其连接方式　卧式壳管式冷凝器的壳体及管板内侧均承受冷凝压力，为受压元件，在必要时应进行强度计算，从而确定壳体和管板的厚度。在进行强度计算时，高压侧设计压力应高于在正常运转条件下制冷剂可能达到的与最高冷凝温度相应的饱和蒸气压力。制冷剂可能达到的最高冷凝温度及相应的饱和蒸气压力按表 3-6 取值。

表 3-6　卧式壳管式冷凝器中几种制冷剂
可能达到的冷凝温度及压力　　　　　（单位为 MPa）

制　冷　剂		R502	R22	R290	R500	R12	R134a
冷凝温度/℃	43	1.7	1.6	1.6	1.2	0.96	
	50	2.0	1.9	1.8	1.4	1.2	
	55	2.3	2.22	2.0	1.6	1.3	
	60	2.6	2.5	2.2	1.8	1.5	
	65	2.9	2.8	—	2.0	1.6	

注：表中数据参照中华人民共和国机械行业标准 JB/T6917—93《制冷装置用压力容器》。

当冷凝温度介于表 3-6 中任意两个冷凝温度之间时，冷凝压力应按相邻的较高冷凝温度确定，当冷凝温度高于 65℃ 时，则最高冷凝温度按实际可能达到的温度确定。

冷凝器高压侧的设计温度取正常操作条件下可能达到的最高温度，如当以 R12 和 R22 为工质时，则分别取 130℃ 和 150℃。

小型制冷装置用卧式壳管式冷凝器的壳体一般采用无缝钢管制作，亦可用钢板卷制而成。当采用无缝钢管时，应符合《结构用无缝钢管》（GB8162）中的有关规定，使用最普遍的是 10 号和 20 号无缝钢管，最常用的规格为 ϕ159mm×6mm、ϕ219mm×6mm、ϕ273mm×7mm 等。当壳体采用钢板卷制时，对钢板的选材以及对钢板的性能要求应符合《碳素结构钢》（GB700）中的规定。

表 3-7 中列出了几种牌号钢板的适用范围。

氟利昂卧式壳管式冷凝器壳体的常用厚度为 6～8mm。

管板的最小厚度与传热管径、制冷剂种类以及传热管与管板之间的连接方式等有关。表 3-8 列出传热管与管板之间的连接方式为胀接时所允许的管板的最小厚度。

表 3-7　钢板的适用范围

钢 板 牌 号	Q235-AF	Q235-A	Q235-B	Q235-C
设计压力	≤0.6MPa	≤1.0MPa	≤1.6MPa	≤2.5MPa
适用制冷剂	R114、R21 R11、R123、R113	R114、R21 R11、R123、R113	R500、R12 R134a	R502、R717 R22、R290
用途	壳体	管板、壳体	管板、壳体	管板、壳体

表 3-8　管板最小厚度　　　　　　　　　（单位为 mm）

传热管外径 d_o		紫　铜　管			
		10	14	16	19
传热管与管板连接方式		胀　　　接			
管板最小厚度	第一、二类制冷剂	10	11	13	16
	第三类制冷剂	20			

注：1. 表中数据考虑刚度、强度、腐蚀及胀管工艺综合给出，有关数据及计算式参照《制冷装置用压力容器》（JB/T6917—93）

　　2. 制冷剂分类参照《制冷设备通用技术规范》（GB9237），在前表 3-7 所列制冷剂中除 R717 为第二类制冷剂、R290 为第三类制冷剂之外，其余均为第一类制冷剂。

管板的实际厚度（图样标注尺寸）还应考虑端盖的装配工艺需要及在管板的管孔中是否设置密封沟槽，按表 3-8 所给数据最终确定。

图 3-5 所示为氟利昂卧式壳管式冷凝器的管板与壳体的焊接连接方式。图 3-5a 所示的焊接连接方式常用于大、中型冷凝器，小型氟利昂制冷装置则通常采用图 3-5b 所示形式。

（3）端盖　端盖多为灰口铸铁，亦可用钢板冲压焊制而成。端盖内侧的若干筋板将其分成若干水腔，两端盖的水腔应互相配合以便冷却水在管内往返流动。冷却水的进出口通常在一个端盖上，进口布置在下方，出口布置在上方，冷却水往返流动的流程数为偶数，且一般不大于 8。

图 3-6 和图 3-7 分别为两流程和四流程的端盖示意图。

图 3-6 所示端盖内侧的分隔筋

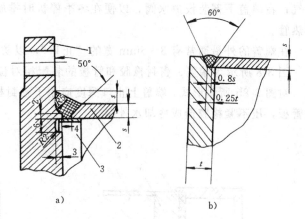

图 3-5　管板与壳体的连接方式
a）焊接方式 1　b）焊接方式 2
1—管板　2—壳体　3—衬圈

为直形，图 3-7 所示端盖内侧的分隔筋为波形。采用直形分隔筋时，一般要将相邻两排管子的管距加大，加大的距离应不小于端盖上分隔筋密封面的宽度，分隔筋密封面的宽度一般不小于 4mm。

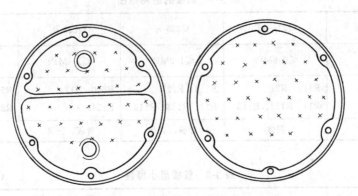

图 3-6　两流程端盖内侧图

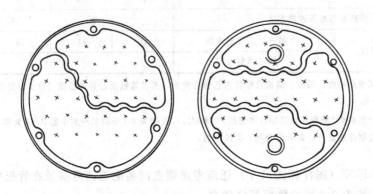

图 3-7　四流程端盖内侧图

　　此外,在必要时,可在端盖顶部装设放气阀,以便在开始充水时排除端盖内侧(水侧)的空气;在端盖下部装设放水阀,以便冬季停机时排放残留的冷却水,以防结冰冻裂端盖和传热管。

　　在端盖的外沿通常有 3~5mm 宽的"止口",以防密封橡胶错位和橡胶压紧时被挤出。

　　图 3-8 所示为端盖、密封橡胶和管板的装配相对位置示意图。

　　对图 3-8b 所示形式,端盖上止口深度应小于密封橡胶被压紧后的厚度,以免端盖止口顶住管板,压不紧橡胶造成冷却水外漏。

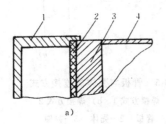
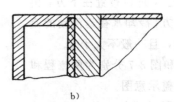

图 3-8　端盖、密封橡胶、管板装配示意图

a)端盖外径大于壳体外径　b)端盖外径等于壳体外径

1—端盖　2—密封橡胶　3—管板　4—壳体

(4) 支座　小型制冷装置用卧式壳管式冷凝的支座一般采用如图3-9所示结构形式。

表3-9列出不同壳体外径D_o的冷凝器所对应的支座尺寸。

支座在冷凝器中的位置可按下列要求确定：若冷凝器主体部分的长度（两管板外侧端面间的距离）为l_t，壳体平均直径为D_m，支座钢板厚度中线处与管板外侧的距离为s，则支座的位置应保证$s \leqslant 0.2l_t$且$s \leqslant D_m/4$。

(5) 连接管　卧式壳管式冷凝器的连接管包括进气接管、出液接管以及冷却水进出口接管。各连接管内径d_i（单位为m）按下式计算

$$d_i = \sqrt{\frac{4q_v}{\pi w}}$$

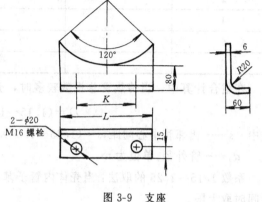

图3-9　支座

式中　q_v——过热蒸气、冷凝液体或冷却水的体积流量，单位为m^3/s；

w——流速，单位为m/s。

通常，氟利昂蒸气在进气接管内的流速为$10\sim18$m/s，且进气接管管径与制冷压缩机的排气管管径相同。

氟利昂液体在出液接管内的流速一般为0.5m/s左右。出液管管径宜尽量与干燥过滤器及电磁阀的连接管管径一致。

在进出水接管中，冷却水的流速约为1m/s。

表3-9　支座尺寸　　　　（单位为mm）

壳体外径 D_o	159	219	245	273	325	377	402
L	140	190	210	240	280	330	350
K	90	120	140	160	200	250	280

3.1.3　卧式壳管式冷凝器的初步结构设计

在卧式壳管式冷凝器的传热计算中，要考虑管排布置对换热的影响，因此，在传热计算之前须对冷凝器进行初步结构设计计算，其方法及步骤如下：

1) 选取热流密度q_o（单位为W/m^2），确定传热管总长L（单位为m）

$$L = \frac{Q_k}{a_{of}q_o}$$

采用滚轧低翅片管的氟利昂卧式壳管式冷凝器，在某些使用条件下，按管外面积计算的热流密度q_o可能会很高，在设计条件下，q_o可在$5000\sim7000W/m^2$范围内取值。

2) 根据冷凝器长径比l/D_i的合理范围确定流程数N、每流程管数Z、有效单管长l（单位为m）及壳体内直径D_i（单位为m）

因为

$$L = lNZ$$

$$Z = \frac{4q_v}{\pi d_i^2 w}$$

式中　q_v——冷却水的体积流量，单位为m^3/s；

w——流速，单位为m/s。

列出不同流程数方案的组合表，如表 3-10 所示。

表 3-10　不同流程数方案组合表

流程数 N	总根数 NZ	有效单管长 l/m	壳体内径 D_i/m	长径比 l/D_i
2				
4				
6				
8				

在组合计算中，当传热管总根数较多时，壳体内径 D_i（单位为 m）可按下式估算。

$$D_i = (1.15 \sim 1.25)s\sqrt{NZ}$$

式中　s——相邻管中心间距，$s=(1.25\sim1.30)d_o$，单位为 m；

d_o——管外径，单位为 m。

系数 1.15～1.25 的取法：当壳体内管子基本布满不留空间时取下限，当壳体内留有一定空间时取上限。

长径比 l/D_i 一般在 6～8 范围内较为适宜，长径比大则流程数少，便于端盖的加工制造。当冷凝器与半封闭活塞式制冷压缩机组成压缩冷凝机组时应适当考虑压缩机的尺寸而选取更为合适的冷凝器的长径比。

3.2　卧式壳管式冷凝器的传热计算

3.2.1　氟利昂蒸气在滚轧低翅片管外表面上凝结时表面传热系数 α_{ko} 的计算

进入冷凝器的氟利昂制冷剂蒸气在低翅片管外表面上凝结，其凝结表面传热系数 α_{ko}〔单位为 W/(m²·K)〕由下式计算。

$$\alpha_{ko} = 0.725Bd_b^{-0.25}(t_k-t_{wo})^{-0.25}\psi\varepsilon_n \tag{3-1}$$

式中　B——氟利昂制冷剂的物性集合系数，见表 3-11；

t_k——冷凝温度，单位为℃；

t_{wo}——外壁面温度，单位为℃；

d_b——翅根直径，单位为 m；

ψ——增强系数；

ε_n——管排修正系数。

表 3-11 为式（3-1）中几种常用氟利昂的 B 值与冷凝温度 t_k 的关系。

表 3-11　式（3-1）中几种氟利昂的 B 值

t_k/℃	20	30	40	50	60
R12	1447.9	1392.3	1344.1	1275.0	1197.0
R134a	1671.5	1593.8	1516.3	1424.9	1326.2
R22	1658.4	1557.0	1447.1	1325.4	—

理论上，增强系数 ψ 由下式表示：

$$\psi = \frac{a_b}{a_{of}} + 1.3\frac{a_d+a_f}{a_{of}}\eta_f^{3/4}\left(\frac{d_b}{h'}\right)^{1/4}$$

由于低翅片管管材的热导率很大，对紫铜管 $\lambda=393$W/(m·K)，且翅高很小，翅片效率 η_f 一般都在 0.98 以上，在计算时可取 $\eta_f=1$。试验表明，在冷凝过程中，尽管由于表面张力的作用使翅片侧和翅顶的液膜厚度减小，但却使翅片间管面上积液，反而影响了翅片间管面上的换热，根据试验，这部分积液使翅片换热减弱 15%，这样，增强系数 ψ 应由下式计算

$$\psi = \frac{a_b}{a_{of}} + 1.1 \frac{a_d + a_f}{a_{of}} \left(\frac{d_b}{h'} \right)^{1/4} \tag{3-2}$$

$$h' = \frac{\pi(d_t^2 - d_b^2)}{4d_t}$$

式中　a_d、a_f、a_b、a_{of}——每米管长的翅顶面积、翅侧面积、翅间管面面积和管外总面积，单位均为 m^2/m；

　　　　h'——环翅的当量高度，单位为 m；

　　　　d_t——环翅的外圆直径，单位为 m；

　　　　d_b——翅间管面直径，单位为 m。

管排修正系数 ε_n 是考虑上排管管面上的冷凝液体滴落到下排管管面上增加下排管管面上冷凝液膜厚度，从而使下排管管面上冷凝换热强度减弱，因此 ε_n 始终小于 1。依据理论分析，管排修正系数由下式计算

$$\varepsilon_n = \frac{n_1^{0.75} + n_2^{0.75} + n_3^{0.75} + \cdots + n_z^{0.75}}{n_1 + n_2 + n_3 + \cdots + n_z} \tag{3-3}$$

式中　n_1、n_2、n_3、$\cdots$、n_z——卧式壳管式冷凝器的管排垂直方向上各列管子的数目。

然而，实验表明，当上排管管面上的液体滴落到下排管管面上时，使下排管管面上的冷凝液膜产生扰动，甚至在液滴下落的冲击作用下，有一部分液体飞溅出去直接落入冷凝器底部，因此，冷凝液体下落对换热强度的影响要比理论分析的弱，为此将式（3-3）修改为

$$\varepsilon_n = \frac{n_1^{0.833} + n_2^{0.833} + \cdots + n_z^{0.833}}{n_1 + n_2 + \cdots + n_z} \tag{3-4}$$

最后需要指出的是在用式（3-1）计算氟利昂凝结表面传热系数时，由于管外壁面温度 t_{wo} 是未知的，因此，凝结表面传热系数 α_{ko} 不能直接求出，需采用相应的试凑方程求解。

3.2.2　管排修正系数计算举例

例题 3-1　管排修正系数计算

已知某卧式壳管式冷凝器的管排布置如图 3-10 所示，计算其管排修正系数。

解　分析管排布置，在垂直方向上，每列管数分别为 $n_1 = n_{15} = 1$, $n_2 = n_{14} = 2$, $n_3 = n_{13} = 3$, $n_4 = n_5 = n_6 = n_7 = n_8 = n_9 = n_{10} = n_{11} = n_{12} = 4$。

应用式（3-3）计算

$$\varepsilon_n = \frac{2 \times 1^{0.75} + 2 \times 2^{0.75} + 2 \times 3^{0.75} + 9 \times 4^{0.75}}{2 \times 1 + 2 \times 2 + 2 \times 3 + 9 \times 4}$$

$$= 0.735$$

应用式（3-4）计算

$$\varepsilon_n = \frac{2 \times 1^{0.833} + 2 \times 2^{0.833} + 2 \times 3^{0.833} + 9 \times 4^{0.833}}{2 \times 1 + 2 \times 2 + 2 \times 3 + 9 \times 4}$$

$$= 0.815$$

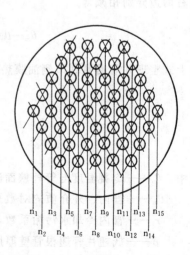

图 3-10　管排修正系数计算

3.2.3 冷却水在管内流动时的表面传热系数 α_{wi} 计算

在水冷冷凝器中,水在管内的流动状态为湍流状态,因此,冷却水在管内湍流流动时的表面传热系数 α_{wi}〔单位为 $W/(m^2 \cdot K)$〕应按下式计算

$$\alpha_{wi} = B\frac{w^{0.8}}{d_i^{0.2}} \tag{3-5}$$

式中　w——冷却水在管内的流速,单位为 m/s;

　　　d_i——管内径,单位为 m。

系数 B 是与冷却水进出口平均温度 t_m 有关的物性集合系数,可从表 3-12 中取值,也可由下式近似计算:

$$B = 1395.6 + 23.26t_m$$

表 3-12　水的 B 值

$t_m/℃$	0	10	20	30	40
B	1430	1658	1886	2095	2303

3.2.4 氟利昂用卧式壳管式冷凝器的传热方程及传热面积计算

在对卧式壳管式冷凝器进行传热计算时,由于冷凝表面传热系数 α_{ko} 与管外壁面温度 t_{wo} 有关, α_{ko} 无法直接求出,因此,一般都需要利用传热方程组求出按管内或管外面积计算的热流密度 q_i 或 q_o,再求出所需的传热面积 A_{of}。

依据传热理论,采用滚轧低翅片管的卧式壳管式冷凝器的按管外面积计算的热流密度 q_o (单位为 W/m^2)可由下两式表示

$$q_o = \alpha_{ko}\theta_o$$

$$q_o = \frac{\theta_m}{\left(\dfrac{1}{\alpha_{wi}}+r_i\right)\dfrac{a_{of}}{a_i}+\dfrac{\delta}{\lambda}\dfrac{a_{of}}{a_m}+r_o+\dfrac{1}{\alpha_{ko}}}$$

为便于计算,设法消去第二式中的 α_{ko},根据上面两式可得出

$$\theta_o = q_o/\alpha_{ko}$$

$$\theta_m = q_o\left[\left(\frac{1}{\alpha_{wi}}+r_i\right)\frac{a_{of}}{a_i}+\frac{\delta}{\lambda}\frac{a_{of}}{a_m}+r_o+\frac{1}{\alpha_{ko}}\right]$$

左右两边分别相减得

$$\theta_m - \theta_o = q_o\left[\left(\frac{1}{\alpha_{wi}}+r_i\right)\frac{a_{of}}{a_i}+\frac{\delta}{\lambda}\frac{a_{of}}{a_m}+r_o\right]$$

将上式整理并忽略氟利昂侧油膜热阻 r_o 后,可得到如下一组传热方程组

$$q_o = \alpha_{ko}\theta_o \tag{3-6}$$

$$q_o = \frac{\theta_m - \theta_o}{\left(\dfrac{1}{\alpha_{wi}}+r_i\right)\dfrac{a_{of}}{a_i}+\dfrac{\delta}{\lambda}\dfrac{a_{of}}{a_m}} \tag{3-7}$$

式中　θ_o——冷凝温度与管外壁面温度之差,即 $\theta_o = t_k - t_{wo}$,单位为 ℃;

　　　θ_m——管内、外介质的对数平均温差,单位为 ℃;

　　　r_i——管内冷却水污垢系数,单位为 $m^2 \cdot K/W$;

　　　δ——低翅片管翅根管壁厚度,单位为 m;

　　　λ——紫铜管热导率,通常取 $\lambda = 393W/(m \cdot K)$;

　　　a_m——低翅片管每米管长翅根管面平均面积,即 $a_m = \pi(d_i + d_b)/2$,单位为 m^2/m。

采用逐步逼近法解联立方程组式（3-6）和式（3-7），即假定一个 θ_o，分别计算式（3-6）和式（3-7）的 q_o，可将计算结果列表，如表 3-13 所示。

当两式 q_o 误差不大于 3% 时，可认为符合要求，然后将试凑计算最终所得 q_o 与冷凝器初步结构设计时假定的 q_o 进行比较，若误差不大于 15% 且计算值稍大于假定值，可认为原假定值及初步结构设计合理，最后即可由下式计算所需的管外传热面积 A_{of}（单位为 m²）

$$A_{of} = \frac{Q_k}{q_o}$$

表 3-13　试凑计算表

序号	θ_o	第一式 q_o	第二式 q_o
1			
2			
3			
4			

一般情况下，经初步结构设计所布置的传热面积应有一定的富裕量，在满足上述要求前提下，所布置的传热面积较计算所需的传热面积大 10% 左右。

表 3-14 列出我国有关厂家生产的采用滚轧低翅片管的氟利昂用卧式壳管式冷凝器的规格及配套情况，供参考。

表 3-14　部分氟利昂卧式壳管式冷凝器产品配套情况

传热面积 A_{of}/m²	制冷量/KW　$t_k=40℃$　$t_o=5℃$	配制冷压缩机示例		
		型号	制冷剂	电动机功率/KW
5	20	27F	R12	5.5
8	30	37F	R12	7.5
10	42	47F	R12	13
15	58	67F	R12	17
11	48.84	210F	R22	15
13.5	58.14	47F	R22	13

注：我国有关标准将 70mm 缸径制冷压缩机全部归入中型活塞式制冷压缩机，表列制冷压缩机型号编号参见《中型活塞式制冷压缩机型式及基本参数》（GB10874—89），型号第一位数值为缸数，其后的数值为缸径（单位为 cm）。

3.3　冷却水在卧式壳管式冷凝器中流动时的阻力计算

冷却水在卧式壳管式冷凝器中流动时的阻力 Δp（单位为 Pa）

$$\Delta p = \frac{1}{2}\rho w^2 \left[\xi N \frac{l_t}{d_i} + 1.5(N+1) \right] \tag{3-8}$$

式中　ρ——水密度，单位为 kg/m³；

　　　w——冷却水在管内的流速，单位为 m/s；

　　　ξ——阻力系数；

　　　N——流程数；

　　　l_t——左右管板外侧端面间的距离，单位为 m；

　　　d_i——传热管内径，单位为 m。

通常，水在卧式壳管式冷凝器中流动时的雷诺数 Re 均在 $10^4 \sim 10^5$ 范围内，则其阻力系数

$$\xi = \frac{0.3164}{\text{Re}^{0.25}}$$

3.4 氟利昂用卧式壳管式冷凝器设计计算示例

例题 3-2 已知制冷剂为 R22，空调工况下冷凝热负荷为 4600W，试设计与压缩冷凝机组配套的卧式壳管式冷凝器。

解 （1）管型选择　选取表 3-4 所列 3 号滚轧低翅片管为传热管，有关结构参数为 $d_i=$ 10.4mm，$d_t=15.1$mm，$\delta_t=0.4$mm，$d_b=12.4$mm，$S_f=1.2$mm。

单位管长的各换热面积计算如下

$$a_d=\pi d_t\delta_t/S_f=\pi\times0.0151\times0.0004/0.0012\text{m}^2/\text{m}=0.0158\text{m}^2/\text{m}$$

$$a_f=\pi(d_t^2-d_b^2)/(2S_f)=\pi\times(0.0151^2-0.0124^2)/(2\times0.0012)\text{m}^2/\text{m}=$$
$$0.0972\text{m}^2/\text{m}$$

$$a_b=\pi d_b(S_f-\delta_t)/S_f=\pi\times0.0124\times(0.0012-0.0004)/0.0012\text{m}^2/\text{m}=$$
$$0.026\text{m}^2/\text{m}$$

$$a_i=\pi d_i=\pi\times0.0104\text{m}^2/\text{m}=0.0327\text{m}^2/\text{m}$$

$$a_{of}=a_d+a_f+a_b=(0.0158+0.0972+0.026)\text{m}^2/\text{m}=0.139\text{m}^2/\text{m}$$

（2）估算传热管总长　假定按管外面积计算的热流密度 $q_o=6000$W/m²，则应布置传热面积

$$A_{of}=\frac{Q_k}{q_o}=\frac{46000}{6000}\text{m}^2=7.67\text{m}^2$$

应布置的有效总管长

$$L=\frac{A_{of}}{a_{of}}=\frac{7.67}{0.139}\text{m}=55.18\text{m}$$

（3）确定每流程管数 Z、有效单管长 l 及流程数 N　取冷却水进口温度 $t_{w1}=30℃$，出口温度 $t_{w2}=35℃$，由水物性表知，在平均温度 32.5℃ 时水的密度 $\rho=994.93$kg/m³，比定压热容 $C_p=4179$J/(kg·K)，则所需水量

$$q_v=\frac{Q_k}{\rho C_p(t_{w2}-t_{w1})}=\frac{46000}{994.93\times4179\times(35-30)}\text{m}^3/\text{s}=0.00221\text{m}^3/\text{s}$$

取冷却水流速 $w=2.5$m/s，则每流程管数

$$Z=\frac{q_v}{\frac{\pi}{4}d_i^2w}=\frac{4\times0.00221}{\pi\times0.0104^2\times2.5}\text{根}=10.4\text{ 根}$$

取整数 $Z=10$ 根

对流程数 N、总根数 NZ、有效单管长 l、壳体内径 D_i 及长径比 l/D_i 进行组合计算，组合计算结果如表 3-15 所示。

表 3-15　组合计算结果

流程数 N	总根数 NZ	有效单管长 l/m	壳内径 D_i/m	长径比 l/D_i
2	20	2.76	0.12	23
4	40	1.38	0.17	8.1
6	60	0.92	0.208	4.4
8	80	0.69	0.24	2.9

分析组合计算结果，为便于端盖的加工制造，宜选取 4 流程方案，但考虑到冷凝器与半封闭活塞式制冷压缩机组成压缩冷凝机组及制冷压缩机和机组总体结构尺寸，则本例选取 6 流程方案作为冷凝器结构设计依据。

（4）传热管的布置排列及主体结构　图 3-11 所示为传热管布置排列示意图（管板图）。

为使传热管排列有序及左右对称，共布置 64 根管，则每流程平均管数 $Z=10.67$ 根，管内平均水速 $w=2.44\text{m/s}$。取传热管有效单管长 $l=0.92\text{m}$，则实际布置管外冷凝传热面积 $A_{\text{of}}=8.18\text{m}^2$。

传热管按正三角形排列，管板上相邻管孔中心距为 21.5mm，管数最多的一排管不在壳体中心线上。考虑最靠近壳体的传热管与壳体的距离不小于 5mm，则所需最小壳体内径为 219mm，根据无缝钢管规格，选用 $\phi245\text{mm}\times 7\text{mm}$ 的无缝钢管作为壳体材料。冷凝器采用管板外径与壳体外径相同的主体结构型式，管排布置及管板尺寸能够保证在管板周边上均匀布置 6 个螺钉孔以装配端盖，且能避免端盖内侧装配孔周边的密封面不至遮盖管孔，同时，壳体内部留有一定空间起贮液作用。从整体上看，冷凝器的整体结构尺寸能满足压缩冷凝机组的装配要求和限制。

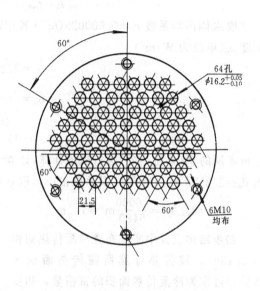

图 3-11　例题 3-2 的传热管布置图

（5）传热计算及所需传热面积确定　水侧表面传热系数计算：从水物性表及表 3-12 知，水在平均温度 $t_m=32.5\text{℃}$ 时，运动粘度 $\nu=0.7685\times 10^{-6}\text{m}^2/\text{s}$　物性集合系数 $B=2147$。

因为雷诺数 $\text{Re}=\dfrac{wd_i}{\nu}=\dfrac{2.44\times 0.0104}{0.7685\times 10^{-4}}=33020>10^4$，亦即水在管内的流动状态为湍流，则由式（3-5），水侧表面传热系数

$$\alpha_{\text{wi}}=B\,\frac{w^{0.8}}{d_i^{0.2}}=2147\times\frac{2.44^{0.8}}{0.0104^{0.2}}\text{W/(m}^2\cdot\text{K)}=10923\text{W/(m}^2\cdot\text{K)}$$

氟利昂侧冷凝表面传热系数计算：根据管排布置，管排修正系数由式（3-4）计算

$$\varepsilon_n=\frac{2\times 1^{0.833}+2\times 2^{0.833}+2\times 3^{0.833}+13\times 4^{0.833}}{2+4+6+52}=0.81$$

根据所选管型，低翅片管传热增强系数由式（3-2）计算。其中环翅当量高度

$$h'=\frac{\pi(d_t^2-d_b^2)}{4d_t}=\frac{\pi(15.1^2-12.4^2)}{4\times 15.1}\text{mm}=3.86\text{mm}$$

增强系数　　$\psi=\dfrac{a_b}{a_{\text{of}}}+1.1\,\dfrac{a_d+a_f}{a_{\text{of}}}\left(\dfrac{d_b}{h'}\right)^{1/4}=\dfrac{0.026}{0.139}+1.1\times\dfrac{0.0158+0.0972}{0.139}\times$

$$\left(\frac{12.4}{3.86}\right)^{1/4}=1.384$$

查表 3-11，R22 在冷凝温度 $t_k=40\text{℃}$ 时，$B=1447.1$，由式（3-1）计算氟利昂侧冷凝表面传热系数，

$$\alpha_{ko}=0.725Bd_b^{-0.25}\psi\varepsilon_n(t_k-t_{wo})^{-0.25}$$
$$=0.725\times1447.1\times0.0124^{-0.25}\times1.384\times0.81\times(t_k-t_{wo})^{-0.25}$$
$$=3424.54\theta_o^{-0.25}W/(m^2\cdot K)$$

对数平均温差计算

$$\theta_m=\frac{t_{w2}-t_{w1}}{\ln\dfrac{t_k-t_{w1}}{t_k-t_{w2}}}=\frac{35-30}{\ln\dfrac{40-30}{40-35}}°C=7.21°C$$

取水侧污垢系数 $r_i=0.000086(m^2\cdot K)/W$,将有关各值代入式(3-6)和式(3-7)计算热流密度 q_o(单位为 W/m^2)

$$q_o=3524.54\theta_o^{0.75}$$

$$q_o=\frac{7.21-\theta_o}{\left(\dfrac{1}{10923}+0.000086\right)\times\dfrac{0.139}{0.0327}+\dfrac{0.001}{393}\times\dfrac{0.139}{0.0358}}$$
$$=1308\times(7.21-\theta_o)$$

选取不同的 θ_o(单位为℃)进行试凑计算,计算结果列于表 3-16 中。

当 $\theta_o=2.25℃$ 时,两式 q_o 误差已很小,取 $q_o=6480W/m^2$ 计算实际所需传热面积

$$A_{of}=Q_k/q_o=\frac{46000}{6480}m^2=7.1m^2$$

初步结构设计中实际布置冷凝传热面积为 $8.18m^2$,较传热计算所需传热面积大 15%,可作为冷凝传热面积的富裕量,初步结构设计所布置的冷凝传热面积能满足负荷传热要求。

表 3-16 试凑计算结果

θ_o/℃	第一式 q_o/(W·m^{-2})	第二式 q_o/(W·m^{-2})
2	5928	6815
2.2	6367	6553
2.25	6475	6488

(6) 冷却水侧阻力计算 按式(3-8)计算冷却水侧阻力,其中,阻力系数

$$\xi=\frac{0.3164}{Re^{0.25}}=\frac{0.3164}{33020^{0.25}}=0.0235$$

冷却水侧阻力

$$\Delta p=\frac{1}{2}\rho w^2\left[\xi N\frac{l_t}{d_i}+1.5(N+1)\right]$$
$$=\frac{1}{2}\times994.93\times2.44^2\left[0.0235\times6\times\frac{0.92+0.06}{0.0104}+1.5\times(6+1)\right]Pa$$
$$=70449Pa$$

式中 l_t——左、右两管板外侧端面间的距离,取每块管板厚度为 30mm,则 $l_t=(0.92+0.06)m=0.98m$

(7) 连接管管径计算 取冷却水在进出水接管中的流速 $w=1m/s$,则进出水接管管内径

$$d_i=\sqrt{\frac{4q_v}{\pi w}}=\sqrt{\frac{4\times0.00221}{\pi\times1}}m=0.053m$$

根据无缝钢管规格,选取 $\phi57mm\times3mm$ 无缝钢管为进出水接管。

依据循环热力计算,可分别求得制冷剂进冷凝器时过热蒸气的体积流量及制冷剂从冷凝器排出时冷凝液体的体积流量,选取制冷剂在冷凝器进气接管和出液接管中的适当流速,即

可计算出进气接管和出液接管的管内径。一般卧式壳管式冷凝器的进气接管管径与所配制冷压缩机的排气管管径相同。如本例若选配我国引进美国顿汉-布什公司技术生产的101PHF5/CF5型半封闭制冷压缩机，其排气管规格为$\phi 27mm \times 1.5mm$，若选配50mm缸径6缸半封闭制冷压缩机，其排气管管内径为25mm。通常，冷凝器出液管管径小于进气管管径，本例可选用$\phi 22mm \times 1.5mm$钢管为出液接管。

现将所设计的卧式壳管式冷凝器的主体结构及其有关参数综述如下：

低翅片管总极数为64根，每根传热管的有效长度为920mm，管板的厚度取30mm，考虑传热管与管板之间胀管加工时两端各伸出3mm，传热管的实际下料长度为986mm。壳体长度为920mm（等于传热管有效单管长），壳体规格为$\phi 245mm \times 7mm$无缝钢管。取端盖水腔深度50～60mm，端盖铸造厚度约10mm，则冷凝器外形总长度约1100～1120mm。冷却水流动的流程数为6，由于传热管总根数为64根，则每流程管数可分别为：第一至第四流程分别为11根管，最后两个流程分别为10根管。

4 氟利昂套管式冷凝器的设计及计算

4.1 氟利昂套管式冷凝器的结构

氟利昂套管式冷凝器由外套管及内穿单根或多根传热管组成。外套管使用无缝钢管，内管使用紫铜管，为增强冷凝侧换热，缩短套管长度，内管宜采用滚轧低翅片管，低翅片管结构参数见表3-4及图3-3。为了保证制冷剂在管间流动有较高的流速，当内管采用$\phi 12mm \times 1mm$紫铜管时，外管则采用$\phi 25mm \times 2mm$的无缝钢管，内管采用$\phi 16mm \times 1.5mm$的紫铜管时，外管则采用$\phi 32mm \times 2.5mm$的无缝钢管，当外套管内穿三根$\phi 16mm \times 1.5mm$的紫铜管时，外管宜采用$\phi 51mm \times 3mm$的无缝钢管。

氟利昂套管式冷凝器通常盘成如图3-12所示椭圆形状，也可盘成圆形，这样可以减小冷凝器占用空间。在单元式空调机、冷藏箱、冷藏柜及其它小型制冷装置中，可将全封闭制冷压缩机或半封闭制冷压缩机放在圆形盘管或椭圆盘管中间，从而使机组布置更为紧凑，使机组或制冷装置的外型尺寸和体积大为减小。

在套管式冷凝器中，制冷剂蒸气从上端进入套管管间空腔，在内管外表面上凝结，冷凝液体则从下端流出，而冷却水从下端进入内管管内再从上端流出，这样，制冷剂与冷却水逆向流动，因而这种冷凝器又称逆流套管式冷凝器。

套管式冷凝器的盘管总长不宜太长，当盘管太长时，盘管下部积液，传热面积得不到充分利用。在空调制冷量小于20kW的立柜式冷风机如L10、L15中可做成一个盘管（三芯套管），而在空调制冷量大于20kW的冷风机中则宜将盘管分成2～4个并联，以减少或避免盘管下端的积液，同时，可避免或减少套管式冷凝器加工制造过程中传热管和外套管的拼接。在我国，有的生产厂制造的空调制冷量为27kW和40kW的立柜式空调机中，均将盘管做成四个并联使用。

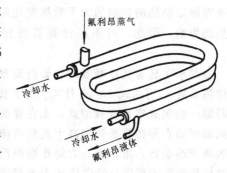

图3-12 氟利昂套管式冷凝器

4.2 氟利昂套管式冷凝器的传热计算

内管采用滚轧低翅片管的套管式冷凝器的冷凝表面传热系数 α_{ko}〔单位为 W/(m² · K)〕可用下式计算

$$\alpha_{ko} = 0.725 B d_b^{-0.25} (t_k - t_{wo})^{-0.25} \psi \varphi \tag{3-9}$$

式中　B——氟利昂制冷剂的物性集合系数，几种常用制冷剂的 B 值见表 3-11；

　　　ψ——滚轧低翅片管的传热增强系数，由式（3-2）计算；

　　　φ——考虑到氟利昂蒸气流速影响的修正系数。

在套管式冷凝器中，制冷剂蒸气在冷凝器入口处的流速一般都很高，为压缩机排气管中的流速，制冷剂蒸气进入套管管间空腔后，流速稍有下降，但仍具有一定流速。在蒸气流速影响下，蒸气对内管管面上冷凝下来的液体有"冲刷"和"剪切"作用，使冷凝液体迅速脱离冷凝表面，不至在冷凝表面上积聚，从而使冷凝液膜相当的薄。而在冷凝液体脱离冷凝表面之前，冷凝液体实际上处于不规则的湍流状态。试验表明，冷凝液体在冷凝管表面流动，当 Re＞400 时，凝结液体即处于湍流状态，由于氟利昂液体的运动粘度很小，在蒸气流速影响下，冷凝液体稍被"推动"，即会使其雷诺数大大提高。冷凝液体湍流流动的强度随蒸气流速的增大而增强，冷凝换热强度亦随蒸气流速的增大而增强。对内管为光管和滚轧低翅片管的试验结果表明，当蒸气流动的雷诺数大于 1000 和大于 600 时，其凝结换热强度即高于蒸气流速为零时的凝结换热强度，而在氟利昂套管式冷凝器中，蒸气流动的雷诺数达几万甚至十万以上。前苏联制冷科技工作者对采用光管、纵肋管和横肋管的套管式冷凝器，就蒸气流速对凝结换热强度的影响进行了试验，图 3-13 所示为蒸气流速 w 与凝结表面传热系数的增强比率 φ 的关系曲线。由图 3-13 可看出，蒸气流速对套管式冷凝器的凝结换热强度的影响是相当大的，在用式（3-9）计算氟利昂套管式冷凝器的冷凝表面传热系数时，蒸气流速影响修正系数 φ 可在 5～6 范围内取值。

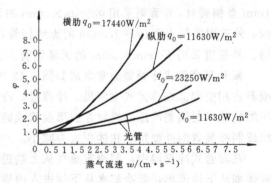

图 3-13　蒸气流速对凝结表面传热系数的影响

当套管采用多芯管时，多芯套管内管端面固定形式一般为叉排，如图 3-14a 所示，在弯曲成盘管形状后，芯管中间部分常会挤在一起或变成上下重叠形式，如图 3-14b 所示。由于蒸气流速对凝结换热的影响远大于管排变化对凝结换热的影响，因此，可不必计算管排修正系数。

冷却水在套管式冷凝器内管管内流动的表面传热系数 α_{wi} 可用式（3-5）计算。由于套管式冷凝器一般制成螺旋盘管型式，水在螺旋盘管内流动时的表面传热系数要高于直管内流动时的表面传热系数，由于离心力的作用而产生环流对换热的影响程度与管内径 d_i 及盘管曲率半径 R 有关。在由式（3-5）计算的基础上应再乘

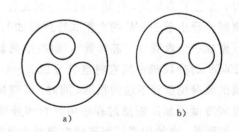

图 3-14　多芯套管式冷凝器成型前后管排变化
a）弯曲前　b）弯曲后

以修正系数 ε_R，修正系数 ε_R 可按下式计算。

$$\varepsilon_R = 1 + 1.77\frac{d_i}{R}$$

对芯管采用滚轧低翅片管的套管式冷凝器进行传热计算时，其传热方程和试凑方法与氟利昂卧式壳管式冷凝器的传热方程和试凑方法相同，这里不再赘述。

4.3 氟利昂套管式冷凝器设计计算示例

例题 3-3 以 R22 为制冷剂的全封闭制冷压缩机在冷凝温度 $t_k = 42℃$，蒸发温度 $t_0 = 5℃$ 工况下的制冷量 $Q_o = 13500W$，试设计与之配套的套管式冷凝器。

解 （1）有关参数的选择及计算 选取冷却水进口温度 $t_{w1} = 30℃$，出口温度 $t_{w2} = 38℃$，则对数平均温差

$$\theta_m = \frac{t_{w2} - t_{w1}}{\ln\dfrac{t_k - t_{w1}}{t_k - t_{w2}}} = \frac{38 - 30}{\ln\dfrac{42 - 30}{42 - 38}}℃ = 7.282℃$$

选取管内水速 $w = 2.5m/s$。

选取管内冷却水污垢系数 $r_i = 0.000086(m^2 \cdot K)/W$。

选用 $\phi 16mm \times 1.5mm$ 的紫铜管轧制的低翅片管为内管，且选用如表 3-4 所示 1 号管，其管型结构参数如下：翅节距 $S_f = 1.25mm$、翅厚 $\delta_t = 0.223mm$、翅高 $h = 1.5mm$、管内径 $d_i = 11mm$、翅根管面外径 $d_b = 12.86mm$、翅顶直径 $d_t = 15.86mm$

每米管长各有关换热面积分别为

$$a_i = \pi d_i = \pi \times 0.011 m^2/m = 0.0346 m^2/m$$

$$a_d = \pi d_t \delta_t / S_f = \pi \times 0.01586 \times 0.000223/0.00125 m^2/m = 0.0089 m^2/m$$

$$a_f = \pi(d_t^2 - d_b^2)/(2S_f) = \pi \times (0.01586^2 - 0.01286^2)/(2 \times 0.00125) m^2/m =$$
$$0.1083 m^2/m$$

$$a_b = \pi d_b(S_f - \delta_t)/(S_f) = \pi \times 0.01286 \times (0.00125 - 0.000223)/$$
$$0.00125 m^2/m = 0.0332 m^2/m$$

$$a_{of} = a_d + a_f + a_b = (0.0089 + 0.1083 + 0.0332) m^2/m = 0.1504 m^2/m$$

由图 3-1 查得 $t_k = 42℃$、$t_o = 5℃$ 时冷凝负荷系数 $C_o = 1.2$，则冷凝热负荷
$$Q_k = C_o Q_o = 1.2 \times 13500W = 16200W$$

（2）确定内管根数 水在平均温度 $t_m = 34℃$ 时，密度 $\rho = 994.43 kg/m^3$、比定压热容 $c_p = 4179J/(kg \cdot K)$，则冷却水体积流量

$$q_v = \frac{Q_k}{\rho c_p(t_{w2} - t_{w1})} = \frac{16200}{994.43 \times 4179 \times (38 - 30)} m^3/s = 4.87 \times 10^{-4} m^3/s$$

根据所选管型 $d_i = 11mm$ 及管内水速 $w = 2.5m/s$，则所需内管根数

$$n = \frac{q_v}{\dfrac{\pi}{4}d_i^2 w} = \frac{4 \times 4.87 \times 10^{-4}}{\pi \times 0.011^2 \times 2.5} 根 = 2 根$$

为了套管的加工制造方便，冷凝器采用两根套管并联、每一根套管内穿一根低翅片管的结构型式。

（3）传热计算　先计算水侧表面传热系数，水在 $t_m=34℃$ 时，运动粘度 $\nu=0.744\times 10^{-6}\mathrm{m^2/s}$，因为

$$\mathrm{Re}=\frac{wd_i}{\nu}=\frac{2.5\times 0.011}{0.744\times 10^{-6}}=36962>10^4$$

故水在管内的流动状态为湍流。考虑将套管盘成曲率半径 $R=125\mathrm{mm}$ 的螺旋盘管，盘管水侧换热修正系数

$$\varepsilon_R=1+1.77\frac{d_i}{R}=1.77\times\frac{11}{125}=1.16$$

则水侧表面传热系数

$$\alpha_{wi}=B\frac{w^{0.8}}{d_i^{0.2}}\varepsilon_R=2178\times\frac{2.5^{0.8}}{0.011^{0.2}}\times 1.16\mathrm{W/(m^2\cdot K)}=12960\mathrm{W/(m^2\cdot K)}$$

查表 3-11 得 R22 在 $t_k=42℃$ 时物性集合系数 $B=1423$。

查表 3-4 得 1 号管增强系数 $\psi=1.35$。

取蒸气流速影响系数 $\varphi=6$

套管管间 R22 冷凝表面传热系数由式（3-9）计算得

$$\begin{aligned}\alpha_{ko}&=0.725Bd_b^{-0.25}\theta_o^{-0.25}\psi\varphi\\&=0.725\times 1423\times 0.01286^{-0.25}\times 1.35\times 6\times\theta_o^{-0.25}\\&=24815\theta_o^{-0.25}\end{aligned}$$

取紫铜热导率 $\lambda=393\mathrm{W/(m\cdot K)}$。

将有关各值代入传热方程组式（3-6）和式（3-7）得

$$q_o=\alpha_{ko}\theta_o=24815\theta_o^{-0.25}\theta_o=24815\theta_o^{0.75}$$

$$\begin{aligned}q_o&=\frac{\theta_m-\theta_o}{\left(\dfrac{1}{\alpha_{wi}}+r_i\right)\dfrac{a_{of}}{a_i}+\dfrac{\delta}{\lambda}\dfrac{a_{of}}{a_m}}\\&=\frac{7.282-\theta_o}{\left(\dfrac{1}{12960}+0.000086\right)\times\dfrac{0.15}{0.0346}+\dfrac{0.00093}{393}\times\dfrac{0.15}{0.0361}}\\&=1394\times(7.282-\theta_o)\end{aligned}$$

上式中 q_o 单位为 $\mathrm{W/m^2}$，θ_o 单位为℃。

解联立方程，当 $\theta_o=0.288℃$ 时，两式 q_o 分别为 $9755\mathrm{W/m^2}$ 和 $9750\mathrm{W/m^2}$，取 $q_o=9750\mathrm{W/m^2}$ 计算，则冷凝器所需传热面积

$$A_{of}=\frac{Q_k}{q_o}=\frac{16200}{9750}\mathrm{m^2}=1.662\mathrm{m^2}$$

所需低翅片管有效总管长

$$L=\frac{A_{of}}{a_{of}}=\frac{1.662}{0.15}\mathrm{m}=11.08\mathrm{m}$$

采用两根套管并联结构，则每根套管长度为 5.54m。

（4）冷凝器整体结构　冷凝器外管采用 $\phi 32\mathrm{mm}\times 2.5\mathrm{mm}$ 的无缝钢管。将每根套管成型为曲率半径 $R=125\mathrm{mm}$ 的螺旋盘管，并使冷凝器的进出口端面朝向同一方向，每个螺旋盘管的高度约 0.225m，将两个螺旋盘管叠在一起，则冷凝器的总高约 0.45m。

5 强制通风空气冷却式冷凝器的设计及计算

5.1 强制通风空气冷却式冷凝器的结构设计及计算

5.1.1 强制通风空气冷却式冷凝器的整体结构

图 3-15 所示为强制通风空气冷却式冷凝器（简称空冷式冷凝器）的整体结构示意图。

为减少弯头数量及减少弯头与传热管之间的焊接工作量，传热管（紫铜管）宜采用 U 形管，这样，只在管组的一端用弯头将传热管有序连接。弯头与传热管之间的连接方式见图 3-16，小型制冷装置用空冷式冷凝器大多采用图 3-16b、c 所示连接方式。

空冷式冷凝器的翅片管组依靠左右端板固定支撑，端板与上下封板采用螺栓或焊接固定连接。在特殊情况下，其中一块封板可以利用制冷装置上的框板代替。上下封板和左右端板能保证所需空气量全部从冷凝器的流通截面通过。封板与端板间的固定连接方式见图 3-17。

由于端板及封板材料均较薄，一般不宜采用焊接方式连接。

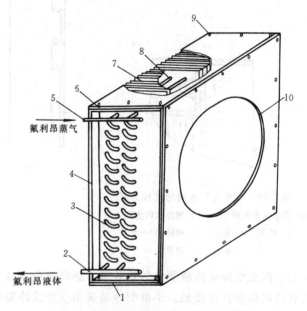

图 3-15 强制通风空气冷却式冷凝器

1—下封板 2—出液集管 3—弯头 4—左端板 5—进气集管
6—上封板 7—翅片 8—传热管 9—装配螺钉
10—进风口面板

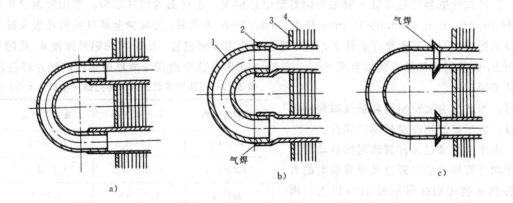

图 3-16 弯头与传热管的连接方式

a）直接插入 b）管口胀大后插入 c）管口胀成锥形后插入

1—弯头 2—传热管 3—端板 4—翅片

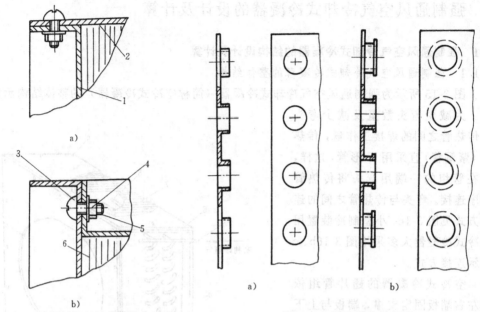

图 3-17　端板与封板间的连接方式　　　　　　图 3-18　翅片翻边示意图

a）螺栓在外表面连结　b）螺栓在内表面连结　　　　a）一次翻边　b）二次翻边

1—端板　2—封板　3—螺栓　4—垫片

5—螺母　6—翅片

　　为了提高空冷式冷凝器的传热效果，必须避免或减小翅片与管面之间的接触热阻，使翅片与管面间保证良好接触。小型制冷装置用空冷式冷凝器的紫铜管与翅片（铝片）间通常采用机械胀管方法或液压胀管方法使两者间保证良好接触。为了防止胀管时翅片裂口，通常在翅片加工过程中，将翅片孔口外沿翻边。图 3-18 为翅片孔口外沿翻边示意图。翅片的翻边同时增加了翅片与管面的接触面积，并借助翻边高度保证翅片之间的间距。

5.1.2　空冷式冷凝器的结构参数的选择及计算

　　空冷式冷凝器的翅片管一般由紫铜管套铝片构成，也有铝管铝片结构。常用紫铜管规格有 $\phi8mm\times0.5mm$、$\phi10mm\times0.5mm$ 和 $\phi12mm\times1mm$ 等数种。为减少金属材料消耗量及减小冷凝器的重量，在强度允许条件下，应尽量避免使用厚壁铜管。所采用的铝片厚度 δ_f 及翅片节距 s_f 依紫铜管管径不同而有所区别。表 3-17 列出目前空冷式冷凝器中常用的铝片厚度及翅片节距范围。

同样，为减少金属材料消耗量及减轻整机重量，宜尽量使用厚度较薄的翅片。

表 3-17　铝片厚度及翅片节距范围（单位为 mm）

紫铜管规格	翅片厚度 δ_f	翅片节距 s_f
$\phi8\times0.5$	0.15~0.2	1.8~2.2
$\phi10\times0.5$	0.15~0.2	1.8~2.2
$\phi12\times1$	0.2~0.3	2.2~3

　　由于空气通过叉排管簇时的扰动程度大于顺排管簇，空气通过叉排管簇时的表面传热系数较顺排管簇高 10% 以上，因而,空冷式冷凝器的管簇排列以叉排为好。

为了使弯头的规格统一，一般管簇都按等边三角形排列。为了使翅片管有较高的翅片效率，保证弯头的加工工艺要求，管中心距 s_1 应是传热管外径的 2.5 倍。为了有效利用空冷式冷凝器的传热面积，沿空气流动方向上的管排数 n 一般为 $2<m<6$。

图 3-19 所示为翅片管管簇排列结构参数示意图。

按等边三角形叉排布置的整套片翅片管簇，对每根管而言，其翅片型式相当于正六角形翅片。

采用整套片的空冷式冷凝器，每米长翅片管的有关换热面积用下列各式计算：

每米管长翅片侧面面积 a_f（单位为 m^2/m）

$$a_f = 2\left(s_1 s_2 - \frac{\pi}{4} d_o^2\right)\Big/s_f$$

每米管长翅片间管面面积 a_b（单位为 m^2/m）

$$a_b = \pi d_o(s_f - \delta_f)/s_f$$

因翅片厚度 δ_f 较小，翅顶面积忽略不计，则每米管长翅片侧总面积 a_{of}（单位为 m^2/m）

$$a_{of} = a_f + a_b$$

每米管长管内面积 a_i（单位为 m^2/m）

$$a_i = \pi d_i$$

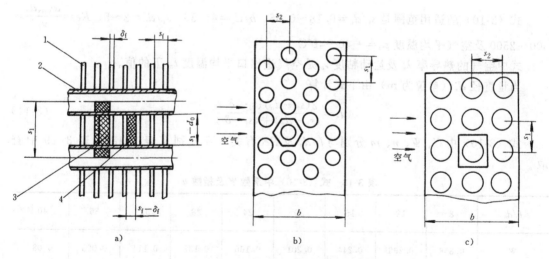

图 3-19　翅片管簇结构参数示意图

a）微元截面　b）等边三角形叉排　c）正方形顺排

1—翅片　2—传热管　3—微元迎风面积　4—微元最窄面积

5.2　空冷式冷凝器的传热计算及主体结构尺寸的确定

5.2.1　空气流过翅片管簇时的表面传热系数 α_{of} 的计算及翅片管簇的翅片效率 η_f 和表面效率 η_o 的计算

在强制通风空气冷却式冷凝器中，空气侧的表面传热系数 α_{of} 与管排布置（顺排、叉排）、翅片型式（平片、波纹片、条形片或开缝片等）有关，也与冷凝器是采用整张套片管管簇还是采用单套片管管簇有关，因此，应根据不同情况采用相应的表面传热系数计算式。

在小型制冷装置中，空冷式冷凝器大多采用翅片节距 $s_f = 1.8 \sim 2.5mm$、片厚 $\delta_f = 0.15 \sim 0.3mm$ 的整套片密翅距结构形式，当采用平片的整套片顺排管簇时，其空气侧表面传热系数 α_{of}〔单位为 $W/(m^2 \cdot K)$〕可由下式计算

$$\alpha_{of} = C\Psi \frac{\lambda_a}{d_e} Re_f^n \left(\frac{b}{d_e} \right)^m \tag{3-10}$$

式中　C、Ψ、n、m——系数及指数，见表 3-18、表 3-19；

　　　　λ_a——空气的热导率，单位为 $W/(m \cdot K)$；

　　　　d_e——当量直径，单位为 m；

　　　　Re_f——雷诺数；

　　　　b——翅片宽度，单位为 m，见图 3-19。

空气流过叉排管簇时的表面传热系数较顺排管簇大 10% 左右，上式乘以 1.1，即可用于叉排管簇空气侧表面传热系数计算。

对使用波纹翅片和有缝翅片的管簇，其空气侧表面传热系数目前尚无简单准确的计算式，实践表明，采用波纹翅片和有缝翅片时，空气侧表面传热系数一般较平翅片分别大 20% 和 60% 以上，若欲计算波纹翅片管或有缝翅片管管簇空气侧表面传热系数时，可先按平套片计算，然后再分别乘以 1.2 或 1.6，即可作为波纹翅片管管簇和有缝翅片管管簇空气侧表面传热系数的近似值。

式（3-10）的适用范围是 $s_f/d_o = 0.18 \sim 0.35$、$b/d_e = 4 \sim 50$、$s_1/d_o = 2 \sim 5$、$Re = \frac{w_{max} d_e}{\nu_a} = 500 \sim 2500$ 及空气平均温度 $t_m = -40 \sim 40℃$

式中空气的热导率 λ_a 及运动粘度 ν_a 是空气进出口平均温度 t_m 下的值。

当量直径 d_e（单位为 m）由下式计算

$$d_e = \frac{2(s_1 - d_o)(s_f - \delta_f)}{(s_1 - d_o) + (s_f - \delta_f)} \tag{3-11}$$

式（3-10）中 C、Ψ、n、m 分别与 b/d_e 及 Re_f 有关，可分别从表 3-18 和表 3-19 中查取。

表 3-18　式（3-10）中系数 Ψ 及指数 n

b/d_e	8	12	16	20	24	28	32	36	40
Ψ	0.358	0.296	0.244	0.201	0.166	0.137	0.114	0.095	0.08
n	0.503	0.529	0.556	0.582	0.608	0.635	0.661	0.688	0.714

表 3-19　式（3-10）中系数 C 及指数 m

Re_f	500	600	700	800	900	1000	1100	1200	1300	1400	1500	1600
C	1.24	1.216	1.192	1.168	1.144	1.12	1.096	1.072	1.048	1.024	1.0	0.976
m	−0.24	−0.232	−0.224	−0.216	−0.208	−0.20	−0.192	−0.184	−0.176	−0.168	−0.16	−0.152

在空冷式冷凝器的传热计算中，通常以基管表面温度 t_{w_o} 作为计算温度，而翅片侧面表面温度显然低于基管表面温度，因此，当以基管表面（翅根管面）温度为计算温度时，每米长翅片管相当于翅间管面的有效面积为 $a_f\eta_f+a_b$，它与每米长翅片管外的实际面积 $a_{of}=a_f+a_b$ 之比称为翅片管的表面效率，即

$$\eta_o=\frac{a_f\eta_f+a_b}{a_f+a_b} \tag{3-12}$$

在传热计算中，通常代入计算的是实际面积，因此，必须在 α_{of} 基础上再乘以 η_o。

上式中 η_f 为翅片效率，依据传热理论

$$\eta_f=\frac{th(mh')}{mh'} \tag{3-13}$$

其中
$$m=\sqrt{\frac{2\alpha_{of}}{\lambda\delta_f}} \tag{3-14}$$

式中 λ——翅片材料的热导率，对铝片 $\lambda=203W/(m\cdot K)$；

  h'——当量翅高，单位为 m；

  δ_f——翅片厚度，单位为 m。

对正方形顺排管簇和等边三角形叉排管族，当量翅高 h' 可由下式计算

$$h'=\frac{d_o}{2}\left(\frac{s_1}{d_o}-1\right)\left[1-0.35\ln\left(C\frac{s_1}{d_o}\right)\right] \tag{3-15}$$

式中 正方形顺排 $C=1.145$、等边三角形叉排 $C=1.063$。

图 3-20 示出了顺排平套片翅片管簇空气侧表面传热系数 α_{of} 随 b/d_e 和 $\rho_a w_{max}$ 变化的关系曲线，其中，$\rho_a w_{max}$ 是空气在最窄截面上的流量密度〔单位为 $kg/(m^2\cdot s)$〕，曲线的适用范围为翅高 h 与翅片节距 s_f 之比值 $h/s_f=2\sim3$，迎风面上管中心距 s_1 与管外径 d_o 之比值 $s_1/d_o=2\sim2.5$ 以及 $s_f/d_o=0.2\sim0.3$。对叉排管簇，在图所示 α_{of} 基础上乘以 1.1 即可。

在选取适当的迎面风速 w_y（单位为 m/s）后，最窄截面风速 w_{max}（单位为 m/s）用下式计算

$$w_{max}=\frac{s_1s_f}{(s_1-d_b)(s_f-\delta_f)}w_y$$

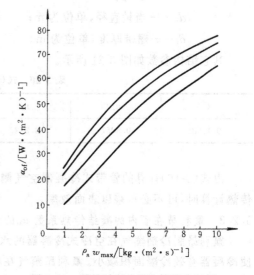

图 3-20 顺排平套片翅片管簇空气侧
表面传热系数

式中各符号的意义参见图 3-19。

5.2.2 空气流过管带式冷凝器时的当量表面换热系数

在汽车空调制冷系统中，广泛使用全铝制管带式冷凝器。这种冷凝器系将铝制扁椭圆管弯制成蛇形，铝翅片弯曲成波形（或锯齿形）后钎焊而成。图 3-21 所示为管带式冷凝器的结

构及结构参数示意图。

空气流过管带式冷凝器时,当量表面传热系数 α'_{of}〔单位为 W/（m²·K）〕可由下式计算

$$\alpha'_{of}=C\frac{\lambda_a}{d_e}Re_f^{n_1}Pr_f^{n_2}\left(\frac{b}{d_e}\right)^{n_3}\left(\frac{h}{d_e}\right)^{n_4}\left(\frac{s}{d_e}\right)^{n_5} \tag{3-16}$$

$$Re_f=\frac{g_a d_e}{\mu_a} \qquad Pr_f=\frac{c_{pa}\mu_a}{\lambda_a}$$

$$d_e=\frac{2(s_1-h)(s_f-\delta_f)}{(s_1-h)+(s_f-\delta_f)}$$

式中系数及指数见表3-20。

式中　g_a——空气在流通截面上的流量密度,单位为〔kg/（m²·s)〕;

μ_a——空气平均温度下的动力粘度,单位为 N·s/m²;

c_{pa}——空气平均温度下的比定压热容,单位为〔J/（kg·K）〕;

λ_a——空气平均温度下的热导率,单位为〔W/（m·K）〕;

d_e——当量直径,单位为 m;

δ_f——翅带厚度,单位为 m。

其它结构参数如图3-21所示。

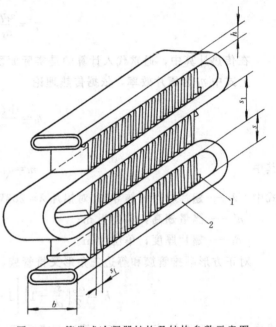

图 3-21　管带式冷凝器结构及结构参数示意图
1—波形翅片　2—椭圆扁管

表 3-20　式（3-16）中系数及指数

C	n_1	n_2	n_3	n_4	n_5
0.1758	0.5057	0.3333	0.3133	1.9908	−0.5268

由式（3-16）计算的管带式冷凝器空气侧表面传热系数已考虑翅片效率的影响,因此,在其传热计算时,可不必再乘以表面效率。

5.2.3　氟利昂在管内的凝结传热系数 α_{ki} 的计算

氟利昂制冷剂蒸气在空冷式冷凝器的水平管内冷凝,由于冷凝液体积聚在管内下半部分,使冷凝器有效冷凝面积减小。氟利昂蒸气在单根水平管内的冷凝表面传热系数 α_{ki}〔单位为 W/（m²·K）〕由下式表示

$$\alpha_{ki}=0.683Bd_i^{-0.25}(t_k-t_{wi})^{-0.25}$$

在空冷式冷凝器中,上根管中凝结的液体流到下根管中,使下根管中的积液更甚,下根管中的凝结换热强度减弱,因此,空冷式冷凝器中氟利昂蒸气的平均凝结表面传热系数较单根水平管内的凝结传热系数小,可用下式计算

$$\alpha_{ki} = 0.555Bd_i^{-0.25}(t_k - t_{wi})^{-0.25} \tag{3-17}$$

式中　B——氟利昂制冷剂的物性集合系数，见表 3-11；

　　　t_{wi}——管内壁温度，单位为℃。

　　理论分析和实验结果表明，R134a 在水平管内的凝结表面传热系数要大于 R12 在水平管内的凝结表面传热系数。式（3-18）适用于 R134a 和 R12 在水平管内的凝结表面传热系数计算

$$\alpha_{ki} = c\lambda_L Re'^n Pr_L/d_i \tag{3-18}$$

式中　λ_L、Pr_L——冷凝温度下液体的热导率〔单位为 W/(m·K)〕和普朗特数。

　　系数 c 和指数 n 与当量雷诺数 Re' 有关，当 $Re' > 50000$ 时 $c = 0.0265$、$n = 0.8$；当 $Re' \leqslant 50000$ 时，$c = 5.03$、$n = \frac{1}{3}$。

　　当量雷诺数 Re' 由下式计算

$$Re' = 0.5Re_L[1 + (\rho_L/\rho_v)^{0.5}] \tag{3-19}$$

式中　ρ_L 和 ρ_v——冷凝温度下液体和蒸气的密度，单位均为 kg/m³。

　　Re_L 为液体的雷诺数

$$Re_L = \frac{g_r d_i}{\mu_L}$$

式中　g_r——制冷剂的流量密度，单位为 kg/(m²·s)；

　　　μ_L——制冷剂液体在冷凝温度下的动力粘度，单位为 N·s/m²。

　　图 3-22 所示为 R12 和 R134a 在冷凝温度 30℃、40℃、50℃ 时，水平管内凝结表面传热系数 α_{ki} 随流量密度 g_r 变化的关系曲线。从图中可以看出，在相同冷凝温度下，R134a 的平均表面传热系数较 R12 高 30% 左右。

5.2.4　空冷式冷凝器的传热方程

　　参照卧式壳管式冷凝器传热方程的导出方法，可得空冷式冷凝器的传热方程

$$q_i = \alpha_{ki}\theta_i$$

$$q_i = \frac{\theta_m - \theta_i}{\left(\dfrac{1}{\alpha_{of}\eta_o} + r_o\right)\dfrac{a_i}{a_{of}} + \dfrac{\delta}{\lambda}\dfrac{a_i}{a_m} + r_o\dfrac{a_i}{a_{of}} + r_i}$$

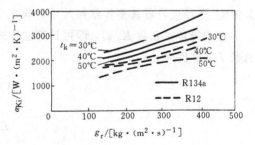

图 3-22　R12 和 R134a 在水平管内的
凝结换热系数

　　因为热流密度 q_i 又可写成

$$q_i = \frac{a_{of}}{a_i}\alpha_{of}\eta_o\theta_o$$

且 $\theta_i = t_k - t_{w_i}$，$\theta_o = t_{w_o} - t_m$，忽略管壁热阻 δ/λ、接触热阻 r_b、污垢热阻 r_o 和 r_i　则 $t_{w_i} = t_{w_o} = t_w$，可得如下热平衡式

$$\alpha_{k_i}a_i(t_k - t_w) = \alpha_{o_f}\eta_0 a_{o_f}(t_w - t_m) \tag{3-20}$$

式中　t_m——空气进出口平均温度，单位为℃；

　　　t_w——壁面平均温度，单位为℃。

　　选取适当的 t_w，使上式左右两边相等，将所得 t_w 代入式（3-17）中，计算制冷剂凝结表面传热系数，然后再计算空冷式冷凝器的总传热系数，忽略管内氟利昂侧油膜热阻，空冷式

冷凝器的总传热系数〔单位为 W/(m² · K)〕由下式表示

$$K_o = \cfrac{1}{\cfrac{1}{\alpha_{ki}}\cfrac{a_{of}}{a_i} + \cfrac{\delta}{\lambda}\cfrac{a_{of}}{a_m} + r_b + r_o + \cfrac{1}{\alpha_{o_f}\eta_0}} \tag{3-21}$$

式中　δ——紫铜管壁厚，单位为 m；

　　　λ——紫铜管材料的热导率，

　　　　　$\lambda = 393 W/(m · K)$；

　　　a_m——紫铜管每米管长平均面

　　　　　积，$a_m = \dfrac{\pi}{2}(d_i + d_o)$，单

　　　　　位为 m；

　　　r_b——胀管后翅片与基管之间

　　　　　的接触热阻，单位为

　　　　　$(m^2 · K)/W$。

接触热阻 r_b 与胀管后的基管外
径 d_0 及胀管前的翅片孔径 d_f 有关。
一般，胀管后的基管外径 d_0 稍大于
胀管前的翅片孔径 d_f，其接触率 $\phi =$
$(d_0/d_f - 1) \times 100\%$ 通常在 $0\% \sim 2\%$

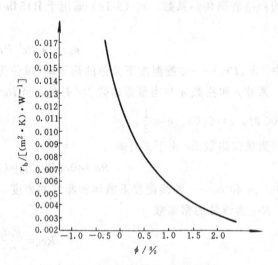

图 3-23　接触热阻与接触率的关系

范围内。图 3-23 所示为接触热阻与接触率的关系曲线，从图中可以看出，接触热阻应在
$0.0034 \sim 0.0086 (m^2 · K)/W$ 范围内取值。

5.2.5　空冷式冷凝器整体结构尺寸的确定

在求得传热系数 K_o 后，即可计算空冷式冷凝器所需传热面积 A_{of}（单位为 m^2）及翅片管
总长 L（单位为 m）

$$A_{of} = \frac{Q_k}{K_o \theta_m}$$

$$L = \frac{A_{of}}{a_{of}}$$

空冷式冷凝器所需空气的体积流量（单位为 m^3/s）

$$q_V = \frac{Q_K}{c_{pa}(t_{a2} - t_{a1})\rho_a}$$

式中　c_{pa}——冷凝器进出口空气平均比定压热容，单位为 $J/(kg · K)$；

　　　ρ_a——进口空气的密度，单位为 kg/m^3。

取迎面风速 w_y（单位为 m/s），则迎风面面积（单位为 m^2）

$$A_y = \frac{q_V}{w_y}$$

取迎风面上有效单根管长 l（单位为 m），则空冷式冷凝器的高即翅片的高（单位为 m）

$$H = \frac{A_y}{l}$$

对顺排管簇和叉排管簇，迎风面上的管排数分别为

$$N = \frac{H}{s_1}, \quad N = \frac{H}{s_1} - \frac{1}{2}$$

故冷凝器的高又可写成

$$H = Ns_1 \qquad (\text{顺排})$$

$$H = Ns_1 + \frac{s_1}{2} \qquad (\text{叉排})$$

沿空气流通方向上的管排数

$$n = \frac{L}{lN}$$

空气流过冷凝器的距离，即翅片宽度（单位为 m）

$$b = ns_2$$

对排数 N 和 n，均应圆整为整数。

图 3-24 为空冷式冷凝器主体结构参数示意图

在确定迎风面上单根管长 l、迎风面上管排数 N 及空气流通方向上管数 n 以后，应校核迎面风速 w_y、总管长 L 及传热面积 A_{of}。

在不同制冷装置中，空冷式冷凝器的结构形式亦各不相同。图 3-25 为空冷式冷凝器的几种结构型式示意图。在冷凝器的传热计算和结构设计计算的基础上，应根据冷凝器在制冷装置中的安装要求，选择适当的结构形式。

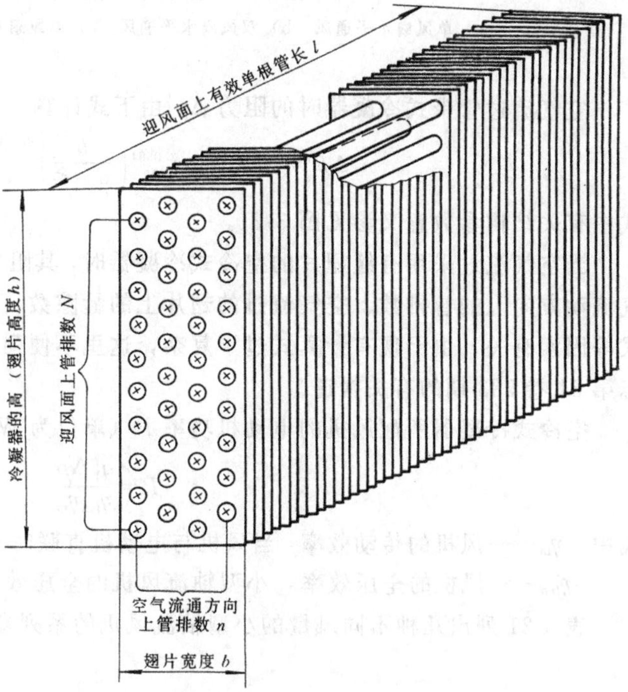

5.3 空冷式冷凝器的空气侧阻力及风机选择计算

空冷式冷凝器所用风机应根据冷凝器的结构形式、所需风量以及风压选配。

风压包括动压 $\Delta p'$ 及静压 $\Delta p''$。动压 $\Delta p'$（单位为 Pa）由下式计算

$$\Delta p' = \frac{\rho_a w_y}{2} \qquad (3\text{-}22)$$

图 3-24 空冷式冷凝器主体结构参数示意图

式中 ρ_a——冷凝器进口空气的密度，单位为 kg/m^3；

     w_y——迎面风速，单位为 m/s。

当空冷式冷凝器采用平片整套片翅片管簇时，空气流过冷凝器的阻力即静压 $\Delta p''$（单位为 Pa）按下式计算

$$\Delta p'' = c \frac{b}{d_e} (\rho_a w_{max})^{1.7} \qquad (3\text{-}23)$$

对顺排 $c = 0.0687$，叉排 $c = 0.108$。

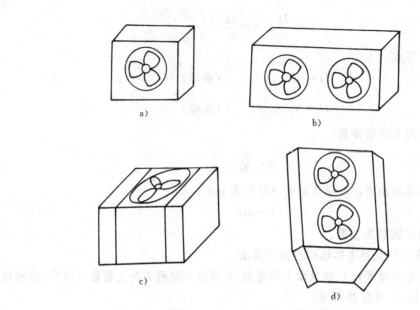

图 3-25　空冷式冷凝器的几种结构形式

a）单风扇水平通风　b）双风扇水平通风　c）单风扇垂直通风　d）双风扇垂直通风

空气流过管带式冷凝器时的阻力 $\Delta p''$ 由下式计算

$$\Delta p''=0.8153w_{max}^{2.0584}\left(\frac{b}{s_f-\delta_f}\right)^{0.8963}\left(\frac{s}{d_e}\right)^{-0.1145} \tag{3-24}$$

式中有关结构参数意义参见图 3-21。

当空气流过采用有缝翅片的空冷式冷凝器时，其阻力与翅片厚度、翅片间距、管外径、空气流动方向上的管排数、空气流过的翅片上的缝隙数、迎面风速、空气密度以及管排布置形式等因素有关。由于现有计算式过于复杂，这里不便列出，需要时，请参阅日本《冷冻》杂志第 51 卷 583 期的有关报道。

空冷式冷凝器所配风机的电动机功率 P（单位为 W），由下式确定

$$P=\frac{q_V\Delta p}{\eta_{fan}\eta_m} \tag{3-25}$$

式中　η_m——风机的传动效率，当风机与电动机直联时 $\eta_m=1$，当采用 V 带传动时 $\eta_m=0.95$；

　　　η_{fan}——风机的全压效率，小型轴流风机的全压效率 $\eta_{fan}=0.6\sim0.65$。

表 3-21 列出几种不同风量的小型轴流风机的系列参数。

表 3-21　小型轴流风机的系列参数

型　　　号	风量/$(m^3\cdot h^{-1})$	全压/Pa	输入功率/W	风叶直径/mm	电压/V	转速/$(r\cdot min^{-1})$
200FZL-01	270	39	30	200	380	1400
200FZL-02	270	39	30	200	220	1400
200FZL-03	540	118	60	200	380	2700
200FZL-04	540	118	60	200	220	2700

（续）

型　　　号	风量/ $(m^3 \cdot h^{-1})$	全压/Pa	输入功率/W	风叶直径/mm	电压/V	转速/ $(r \cdot min^{-1})$
250FZL-01	720	57	40	250	380	1400
250FZL-02	720	57	45	250	220	1400
250FZL-03	1440	118	80	250	380	2700
250FZL-04	1440	118	80	250	220	2700
300FZL-01	1080	69	60	300	380	1400
300FZL-02	1080	69	60	300	220	1400
350FZL-01	1800	98	80	350	380	1400
350FZL-02	1800	98	90	350	220	1400

5.4　空冷式冷凝器设计计算示例

例题 3-4　以 R22 为制冷剂的全封闭制冷压缩机在冷凝温度 $t_k = 50℃$、蒸发温度 $t_0 = 5℃$ 时的制冷量 $Q_o = 7800W$，试设计与之配套的空冷式冷凝器。

解　（1）有关温度参数及冷凝热负荷确定　各有关温度参数取值见表 3-22。

表 3-22　温度参数

项　　　目	参数值/℃	项　　　目	参数值/℃
冷凝温度 t_k	50	进出口空气温差 $t_{a2} - t_{a1}$	8
进口空气干球温度 t_{a1}	35	出口空气干球温度 t_{a2}	43

对数平均温差

$$\theta_m = \frac{t_{a2} - t_{a1}}{\ln \dfrac{t_k - t_{a1}}{t_k - t_{a2}}} = \frac{43 - 35}{\ln \dfrac{50 - 35}{50 - 43}}℃ = 10.5℃$$

由图 3-1 查得 R22 在 $t_k = 50℃$、$t_0 = 5℃$ 时的冷凝负荷系数 $C_o = 1.24$，则冷凝热负荷

$$Q_k = C_o Q_o = 1.24 \times 7800W = 9672W$$

（2）翅片管簇结构参数选择及计算　选择 $\phi10mm \times 0.5mm$ 的紫铜管为传热管，选用的翅片是厚度 $\delta_f = 0.15mm$ 的波纹形整张铝制套片。取翅片节距 $s_f = 2mm$，迎风面上管中心距 $s_1 = 25mm$，管簇排列采用正三角形叉排。

每米管长各有关传热面积分别为

$$a_f = 2\left(s_1 s_2 - \frac{\pi}{4} d_b^2\right) \Big/ s_f = 2 \times \left(0.025^2 \times \frac{\sqrt{3}}{2} - \frac{\pi}{4} \times 0.0103^2\right) \Big/ 0.002 m^2/m^{\ominus} =$$

$$0.4579 m^2/m$$

$$a_b = \pi d_b (s_f - \delta_f)/s_f = \pi \times 0.0103 \times (0.002 - 0.00015)/0.002 m^2/m = 0.0299 m^2/m$$

$$a_{of} = a_f + a_b = (0.4579 + 0.0299) m^2/m = 0.4878 m^2/m$$

$$a_i = \pi d_i = \pi \times 0.009 m^2/m = 0.0283 m^2/m$$

$\ominus$　翅片一般有一次翻边，且利用翻边保证均匀的翅片节距，则翅片根部外沿直径 $d_b = d_o + 2\delta_f$；又波纹片侧面积与平片侧面积误差很小，按平片计算。

取当地大气压 $p_B=98.07\text{kPa}$，由空气（干空气）热物理性质表，在空气平均温度 $t_m=39℃$ 条件下，$c_{pa}=1013\text{J}/(\text{kg}\cdot\text{K})$、$\lambda_a=0.02643\text{W}/(\text{m}\cdot\text{K})$、$\nu_a=17.5\times10^{-6}\text{m}^2/\text{s}$，在进风温度 $t_{a1}=35℃$ 条件下 $\rho_a=1.1095\text{kg}/\text{m}^3$。

冷凝器所需空气体积流量

$$q_V=\frac{Q_k}{\rho_a c_{pa}(t_{a2}-t_{a1})}=\frac{9672}{1.1095\times1013\times(43-35)}\text{m}^3/\text{s}=1.0757\text{m}^3/\text{s}$$

选取迎面风速 $w_y=2.5\text{m}/\text{s}$，则迎风面积

$$A_y=\frac{q_V}{w_y}=\frac{1.0757}{2.5}\text{m}^2=0.43\text{m}^2$$

取冷凝器迎风面宽度即有效单管长 $l=0.93\text{m}$，则冷凝器的迎风面高度

$$H=\frac{A_y}{l}=\frac{0.43}{0.93}\text{m}=0.462\text{m}$$

迎风面上管排数

$$N=\frac{H}{s_1}-\frac{1}{2}=\left(\frac{0.462}{0.025}-\frac{1}{2}\right)\text{排}=18\text{ 排}$$

（3）进行传热计算，确定所需传热面积 A_{of}、翅片管总长 L 及空气流通方向上的管排数 n

采用整张波纹翅片及密翅距的叉排管簇的空气侧传热系数由式（3-10）乘以 1.1 再乘以 1.2 计算

预计冷凝器在空气流通方向上的管排数 $n=4$，则翅片宽度

$$b=4s_1\cos30°=4\times0.025\times\frac{\sqrt{3}}{2}\text{m}=0.0866\text{m}$$

微元最窄截面的当量直径

$$d_e=\frac{2(s_1-d_b)(s_f-\delta_f)}{(s_1-d_b)+(s_f-\delta_f)}=\frac{2\times(25-10.3)(2-0.15)}{(25-10.3)+(2-0.15)}\text{mm}=3.3\text{mm}=0.0033\text{m}$$

最窄截面风速

$$w_{max}=\frac{s_1 s_f}{(s_1-d_b)(s_f-\delta_f)}w_y=\frac{25\times2}{(25-10.3)(2-0.15)}\times2.5\text{m}/\text{s}=4.6\text{m}/\text{s}$$

因为

$$\frac{b}{d_e}=\frac{86.6}{3.3}=26.24$$

$$Re_f=\frac{w_{max}d_e}{\nu_a}=\frac{4.6\times0.0033}{17.5\times10^{-6}}=867.4$$

查表 3-18 和表 3-19，用插入法求得 $\Psi=0.15$、$n=0.623$，$c=1.152$、$m=-0.211$，则空气侧表面传热系数

$$\alpha_{of}=C\Psi\frac{\lambda_a}{d_e}Re_f^n\left(\frac{b}{d_e}\right)^m\times1.1\times1.2=1.152\times0.15\times\frac{0.02643}{0.0033}\times867.4^{0.623}\times$$

$$\left(\frac{0.0866}{0.0033}\right)^{-0.211}\times1.1\times1.2\text{W}/(\text{m}^2\cdot\text{K})=62.06\text{W}/(\text{m}^2\cdot\text{K})$$

查表 3-11，R22 在 $t_k=50℃$ 物性集合系数 $B=1325.4$，氟利昂在管内凝结的表面传热系数由式（3-17）计算

$$\alpha_{ki}=0.555Bd_i^{-0.25}(t_k-t_{wi})^{-0.25}=$$
$$0.555\times1325.4\times0.009^{-0.25}\times(50-t_{wi})^{-0.25}=$$
$$2388\times(50-t_{wi})^{-0.25}$$

翅片相当高度由式(3-15)计算

$$h' = \frac{d_o}{2}\left(\frac{s_1}{d_o}-1\right)\left[1+0.35\ln\left(c\frac{s_1}{d_o}\right)\right]$$

$$= \frac{0.01}{2}\times\left(\frac{0.025}{0.01}-1\right)\left[1+0.35\ln\left(1.063\times\frac{0.025}{0.01}\right)\right]\text{m}$$

$$=0.01\text{m}$$

取铝片热导率 $\lambda=203\text{W}/(\text{m}\cdot\text{K})$，由式(3-14)计算翅片参数 m，即

$$m=\sqrt{\frac{2\alpha_{of}}{\lambda\delta_f}}=\sqrt{\frac{2\times62.06}{203\times0.00015}}\text{m}^{-1}=63.85\text{m}^{-1}$$

由式(3-13)计算翅片效率

$$\eta_f=\frac{\text{th}(mh')}{mh'}=\frac{\text{th}(63.85\times0.01)}{63.85\times0.01}=0.88$$

表面效率由式(3-12)计算

$$\eta_o=\frac{a_f\eta_f+a_b}{a_f+a_b}=\frac{0.4579\times0.88+0.0299}{0.4579+0.0299}=0.887$$

忽略各有关污垢热阻及接触热阻的影响，则 $t_{wi}=t_{wo}=t_w$，将计算所得有关各值代入式(3-20)即

$$\alpha_{ki}a_i(t_k-t_w)=\alpha_{of}\eta_0 a_{of}(t_w-t_m)$$

$$2388\times0.0283\times(50-t_w)^{0.75}=62.06\times0.887\times0.4878\times(t_w-39)$$

经整理得

$$(50-t_w)^{0.75}=0.397(t_w-39)$$

解上式得 $t_w=46.05℃$，则 R22 在管内的凝结表面传热系数

$$\alpha_{ki}=2388(50-t_w)^{-0.25}=2388\times(50-46.05)\text{W}/(\text{m}^2\cdot\text{K})=1694\text{W}/(\text{m}^2\cdot\text{K})$$

取管壁与翅片间接触热阻 $r_b=0.004\text{m}^2\cdot\text{K}/\text{W}$、空气侧尘埃垢层热阻 $r_o=0.0001$ $\text{m}^2\cdot\text{K}/\text{W}$、紫铜管热导率 $\lambda=393\text{W}/(\text{m}\cdot\text{K})$，由式(3-21)计算冷凝器的总传热系数

$$K_o=\frac{1}{\dfrac{1}{\alpha_{ki}}\dfrac{a_{of}}{a_i}+\dfrac{\delta}{\lambda}\dfrac{a_{of}}{a_m}+r_o+r_b+\dfrac{1}{a_{of}\eta_o}}=$$

$$\frac{1}{\dfrac{1}{1694}\times\dfrac{0.4878}{0.0283}+\dfrac{0.0005}{393}\times\dfrac{0.4878}{0.0298}+0.0001+0.004+\dfrac{1}{62.06\times0.887}}\text{W}/(\text{m}^2\cdot\text{K})=$$

$$30.8\text{W}/(\text{m}^2\cdot\text{K})$$

冷凝器的所需传热面积

$$A_{of}=\frac{Q_k}{k_o\theta_m}=\frac{9672}{30.8\times10.5}\text{m}^2=29.9\text{m}^2$$

所需有效翅片管总长

$$L=\frac{A_{of}}{a_{of}}=\frac{29.9}{0.4878}\text{m}=61.3\text{m}$$

空气流通方向上的管排数

$$n=\frac{L}{lN}=\frac{61.3}{0.93\times18}\text{排}=3.66\text{排}$$

取整数 $n=4$ 排，与计算空气侧表面传热系数时预计的空气流通方向上的管排数相符。

这样，冷凝器的实际有效总管长为 66.96m，实际传热面积为 32.66m²，较传热计算所需传热面积大 9.2%，能满足冷凝负荷的传热要求。此外，冷凝器的实际迎面风速与所取迎面风速相一致。

（4）风机的选择计算　由于冷凝器的迎风面宽度 $l=0.93$m、高度 $H=0.462$m，平行安装两台风机比较适宜。

动压
$$\Delta p'=\frac{\rho_a w_y^2}{2}=\frac{1.1095\times 2.5^2}{2}\mathrm{Pa}=3.5\mathrm{Pa}$$

静压
$$\Delta p''=0.108\frac{b}{d_e}(\rho_a w_{max})^{1.7}$$
$$=0.108\times\frac{86.6}{3.3}\times(1.1095\times 4.6)^{1.7}\mathrm{Pa}=45.3\mathrm{Pa}$$

风机采用电动机直接传动，则传动效率 $\eta_m=1$；取风机全压效率 $\eta_{fan}=0.6$，则电动机输入功率

$$P=\frac{q_V(\Delta p'+\Delta p'')}{\eta_{fan}\eta_m}=\frac{1.0757\times(3.5+45.3)}{0.6\times 1}\mathrm{W}=87.5\mathrm{W}$$

采用两台风机平行安装，每台风机风量为 1936m³/h、输入功率为 44W、风压为 48.8Pa，现选 T30№3 型风机两台，每台风机实际风量为 2050m³/h、扇叶直径 300mm、转速 1450r/min。

本例所确定的空冷式冷凝器的主体结构形式参见图 3-24。

6　自然对流空气冷却式冷凝器的设计及计算

丝管式冷凝器和板管式（又称箱壁式）冷凝器是家用冰箱中常用的自然对流空气冷却式冷凝器。

另一种自然对流空气冷却式冷凝器——单管组套片式冷凝器的结构形式与强制通风空气冷却式冷凝器基本相同，只是仅由一排套片管组成。在安装这种冷凝器时，通常倾斜或水平放置，当垂直安装时，空气侧表面传热系数仅为水平安装时的一半。

本节仅介绍丝管式冷凝器和箱壁式冷凝器的结构参数及传热面积的确定。

6.1　丝管式冷凝器和箱壁式冷凝器的结构

图 3-26 是丝管式冷凝器和箱壁式冷凝器的结构形式示意图。

丝管式冷凝器由在蛇管两侧垂直点焊若干等距离的钢丝组成。在安装丝管式冷凝器时，宜稍向外倾斜一定角度以增强换热。

丝管式冷凝器的冷凝管采用复合钢管（钢管外镀铜，俗称邦迪管），钢管外径 $d_b=4.5\sim 7$mm，钢丝直径 $d_w=1.2\sim 2.0$mm，钢丝间距 $s_w=5\sim 7$mm，蛇管管节距 $s_b=35\sim 50$mm，且 $s_w/d_w=4.0\sim 4.2$，$s_b/d_b=9.1\sim 9.4$。

为防锈及增强辐射散热，冷凝器外表面应涂黑漆。为了便于管路的布置，丝管式冷凝器的进气和出液端设计在同一侧为宜。

箱壁式冷凝器是将蛇管粘贴（或焊贴）在箱壁内侧组成的一种"内藏"冷凝器。在箱壁式冷凝器中，箱体金属板作为整体在冷凝器中起翅片作用，金属板的厚度一般在 0.4～1mm 之间。

箱壁式冷凝器通常布置在箱体的背面以及箱体侧面的一面或两面上，蛇管管节距即每一水平管所占箱壁高度 $h=50 \sim 60\text{mm}$。

在丝管式冷凝器和箱壁式冷凝器中，制冷剂均在管内自上而下逐渐冷凝，为便于制冷剂液体的顺畅流出，在制造冷凝器时，蛇管中每一水平方向的传热管均宜将制冷剂的排出端向下稍倾斜一定角度。在市场上出售的家用冰箱中，亦可见丝管式冷凝器的钢丝呈水平方向，这种结构形式的冷凝器不利于制冷剂液体的排出。

6.2 丝管式冷凝器和箱壁式冷凝器的传热计算及结构参数的确定

6.2.1 丝管式冷凝器和箱壁式冷凝器的空气侧表面传热系数 α_{of} 的计算

丝管式冷凝器和箱壁式冷凝器实际应用及实验结果均表明，在相同传热温差条件下，丝管式冷凝器的空气侧表面传热系数较箱壁式冷凝器的空气侧表面传热系数约高30%。图3-27所示为丝管式冷凝器和箱壁式冷凝器的空气侧表面传热系数与传热温差的关系曲线。

从图3-27还可看出，丝管式冷凝器的放置方式对空气侧表面传热系数的大小有较大影响，当冷凝器水平放置时，其表面传热系数较垂直放置时的表面传热系数大20%左右。目前，丝管式冷凝器在家用冰箱中应用时大多采用垂直安装方式，理论分析及实验均表明，丝管式冷凝器稍向外倾斜 $3° \sim 5°$ 的微小角度，其空气表面传热系数即可提高 $10\% \sim 15\%$。

目前，适用于冰箱用丝管式冷凝器的空气侧自然对流表面传热系数计算的关系式并不多见，式（3-26）用于这种冷凝器的自然对流表面传热系数 α_{of}〔单位为 $\text{W}/(\text{m}^2 \cdot \text{K})$〕计算有一定准确性，故推荐使用。

$$\alpha_{of} = 0.94 \frac{\lambda_a}{d_e} \left[\frac{(s_b - d_b)(s_w - d_w)}{(s_b - d_b)^2 + (s_w - d_w)^2} \right]^{0.155} \times$$

$$(Pr_f Gr_f)^{0.26} \qquad (3\text{-}26)$$

$$Gr_f = \frac{\beta_a g (t_w - t_a) d_e^3}{\nu_a^2} \qquad (3\text{-}27)$$

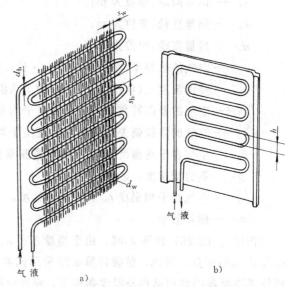

图 3-26 丝管式冷凝器和箱壁式冷凝器
a) 丝管式冷凝器 b) 箱壁式冷凝器

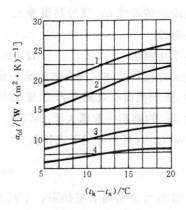

图 3-27 丝管式冷凝器和箱壁式冷凝器的空气侧表面传热系数

1—丝管式冷凝器水平放置（包括辐射换热）
2—丝管式冷凝器垂直放置（包括辐射换热）
3—丝管式冷凝器在家用冰箱中应用（不包括辐射换热）
4—箱壁式冷凝器在家用冰箱中应用（不包括辐射换热）

$$d_e = s_b \left[\frac{1 + 2\dfrac{s_b}{s_w}\dfrac{d_w}{d_b}}{\left(\dfrac{s_b}{2.76 d_b}\right)^{0.25} + 2\dfrac{s_b}{s_w}\dfrac{d_w}{d_b}\eta_f} \right]^4 \tag{3-28}$$

式中　s_b——蛇管管节距,单位为 m;

$\quad\quad d_b$——管外径,单位为 m;

$\quad\quad s_w$——钢丝间距,单位为 m;

$\quad\quad d_w$——钢丝直径,单位为 m;

$\quad\quad d_e$——当量直径,单位为 m;

$\quad\quad \lambda_a$——空气的热导率,单位为 W/(m·K),其定性温度为环境空气温度 t_a(单位为℃)和壁面温度 t_w(单位为℃)之间的平均温度 t_m(单位为℃),即 $t_m = (t_w + t_a)/2$;

$\quad\quad Pr_f$——空气的普朗特数,定性温度是平均温度 t_m;

$\quad\quad Gr_f$——空气的格拉晓夫数,定性温度是平均温度 t_m;

$\quad\quad \beta_a$——空气在平均温度 t_m 下的体积膨胀系数,单位为 K^{-1};

$\quad\quad g$——重力加速度,$g = 9.81 m/s^2$;

$\quad\quad \nu_a$——空气在平均温度 t_m 下的运动粘度,单位为 m^2/s;

$\quad\quad \eta_f$——翅片效率。

在用式 (3-26) 计算 α_{of} 时,由于当量直径 d_e 与翅片效率 η_f 有关,故 α_{of} 亦与 η_f 有关,而 η_f 又是 α_{of} 的函数,因此,精确计算必须采用试凑方法,这样,使计算十分烦琐,实际上,在丝管式冷凝器的常用结构及温度条件下,翅片效率一般在 0.85 左右;为简化计算,可直接取 $\eta_f = 0.85$ 代入式 (3-28) 计算,并不会引起大的误差。

式 (3-26) 中的壁面温度 t_w 是管壁表面温度 t'_w 与钢丝表面温度 t''_w 的平均值,即 $t_w = (t'_w + t''_w)/2$;根据翅片效率的定义,有 $\eta_f = (t''_w - t_a)/(t'_w - t_a)$;忽略管壁热阻,管壁温度 t'_w 等于管内制冷剂的温度 t_i,则传热温差 $t_w - t_a = (\eta_f + 1)(t_i - t_a)/2$。取 $\eta_f = 0.85$,则

传热温差 $\quad\quad\quad\quad\quad\quad t_w - t_a = 0.925\,(t_i - t_a)$ $\tag{3-29}$

壁面平均温度 $\quad\quad\quad\quad t_w = 0.925\,(t_i - t_a) + t_a$ $\tag{3-30}$

箱壁式冷凝器的空气侧自然对流表面传热系数可采用米海耶夫经验公式计算。在箱壁式冷凝器中,由于壁面有效高度 H 及壁面与空气的温差 $t_w - t_a$ 的影响,空气的格拉晓夫数 Gr_f 与普朗特数 Pr_f 的乘积一般都大于 2×10^7,因此箱壁式冷凝器的空气侧自然对流表面传热系数(单位为 W/(m^2·K))可用下式计算

$$\alpha_{of} = B(t_w - t_a)^{1/3}$$

考虑翅片效率 η_f 并忽略管壁热阻,上式改写成

$$\alpha_{of} = B[\eta_f(t_i - t_a)]^{1/3} \tag{3-31}$$

式中　B——空气的物性集合系数,定性温度为平均温度 t_m,$t_m = (t_w + t_a)/2$。

表 3-23 列出几种温度下空气的 B 值。

由于翅片效率 η_f 是自然对流表面传热系数 α_{of} 与辐射传热系数 α_{or} 之和的函数(双曲正切函数),则 α_{of} 及 α_{or} 的精确计算比较烦琐。在箱壁式冷凝器的通常结构及温度条件下,一般翅片效

率 $\eta_f = 0.87 \sim 0.89$，直接选取适当的 η_f 可使计算得以大大简化。

对自然对流空气冷却式冷凝器，除了考虑换热表面与空气间的对流换热之外，还必须考虑辐射换热。当冰箱置于住宅室内时，冷凝器表面与外界的辐射换热可视为冷凝器与室内壁面（墙壁）之间的换热。由于冰箱所在空间的壁面面积较冷凝器外表面面积大得多，因此，冷凝器与房间壁面之间的辐射换热量 Q_r（单位为 W）可由下式表示

$$Q_r = 5.67\varepsilon A_{of}\left[\left(\frac{T_w}{100}\right)^4 - \left(\frac{T_r}{100}\right)^4\right]$$

表 3-23　空气的 B 值

B ＼ $t_m/℃$ 大气压力 /kPa	20	30	40	50
98.0665	1.58	1.54	1.50	1.48
101.325	1.65	1.61	1.58	1.54

为了计算方便，取传热温差与对流换热传热温差一致，则辐射传热系数〔单位为 W/(m² · K)〕

$$\alpha_{or} = 5.67\varepsilon \frac{\left(\dfrac{T_w}{100}\right)^4 - \left(\dfrac{T_r}{100}\right)^4}{t_w - t_a} \tag{3-32}$$

式中　ε——冷凝器外表面黑度，丝管式冷凝器 $\varepsilon = 0.97$（黑漆），箱壁式冷凝器 $\varepsilon = 0.85$（白漆）；

　　　T_w——冷凝器的外壁面平均热力学温度，单位为 K；

　　　T_r——室内壁面平均热力学温度，单位为 K。

在计算丝管式冷凝器的辐射传热系数时，T_w 和 $t_w - t_a$ 参照式（3-30）和式（3-29）计算。对箱壁式冷凝器，忽略管壁热阻，并取 $\eta_f = 0.88$，则有

$$T_w = 0.88(T_i - T_a) + T_a$$

$$t_w - t_a = 0.88(t_i - t_a)$$

6.2.2　丝管式冷凝器和箱壁式冷凝器的传热面积计算及结构参数确定

在自然对流空气冷却式冷凝器中，由于管内制冷剂的凝结表面传热系数较管外空气侧的表面传热系数大得多，其换热热阻主要是冷凝器外壁面与外界（空气及房间墙壁）之间的换热热阻，因此，在计算丝管式冷凝器和箱壁式冷凝器的传热面积时，可仅计算空气侧的表面传热系数。在通常条件下，自然对流表面传热系数都很小，而有时辐射传热系数较自然对流表面传热系数还要大，因此，辐射换热的影响一般都不能忽略。

在家用冰箱中，无论是否设置预冷盘管，进入冷凝器管内的制冷剂蒸气均为过热蒸气。制冷剂蒸气在管内放热的初始阶段（称为显热段），制冷剂蒸气放出显热，冷却至饱和蒸气。在此期间，制冷剂与环境空气之间的传热温差显然大于后一阶段（称为潜热段）的传热温差，由于显热段与潜热段的传热温差不相同，显热段的自然对流表面传热系数 α'_{of} 及辐射传热系数 α'_{or} 均不同于潜热段的自然对流表面传热系数 α''_{of} 及辐射传热系数 α''_{or}，因此，在确定丝管式冷凝器和箱壁式冷凝器的传热面积时，均应分段进行计算，并分别计算显热段和潜热段各自所需传热面积 A'_{of} 和 A''_{of}，两段传热面积之和 $A'_{of} + A''_{of}$ 即为冷凝器所需的总的传热面积 A_{of}。

在显热段中，制冷剂进口温度为过热蒸气温度 t'_i，终了温度为饱和蒸气温度即冷凝温度 t_k，忽略管壁热阻，则显热段传热温差（单位为℃）

丝管式　　　　　　$$\theta'_m = t_w - t_a = 0.925(t_i - t_a) = 0.925\frac{t'_i - t_k}{\ln\dfrac{t'_i - t_a}{t_k - t_a}} \tag{3-33}$$

箱壁式
$$\theta'_m = t_w - t_a = 0.88(t_i - t_a) = 0.88 \frac{t'_i - t_k}{\ln \frac{t'_i - t_a}{t_k - t_a}} \qquad (3\text{-}34)$$

在潜热段中，忽略管壁热阻及因阻力引起的温度变化，管内温度即为冷凝温度（制冷剂的过冷通常在防露管中实现），则潜热段传热温差（单位为℃）

丝管式
$$\theta''_m = t_w - t_a = 0.925(t_i - t_a) = 0.925(t_k - t_a) \qquad (3\text{-}35)$$

箱壁式
$$\theta''_m = t_w - t_a = 0.88(t_k - t_a) \qquad (3\text{-}36)$$

分别计算显热段的 α'_{of}、α'_{or} 和热负荷 Q'_k 及潜热段的 α''_{of}、α''_{or} 和热负荷 Q''_k，则各段所需传热面积（单位为 m^2）

$$A'_{of} = \frac{Q'_k}{(\alpha'_{of} + \alpha'_{or})\theta'_m} \qquad (3\text{-}37)$$

$$A''_{of} = \frac{Q''_k}{(\alpha''_{of} + \alpha''_{or})\theta''_m} \qquad (3\text{-}38)$$

上两式中，θ'_m 和 θ''_m 是冷凝器外壁面平均温度与空气温度之差，故分母中不必再乘以表面效率。

冷凝器所需的总传热面积（单位为 m^2）

$$A_{of} = A'_{of} + A''_{of}$$

丝管式冷凝器的每米管长外侧面积 a_{of}（单位为 m^2/m）为管面面积与钢丝外表面积之和，即

$$a_{of} = \pi d_b + 2\pi s_b d_w / s_w \qquad (3\text{-}39)$$

则丝管式冷凝器所需有效蛇管总长（单位为 m）

$$L = \frac{A_{of}}{a_{of}}$$

取丝管式冷凝器的有效宽度为 b（单位为 m），则冷凝器蛇管的水平管根数

$$N = \frac{L}{b}$$

若考虑制冷剂蒸气和液体从冷凝器同一侧进出，则 N 应为偶数。取蛇管相邻水平管间节距 s_b（单位为 m），则丝管式冷凝器的有效高度（单位为 m）

$$H = s_b N$$

对箱壁式冷凝器，若蛇管的有效宽度为 b（单位为 m），则箱壁散热的有效高度（单位为 m）

$$H = \frac{A_{of}}{b}$$

在箱壁式冷凝器中，翅片效率 η_f 是与蛇管中每一水平管所占箱壁高度 h 有关的参数，由于在传热系数计算中直接选取 η_f 进行计算，故并未涉及高度 h（即相邻水平管节距）。实际上，在通常温度条件下，当 $h = 50 \sim 60mm$ 时，$\eta_f = 0.87 \sim 0.89$，因此，箱壁式冷凝器的蛇管中相邻水平管管节距应在 $50 \sim 60mm$ 范围内取值，那么箱壁式冷凝器蛇管的水平管根数

$$N = \frac{H}{h}$$

6.3 丝管式冷凝器设计计算示例

例题 3-5 以 R134a 为制冷剂的某家用冰箱在冷凝温度 $t_k = 50℃$、蒸发温度 $t_0 = -23℃$ 时，总冷凝负荷为 180W，试设计与之配套的丝管式冷凝器。

解：（1）温度参数及结构参数的选择及计算 考虑冰箱底盘中不设置预冷蛇管。取环境

空气温度 $t_a=32℃$，制冷剂蒸气进口温度 $t_i'=80℃$，则显热段传热温差由式（3-33）得

$$\theta_m'=0.925\frac{t_i'-t_k}{\ln\dfrac{t_i'-t_a}{t_k-t_a}}=0.925\times\frac{80-50}{\ln\dfrac{80-32}{50-32}}℃=28.3℃$$

潜热段传热温差由式（3-35）得

$$\theta_m''=0.925(t_k-t_a)=0.925\times(50-32)℃=16.65℃$$

选取外径 $d_b=4.5mm$ 的邦迪管为传热管、相邻两管中心距 $s_b=42mm$、钢丝直径 $d_w=1.2mm$、相邻两根钢丝间距 $s_w=5mm$。

每米管长外侧传热面积由式（3-39）计算得

$$a_{of}=\pi d_b+2\pi s_b d_w/s_w=(\pi\times0.0045+2\pi\times0.042\times0.0012/0.005)m^2/m$$

$$=0.07747m^2/m$$

（2）确定显热段及潜热段热负荷 Q_k' 及 Q_k'' 制冷剂 R134a 在 $t_k=50℃$、$t_i'=80℃$ 时，过热蒸气比焓 $h'=458.399kJ/kg$，$t_k=50℃$ 时饱和蒸气比焓 $h''=422.456kJ/kg$，取 R134a 出门框防露管时过冷液体温度 $t_g=35℃$，过冷液体比焓 $h_g=248.759kJ/kg$。

显热段热负荷（$h'-h''$）与总热负荷（$h'-h_g$）之比值

$$\frac{h'-h''}{h'-h_g}=\frac{458.399-422.456}{458.399-248.759}=0.1715$$

则显热段热负荷

$$Q_k'=0.1715\times180W=30.87W$$

一般情况下，通过防露管放出的热量占总热负荷的 40%，则潜热段热负荷

$$Q_k''=(1-0.1715-0.4)\times180W=77.13W$$

（3）计算显热段所需传热面积 因为显热段的传热温差 $\theta_m'=t_w-t_a=28.3℃$，$t_a=32℃$，则显热段外壁面平均温度

$$t_w=\theta_m'+t_a=(28.3+32)℃=60.3℃$$

靠近壁面附近的空气平均温度

$$t_m=(t_w+t_a)/2=(60.3+32)/2℃=46.15℃$$

取当地大气压力 $p_B=101.325kPa$，由空气（干空气）物性参数表查得

热导率 $\lambda_a=0.02799W/(m\cdot K)$ 运动粘度 $\nu_a=17.569\times10^{-6}m^2/s$

体膨胀系数 $\beta_a=0.00313K^{-1}$ 普朗特数 $Pr_f=0.6984$

取翅片效率 $\eta_f=0.85$，由式（3-28）计算当量直径 d_e 得

$$d_e=s_b\left[\frac{1+2\dfrac{s_b}{s_w}\dfrac{d_w}{d_b}}{\left(\dfrac{s_b}{2.76d_b}\right)^{0.25}+2\dfrac{s_b}{s_w}\dfrac{d_w}{d_b}\eta_f}\right]^4=$$

$$0.042\times\left[\frac{1+2\times\dfrac{42}{5}\times\dfrac{1.2}{4.5}}{\left(\dfrac{42}{2.76\times4.5}\right)^{0.25}+2\times\dfrac{42}{5}\times\dfrac{1.2}{4.5}\times0.85}\right]m=0.0533m$$

由式(3-27)计算格拉晓夫数得

$$Gr_f = \frac{g\beta_a(t_w - t_a)d_e^3}{\nu_f^2} = \frac{9.81 \times 0.00313 \times 28.3 \times 0.0533^3}{(17.569 \times 10^{-6})^2} = 426273$$

由式(3-26)计算空气自然对流表面传热系数

$$\alpha'_{of} = 0.94\frac{\lambda_a}{d_e}\left[\frac{(s_b - d_b)(s_w - d_w)}{(s_b - d_b)^2 + (s_w - d_w)^2}\right]^{0.155}(Pr_f Gr_f)^{0.26} =$$

$$0.94 \times \frac{0.02799}{0.0533} \times \left[\frac{(42 - 4.5)(5 - 1.2)}{(42 - 4.5)^2 + (5 - 1.2)^2}\right]^{0.155} \times$$

$$(0.6984 \times 426273)^{0.26}\text{W/(m}^2 \cdot \text{K)} = 9.158\text{W/(m}^2 \cdot \text{K)}$$

由式(3-32)计算显热段辐射传热系数,取表面黑度 $\varepsilon = 0.97$,房间墙壁壁面平均温度 $t_r = 25℃$,则有

$$\alpha'_{or} = 5.67\varepsilon\frac{\left(\frac{T_w}{100}\right)^4 - \left(\frac{T_r}{100}\right)^4}{t_w - t_a} =$$

$$5.67 \times 0.97 \times \frac{\left(\frac{60.3 + 273}{100}\right)^4 - \left(\frac{25 + 273}{100}\right)^4}{28.3}\text{W/(m}^2 \cdot \text{K)} = 8.657\text{W/(m}^2 \cdot \text{K)}$$

显热段所需传热面积由式(3-37)计算得

$$A'_{of} = \frac{Q'_k}{(\alpha'_{of} + \alpha_{o_r})\theta'_m} = \frac{30.87}{(9.158 + 8.657) \times 28.3}\text{m}^2 = 0.06123\text{m}^2$$

(4) 计算潜热段所需传热面积 因为潜热段传热温差 $\theta''_m = t_w - t_a = 16.65℃$,则潜热段外壁面平均温度

$$t_w = \theta''_m + t_a = (16.65 + 32)℃ = 48.65℃$$

靠近潜热段壁面空气的平均温度

$$t_m = (t_w + t_a)/2 = (48.65 + 32)/2℃ = 40.325℃$$

在大气压力 $p_B = 101.325\text{kPa}$ 及 $t_m = 40.325℃$ 条件下,查得

$$\lambda_a = 0.02758\text{W/(m} \cdot \text{K)}、\nu_a = 16.99 \times 10^{-6}\text{m}^2/\text{s}$$

$$\beta_a = 0.00319\text{K}^{-1}、\qquad Pr_f = 0.699$$

并由式(3-27)计算得

$$Gr_f = \frac{0.00319 \times 9.81 \times 16.65 \times 0.0533^3}{(16.99 \times 10^{-6})^2} = 273318$$

分别计算潜热段空气自然对流表面传热系数和辐射传热系数得

$$\alpha''_{of} = 0.94 \times \frac{0.02758}{0.0533} \times \left[\frac{(42 - 4.5)(5 - 1.2)}{(42 - 4.5)^2 + (5 - 1.2)}\right]^{0.155} \times$$

$$(0.699 \times 273318)^{0.26}\text{W/(m}^2 \cdot \text{K)} = 8.04\text{W/(m}^2 \cdot \text{K)}$$

$$\alpha''_{or} = 5.67 \times 0.97 \times \frac{\left(\frac{48.65 + 273}{100}\right)^4 - \left(\frac{25 + 273}{100}\right)^4}{16.65}\text{W/(m}^2 \cdot \text{K)} =$$

$$9.31\text{W/(m}^2 \cdot \text{K)}$$

则潜热段所需传热面积

$$A''_{\text{of}}=\frac{\theta''_{\text{k}}}{(\alpha''_{\text{of}}+\alpha''_{\text{or}})\theta''_{\text{m}}}=\frac{77.13}{(8.04+9.31)\times16.65}\text{m}^2=0.267\text{m}^2$$

（5）确定冷凝器整体结构尺寸　所需总传热面积

$$A_{\text{of}}=A'_{\text{of}}+A''_{\text{of}}=(0.06123+0.267)\text{m}^2=0.3282\text{m}^2$$

所需有效蛇管总长

$$L=\frac{A_{\text{of}}}{a_{\text{of}}}=\frac{0.3282}{0.07747}\text{m}=4.24\text{m}$$

取冷凝器有效宽度（左右两钢丝之间距离）$b=0.37\text{m}$，则水平管根数

$$N=\frac{L}{b}=\frac{4.24}{0.37}\text{根}=11.46\text{ 根}$$

考虑制冷剂蒸气和液体从冷凝器同一侧进出，取 $N=12$ 根。

通常，在制造冷凝器时，钢丝上下端面与最上一根管和最下一根管管面基本平齐，为便于点焊，钢丝上下分别伸出 $\Delta h=4\text{mm}$，则冷凝器的实际有效高度（即每根钢丝长度）

$$H'=s_{\text{b}}(N-1)+d_{\text{b}}+2\Delta h=[42\times(12-1)+4.5+2\times4]\text{mm}=475\text{mm}=0.475\text{m}$$

蛇管实际有效长度包括蛇管水平管部分和蛇管弯管部分，不计制冷剂进出端接管长度，则蛇管实际有效长度

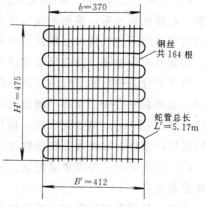

$$L'=bN+\pi s_{\text{b}}(N-1)/2=$$
$$[0.37\times12+\pi\times0.042\times(12-1)/2]\text{m}=5.17\text{m}$$

冷凝器的实际宽度（包括左、右弯管）

$$B'=b+s_{\text{b}}=(0.37+0.042)\text{m}=0.412\text{m}$$

由于选取钢丝间距 $s_{\text{w}}=5\text{mm}$，钢丝在蛇管两面等距离点焊，因此，长度为 0.475m 的钢丝共需 164 根。

冷凝器的实际有效传热面积

$$A'_{\text{of}}=\pi d_{\text{b}}L'+164\pi d_{\text{w}}H'=(\pi\times0.0045\times5.17+$$
$$164\times\pi\times0.0012\times0.475)\text{m}^2=0.3668\text{m}^2$$

图 3-28　例题 3-5 结构参数示意图

较计算所需有效传热面积 $A_{\text{of}}=0.3282\text{m}^2$ 大 10%，能满足冷凝热负荷传热要求。

图 3-28 为所设计丝管式冷凝器的结构参数示意图。

7　冷凝器的技术要求

冷凝器在设计完成后，须在工程图上写明有关的技术要求，以指导冷凝器的加工制造，贯彻设计者的设计意图，达到设计与产品的统一。技术要求一般应包括：①强度及气密性要求；②干燥及洁净要求；③外观要求。现分述如下：

（1）强度及气密性要求　卧式壳管式冷凝器在制成后须进行强度试验和气密性试验，但当设计压力不高于 0.2MPa 时（如以 R123、R11 为制冷剂且在常温下运行），可用气密性试验代替强度试验。套管式冷凝器和空气冷却式冷凝器均只须进行气密性试验。

强度试验和气密性试验均在制冷剂侧进行，气密性试验在强度试验合格后进行。强度试验通常采用水压，试验压力 p_{T}（单位为 MPa）按规定由下式确定

$$p_T = 1.25 p_d \sigma / \sigma^*$$

式中　　p_d——设计压力，单位为 MPa；

　　　　σ、σ^*——试验温度和设计温度下材料的许用应力，单位为 MPa。

一般，试验温度下材料的许用应力 σ 稍大于设计温度下材料的许用应力 σ^*，水压试验压力可取设计压力的 1.5 倍。

根据规定，气密性试验所用气体应为干燥洁净的氮气、压缩空气或含有氟利昂制冷剂（分压不小于 30%）的混合气体。其中，氮气具有无腐蚀、无水分、不燃不爆、价格便宜、操作使用方便等优点；而压缩空气因含有水分和杂质，应尽量避免使用，特别是对空气冷却式冷凝器更应如此。根据有关规定，气密性试验压力应为设计压力。使用 R22 为制冷剂的卧式壳管式冷凝器，最高冷凝温度为 46℃，则气密性试验压力为 1.76MPa（表压），使用 R12 的卧式壳管式冷凝器，最高冷凝温度为 55℃，则气密性试验压力应为 1.57MPa（表压），套管式冷凝器亦应按上述压力进行气密性试验。

在进行强度试验和气密性试验时，充水、充气后应分别保持 10min 压力没有变化，然后检查各零部件是否变形、各焊缝及接头处是否有泄漏，无异常情况出现方视为产品合格。

（2）干燥及洁净要求　卧式壳管式冷凝器在强度试验和气密性试验合格后应作干燥处理，通常，在排除剩水后，采用干燥空气或氮气吹净，之后，对进出水管管口、制冷剂进出接管管口均应采用不透气材料如塑料布妥善包扎，以防止污物和水分进入。

对套管式冷凝器，亦应采取相应的干燥洁净措施和包扎措施。

对气密性合格后的空气冷却式冷凝器应采用三氯乙烯或其它清洗剂加压清洗，以去除氧化皮、油污和水分等。制冷剂侧的氧化皮、油污、水分等残留物总量按每平方米内表面积计算应不超过 400mg。清洗完成后，使用干燥氮气吹净，最后充入少量干燥氮气，用塞头将制冷剂进出口塞住，以防水分和污物进入。

（3）外观要求　外观要求包括：根据需要，外表面应采取适当的防锈措施以及外表面的直观质量要求。

通常，暴露在空气中的冷凝器的外表面均应涂底漆（防锈漆、红丹）及涂装，涂装颜色根据需要确定并注明，但强制通风空气冷却式冷凝器的传热管和翅片表面不得喷涂底漆和涂装。

冷凝器的外观质量主要是指焊接处应符合焊接要求，无夹渣（电焊）、无流痕（气焊）等缺陷；铸件（如端盖）无气孔、缩孔、砂眼等缺陷；卧式壳管式冷凝器的壳体、空冷式冷凝器的封板和端板等外表面应无凹陷、裂纹等缺陷；空冷式冷凝器的翅片应排列整齐；翅片无折叠和破裂等缺陷；翅片与传热管间不得有松动现象；翅片与传热管通常采用机械胀管方式紧贴，当采用液压胀管方式时，应注明胀管压力，液压胀管的水压一般为 16～18MPa。

第4章 蒸 发 器

1 蒸发器的作用和工作过程

蒸发器实际上是一种伴随有蒸发（沸腾）相变的热交换器，制冷剂液体通过蒸发器吸收被冷却介质（通常是水或空气）的热量蒸发（沸腾）为蒸气。它在制冷系统中的作用是对外输出冷量，冷却被冷却介质。

图 4-1 定性示出蒸发器中制冷剂和被冷却介质的典型温度分布，图 4-1a 为逆流布置，图 4-1b 为顺流布置。经过节流后的低压制冷剂进入蒸发器时处于湿蒸气状态，其中蒸气的质量分数一般占 10% 左右，其余均为液体。随着湿蒸气在蒸发器内流动、吸热，液体逐步蒸发（沸腾）为蒸气，含气率不断增加。对于满液式蒸发器，制冷剂在壳侧沸腾，制冷剂离开蒸发器时为干饱和蒸气，含气率达 100%。对于干式蒸发器，制冷剂在管内沸腾，制冷剂离开蒸发器时为过热蒸气。从图 4-1 可见，在蒸发器出口区域蒸气因过热而温度显著增加。在蒸发器出口保持制冷剂蒸气有一定的过热度可避免压缩机产生液击，保证制冷系统有最大的制冷效应，但是通常过热度均不大。从流体流向布置而言，许多传热学教科书均指出逆流布置时有更佳的传热性能，但是考虑到制冷剂在蒸发器中因压降引起蒸发温度的降低，故顺流布置时冷热流体间更易保持均匀的温差。

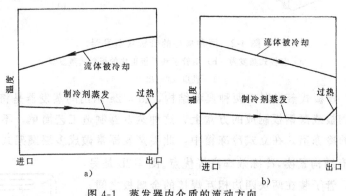

图 4-1 蒸发器内介质的流动方向
a）逆流 b）顺流

蒸发器的设计计算可以有两条途径，一是总体分析法，另一是局部分析法。总体分析法是将蒸发器视为一整体，根据制冷剂和被冷却介质在蒸发器的质量流率及进、出口温度进行计算，局部分析法则将蒸发器分成许多小段，对每一小段进行计算，并将上一段的出口条件作为相邻下一段的进口条件，通过积分各小段的局部值获得整个蒸发器的热交换率。总体分析法简单，计算快捷，可以获得适当的精度，目前工程设计主要用这种方法。局部分析法常用于蒸发器的计算机模拟，具有计算精度高，获得信息量大，既可确定蒸发器的静态特性，又可确定动态特性等优点，随着计算机辅助设计(CAD)的发展，局部分析法将越来越广泛地被采用。

2 蒸发器的分类与构造

制冷装置中的蒸发器通常有两种分类方法。一是按制冷剂的蒸发（沸腾）是在壳侧进行还是在管内进行来分类，在壳侧进行的称为满液式（沉浸式）蒸发器，在管内进行的称为干式（直接膨胀式）蒸发器，另一种分类方法是根据蒸发器所冷却的介质来分，可以分为冷却空气式蒸发器和冷却液体式蒸发器。

2.1 冷却空气式蒸发器

冷却空气式蒸发器（简称空冷器）广泛用于冰箱、冷藏柜、空调器及冷库中。此类蒸发器多做成蛇管式，制冷剂在管内蒸发，空气在管外流过而被冷却。通常将制冷剂在管内蒸发的蒸发器统称为干式蒸发器或直接膨胀式蒸发器。为了强化空气侧的换热，管外侧常装有各类翅片，按引起空气流动的原因，又可分为自然对流式和强制对流式两大类型。

2.1.1 自然对流式

根据蒸发器结构形式的不同，自然对流蒸发器主要有以下几种：

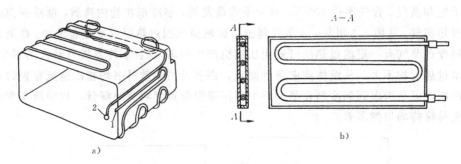

图 4-2　两种典型的管板式蒸发器
a) 管板式蒸发器　b) 由管子和平板组成的板面式蒸发器
1—进口　2—出口

（1）管板式　管板式蒸发器有两种典型结构，图 4-2a 示出的蒸发器是将直径为 6～8mm 的紫铜管贴焊在钢板或薄钢板制成的方盒上，这种蒸发器制造工艺简单，不易破损泄漏，常用于直冷式冰箱的冷冻室。在立式冷冻箱中，此类蒸发器常做成多层搁架式，将蒸发器兼作搁架（图 4-3），具有结构紧凑，冷冻效率高等优点。图 4-2b 是另一种管板式结构，管子装在两块四边相互焊接的金属板之间，这种蒸发器的管子和金属板之间充填共晶盐，并抽真空，使金属板在大气压力作用下，紧压在管子外壁，保证管和板的良好接触。充填的共晶盐用于蓄存冷量。此类蒸发器常用于冷藏车的顶板及侧板，也可用作冷冻食品的陈列货架。

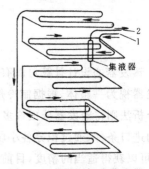

图 4-3　多层搁架式蒸发器
1—进口　2—出口

（2）吹胀式　吹胀式蒸发器目前在国内外家用冰箱中采用得十分普遍。这类蒸发器如图 4-4，图 4-5 所示。图 4-4 为铝复合板吹胀式蒸发器。它是利用预先以铝-锌-铝三层金属板冷轧而成的铝复合板，按蒸发器所需的尺寸裁切好，平放在刻有管路通道的模具上,加压到 4900N 左右,并用电加热加热到 440~500℃,待复合板中间的锌层熔化时,以 2.4~2.8MPa 的高压氮气吹胀便形成管形,经过数秒钟后再进行抽空。冷却后,锌层便与铝板粘合,之后可将其弯成所需形状,再将其搭边铆接即成。铝复合板吹胀式蒸发器的优点是传热性能好,管路分布合理,缺点是模具的开模周期长,制造工艺较复杂。这类蒸发器常用于直冷式单门电冰箱,图 4-5 为串联板吹胀式蒸发器,其制造方法与铝复合板式相同,它常用于直冷式双门双温电冰箱中。

除上述铝复合板吹胀式蒸发器外,国外还普遍采用印刷管路吹胀法。它是采用纯度为 99% 以上的两块铝板加工而成。制造时在其中的一块铝板上用石墨印出管路图案,将另一块铝板放在它的上面,加压热轧,然后再冷轧至所需厚度。这样在没有用石墨印制管路处已依靠分子的引力作用将两块铝板粘结牢固,之后将已复合的铝板进行退火,再用上面叙述的吹胀法吹胀出复合板的管路通道。

(3)单脊翅片管式 单脊翅片管式蒸发器的结构如图 4-6 所示。它是由固定在一块(或两块)架板上的盘管构成。它的特点是单位长度的制冷量小,工艺简单,并易于清洗,常在直冷式双门双温电冰箱中用作冷藏室的蒸发器。

(4)冷却排管 冷却排管主要用于各种冰箱、低温试验箱及冷库的冷藏库房中。小型制冷装置中的冷却排管一般为蛇形管式,通常为光管,也有用翅片管。氟利昂翅片管式冷却排管一般是在 $\phi12$ ~$\phi16mm$ 的紫铜管外套 0.3~0.5mm 的铝翅片,翅片间距在 10~15mm 之间,翅高在 20~35mm 之间,管束排列方式为顺排。图 4-7 为吊装在库房顶上的翅片管式顶排管。

2.1.2 强制对流式

小型制冷装置中使用的强制对流空气冷却式蒸发器(常称为表面式蒸发器)如图 4-8 所示,一般做成蛇管式,并在管外装有各种类型的翅片,以强化空气侧的换热。此类蒸发器需配置风机,实现空气的强制对流。蒸发管外面的翅片最常见的是缠绕圆翅片(图 4-9)和平直大套片(图 4-10)。此类蒸发器广泛用于间冷式冰箱的冷冻室,家用空调器、库房速冻室的冷风机及除湿机等。

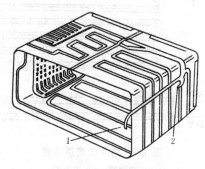

图 4-4 铝复合板吹胀式蒸发器

1—出口铜铝接头 2—进口铜铝接头

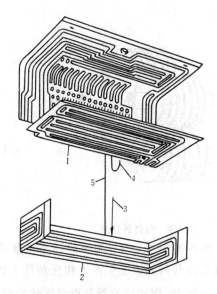

图 4-5 串联板吹胀式蒸发器

1—冷冻室蒸发器 2—冷藏室蒸发器

3—进口铜铝接头 4—出口铜铝接头

5—铝管

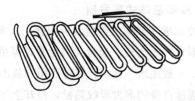

图 4-6 单脊翅片管式蒸发器

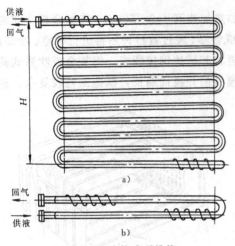

图 4-7　翅片管式顶排管
a)顶视图　b)正视图

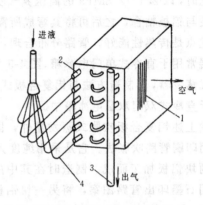

图 4-8　强制对流式蒸发器
1—肋片　2—蒸发管　3—集气管　4—毛细管

图 4-9　缠绕圆翅片

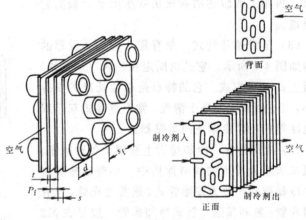

图 4-10　平直大套片

空冷器无论是自然对流式还是强制对流式，均有干式和湿式之分。所谓干式空冷器是指空气被冷却后其温度仍高于相应条件下的露点温度，空气中的水蒸气不析出。湿式空冷器是指空气被冷却过程中，其温度降低到相应条件下的露点温度，空气中的水蒸气便在蒸发器外表面上凝结，水分被析出。这种现象通常称为凝露，当蒸发器表面温度低于凝固温度时，析出的水分还会冻结成霜。

2.2　冷却液体式蒸发器

冷却液体式蒸发器通常采用管壳式换热器的结构形式，其它一些结构形式如板翅式、套管式和盘管式等虽也有应用，但应用场合尚不普遍。一般用水、盐水、有时还用三氯乙稀（C_2HCl_3）作载冷剂，制冷剂通过自身的蒸发吸收热量，冷却上述液体载冷剂，由液体载冷剂再向外输出冷量。此类蒸发器又可分成两大类，一类为满液式蒸发器。它是制冷剂在管束外蒸发（沸腾），载冷剂在管内被冷却，如图 4-11 所

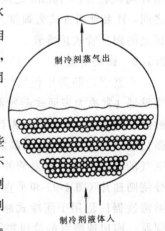

图 4-11　满液式蒸发器

示。此类蒸发器在小型制冷装置中应用较少，主要用于大中型制冷机。另一类为管壳式干式蒸发器，制冷剂在管侧蒸发，载冷剂在壳侧被冷却。为了提高载冷剂的流速，增强传热，壳侧一般装有折流板，如图 4-12 所示。

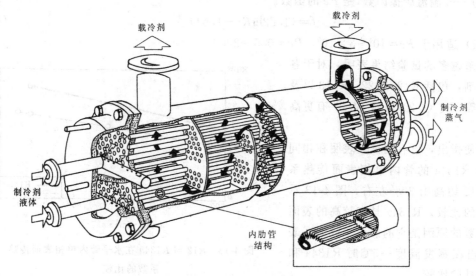

图 4-12　壳管式干式蒸发器

3　制冷剂在水平管内的沸腾换热

　　对于小型制冷装置的蒸发器，通常遇到的都是制冷剂在水平管内的沸腾换热。尽管对制冷剂在水平管内的沸腾换热已进行过许多研究，不少制冷装置的教科书也推荐了一些用于 R12 和 R22 在光滑管内沸腾的计算方法，但是由于小型制冷装置中使用得十分广泛的 CFC 工质 R12 在国际"蒙特利尔议定书"中已被限止和禁用，而且限制和禁用的进程也大大加快，削减 50％的时间提前到 1995 年，完全禁用的时间为 2000 年。相应的替代工质 HFC134a（R134a）已在国外小型装置中广泛采用，国内亦已开始采用。因此，对于 R134a 在水平管内沸腾换热的研究和计算方法有必要作进一步的介绍。此外，随着研究的深入，制冷剂在水平管内沸腾换热的研究还在下列方面取得新的进展：①在大量试验数据的基础上，一些通用性的计算公式被提出；②制冷剂润滑油对沸腾换热的影响取得一些新的结果；③近年来微细内肋管在家用冰箱、空调器中得到了广泛的采用，使蒸发器结构紧凑，整机重量减轻，成本降低。因此，对制冷剂在微细内肋管等高效传热管中的沸腾换热开展了大量的研究，下面介绍近年来的一些研究结果。

3.1　制冷剂在管内的单相受迫对流换热

　　由于小型制冷装置蒸发器出口处的蒸气是过热蒸气，在作精细设计时，制冷剂单相换热的计算仍是必须的。对于制冷剂在管内单相受迫对流换热，下面两个关联式被广泛采用。

3.1.1　迪图斯—玻尔特（Dittus-Boelter）公式

$$Nu=0.023Re^{0.8}P_r^n \tag{4-1}$$

这是一个沿用较广、较久的公式，当流体受热时 $n=0.4$，冷却时 $n=0.3$，适用于 $Re=10^4\sim1.2\times15^5$，$Pr=0.7\sim100$，$l/d>60$ 的光滑管，流体和壁面温差不太大的场合。

3.1.2 彼多霍夫—波波夫 (Petukhov-Popov) 公式

$$Nu=\frac{(f/8)RePr}{1.07+12.7(f/8)^{0.5}(P_r^{2/3}-1)} \tag{4-2}$$

式中　f——湍流摩擦因数,是 Re 的函数。

$$f=(1.82\lg Re-1.64)^{-2} \tag{4-3}$$

式 (4-2) 适用于 $Re=10^4\sim5\times10^6$,$Pr=0.5\sim2000$。

越来越多的试验结果表明,对于各种制冷剂,包括 R12、R22、R113 以及 R134a 等,式 (4-2) 比式 (4-1) 有更高的精度。

顺便指出,已有的试验表明在相同条件下 R134a 的管内单相表面传热系数比 R12 约高出 30% 左右,图 4-13 示出两者的比较。R134a 具有较高的表面传热系数的原因是它的热导率较大。表 4-1 示出在蒸发温度－5℃时 R134a 和 R12 物性的比较。

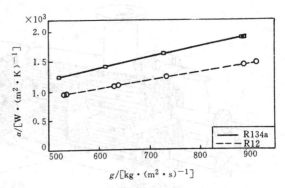

图 4-13　$R12$ 与 $R134a$ 在水平管内单相表面传热系数的比较

表 4-1　R134a 和 R12 物性的比较 (蒸发温度 $t_0=-5$℃)

物　　性		R134a	R12	相差(%)	对换热的影响
液体密度	$\rho_l/$ (kg·m^{-3})	1308	1417	－7.7	↑轻微
蒸气密度	$\rho_g/$ (kg·m^{-3})	12.2	15.4	－20.8	↓轻微
气化潜热	$r/$ (kJ·kg^{-1})	202.3	153.9	＋31.4	↑中等
饱和压力	$P_s/$MPa	0.243	0.261	－6.9	≈0
液体粘度	$\mu_l/$Pa·s	301	284	＋6.0	↓轻微
蒸气粘度	$\mu_g/$Pa·s	12.2	11.3	＋7.9	↑轻微
蒸气热导率	$\lambda_g/$ [W·(m·k)$^{-1}$]	11.77×10^{-3}	8.01×10^{-3}	＋46.9	↑轻微
液体热导率	$\lambda_l/$ [W·(m·k)$^{-1}$]	98.1×10^{-3}	80.8×10^{-3}	＋21.4	↑强烈
液体比热容	$c_{pl}/$ [kJ·(kg·k)$^{-1}$]	1.297	0.922	＋40.6	↑中等
蒸气比热容	$c_{pg}/$ [kJ·(kg·k)$^{-1}$]	0.868	0.629	＋38.0	↑轻微
液体普朗特数 Pr_l		3.98	3.24	＋22.6	↑轻微
蒸气普朗特数 Pr_g		0.99	0.89	＋11.2	↑轻微

3.2　纯制冷剂在管内的沸腾换热

制冷剂在管内沸腾换热的研究已有数十年的历史,总体来看可以分为两个阶段。第一个阶段可以称为分散研究的阶段。在这个阶段各国的研究者致力于对某种制冷剂在某些特定几何参数和操作工况下的管内沸腾进行研究,得出一些经验关联式,解决他们各自所遇到的设计计算中的问题。目前教科书中介绍的各种制冷剂的形形色色的关联式大体上都属于这种类型。随着时间的推移,一方面是积累了大量的实验数据,另一方面是在管内气一液两相流和传热的理论研究取得很大的进展。两相流方面如流型及流型转变机理的研究,截面含气率及两相压降预测模型的提出等;两相传热方面则是对管内流动沸腾的机理和预测模型有一定突破,如著名的陈氏 (Chen) 模型的提出和发展。陈氏认为管内流动沸腾的两相换热机理是由两种换热机理的叠加,一是管内的强制对流,另一是大空间核态沸腾,即

$$\alpha_{TP} = f'\alpha_l + s'\alpha_{nuc} \tag{4-4}$$

式中　α_{TP}——管内流动沸腾的两相表面传热系数,单位为 $W/(m^2 \cdot k)$;

　　　α_l——液相单独流过管内的强制表面传热系数,单位为 $W/(m^2 \cdot k)$;

　　　α_{nuc}——大空间核态沸腾表面传热系数,单位为 $W/(m^2 \cdot k)$;

　　　f'——由于管内沸腾,液相转化为气相的蒸气使液相强制对流换热增强的因子,称为增强系数,$f' > 1$;

　　　s'——叠加系数,考虑强制对流和大空间核态沸腾按百分比进行叠加的系数。

　　大体上说,在 80 年代初,制冷剂在管内沸腾换热的研究开始进入第二阶段。这一阶段表现在一部分学者在收集大量试验数据的基础上建立起管内沸腾换热数据库,并根据建立的数据库不断改进和完善管内流动沸腾模型,提出半经验的,适用于多种制冷剂的通用关联式。1982 年夏(Shan)首先提出了一个纯制冷剂在管内沸腾的通用关联式,1986 年冈戈尔(Gungor)和温特劳(Winteron)在大量 R11,R12,R22,R113 和 R114 实验数据的基础上提出了一个通用关联式,1987 年凯特里卡(Kandlikar)在他 1983 年提出的关联式的基础上,进一步提出了经过改进的具有更高精度的通用关联式。下面主要介绍凯特里卡的关联式,支持这个关联式的数据库有 5246 个试验数据,涉及的沸腾介质有水,R11,R12,R13B1,R113,R114,R152a,氮,氖等,在以后的研究中人们发现这个关联式还可用于 R134a,凯特里卡的通用关联式可表示为

$$\frac{\alpha_{TP}}{\alpha_l} = C_1(C_0)^{C_2}(25Fr_l)^{C_5} + C_3(B_0)^{C_4}F_{fl} \tag{4-5}$$

$$\alpha_l = 0.023\left(\frac{g(1-x)D}{\mu_l}\right)^{0.8}\frac{Pr_l^{0.4}\lambda_l}{D_i}$$

$$C_0 = \left(\frac{1-x}{x}\right)^{0.8}\left(\frac{\rho_g}{\rho_l}\right)^{0.5}$$

$$B_0 = \frac{q}{gr}$$

$$Fr_l = \frac{g^2}{9.8\rho_l^2 D_i}$$

式中　α_{TP}——管内沸腾的两相表面传热系数,单位为 $W/(m^2 \cdot K)$;

　　　α_l——液相单独流过管内的表面传热系数,单位为 $W/(m^2 \cdot K)$;

　　　C_0——对流特征数;

　　　B_0——沸腾特征数;

　　　Fr_l——液相弗劳德数;

　　　g——质量流率,单位为 $kg/(m^2 \cdot s)$;

　　　x——质量含气率(干度);

　　　D_i——管内径,单位为 mm;

　　　μ_l——液相动力粘度,单位为 $Pa \cdot s$;

　　　λ_l——液相热导率,单位为 $W/(m \cdot K)$;

　　　Pr_l——液相普朗特数;

　　　ρ_g——气相密度,单位为 kg/m^3;

　　　ρ_l——液相密度,单位为 kg/m^3;

q——热流密度，单位为 W/m^2；

r——气化潜热，单位为 J/kg。

F_{fl} 取决于制冷剂性质的无量纲系数，按表 4-2 取值。

表 4-2　各种制冷剂的 F_{fl} 值

制 冷 剂	F_{fl}	制 冷 剂	F_{fl}
水	1.00	R114	1.24
R11	1.30	R152a	1.10
R12	1.50	氮	4.70
R13B1	1.31	氖	3.50
R22	2.20	R134a	1.63
R113	1.10		

大量试验数据表明，F_{fl} 的值在 $0.5 \sim 5.0$ 之间。

式（4-5）中 C_1、C_2、C_3、C_4 和 C_5 为常数，它们的值取决于 C_0 的大小

当 $C_0 < 0.65$

　$C_1 = 1.1360$　$C_2 = -0.9$　$C_3 = 667.2$　$C_4 = 0.7$　$C_5 = 0.3$

当 $C_0 > 0.65$

　$C_1 = 0.6683$　$C_2 = -0.2$　$C_3 = 1058.0$　$C_4 = 0.7$　$C_5 = 0.3$

式（4-5）不仅可用于 R12，R22 等制冷剂的计算，还可用于 R134a 的计算。图 4-14 为 R134a 实验测定值与各理论预测值的比较，预测是对 $-5 \, ℃$ 情况进行的，物性值采用杜邦公司的数据。从图可见式（4-5）的预测值与实验测定值能较好吻合，绝大部分的偏差在 15% 之内。

已有 R134a 的试验结果都表明，在相同条件下，它的换热性能高于 R12 和 R22 埃克尔（Eckels）和帕特（Pate）发现，在他们的试验条件下，R134a 的表面传热系数比 R12 高出 35% ～ 45%，乌越邦和等的试验结果则高出 25%，而阻力增大 10%。

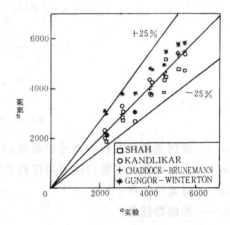

图 4-14　实验值与预测值的比较

3.3　润滑油对管内沸腾换热的影响

随制冷压缩机型式的不同，在制冷系统中循环的制冷剂含有润滑油的质量分数也不同，其值一般在 0.2% ～ 10% 之间。事实上蒸发器中的实际含油质量分数可能还要高一些，这是由于在环状流流型时，高粘性的含油浓度大的液膜沿管壁作低速流动的缘故。

近年来的研究表明，润滑油对沸腾换热的影响十分复杂，受许多因素影响。如润滑油与制冷剂的互溶性，润滑油的浓度，润滑油的物性，蒸发器的热流密度及蒸发管的长度等。总体来看，对于能与润滑油互溶的 R12 和 R22，当含油量（质量分数）为 2.5% 时，表面传热系数可增

大 20%～30%，当含油量质量分数增大到 5% 时，表面传热系数增大 10%～15%。对于制冷剂和矿物油不互溶的氨（R717），含油后使换热显著恶化，表面传热系数下降约 30%，下面两个关联式可用于估算 R22 在光滑管内沸腾时含油量对换热的影响。

对于 150 号 SUS 油和 R22

$$EF=1.03e^{(17.7W_o-286W_o^2-0.0496g)} \tag{4-6a}$$

对于 300 号 SUS 油和 R22

$$EF=1.03e^{W_o(4.98g-8.77)} \tag{4-6b}$$

式中　EF——含油后的表面传热系数与无油时表面传热系数的比值，$EF=\alpha_{oil}/\alpha$；

　　　W_o——蒸发器中与制冷剂混合的润滑油的质量分数，对 R22 的试验表明，W_o 的值约为蒸发时流动的油和制冷剂混合物中油质量分数的三倍；

　　　g——质量流率，通常可按 300kg/（m² · s）计算。

3.4 制冷剂在微细内肋管中的沸腾换热

近年来微细内肋管在小型制冷装置的蒸发器中被广泛采用。图 4-15 为微细内肋管的剖面图，管内的微肋数目一般为 60～70，肋高为 0.1～0.2mm，螺旋角 β 为 10°～30°，其中对传热性能和流动阻力性能影响最大的参数为肋高。与其它形式管内强化管相比，微细内肋管有两个突出的优点。首先，与光管相比它可以使管内蒸发表面传热系数增加 2～3 倍，而压降的增加却只有 1～2 倍，即传热的增强明显大于压降的增加；其次，微肋管与光管相比，单位长度的重量增加得很少，也即这种强化管的成本低。微肋管除在表面式蒸发器被广泛采用时，在管壳式干式蒸发器中也大量被应用，下面介绍微肋管的传热试验结果。

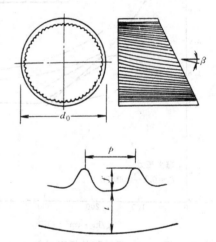

图 4-15　微细内肋管剖面图

试验的微肋管几何参数见表 4-3，试验介质为 R22，试验结果示于图 4-16，图中纵坐标 EF 为增强因子，是微肋管表面传热系数与其当量直径光滑管的表面传热系数的比值，横坐标为质量流速 g，图中曲线的标号与表 4-3 中微肋管的标号相一致。对于几何参数与表 4-3 中相近的微肋管，图 4-16 可直接用于设计计算。由图 4-16 还可看出，在蒸发器实际使用的质量流速范围内，两种管径的增强因子 EF 的值相差并不大，如 $g=250$kg/（m² · s）所有三种管径为 9.52mm 微肋管的 EF 值约在 1.6～1.9 之间，而三种 12.7mm 微肋管的 EF 值在 1.7～1.8 之间，因此图 4-16 也可近似外推，用于稍小于 9.52mm 或稍大于 12.7mm 的微肋管。从图 4-16 可见，随 g 的增加，EF 呈下降趋势，这是由于随着 Re 数增大，微肋管引起湍流扰动的增加，相对同样条件下的光管有所降低。值得注意的是，尽管管径对 EF 值影响不大，但是它对表面传热系数还是有明显影响的，设计时可先计算出光管内的表面传热系数（与管径有关），再由图 4-16 查得相应的 EF 值，二者相乘即得微肋管内的表面传热系数。

R-134a 在微细内肋管内的试验结果见图 4-17，图中也是以增强因子 EF 的形式给出的。R134a 含有不同质量分数润滑油对表面传热系数和压降的影响见图 4-18 和图 4-19，图中同时给出了微细内肋管和光管的试验结果。

表 4-3 微肋管的几何参数

| | ϕ12.7mm 管 | | | | ϕ9.52mm 管 | | |
	光管	微肋管 1	微肋管 2	微肋管 3	微肋管 1	微肋管 2	微肋管 3
d_0/mm	12.7	12.7	12.7	12.7	9.52	9.52	9.52
d_{imax}/mm	10.9	11.7	11.7	11.7	8.92	8.92	8.92
t/mm	0.90	0.50	0.50	0.50	0.30	0.30	0.30
f/mm	—	0.30	0.20	0.15	0.20	0.16	0.15
n	—	60	70	60	60	60	60
β/°	—	18	15	25	18	15	25
A_{is}/A_{iM}①	—	1.51	1.33	1.39	1.55	1.38	1.43

① 微肋管内表面积与有相同最大内径的光管内表面积之比。

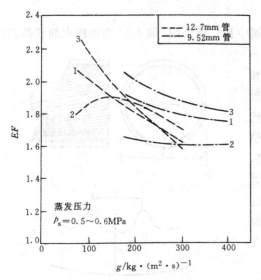

图 4-16 微肋管的增强系数

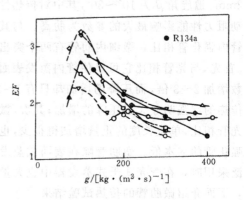

图 4-17 微细肋管的增强系数 (R134a)

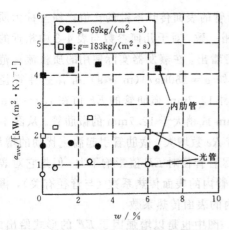

图 4-18 R134a 中含有不同质量分数润滑油
对管内沸腾表面传热系数的影响

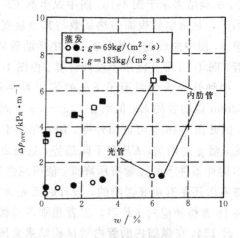

图 4-19 R134a 中含有不同质量分数润滑油
对管内两相压降的影响

4 空气侧的换热

4.1 自然对流空冷器的空气侧换热

自然对流的表面传热系数远小于强制对流时的表面传热系数。特别重要的是，在计算此类空冷器表面与空气间的自然对流表面传热系数时，必须同时考虑空冷器表面与外界的辐射换热，因为在室温条件下，辐射换热与自然对流换热处于同一数量级，如计算冷库内冷却排管与空气间的换热时，辐射换热所占的比例就较大，有时可占总换热量的 40%～50%。

对于自然对流式空冷器，管外侧即使考虑辐射后其总表面传热系数仍远小于管内制冷剂沸腾时的表面传热系数。因此传热的主要热阻仍在空气侧，除翅片式自然对流空冷器外，蒸发器的传热系数基本上等于管外侧的总表面传热系数。

冰箱中常见的管板式和吹胀式蒸发器，可以看作是一种复杂的翅片式换热器，其肋化系数仍可定义为蒸发器外表面积与管内表面积之比。一般电冰箱的管板式蒸发器，其肋化系数在 3.5～4.5 之间，而吹胀式蒸发器的肋化系数在 4.5～6.0 之间。为了精确计算蒸发器外表面的自然对流换热和辐射换热，必须首先计算出外表面（翅片表面）的温度分布，而翅片表面的温度分布又与局部表面传热系数相耦合，因此，迄今为止尚无通用的计算方法，对特定几何结构和几何参数的蒸发器能用大规模数值计算的方法进行计算，这不仅计算工作量大，而且由于计算对象本身的复杂性，不得不引入许多简化假设，使计算精度受限。因此这是一种正在发展的极有前途的设计方法。对于工程设计，目前主要仍依赖经验数据，一般家用冰箱采用的管板式与吹胀式蒸发器其表面传热系数 α_0 在 11～14W/（m²·K）之间（未结霜状态）。

对于家用冰箱的单脊翅片管式蒸发器、管板式蒸发器和吹胀式蒸发器可以用下列方法估算所需传热面积。

传热面积 A（单位为 m²）为：

$$A=\frac{Q_0}{k(t_a-t_0)+\varepsilon\sigma\left[\left(\frac{T_a}{100}\right)^4-\left(\frac{T_0}{100}\right)^4\right]} \tag{4-7}$$

$$Q_0=Q_C+Q_R$$

$$Q_c=kA(t_a-t_0)$$

$$Q_R=\varepsilon\sigma A\left[\left(\frac{T_a}{100}\right)^4-\left(\frac{T_0}{100}\right)^4\right]$$

$$k=\frac{1}{\frac{1}{\alpha_o\eta_s}+\frac{A_0}{\alpha_i A_i}}$$

$$\eta_s=\frac{1}{A_0}(A_1+A_2\eta_5)$$

$$\eta_i=\frac{\text{th}(mh)}{mh}$$

$$A_0=A_1+A_2$$

$$A_1=\pi d_0 l$$

$$A_2=2hl$$

式中　Q_0——蒸发器所需的制冷量,单位为 W;

　　　Q_c——通过对流换热的传热量,单位为 W;

　　　Q_R——通过辐射换热的传热量,单位为 W;

　　　k——传热系数,单位为 W/(m²·K),管板式蒸发器一般在 8～11.7W/(m²·K);

　　　α_0——空气侧表面传热系数,一般取 11.6W/(m²·K);

　　　α_i——管内制冷剂侧表面传热系数,单位为 W/(m²·K);

　　　η_s——表面效率;

　　　η_f——翅片效率;

　　　A_1——管表面积(一次表面),单位为 m²;

　　　A_2——翅片表面积(二次表面),单位为 m²;

　　　h——单脊翅片的翅片高度,单位为 m;

　　　m——翅片参数,$m=\sqrt{\dfrac{2\alpha_0}{\lambda_f \delta_f}}$;

　　　λ_f——翅片热导率,单位为 W/(m·K);

　　　δ_f——翅片厚度,单位为 m;

　　　l——单脊翅片沿管轴线方向的长度,单位为 m;

　　　t_a——冷冻室温度,单位为 ℃;

　　　t_0——蒸发温度,单位为 ℃;

　　　ε——霜层表面黑度,一般可取 $\varepsilon=0.96$;

　　　σ——黑体辐射系数,$\sigma=5.67$W/(m²·K⁴);

　T_a、T_0——以热力学温度表示的冷冻室温度和蒸发温度,单位为 K。

4.2　自然对流空冷器的设计计算举例

例题 4-1　某直冷式电冰箱,采用铝复合板吹胀式蒸发器,吹胀成的半圆形通道的内径 d_i =8mm,管壁厚 1mm。肋化系数 $\beta=5.5$。若蒸发器内制冷剂的平均蒸发温度 $t_0=-20.5$℃, 箱内空气温度 $t_a=5$℃,该冰箱所需的制冷量 $Q_0=200$W,管内制冷剂沸腾传热系数 $\alpha_i=$ 1160W/(m²·K),管外空气侧对流表面传热系数 $\alpha_o=12$W/(m²·K),表面效率 $\eta_s=0.8$。试 估算该蒸发器需要的传热面积。

(1) 计算通过对流换热的传热量

1) 传热系数 k

$$k=\frac{1}{\dfrac{A_o}{\alpha_i A_i}+\dfrac{1}{\alpha_o \eta_s}}=\frac{1}{\dfrac{1}{1160\times5.5}+\dfrac{1}{12\times0.8}}\text{W/(m}^2\cdot\text{K)}=9.182\text{W/(m}^2\cdot\text{K)}$$

2) 传热温差 (t_a-t_0)

$$t_a-t_0=5-(-20.5)\text{℃}=25.5\text{℃}$$

3) 每单位面积通过对流换热的传热量

$$\frac{Q_c}{A}=k(t_a-t_0)=9.182\times25.5\text{W/m}^2=234.141\text{W/m}^2$$

(2) 每单位面积通过辐射换热的传热量

$$\frac{Q_R}{A}=\varepsilon\sigma\left[\left(\frac{T_a}{100}\right)^4-\left(\frac{T_0}{100}\right)^4\right]=0.96\times5.67\left[\left(\frac{273+5}{100}\right)^4-\left(\frac{273-20.5}{100}\right)^4\right]W/m^2=$$

$$103.854W/m^2$$

（3）所需的传热面积（外表面积）

由式（4-7），所需的传热面积为

$$A=\frac{Q_0}{k(t_a-t_0)+\varepsilon\sigma\left[\left(\frac{T_a}{100}\right)^4-\left(\frac{T_0}{100}\right)^4\right]}=\frac{200}{234.141+103.854}m^2=0.592m^2$$

4.3 表面式蒸发器的空气侧换热

4.3.1 干式热交换

（1）平直套片 表面式蒸发器最早使用的套片是平直套片，目前已成功地建立了平直套片的通用关联式，麦克奎勋（McQuistion）提出的用于计算 4 排叉排管束平均表面传热系数的关联式为

$$\alpha_4=0.0014+0.2618Re_d^{-0.4}\left(\frac{A}{A_t}\right)^{-0.15} \tag{4-8}$$

式中 α_4——4 排平均的表面传热系数，$\alpha_4=St\,Pr^{2/3}=\frac{\alpha}{\rho_a w_{max}cp}\cdot Pr^{2/3}$；

Re_d——以管外径为特征尺度的雷诺数，$Re_d=\frac{\rho_a w_{max}D_o}{\mu_a}$；

D_o——管外径，单位为 m；

ρ_a——空气密度，单位为 kg/m^3；

μ_a——空气动力粘度，单位为 Pa·s；

w_{max}——垂直于空气流动方向的最窄截面的流速，单位为 m/s；

A——总外表面积，单位为 m^2；

A_t——管束的外表面积（不考虑翅片），单位为 m^2。

大量实验表明，式（4-8）与实验数据的偏差小于 10%，稍后的研究发现，当管排数大于 4 排，直至 8 排时，式（4-8）仍与试验结果吻合良好，当管排数小于 4 排时，可用式（4-9）计算

$$\alpha_N/\alpha_4=0.992\left[2.24Re_d^{-0.092}\left(\frac{N}{4}\right)^{-0.031}\right]^{0.607(N-4)} \tag{4-9}$$

式中 N——管排数。

空气流过平直套片的阻力计算一般采用叠加模型，即总阻力 Δp（单位为 Pa）由两部分阻力组成，即

$$\Delta p=\Delta p_f+\Delta p_t$$

式中 Δp_t——管子表面引起的压降；

Δp_f——平直套片表面引起的压降。

$$\Delta p_f=f_f\frac{A_f}{A_c}\frac{g_c^2}{2\rho_a} \tag{4-10a}$$

$$\Delta p_t=f_t\frac{A_t}{A_{c,t}}\frac{g_c^2}{2\rho_a} \tag{4-10b}$$

式中 A_f——翅片表面积，单位为 m^2；

A_c——翅片管束的最窄流通截面面积，单位为 m^2；

$A_{c,t}$——光管管束的最窄流通截面面积,单位为 m^2;

A_t——光管表面积,单位为 m^2;

g_c——基于 A_c 面积的质量流速,单位为 $kg/(m^2 \cdot s)$;

ρ_a——空气密度,单位为 kg/m^3;

f_f——流过翅片表面的摩擦因数;

f_t——流过光管管束的摩擦因数。

目前公认的流过光管管束摩擦因数的可靠数据是由茹卡乌斯加(Zhukauskas)提供的。茹卡乌斯加给出的压降定义式为

$$\Delta p_t = NX\left(\frac{\rho_a w_{max}^2}{2}\right) f_{tz} \tag{4-10c}$$

式中 N——沿流动方向的管排数;

X——取决于 Re_d 和无量纲纵向和横向间距 $P_L = \dfrac{s_2}{D_o}$ 和 $P_T = \dfrac{s_1}{D_o}$ 的修正系数;

w_{max}——最窄截面流速;

f_{tz}——按茹卡乌斯加计算出的光管管束的摩擦因数。

考虑到 f_t 所定义的压降关系式与 f_{tz} 定义的压降关系式不同,两者间存在如下的转换关系

$$f_{tz}NX = f_t A_t / A_{c,t}$$

即

$$f_t = f_{tz}NXA_{c,t}/A_t \tag{4-11}$$

f_{tz} 和 X 的值可由图 4-20 和图 4-21 确定。

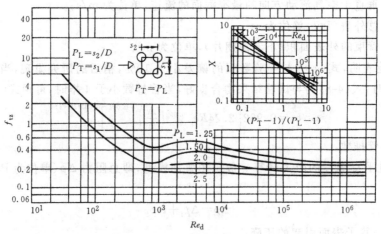

图 4-20   顺排管束

流过翅片表面的摩擦因数 f_f 可按下式计算

$$f_f = 0.508 Re_d^{-0.521} (s_1/D_0)^{1.318} \tag{4-12}$$

式中 s_1——垂直于流动方向的管间距,单位为 m。

平直套片的翅片效率在一般教科书中均有详细阐述,这里仅作简要说明。对于套片式换热器,当芯管是圆管时,可以按圆芯管—角形翅片处理。顺排时可作为方形或矩形翅片,叉排时可按六角形翅片考虑,(图 4-22)。翅片效率按下式计算

$$\eta_f = \frac{\text{th}mh'}{mh'} \tag{4-13}$$

式中　m——翅片参数，$m = \sqrt{\dfrac{2\alpha}{\lambda_f \delta_f}}$；

　　　α——翅片与流体间的表面传热系数，单位为 $W/(m^2 \cdot K)$；

　　　λ_f——肋片的热导率，单位为 $W/(m \cdot K)$；

　　　δ_f——肋片厚度，单位为 m；

　　　h'——肋片折合高度，单位为 m。

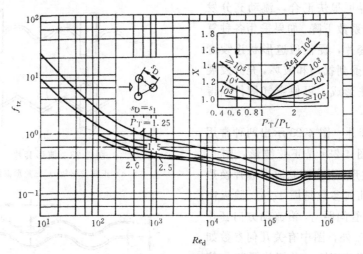

图 4-21　叉排管束

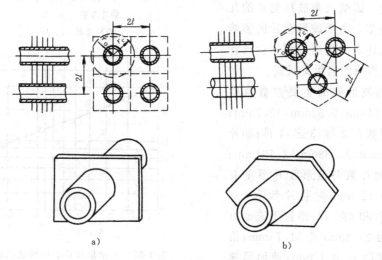

图 4-22　圆芯管—角形翅片

a) 顺排　b) 叉排

$$h' = \frac{D_o}{2}(\rho' - 1)(1 + 0.35\ln\rho')$$

长方形翅片 $\rho' = 1.28\rho_m\sqrt{\dfrac{A}{B} - 0.2}$，$\rho_m = \dfrac{B}{D_0}$

A 和 B 是长方形的长边和短边，$A=B$ 则为正方形

六角形翅片 $\rho'=1.27\rho_{\mathrm{m}}\sqrt{\dfrac{A}{B}-0.3}$，$\rho_{\mathrm{m}}=\dfrac{B}{D_0}$

A 和 B 是六角形的长对边距离和短对边距离

对于圆芯管—角形翅片，也可近似用与角形翅片面积相等的圆形环肋的翅片效率作为它的效率值，这样处理虽不太精确，但一般情况下偏差仅在 $1\%\sim3\%$ 之间。

近年来，平直套片已被各种复杂断面形状的套片所代替。许多研究者都指出，传统使用的平直套片，其空气侧的传热系数比较低。这是由于在相邻套片构成的通道中，在它两个侧面上形成的边界层很快汇合，流动充分发展，使表面传热系数下降。如果采用各种复杂断面形状的套片，促使通道形状连续变化，边界层不断受到扰动和破坏，充分发展型流动条件无法形成，可使空气侧传热得到显著增强。

（2）波形套片 图 4-23 示出两种常用的波形套片。图 4-23a 是正弦波形，图 4-23b 是三角形波形。影响正弦波形套片换热器性能的主要几何参数见图 4-24。除纵向管间距 s_2，横向管间距 s_1，沿流动方向套片长度 L，管径 D_0 外，图中有关几何参数如波幅 e，波长 l，翅片间距 s_{f} 及翅片厚度 δ_{f} 等均对传热有影响，影响三角波形套片的几何参数也大致类似。由于波形套片的影响因素太多，目前还未能提出可用于设计计算的考虑多参数影响的通用关联式。

目前常用的波形肋的主要参数范围为：管外径为 $7.94\mathrm{mm}$，$9.52\mathrm{mm}$，$12.7\mathrm{mm}$；沿流动方向管排数有 2 排，3 排，4 排；肋片净间距为 $1.956\mathrm{mm}$，$2.388\mathrm{mm}$，$2.794\mathrm{mm}$；每米管长上的肋片数与波形套片厚度有关，当厚度为 $0.127\mathrm{mm}$ 时肋片数为 236 片，343 片，398 片和 480 片；垂直于流动方向的管间距 s_1 为 $25.4\mathrm{mm}$ 及 $31.75\mathrm{mm}$；沿流动方向的管间距 s_2 为 $19\mathrm{mm}$；迎面风速 w_{f} 为 $3.0\sim4.6\mathrm{m/s}$。图 4-25 示出 4 排布置时每英寸 $(1\mathrm{in}=25.4\mathrm{mm})$ 12 肋片的三角形波形肋的典型传热试验结果，其关联式为

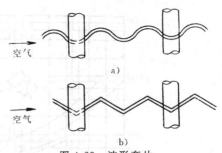

图 4-23 波形套片
a) 正弦波形　b) 三角形波形

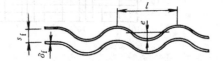

图 4-24　波形套片几何参数
肋片参数　s_f，δ_f
肋片形状　e，l

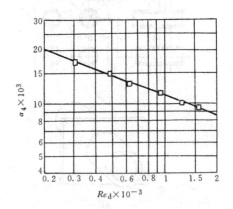

图 4-25　三角形波形肋的传热性能

$$\alpha_4=0.143Re_{\mathrm{d}}^{-0.375} \tag{4-14}$$

已有波形套片试验表明，在其它条件相同的情况下，在迎风面速度为 $2.5\sim3.0\mathrm{m/s}$ 时，其换热性能可比平直套片高出 25% 左右，随迎面风速进一步增大，可高出 40% 甚至更大。

由于波形套片至今仍无通用关联式，设计时若参数条件与现有文献的参数相近，可以用文献推荐的关联式，一般情况下可按比相同条件下平直套片的表面传热系数高出30%左右考虑。

波形套片的压降亦比平直套片要大，增大的比率与 Re 数有关，图 4-26 为文献给出的实验结果，图中各量的定义如下：

$$\alpha = \frac{\alpha_o}{\rho_a w_{max} c_{pa}}(1.8P_r^{0.3}-0.8) \tag{4-15}$$

$$f = \frac{\Delta p}{\frac{g_c^2 v_m}{2}}\frac{A_c^3}{A} - (1+\sigma^2)\frac{v_2-v_1}{v_m}\frac{A_c}{A} \tag{4-16}$$

$$Re = \frac{w_{max}s_2\rho_a}{\mu_a}$$

式中 s_2——沿空气流动方向的管间距，单位为 m；

g_c——空气质量流速，单位为 kg/(m²·s)；

v_m——空气平均比体积，$v_m=\frac{v_1+v_2}{2}$，单位为 m³/kg；

v_1——进口处空气比体积，单位为 m³/kg；

v_2——出口处空气比体积，单位为 m³/kg；

A_c——最窄流动截面面积，单位为 m²；

A——空气侧总外表面积，单位为 m²；

σ——最窄流动截面面积与迎风面面积之比。

其余各量的意义与前面相同，由图 4-26 可见，在相同 Re 数下表面传热系数 α 的增大比率略大于摩擦因数 f 的增大比率。

波形套片的翅片效率可近似按下式计算

$$\eta_f = -0.025\sqrt{\alpha_o}+1.09 \tag{4-17}$$

式中 α_o——套片表面与空气间的表面传热系数，单位为 W/(m²·k)。

更精确的计算可以用数值计算的方法确定。

(3) 冲缝形翅片 冲缝形翅片又称 OSF 翅片、条状翅片、隙缝翅片等，它的示意图见图 4-27。它是在平直套片上冲压和切开，形成许多凸出的条状狭条，其传热性能明显高于平直套片和波形套片，但压降也明显增大。此外，当这类肋片在较脏的环

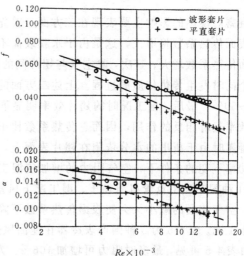

图 4-26 波形套片与平直套片传热与阻力特性的比较

境下使用易被沾污，因为在套片表面被冲出的凸出狭条易将纤维屑棉屑等脏物绊住，与波形套片相比，影响冲缝形翅片性能的参数更多，如几何尺寸、形状、带状窄条的位置、窄条间的距离以及突出套片表面的高度等。

冲缝形翅片强化换热的机理是，表面上的条状窄条使边界层不断被破坏，气流流过这些窄条时，边界层不断被折断和重新形成，使边界层厚度减薄，传热增强。由于边界层的减薄使流动摩擦因数 f 及压降相应增大。霍萨达（Hosada）等人的试验表明，冲缝形翅片比波形套片的表面传热系数可高出 60%，对于图 4-27 形式的冲缝形翅片可以用下列关联式计算其表面传热系数

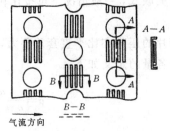

图 4-27 冲缝形翅片

$$\alpha = 0.479 Re_d^{-0.644} F_a \qquad (4-18)$$

$$F_a = 1 + 1.093 \times 10^3 \left(\frac{\delta_f}{\delta_a} \right)^{1.24} \phi_s^{0.944} Re_d^{-0.58} + 1.097 \left(\frac{\delta_f}{\delta_a} \right)^{2.09} \phi_s^{2.26} Re_d^{0.88} \qquad (4-19)$$

式中 α——表面传热系数；

      Re_d——以管外径为特征尺度的雷诺数；

      F_a——由式（4-19）计算的无量纲数。

      δ_f——肋片厚度，单位为 mm；

      δ_a——肋片净间距，单位为 mm；

      ϕ_s——套片上被增强部分的面积（图 4-27 中有凸出带条的面积）与总的套片面积之比。

4.3.2 湿式热交换

（1）表面凝露时的热交换　当湿空气流过表面式蒸发器时，如翅片表面温度低于空气的露点温度，空气中含有的水蒸气将在翅片表面上凝结，析出的水分依附在翅片表面上，这就是一般所谓的凝露。降湿机、空调器和直冷式冰箱冷藏室的蒸发器都可能在凝露工况下运行。

凝露对换热的影响主要表现在三方面。首先，流经蒸发器的空气与翅片表面上凝结水膜间的表面传热系数将增大，这是由于水膜表面不像翅片表面那样光滑，表面粗糙度的增大将使表面传热系数增大；其次，除空气与翅片间的对流换热外，同时发生空气中水蒸气的凝结，是一个同时发生传热传质的过程。上述二方面的影响使凝露时的总传热系数比干工况时高出 30%～50%；最后，湿工况时的翅片效率明显下降，最大可下降 30%。由于表面传热系数与翅片效率起着相反的作用，因而总传热系数比干工况时只增加 10% 左右。

凝露时由于析出的水分依附在翅片表面上，使空气流过蒸发器的阻力大为增加，在保持风机功率不变的条件下，空气阻力的增加使湿工况下的风量明显低于干工况下的风量。表 4-4 是 11 种国产风机盘管机组在干、湿工况下风量的变化，由表 4-4 可见，风量最多时可下降 25%。空气流量的减小又会使表面传热系数下降。当保持风量不变，则湿工况下的阻力明显高于干工况。表 4-5 为 5 种国产表冷器在迎面风速均保持在 2.5m/s 时干、湿工况下阻力的变化。由表 4-5 可见，最多时阻力可增加 106%。为了解决这一问题，国内外已研制成功亲水膜表面处理技术，在翅片表面上涂复亲水性的涂层，包括特殊的树脂漆，合成硅石和一些表面活性添加剂。涂覆的方法是对整个翅片管束进行整体浸涂。这些涂覆层的作用是尽可能减小水和翅片表面的润湿角，使冷凝水膜极易从翅片表面流下。与不涂覆的翅片比较，经涂覆处理后的翅片表面，其湿工况时的阻力可减小 40%。

表 4-4　国产 11 种 EP-6.3 风机盘管机组在干、湿工况下的风量测定值

额定风量 m³/h	实测额定风量 m³/h	实测制冷工况风量 m³/h	额定风量 m³/h	实测额定风量 m³/h	实测制冷工况风量 m³/h
630	585	494	630	614	505
630	639	550	630	706	595
630	646	551	630	567	450
630	599	549	630	711	629
630	677	573	630	676	632
630	584	465			

表 4-5　5 种国产表冷器在干工况和标准工况下的空气阻力

型　号	片　型	片间距/mm	干工况下空气阻力/Pa	湿工况下空气阻力/Pa
CR	条缝	3.5	80.4	114.6
TL Ⅱ	条缝	2.4	149.6	270.0
TTLB	波纹	2.67	72.6	149.4
TTLB	波纹	3.0	68.6	135.3
TTLB	波纹	3.2	55.9	112.8

注：迎风面速度 2.5m/s。

（2）表面结霜时的换热　当蒸发器表面的温度低于水的凝固点时，从湿空气中析出的凝结水还会凝固在表面上形成霜层，表面结霜后总体来说使蒸发器的性能恶化，引起恶化的主要原因是：①由于霜的热导率比较小，即使霜层厚度不大，也会在翅片外表面附加一个较大的霜层热阻；②结霜后使翅片间的空气通流截面变窄，在风机功率一定的情况下，由于阻力增大，风量减小，使空气与霜层表面间的对流换热减弱。

事实上，表面结霜是一个随时间变化的非稳态过程，仔细观察可以发现有下列特点：

1）当霜在翅片表面形成的初始阶段，霜层薄，热阻小。另一方面，与翅片表面相比霜层表面的粗糙度增大，使得空气与霜层表面间的表面传热增强，故总体来说表面传热系数反而增大，但是这种状态持续的时间很短，只有几分钟。对平直套片的研究表明，表面传热系数可能增大 35%～50%，之后由于霜层热阻增大，风量减小等因素使总传热系数减小，霜层热阻大致在 0.023～0.058〔(m²·k)/W〕之间。

2）霜层厚度是不均匀的。接近迎风面 200～300mm 范围内结霜严重。因而采用等翅片间距是不经济的。试验表明，沿空气流动方向采用变翅片间距的方法（沿深度方向翅片间距分段减小）可使传热性能平均提高 30%。例如迎风面前两排的间距用 8.5mm 或 12.7mm 后面各排用 4.2mm 或 6.4mm。

3）在结霜工况下采用较大的翅片间距对传热更有利，常用的翅片间距在 7～15mm 之间。

4）在结霜的初始阶段，翅片效率随霜层增厚而增大，这是由于结霜使翅片表面温度分布趋于均匀的缘故。之后翅片效率趋于常量。

对于翅片管式空冷器，霜层厚度随时间的变化可由下式估算

$$\delta = 1.14(\rho w_{max})^{0.1}\varphi^3 C_t^{-3}\tau^{0.5} \tag{4-20}$$

式中　ρw_{max}——最窄截面中的质量流速，单位为 kg/(m²·s)；

　　　φ——空气的相对湿度；

　　　C_t——温度系数，$C_t = 0.94～0.97$；

　　　τ——结霜时间，单位为 h。

关于无霜表面的研究正在日益受到重视，所谓无霜表面是指利用特殊的表面涂层使霜层不易在肋片表面上形成，或者使用一种特殊形状的翅片，霜层在翅片表面沉积后，只要在表面上融霜，整个霜层即会从表面迅速脱落。

5 冷却空气的蒸发器设计与计算举例

例题 4-2 试设计一台表面式空气冷却器的蒸发器。进口空气的干球温度 $t_{a1}=27℃$，湿球温度 $t_{s1}=19.5℃$；管内 R134a 的蒸发温度 $t_0=5℃$，当地大气压力 $p_B=101.32kPa$；要求出口空气的干球温度 $t_{a2}=17.5℃$，湿球温度 $t_{s2}=14.6℃$，蒸发器的制冷量 $Q_0=11600W$，压缩机的润滑油用聚酯油。

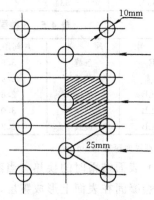

图 4-28 计算单元

（1）选定蒸发器的结构参数 选用 $\phi 10mm \times 0.7mm$ 的紫铜管，翅片选用 $\delta_f=0.2mm$ 的铝套片，翅片间距 $s_f=2.2mm$。管束按正三角形叉排排列，垂直于流动方向管间距 $S_1=25mm$，沿流动方向管排数 $n_L=4$，迎面风速 $w_f=2.5m/s$

（2）计算几何参数 翅片为平直套片，考虑套片后的管外径为

$$d_b=D_o+2\delta_f=(10+2\times0.2)mm=10.4mm$$

以图 4-28 示出的计算单元为基准进行计算，沿气流流动方向的管间距为

$$s_2=s_1\cos30°=25\times0.866mm=21.65mm$$

沿气流方向套片的长度

$$L=4s_2=4\times21.65mm=86.6mm$$

每米管长翅片的外表面积

$$a_f=2\left(s_1 \cdot s_2-\frac{\pi}{4}d_b^2\right)\times\frac{1000}{s_f}=$$
$$2\left[25\times21.65-\frac{3.1416}{4}(10.4)^2\right]\times\frac{1000}{2.2}m^2/m=$$
$$0.4148m^2/m$$

每米管长翅片间的管子表面积

$$a_b=\pi d_b(S_f-\delta_f)\times\frac{1000}{S_f}=$$
$$3.1416\times10.4(2.2-0.2)\times\frac{1000}{2.2}m^2/m=$$
$$0.0297m^2/m$$

每米管长的总外表面积

$$a_{of}=a_f+a_b=(0.4148+0.0297)m^2/m=0.4445m^2/m$$

每米管长的外表面积

$$a_{bo}=\pi d_b\times1=\pi(0.0104)\times1m^2/m=0.03267m^2/m$$

每米管长的内表面积

$$a_i = \pi d_i \times 1 = \pi(0.0086) \times 1 \text{m}^2/\text{m} = 0.02702 \text{m}^2/\text{m}$$

每米管长平均直径处的表面积

$$a_m = \pi d_m \times 1 = \pi\left(\frac{0.0104 + 0.0086}{2}\right) \times 1 \text{m}^2/\text{m} = 0.029845 \text{m}^2/\text{m}$$

由以上计算可得

$$a_{of}/a_{bo} = 0.4445/0.03267 = 13.606$$

（3）计算空气侧干表面传热系数

1）空气的物性

空气的平均温度为

$$t_f = \frac{t_{a1} + t_{a2}}{2} = \frac{27 + 17.5}{2} \text{ ℃} = 22\text{℃}$$

空气在22℃下的物性为

$$\rho_f = 1.1966 \text{kg/m}^3$$

$$c_{pf} = 1005 \text{kJ/(kg} \cdot \text{k)}$$

$$P_{rf} = 0.7026$$

$$\nu_f = 15.88 \times 10^{-6} \text{m/s}$$

2）最窄截面处空气流速

$$w_{max} = w_f \frac{S_1}{(S_1 - d_b)} \frac{S_f}{(S_f - \delta_f)} = 2.5 \frac{25}{(25 - 10.4)} \times \frac{2.2}{(2.2 - 0.2)} \text{m/s} = 4.7 \text{m/s}$$

3）干表面传热系数

干表面传热系数可用式（4-8）计算

$$\alpha_4 = 0.0014 + 0.2618\left(\frac{w_{max} d_o}{\nu_f}\right)^{-0.4}\left(\frac{a_{of}}{a_{bo}}\right)^{-0.15} =$$

$$0.0014 + 0.2618\left(\frac{4.7 \times 0.0104}{15.88 \times 10^{-6}}\right)^{-0.4} \times (13.606)^{-0.15} =$$

$$0.00852$$

$$\alpha_o = \frac{\alpha_4 \rho_f w_{max} c_{pf}}{(Pr_f)^{2/3}} = \frac{0.00852 \times 1.1966 \times 4.7 \times 1005}{(0.7026)^{0.667}} \text{W/(m}^2 \cdot \text{k)} = 60.94 \text{W/(m}^2 \cdot \text{k)}$$

（4）确定空气在蒸发器内的状态变化过程　根据给定的空气进出口温度由湿空气的 h-d 图（图4-29）可得 $h_1 = 55.6 \text{kJ/kg}$，$h_2 = 40.7 \text{kJ/kg}$，$d_1 = 11.1 \text{g/kg}$，$d_2 = 9.2 \text{g/kg}$。

在图4-29上连接空气的进出口状态点1和点2，并延长与饱和空气线（$\varphi = 1.0$）相交于 w 点，该点的参数是 $h_w'' = 29.5 \text{J/kg}$，$t_w = 9\text{℃}$，$d_w'' = 7.13 \text{g/kg}$。

在蒸发器中空气的平均比焓为

$$h_m = h_w'' + \frac{h_1 - h_2}{\ln\dfrac{h_1 - h_w''}{h_2 - h_w''}} = \left\{29.5 + \frac{55.6 - 40.7}{\ln\dfrac{55.6 - 29.5}{40.7 - 29.5}}\right\} \text{kJ/kg} = 47.1 \text{kJ/kg}$$

在 h-d 图上按过程线与 $h_m = 47.1\text{kJ/kg}$ 线的交点读得 $t_m = 21.4℃$，$d_m = 10\text{g/kg}$。析湿系数可由下式确定

$$\zeta = 1 + 2.46\frac{d_m - d_w''}{t_m - t_w} =$$

$$1 + 2.46\frac{(10 - 7.13)}{(21.4 - 9)} = 1.57$$

（5）循环空气量的计算

$$q_{m,\text{da}} = \frac{Q_0}{h_1 - h_2} = \frac{11.6 \times 3600}{55.6 - 40.7}\text{kg/h} =$$

$$2802\text{kg/h}$$

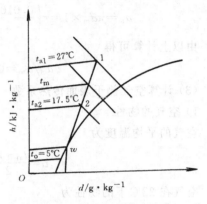

图 4-29　湿空气的状态变化

进口状态下干空气的比体积可由下式确定

$$v_1 = \frac{R_a T_1(1 + 0.0016d_1)}{p_B} = \frac{287.4 \times (273 + 27)(1 + 0.0016 \times 11.1)}{101320}\text{m}^3/\text{kg} =$$

$$0.866\text{m}^3/\text{kg}$$

故循环空气的体积流量为

$$q_{v,a} = q_{m,\text{da}} v_1 = 2802 \times 0.866\text{m}^3/\text{h} = 2427\text{m}^3/\text{h}$$

（6）空气侧当量表面传热系数的计算

当量表面传热系数

$$\alpha_j = \zeta\alpha_o\left(\frac{\eta_f a_f + a_b}{a_f + a_b}\right)$$

对于正三角形叉排排列的平直套片管束，翅片效率 η_f 可由式（4-13）计算，叉排时翅片可视为六角形，且此时翅片的长对边距离和短对边距离之比 $\frac{A}{B} = 1$，且 $\rho_m = \frac{B}{d_b} = \frac{25}{10.4}$，故

$$\rho' = 1.27\rho_m\sqrt{\frac{A}{B} - 1} = 1.27\frac{25}{10.4}\sqrt{1 - 0.3} = 2.554$$

肋片折合高度为

$$h' = \frac{d_b}{2}(\rho' - 1)(1 + 0.35\ln\rho') =$$

$$\frac{10.4}{2}(2.554 - 1) \times (1 + 0.35\ln2.554)\text{mm} = 10.733\text{mm}$$

$$m = \sqrt{\frac{2\alpha_o\zeta}{\lambda_f\delta_f}} = \sqrt{\frac{2 \times 60.94 \times 1.57}{237 \times 0.2 \times 10^{-3}}}1/\text{m} = 63.54\ 1/\text{m}$$

故在凝露工况下的翅片效率为

$$\eta_f = \frac{\text{th}(mh')}{mh'} = \frac{\text{th}(63.54 \times 0.01073)}{63.54 \times 0.01073} = \frac{0.593}{0.682} = 0.8795$$

当量表面传热系数为

$$\alpha_j = 1.57 \times 60.94 \times \left(\frac{0.8795 \times 0.4148 + 0.0297}{0.4445}\right)\text{W/(m}^2 \cdot \text{K)} =$$

$$84.02\text{W/(m}^2 \cdot \text{K)}$$

（7）管内 R134a 蒸发时表面传热系数的计算

R134a 在 $t_0=5℃$ 时的物性为：

饱和液体比定压热容　$c_{pl}=1.36kJ/(kg·K)$

饱和蒸气比定压热容　$c_{pg}=0.91kJ/(kg·K)$

饱和液体密度　$\rho_l=1388kg/m^3$

饱和蒸气密度　$\rho_g=16.67kg/m^3$

气化热　$r=194kJ/kg$

饱和压力　$p_s=0.3MPa$

表面张力　$\sigma=10\times10^{-3}N/m$

液体粘度　$\mu_l=250\times10^{-6}Pa·s$

蒸气粘度　$\mu_g=11.4\times10^{-6}Pa·s$

液体热导率　$\lambda_l=93\times10^{-3}W/(m·K)$

蒸气热导率　$\lambda_g=12.5\times10^{-3}W/(m·K)$

液体普朗特数　$Pr_l=3.8$

蒸气普朗特数　$Pr_g=0.8$

R134a 在管内蒸发的表面传热系数可由式（4-5）计算。已知 R134a 进入蒸发器时的干度 $x_1=0.16$，出口干度 $x_2=1.0$，则 R134a 的总质量流量为

$$q_m=\frac{Q_0\times3600}{r(x_2-x_1)}=\frac{11.6\times3600}{194\times(1.0-0.16)}kg/h=256.3kg/h$$

作为迭代计算的初值，取 $q_i=12000W/m^2$，考虑到 R134a 的阻力比相同条件下 R12 要大，故取 R134a 在管内的质量流速 $q_i'=100kg/(m^2·s)$。则总流通截面为

$$A=\frac{q_m}{q_i'\times3600}=\frac{256.3}{100\times3600}m^2=7.1194\times10^{-4}m^2$$

每根管子的有效流通截面

$$A_i=\frac{\pi d_i^2}{4}=\frac{3.1416(0.0086)^2}{4}m^2=5.8\times10^{-5}m^2$$

蒸发器的分路数

$$Z=\frac{A}{A_i}=\frac{7.1194\times10^{-4}}{5.8\times10^{-5}}=12.27$$

取 $Z=12$，则每一分路中 R134a 的质量流量为

$$q_{m,d}=\frac{q_m}{Z}=\frac{256.3}{12}kg/h=21.358kg/h$$

每一分路中 R134a 在管内的实际质量流速

$$g_i=\frac{g_m}{3600\times A_i}=\frac{21.358}{3600\times5.8\times10^{-5}}kg/(m^2·s)=102.29kg/(m^2·s)$$

于是

$$B_0=\frac{q_i}{g_i r}=\frac{12}{100\times194}=6.185\times10^{-4}$$

$$C_0 = \left(\frac{1-\overline{x}}{\overline{x}}\right)^{0.8}\left(\frac{\rho_g}{\rho_l}\right)^{0.5} = \left[\frac{1-\dfrac{x_1+x_2}{2}}{\dfrac{x_1+x_2}{2}}\right]^{0.8}\left(\frac{\rho_g}{\rho_l}\right)^{0.5} =$$

$$\left(\frac{1-0.58}{0.58}\right)^{0.8}\left(\frac{16.67}{1388}\right)^{0.5} = 0.08465$$

$$Fr_l = \frac{g_i^2}{\rho_l^2 g\, d_i} = \frac{(102.29)^2}{(1388)^2 \times (9.8) \times (0.0086)} = 0.06444$$

$$Re_l = \frac{g_i(1-\overline{x})d_i}{\mu_l} = \frac{(102.29)(1-0.58)(0.0086)}{250 \times 10^{-6}} = 1477.9$$

$$\alpha_l = 0.023(Re_l)^{0.8}(Pr_l)^{0.4}\frac{\lambda_l}{d_i} = 0.023(1477.9)^{0.8}(3.8)^{0.4} \times \frac{0.0933}{0.0086} = 145.66$$

$$\alpha_i = \alpha_l\left[C_1(C_0)^{C_2} + C_3(B_0)^{C_4} F_{fl}\right] =$$

$$145.66\{(1.1360)(0.08465)^{-0.9}(25 \times 0.06444)^{0.3} +$$

$$(667.2)(6.185 \times 10^{-4})^{0.7} \times 1.65\} W/(m^2 \cdot K) =$$

$$145.66 \times 18.343 W/(m^2 \cdot K) = 2671.86 W/(m^2 \cdot K)$$

（8）传热温差的初步计算

暂先不计 R134a 的阻力对蒸发温度的影响，则有

$$\theta_m' = \frac{t_{a1}-t_{a2}}{\ln\dfrac{t_{a1}-t_0}{t_{a2}-t_0}} = \frac{27.0-17.5}{\ln\dfrac{27.0-5.0}{17.5-5.0}}\ ℃ = 16.8\ ℃$$

（9）传热系数的计算

$$K_o = \frac{1}{\dfrac{a_t}{a_i a_i} + r_w + r_s + \dfrac{a_t}{a_m}r_t + \dfrac{1}{a_j}}$$

由于 R134a 与聚酯油能互溶，故管内污垢热阻可忽略，据文献介绍翅片侧污垢热阻，管壁导热热阻及翅片与管壁间接触热阻之和 $(r_w + r_s + \dfrac{a_t}{a_m}r_t)$ 可取为 $4.8 \times 10^{-3}(m^2 \cdot K)/W$，故

$$K_o = \frac{1}{\dfrac{0.4445}{0.02639 \times 2671.86} + 0.0048 + \dfrac{1}{84.02}} W/(m^2 \cdot K) = 43.47 W/(m^2 \cdot K)$$

（10）核算假设的 q_i 值

$$q_o = K_o\theta_m' = 43.47 \times 16.8 W/m^2 = 730.25 W/m^2$$

$$q_i = \frac{a_t}{a_i}q_o = \frac{0.4445}{0.02639} \times 730.25 W/m^2 = 12299.9 W/m^2$$

计算表明，假设的 q_i 初值 12000W/m² 与核算值 12299.9W/m² 较接近，偏差小于 2.5%，故假设有效。

（11）蒸发器结构尺寸的确定

蒸发器所需的表面传热面积

$$A'_i = \frac{Q_0}{q_i} = \frac{11600}{12000}\text{m}^2 = 0.97\text{m}^2$$

$$A'_o = \frac{Q_0}{q_o} = \frac{11600}{730.25}\text{m}^2 = 15.88\text{m}^2$$

蒸发器所需传热管总长

$$l'_t = \frac{A_o}{a_t} = \frac{15.88}{0.4445}\text{m} = 35.74\text{m}$$

迎风面积

$$A_f = \frac{q_{v,a}}{w_f} = \frac{2427}{2.5 \times 3600}\text{m}^2 = 0.2697\text{m}^2$$

取蒸发器宽 $B = 900\text{mm}$，高 $H = 300\text{mm}$，则实际迎风面积 $A_f = 0.9 \times 0.3\text{m}^2 = 0.27\text{m}^2$

已选定垂直于气流方向的管间距为 $s_1 = 25\text{mm}$，故垂直于气流方向的每排管子数为

$$n_1 = \frac{H}{s_1} = \frac{300}{25} = 12$$

深度方向（沿气流流动方向）为 4 排，共布置 48 根传热管，传热管的实际总长度为

$$l_t = 0.9 \times 12 \times 4\text{m} = 43.2\text{m}$$

传热管的实际内表面传热面积为

$$A_i = 12 \times 4 \times \pi d_i \times 0.9 = 48 \times 3.1416 \times 0.0086 \times 0.9\text{m}^2 = 1.167\text{m}^2$$

又

$$\frac{A_i}{A'_i} = \frac{1.167}{1.0545} = 1.1068$$

$$\frac{l_t}{l'_t} = \frac{43.2}{35.74} = 1.209$$

说明计算约有 21% 的裕度。上面的计算没有考虑制冷剂蒸气出口过热度的影响，当蒸气在管内被过热时，过热段的局部表面传热系数很低，即使过热温度不高，如 3~5℃，过热所需增加的换热面积仍可高达 10%~20%。

值得注意的是尽管按图 4-26 所示"计算单元"算出的传热管总内表面积与上面计算出的实际内表面传热面积相同，如

$$A_i = 12 \times 4 \times 0.9 \times a_i = 12 \times 4 \times 0.9 \times 0.02702\text{m}^2 = 1.167\text{m}^2$$

但是按"计算单元"计算出的总外表面积却与蒸发器的实际总外表面积不同。就以本例题来看，蒸发器的实际总外表面积可方便地按下列步骤算出：

48 根 0.9m 长的管，其翅片间的管子表面积

$$48 \times 3.1416 \times 0.0104 \times \left(0.9 - \frac{900}{2.2} \times 0.0002\right)\text{m}^2 = 1.283\text{m}^2$$

每一片翅片（宽 325mm，深 86.6mm）的总外表面积

$$2 \times \left[(0.325 \times 0.0866) - 48 \times \frac{3.1416 \times 0.01^2}{4}\right]\text{m}^2 = 0.04875\text{m}^2$$

409 片翅片（0.9m 长管子上的翅片数）的总外表面积

$$409 \times 0.04875\text{m}^2 = 19.939\text{m}^2$$

48 根 0.9m 长套片管的总外表面积

$$19.939 + 1.283\text{m}^2 = 21.222\text{m}^2$$

而根据"计算单元"计算的总外表面积只有

$$f_t l_t = 0.4445 \times 43.2 \text{m}^2 = 19.202 \text{m}^2$$

计算表明,按计算单元"算出的总外表面积比蒸发器实际总外表面积及按国标"房间空气调节器用热交换器(送审稿)"推荐的计算方法(见本章第七节),算出的总外表面积均稍偏低,以本例题为例,三种计算方法计算出的结果示出于表 4-6。

表 4-6   不同方法计算出的总外表面积

计 算 方 法	计 算 值	与实际值的偏差/(%)
按"计算单元"计算	19.202m²	-9.5
按实际蒸发器计算	21.222m²	0.0
按国标送审稿推荐的方法计算	21.301m²	+0.37

偏差的原因是,实际蒸发器有时并不一定能严格按"计算单元"划分,而且实际存在的"计算单元"的数量也常大于理论上的"计算单元"的数量,但是在进行几何参数计算时,由于蒸发器尚在设计中,无法精确知道"计算单元"的数目,只能先按单个"计算单元"作概算,待蒸发器设计好后再作核算,就本例题来说总表面积的裕度已近 20%。

(12) R134a 的流动阻力及其对传热温差的影响

乌越邦和等的试验表明,在其它条件相同的情况下,R134a 在管内的流动阻力比 R12 要高出 10%。R12 在管内蒸发时的流动阻力可按下式计算

$$\Delta p_{R12} = 5.986 \times 10^{-5} \times (q_i g_i)^{0.91} \times l/d_i =$$

$$5.986 \times 10^{-5} \times (12000 \times 102.29)^{0.91} \times \frac{0.9 \times 4}{0.0086} \text{kPa} =$$

$$8.71 \text{kPa}$$

故

$$\Delta p_{R134a} = \Delta p_{R12} \times 1.1 = 9.58 \text{kPa}$$

由于在蒸发温度 5℃时 R134a 的饱和压力为 300kPa,故流动阻力损失仅占饱和压力的 3%,因此流动阻力引起蒸发温度的变化可忽略不计。

(13) 空气侧的阻力计算

空气侧的阻力计算可按式(4-10~式 4-12)进行,首先计算 Δp_t

$$\frac{A_t}{A_{c,t}} = \frac{\pi D_o 1000}{(25-10)1000} = \frac{3.1416 \times 10 \times 1000}{15 \times 1000} = 2.1$$

f_t 由图 4-21 确定,$Re_d = \frac{w_{max} D_o}{\nu_f} = \frac{4.7 \times 0.010}{15.88 \times 10^{-6}} = 2960$,$\frac{P_T}{P_L} = \frac{S_1/D_o}{S_2/D_o} = \frac{S_1}{S_2} = \frac{25}{21.65} = 1.155$,$X \doteq 1.0$,$P_T = \frac{s_1}{D_o} = \frac{25}{10} = 2.5$ 由 P_T 及 Re_d 查得 $f_{tz} \approx 0.4$,于是

$$f_t = f_{tz} N \times \frac{A_{c,t}}{A_t} = 0.4 \times 4 \times 1 \times \frac{1}{2.1} = 0.762$$

又

$$f_f = 0.508 Re_d^{-0.521} \left(\frac{s_1}{D_o}\right)^{1.318} = 0.508(2960)^{-0.521} \left(\frac{25}{10}\right)^{1.318} = 0.0264$$

$$\Delta p_f = f_t \frac{A_t}{A_{c,t}} \frac{w_{max}^2}{2\rho_f} = 0.762 \times 2.1 \times \frac{(4.7)^2}{2 \times 1.1966} \text{Pa} = 14.77 \text{Pa}$$

$$\Delta p_{\mathrm{t}}=f_{\mathrm{t}}\frac{A_{\mathrm{f}}}{A_{\mathrm{c}}}\frac{w_{\max}^{2}}{2\rho_{\mathrm{t}}}=0.0264\times\frac{0.4148/1.1966}{(25-10.4)(2.2-0.2)\times409\times10^{-6}}\times\frac{4.7^{2}}{2}\mathrm{Pa}=8.461\mathrm{Pa}$$

所以 $\Delta p=\Delta p_{f}+\Delta p_{t}=14.77+8.461\mathrm{Pa}=23.23\mathrm{Pa}$

在凝露工况下由于凝结水滞留在翅片表面上形成一薄层水膜,故使在同样风速下空气阻力增大。在凝露工况下的阻力应在上面干工况下的阻力 Δp 基础上乘以修正系数 ψ,即

$$\Delta p_{w}=\Delta p\cdot\psi$$

ψ 的值与析湿系数 ζ 有关,可由下表查取:

$1/\zeta$	1.0	0.9	0.8	0.7	0.6
ψ	1.0	1.05	1.10	1.18	1.28

所以 $\Delta p_{w}=23.23\times1.23\mathrm{Pa}=28.57\mathrm{Pa}$

6 小型制冷装置用蒸发器的参数选择及技术要求

本节主要阐述我国国家标准 GB 和机械行业标准 JB 及轻工业部标准 QB 中对小型制冷装置用蒸发器的热工参数的规定及技术要求。除特殊情况外,设计时应满足这些规定和要求。

6.1 房间空调器用蒸发器

房间空调器用蒸发器的结构型式为整体肋片管束式,如图 4-30 所示。这类蒸发器的型号命名方法见图 4-31,例如,ZF7.4 即表示一台外表面换热面积为 7.4m²,其肋片型式为冲缝形翅片的蒸发器。

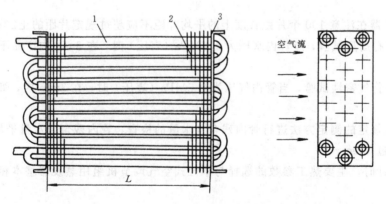

图 4-30 房间空调器用蒸发器的结构型式
1—传热管 2—肋片 3—侧板

此类蒸发器的基本结构参数应满足表 4-7 的规定。表 4-7 仅对铜管铝片的情况作了规定,对于其它材质情况目前标准中尚未作出规定。值得注意的是表 4-7 中的传热管是光管,近年来强化管内沸腾的微细内肋管已日益被采用。$\phi9.52\mathrm{mm}$ 的微细内肋管被用于家用空调机的冷凝器和蒸发器中的高效传热管,用它代替光管可使换热器获得结构紧凑。整机重量减轻以及成本降低的综合效果。关于微细内肋管的结构参数在本章 2 节中已有介绍,这里不再赘言。

136

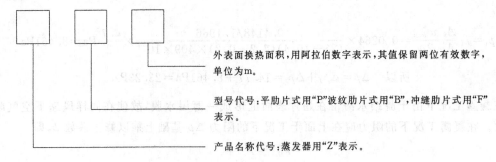

外表面换热面积,用阿拉伯数字表示,其值保留两位有效数字,单位为m。

型号代号:平肋片式用"P"波纹肋片式用"B",冲缝肋片式用"F"表示。

产品名称代号:蒸发器用"Z"表示。

图4-31 房间空调器用蒸发器的型号命名

表 4-7 房间空调器用蒸发器的基本结构参数 （单位为 m）

传热管（铜）[2]		肋片（铝）[2]	
外径[1]	壁厚	厚度	片距
≤ϕ10	≤0.50	≤0.20	≤2.5

① 指原材料的外径；

② 对于其它材料的传热管、肋片的限值暂不定。

房间空调器用蒸发器的主要技术条件介绍如下,更详细的可参阅我国轻工业部"房间空气调节器用热交换器"标准编制组于 1992 年 8 月提交的房间空气调节器用热交换器"（送审稿）。

1）热交换器端部肋片重叠数量不应超过 3 片,烧伤数量不应超过 4 片,肋片松动数量不应超过 3 片。

2）热交换器弯头及传热管弯曲部分应无明显皱折,热交换器肋片孔的翻边应无明显开裂。

3）热交换器在注意 100 个片距长度上的平均片距不应超过规定片距的±2%。

4）必须进行耐压试验,当管内水压为 4.0MPa（表压）时,在 3min 内产品不得产生宏观变形和泄漏。

5）必须进行气密性试验,当管内气压为 2.5MPa（表压）时,在 3min 内,管束不允许有气泡溢出。

6）按标准规定的测定方法进行管内残余含水量的检查,管内残余含水量平均每 m² 管内表面积不得超过 120mg。

作热力设计时,主要热工参数的选择与单元式空气调节机组用蒸发器基本相同,这里不再介绍。

6.2 单元式空气调节机组用蒸发器

单元式空气调节机组是指自带冷、热源的空气调节机（器）,故房间空调器是单元式空气调节机组的一种。目前前者归口于机械行业,后者归口于轻工总会。

单元式空气调节机组用蒸发器的结构形式也为整体肋片管束式。管内制冷剂直接蒸发,管外空气强制对流,蒸发器的型号表示方法见图 4-32,例如,外表蒸发面积为 40m²,标记为 ZF-40。此类蒸发器的肋片采用大套片,管孔有翻边。管束为 U 型管并在一端镶接与 U 形管外径相同的短弯头管组成;采用直管时,两端镶接与直接外径相同的短弯头管。肋片按规定的片距套入管束,用胀管法使肋片和管束紧密结合。

蒸发器：

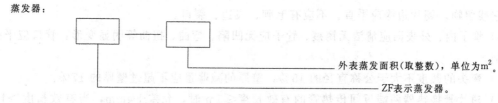

外表蒸发面积（取整数），单位为m²。

ZF表示蒸发器。

图4-32　单元式空调器用蒸发器的型号命名

单元式空气调节机组用蒸发器的结构参数见表4-8。对于传热管国内外都采用T₂紫铜管，管子尺寸多数采用ϕ10mm×0.5mm，ϕ12mm×0.7mm，ϕ16mm×0.7mm三种，从80年代开始，各行业厂纷纷引进了美国OAK套片设备及日本松下公司的套片设备，管子均向薄壁化方向发展，管距及排距有的都改为25.4mm×25.4mm（英制1in×1in），铜管外径为3/8in（9.52mm），壁厚0.35mm。美国套片设备的管子排列方式为等腰三角形，而日本引进的套片设备为等边三角形。在片距方面，OAK设备为144翅片/in（1.18mm片距）及168翅片/in（2.1mm片距）。另外，单元式空调机涵义比立柜空调机广，故将片距上限放宽到3.5mm。在片厚方面，OAK设备的片厚为0.13mm，个别达到0.11mm，鉴于上述情况，表4-7对蒸发器的结构参数只规定了一个范围。

表4-8　单元式空调器用蒸发器的基本结构参数

项目	管　子				翅　片			排数 n
	材料	外径 D_0	壁厚 δ_0	管距 s	排列方式	材料	片厚 δ	节距 e	
		mm					*mm*		
参数	紫铜	7～16	0.30～1	20～38	等边或等腰三角形	铝	0.10～0.30	1.3～3.5	1～6

对于管排数，一般以3～6排为宜，少数的有1排，由于传热温差的变化，沿流动方向各排的热负荷逐排减小。故单元式空调机用蒸发器的管排数通常以3～4排为宜。当制冷量较大的情况下，考虑到空调器的外形尺寸不宜过大和翅片管加工问题（不宜太长）可选用6排。当选用排数较多时，可适当提高迎面风速，以增强后面几排的传热，但是管束的阻力亦将随之增大。

对此类蒸发器作热力设计时，各主要热工参数的选择可参阅表4-9。表4-9是我国机械行业标准"氟利昂制冷装置用翅片式换热器"（报批稿）中规定的用以考核蒸发器名义制冷工况的热工参数。当管内制冷剂为R22时，蒸发器的以外表面积为基准的传热系数应不小于40W/(m²·K)。需要注意的是，表4-9中的过热度为蒸发器（集管）出口温度与蒸发温度之差。

表4-9　考核蒸发器名义制冷工况的热工参数

进风参数		蒸发温度 t_0/℃	出口过热度 Δt/℃	迎面风速 m/s
干球温度 t_1/℃	湿球温度 t_{s1}/℃			
27	29.5	5		2.5

单元式空调机用蒸发器的技术条件根据上述机械行业标准（报批稿）择要摘录于下。

1）传热管为铜管外套铝片，胀管时翅片冲孔为"L"形或"L"形延伸翻边，翻边处不应破裂。

2）翅片和管子接触应紧固，机械胀管时，胀管后内壁不应留有划痕。

3）蒸发器所用的黑色金属制件，表面应进行防锈蚀处理。

4）翅片表面不应有腐蚀、裂纹、明显刻痕及擦伤等缺陷，且表面应清洁、光亮，无油污及其它残留物。翅片边缘应平直，不应有毛刺、飞边、裂口。

5）管子内、外表面应清洁无锈痕、管子应无凹陷、弯曲、扭曲等明显变形，管口应平整无毛刺。

6）弯头的圆度不大于公称直径的 15%，壁厚的减薄量应不超过壁厚的 17%。

7）翅片管换热器两端板间传热管的有效长度≤1m 时，允差±4mm，当有效长度＞1m 时，允差±6mm。

8）蒸发器的迎风面，对角线长≤1m 时，两条对角线差值的允差为±5mm，当对角线长≥1m 时，允差为±10mm。

9）蒸发器制成后，应进行不低于 1.15 倍设计压力的气压试验。气压试验时，气体压力应缓慢上升，达到试验压力后，保压 10min，再降到设计压力进行检查，应无泄漏和异常变形。气压试验所用的气体应是干燥的洁净空气或干燥氮气。试验时气体温度应不低于 5℃。气压试验时应当用两个量程相同的并经过校正的压力表。压力表的量程应为试验压力的 1.5～2 倍，压力表刻度盘直径不小于 100mm，压力表精度应不低于 1.5 级。气压试验时务必有可靠的安全措施。

10）压力试验后应清除管内残余水汽，并经干燥处理，干燥处理后管内残余含水量平均每 m² 管内表面积不应超过 400mg。

11）按标准规定的方法进行清洁度检查，其杂质的含量每 m² 管内表面积不得超过 200mg。

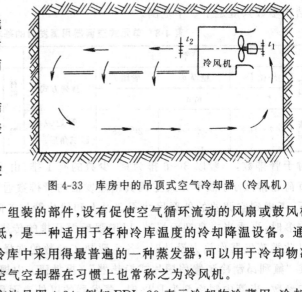

图 4-33　库房中的吊顶式空气冷却器（冷风机）

6.3　小型冷藏库用氟利昂吊顶式空气冷却器

吊顶式空气空却器是一种由工厂组装的部件，设有促使空气循环流动的风扇或鼓风机，当空气通过该部件时，使空气温度降低，是一种适用于各种冷库温度的冷却降温设备。通常吊装在库房的上方如图 4-33 所示，是冷库中采用得最普遍的一种蒸发器，可以用于冷却物冷藏、冻结物冷藏及速冻间冻结。吊顶式空气空却器在习惯上也常称之为冷风机。

吊顶式空气冷却器的型号表示方法见图 4-34，例如 FDL-20 表示冷却物冷藏用，冷却面积为 20m² 的吊顶式空气冷却器。

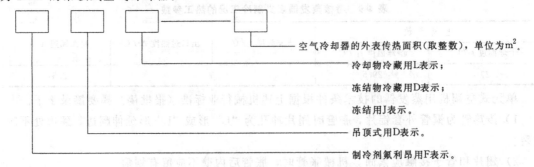

空气冷却器的外表传热面积（取整数），单位为 m²。

冷却物冷藏用 L 表示；

冻结物冷藏用 D 表示；

冻结用 J 表示。

吊顶式用 D 表示。

制冷剂氟利昂用 F 表示。

图 4-34　吊顶式空气冷却器的型号表示方法

吊顶式空气冷却器的结构型式也为整体肋片管束式，其结构参数选择可按表 4-10 的规定。

表 4-10　吊顶式空气冷却器的基本结构参数

项目	管　子					翅　片			排数	风机电动机设置
	材料	外径 d_0	壁厚 δ_0	管距 S	排列方式	材料	片厚 δ	节距 e		
		mm					mm			
参数	紫铜	$\phi 9 \sim \phi 18$	$0.5 \sim 1.5$	$25 \sim 52$	等边或等腰三角形	铝	$0.15 \sim 0.30$	$2 \sim 12$	$4 \sim 16$	压出式或吸入式

吊顶式空气冷却器的设计条件可按表 4-11 的规定执行。

设计吊顶式空气冷却器时各主要热工参数的选择可参阅表 4-12，这是我国机械行业标准"氟利昂制冷装置用吊顶式空气冷却器"（报批稿）中规定考核传热系数的热工参数。一般蒸发温度取比库温低 10℃。必要时也可以选定在 5 ～10℃之间。进出风温差受风量的影响较大，风量小进出风温差大，对食品干耗也大，反之，风量大进出风温差小，对食品干耗也小，但风量大使得电耗也大，设计时可根据不同食品冷冻工艺

表 4-11　吊顶式空气冷却器的设计条件

工　质	设计压力/MPa	设计温度/℃
R12	1.1	46
R22、R502	1.8	

要求来选定。表 4-13 示出在表 4-12 所列工况下，以外表面积为基准的传热系数的值。表中的传热系数是在迎面风速为 2.5m/s 下的值。当风速不同时可对传热系数进行修正见表 4-14。

表 4-12　考核吊顶式空气冷却器传热系数时的热工参数

项　目	单　位	冷却物冷藏间	冻结物冷藏间	冻结间
冷间温度	℃	-10	-18	-23
温差①			10	
进出风温差			2-4	
迎面风速	m/s		2.5	
相对湿度	%		85～95	
霜层厚度	mm		平均厚度约 1	

①：表中温差系指库温与蒸发温度之差。

表 4-13　以外表面积为基准的传热系数　　［单位为 W/（$m^2 \cdot$ K）］

制冷剂	供液方式	冷却物冷藏间	冻结物冷藏间	冻结间	备　注
R12	热力膨胀阀	$\geqslant 22$	$\geqslant 20$	$\geqslant 16$	风速每增减 1m/s，传热系数可增减 3W/（$m^2 \cdot$ K）
R22 R502	热力膨胀阀	$\geqslant 25$	$\geqslant 22$	$\geqslant 18$	

表 4-14　各种迎面风速的修正系数

迎面风速/（$m \cdot s^{-1}$）	1.5	2.0	2.5	3.0	3.5
修正系数	0.75	0.85	1.0	1.1	1.2

本章 1.4 节已经指出，在结霜条件下的翅片间距应考虑霜层厚度的影响，表 4-15 给出了不同库内温度（结霜情况）下翅片片距的推荐值，霜层厚度对传热系数有较大影响，这在本章 1.4 节中已有较详细的叙述，表 4-13 给出的传热系数是在霜层厚度为 1mm 时的值。

表 4-15　不同库内温度下翅片片距的推荐值

库内温度/℃	+5~+10	0~-10	-10~-20	-20~-25	-25~-30
翅片片距/mm	6.5	7.5	8.5	10.5	12.5

吊顶式空气冷却器的技术条件大部分与单元式空调器用蒸发器相同，下面仅就一些特殊要求作一说明：

1）空气冷却器应设置有效的融霜设施。在融霜过程中不应有水滴溅出空气冷却器外。

2）空气冷却器应设有适当深度的盛融霜水的集水盘，集水盘不应漏水，集水盘底部应有泄水管，并应能在融霜期间将全部融霜水排除。

3）空气冷却器风机的电动机应全部加以封闭或作其它适当封闭，以防受潮。采用的电动机应符合 GB755 要求。

4）空气冷却器的融霜电热管应符合 JB4088 的要求，电热管外壳应采用不锈钢材料。

5）集水盘应平整，其直线度，平面度在 1m 内应不超过 1mm。

6.4　电冰箱用蒸发器

目前还没有见到针对电冰箱用蒸发器的国家标准或行业标准，已有的标准如 GB8059.1—87《家用制冷器具　电冰箱（冷藏箱）》，GB8059.2—87《家用制冷器具　电冰箱（冷藏冷冻箱）》及 GB8059.3—87《家用制冷器具　冷冻箱》及轻工部标准 SG215—84 等均是对整台冰箱制订的，对于间冷式冰箱中的强制对流翅片管蒸发器，其计算方法与上述空调器用蒸发器大致相同，而直冷式电冰箱的蒸发器看似简单，但是精确计算却难度较大，涉及非稳态、三维、复杂形状封闭空腔、有离散冷源、蒸发器外侧对流与辐射耦合、蒸发器内、外侧换热的耦合、箱内食品种类与堆放方式等复杂因素，为此国内、外一些著名的公司对蒸发器的设计均与冰箱整机性能一起用计算机进行大规模动态数值计算。

对冰箱用蒸发器作手算时，下列热工参数可供参考：

1）室内环境温度 32℃，空气有轻微流动（在自然对流作用下引起的微风，风速为 0.1~0.15m/s）时，空气与冰箱外壁间的表面传热系数（包括辐射影响）约在 3.5~8.1W/（m² · K）之间，一般可取为 5.8W/（m² · K），如果空气有其它扰动源使风速稍增大，则传热系数可增大到 11.63W/（m² · K）。

2）在直冷式冰箱（冷藏室内有贮物时），由于自然对流引起箱内空气的流动很微弱，风速约为 0.11~0.12m/s，箱内空气与冰箱内壁间的传热系数约在 0.6~2.3W/（m² · K）之间，一般可取 1.8W/（m² · K）。

3）在间冷式冷箱内，由于风机使箱内空气作强制对流，风速约为 0.5~1.0m/s，箱内空气与冰箱内壁间的表面传热系数约在 17~23W/（m² · K）之间，一般可取 20W/（m² · K）。

4）对于一般电冰箱采用的板管式与铝复合板式蒸发器，蒸发器外表面与箱内空气间的表面传热系数在 11.6~14W/（m² · K）。

5）对于间冷式冰箱中采用的强制对流翅片管式蒸发器，其外表面与空气间的传热系数在 18~35W/（m² · K）之间。

6）在计算箱体的漏热时，冰箱内、外侧表面传热热阻占总热阻比较小，主要热阻集中在绝热层，即使在绝热层厚度最薄处，二侧表面传热所占的热阻也不超过 30%，而在绝热层最厚处（冷冻机背部）只占 10% 以下。

7）总体来看，冷冻室的表面传热系数大于冷藏室的表面传热系数，门及底部的传热系数较其它部位要小。

本文作者曾在冰箱标准试验室，用 80 对铜-康铜热电偶测试了直冷式冰箱各区域壁面温度的不均匀性及各温区的变化，同时还测量了冷冻室中部的空气温度及冷藏室上部、中部及下部的空气温度，得出了冷冻室和冷藏室各区域壁面的表面传热系数，见表 4-16 和表 4-17。

表 4-16　冰箱冷冻室各壁面表面传热系数　　［单位为 W/(m²·K)］

壁　面	环境温度/℃	×××A 型		×××B 型	
		外壁面	内壁面	外壁面	内壁面
侧　壁	16	10.93	9.24	11.87	10.40
	25	10.94	12.96	9.26	12.94
	32	12.26	6.69	10.05	17.91
	平均值	11.38	9.62	10.39	13.76
顶　壁	16	11.33	9.58	23.66	17.54
	25	18.24	10.69	16.63	14.80
	32	16.76	8.43	22.17	15.28
	平均值	15.44	9.57	20.82	15.87
背　壁	16	9.46	13.44	13.41	15.24
	25	10.07	15.51	9.96	33.30
	32	13.97	8.89	10.39	27.04
	平均值	11.17	12.61	11.25	25.18
门	16	11.23	3.32	9.40	2.40
	25	11.65	4.30	6.19	2.07
	32	8.59	5.22	5.34	2.20
	平均值	10.49	4.28	6.98	2.22
顶　壁	16	1.49	5.45	1.36	5.66
	25	0.87	6.16	1.31	7.08
	32	1.29	5.84	0.57	3.98
	平均值	1.22	5.82	1.08	4.18

表 4-17　冰箱冷藏室各壁面表面传热系数　　［单位为 W/(m²·K)］

壁　面	环境温度/℃	×××A 型		×××B 型	
		外壁面	内壁面	外壁面	内壁面
顶　壁	16	5.45	1.49	5.66	1.36
	25	6.16	0.87	7.08	1.31
	32	5.84	1.29	3.98	0.57
	平均值	5.82	1.22	4.18	1.08

（续）

壁　面	环境温度/℃	×××A 型		×××B 型	
		外壁面	内壁面	外壁面	内壁面
左侧壁	16	13.08	3.70	13.28	3.42
	25	11.96	6.17	12.45	5.80
	32	2.69	8.88	13.56	3.47
	平均值	9.24	6.25	13.10	4.23
右侧壁	16	13.08	3.70	10.95	3.90
	25	11.96	6.17	5.53	5.68
	32	2.69	8.88	11.88	6.06
	平均值	9.24	6.25	9.45	5.21
门	16	5.20	3.03	8.69	3.01
	25	4.55	8.35	5.11	3.16
	32	2.93	7.13	4.67	4.83
	平均值	4.23	6.17	6.16	3.67
背　壁	16	8.41	10.54	8.12	6.88
	25	11.54	7.43	16.44	7.21
	32	9.82	9.28	12.30	6.44
	平均值	9.92	9.08	12.29	6.84
底　壁	16	3.40	1.81	2.89	1.05
	25	3.03	0.87	6.41	1.15
	32	4.14	3.77	6.99	1.16
	平均值	3.52	2.16	5.43	1.12

7　蒸发器的试验

　　通过对蒸发器的试验可以对它们的性能做出正确的评价，并为改进它们的性能及制订合适的设计标准提供依据，国外都十分重视性能测试，例如美国供热、制冷、空调工程师学会（简称 ASHRAE）制订的 ASHRAE33—78"强制流动的空气冷却盘管与加热盘管的试验方法"，美国空调和制冷学会制订的 ANSI/ARI410—81"强制流动的空气冷却盘管和空气加热盘管的试验方法"，德国国家标准 DIN8964—85 第二部分"全封闭和半封闭压缩机制冷装置的循环系统部件要求"等，国内也制订了适合我国国情的相应标准。

　　本节通过对房间空调器用蒸发器试验和吊顶式冷风机试验的介绍，使读者对蒸发器试验的原理，方法及测试仪表等有一初步的了解。

7.1　房间空调器用蒸发器的试验

7.1.1　试验目的

　　1）测定蒸发器的制冷量；

　　2）测定蒸发器的空气侧阻力；

3）测定蒸发器的传热系数。

7.1.2　试验装置

试验装置见图 4-35 所示，被试验的蒸发器放置在一风洞中，空气经过进风口（进风口可以有一个或几个，图 4-35 示出的是一个进风口）进入进风室，经均流板均流、稳定后进入试验的蒸发器，为了减小风洞边缘效应，试验蒸发器的截面尺寸最好是 600mm×600mm。空气横向流过蒸发器翅片管的外侧，被冷却以后的空气进入混合室，经混合器混合均流后通过一个或几个收缩开孔（图 4-35 仅示出一个）进入接收室，经均流板均流后空气进入流量测速喷嘴，然后进入排风室。在采用取样装置测量空气干湿球温度时，进风口和混合室后的截面均可不收缩。进风室、混合室和接收室必须进行密封和隔热。隔热后空气热损失不允许超过空气侧换热量的 2%，当热损失值小于 1% 时，其换热量可不进行修正。进入蒸发器试件表面的风速和温度应均匀。试件前后风洞断面上最大风速与最小风速之差不得超过最小风速的20%，断面内各点空气温度相差不大于 0.6℃。

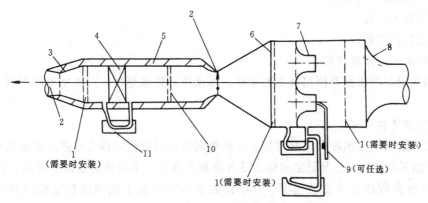

图 4-35　蒸发器试验装置图

1—均流板　2—温度测量仪表　3—进风室　4—蒸发器　5—混合室　6—接受室　7—喷嘴
8—排风室　9—毕托管　10—混合器　11—液柱压力计

7.1.3　测量仪表

用于测量空气流量的流量喷嘴应根据标准设计，并符合 GB10223 附录 A 的要求，所测流量的准确度不低于测定值的 ±1%。

进入和流出蒸发器的空气干、湿球温度推荐采用空气取样装置来测量，取样装置的设置应尽可能使风洞中空气的温度和风速没有明显的变化，通过取样装置抽取空气，测量其干湿球温度的水银温度计其准确度应满足 ±0.1℃ 的要求，温度计的最小分度值不应超过其准确度的两倍。湿球温度的测试应保证足够的湿润条件，流过湿球温度计处的空气流速应接近5m/s，读取数据时，湿球应达到蒸发平衡。

为了测量蒸发器空气侧阻力，在蒸发器前后（上风侧和下风侧）测量截面上开设静压孔，二个测量截面离蒸发器的距离不得小于 0.3m，对于每一测量截面，在四个侧壁上开设静压孔，静压孔的直径和垂直度等要求严格按测量标准执行。同一截面上各静压孔读数相差不大于5%。同一截面的静压孔可连接到一测压环管，通过环管测量该截面的平均静压。静压差可用倾斜式微压计或 1151DR 型差压变送器转换为电量，由数字式电压表测量，差压变送器读数还可由打印机记录。用于测量空气侧压差的仪表，其准确度不得低于 ±0.5%。

144

用于测量环境温度的温度计可以用1/10分度的实验室温度计，其准确度不得低于±0.5℃。测量环境大气压力可用DYM1型动槽式大气压力计，用于测量试验环境空气压力的仪表，其准确度不得低于100Pa。

制冷剂侧需测量的量包括制冷剂的压力、温度及流量。制冷剂侧的压力测点应布置在管路中的以下各处：

1）蒸发器入口管接头的上游5～10倍管内径处；

2）蒸发器出口管接头的下游5～10倍管内径处；

3）膨胀阀前6～15倍管内径处，且距其上游管接头至少10倍管内径处。测量制冷剂压力的仪表，其准确度应在所测绝对压力值的±0.5%范围内。

测量制冷剂温度的测量仪表其准确度不得低于±0.2℃测量时应直接插入制冷剂中或通过温度计套管再插入管道中。用温度计套管测量时应往套管底部注入一定量润滑油，以保证温度计的水银温包与套管底部接触良好，制冷剂侧的温度测点应安装在管路的以下各处，且应尽量靠近相应的压力测点：

1）蒸发器入口处；

2）蒸发器出口处；

3）膨胀阀前，流量计后。

制冷剂流量的测量推荐使用液体流量计，如液体涡轮流量计，其准确度应不低于测定值的±2%。

7.1.4 试验方法和要求

试验时将空气侧和制冷剂侧的测量参数调整到要求的数值，待工况进入稳定后至少保持10min后才能开始读数，工况稳定的标志是各参数在其某一平均值附近微小波动，表4-18为稳定工况时各参数的允许波动范围。开始读数后每个试验工况的试验延续时间不得少于0.5h，在此期间至少要连续记录4组数据，每组数据的时间间隔应相等，最后取4组数据的算术平均值作为该试验工况的测定值。对每一试验工况均需作热平衡计算，即空气侧放出的热量与制冷剂侧吸收的热量应接近相等，两者相差不得超过±5%。

表4-18 稳定工况时各参数的波动范围

项 目	单 位	蒸发器	冷凝器	项 目	单 位	蒸发器	冷凝器
入口空气干球温度	℃	±0.3	±0.5	冷凝压力	kPa	—	±20
入口空气湿球温度	℃	±0.2	—	蒸发压力	kPa	±10	—
空气流速	%	±1	±1	膨胀阀前过冷度	℃	±1	—
入口制冷剂温度	℃	—	±1	制冷剂流量	%	±2	±2
出口制冷剂温度	℃	±2					

（1）制冷量的计算方法 蒸发器的制冷量按空气侧换热量与制冷剂侧换热量的算术平均值计算。

1）空气侧换热量 空气侧换热量按下式计算

$$Q_{ea}=g_{am}[(h_1-h_2)-c_{pw}\times t_2'(d_1-d_2)] \tag{4-21}$$

式中　Q_{ea}——蒸发器空气侧的换热量,单位为 kW;

　　g_{am}——通过蒸发器的空气质量流量,单位为 kg/s;

　　h_1——入口空气的比焓,单位为 kJ/kg;

　　h_2——出口空气的比焓,单位为 kJ/kg;

　　c_{pw}——水的比定压热容,单位为 kJ/(kg·K);

　　t_2'——出口空气的湿球温度,单位为℃;

　　d_1——入口空气的含湿量,单位为 kg/kg 干空气;

　　d_2——出口空气的含湿量,单位为 kg/kg 干空气。

2)制冷剂侧换热量　制冷剂侧换热量(单位为 kW)按下式计算

$$Q_r = g_{m,r} \times (h_{r2} - h_{r1}) \tag{4-22}$$

式中　Q_r——制冷剂侧的换热量,单位为 kW;

　　$g_{m,r}$——通过蒸发器的制冷剂质量流量,单位为 kg/s;

　　h_{r1}——入口制冷剂的比焓值,单位为 kJ/kg;

　　h_{r2}——出口制冷剂的比焓值,单位为 kJ/kg。

3)蒸发器的制冷量　蒸发器的制冷量按下式计算

$$Q_e = (Q_{ea} + Q_r)/2 \tag{4-23}$$

(2)空气侧阻力　空气侧翅片管束的阻力可关联为如下形式

$$\Delta p_m = 9.8C\, w_{max}^n \tag{4-24}$$

$$\Delta p_m = \Delta p / N_n \tag{4-25}$$

式中　Δp_m——每一排管束的平均阻力,单位为 Pa;

　　Δp——蒸发器管束的总阻力,单位为 Pa;

　　N_n——蒸发器管束沿流动方向的排数;

　　w_{max}——折合到标准状态下($t=20℃, p=1.013 \times 10^5 Pa$)的最窄截面风速,单位为 m/s;

　　C——式(4-24)中的系数,是一有量纲量,其值由实验数据用最小二乘法确定。

(3)蒸发器的传热系数　蒸发器的传热系数由下列确定

$$k = \frac{Q_e}{A_o \theta_m} \tag{4-26}$$

式中　k——以外表面积 A_o 为基准的传热系数,单位为 kW/(m²·K);

　　Q_e——蒸发器的制冷量,单位为 kW;

　　A_o——蒸发器的外表面积,单位为 m²;

　　θ_m——蒸发器的传热温差,单位为℃。

蒸发器的外表面积 A_o(单位为 m²)可用式(4-27)计算

$$A_o = N_f \left[\frac{L_f L_d}{500000} - \frac{N_h (D_o - 2\delta_f)^2}{636688} - \frac{(D_o + 2\delta_f)(N_n - N_t)L_e}{318344} \right] - \frac{N_t D_o (L - N_t) N_f \delta_f (D_o - 2L_e)}{318344} \tag{4-27}$$

式中　N_f——肋片数;

　　N_n——每一肋片(套片)的管孔数;

　　N_t——传热管数;

L_f——肋片(套片)的长度,单位为 mm;

L_d——肋片(套片)的宽度,单位为 mm;

L_e——肋片翻边高度(不含肋片厚度),单位为 mm;

L——换热器有效长度,单位为 mm;

D_o——管外径(胀管后),单位为 mm;

δ_f——肋片厚度,单位为 mm。

蒸发器的传热温差 θ_m(单位为℃)可按下式计算

$$\theta_m = \frac{(t_{a1}-t_{01})-(t_{a2}-t_{02})}{\ln \dfrac{t_{a1}-t_{01}}{t_{a2}-t_{02}}} \tag{4-28}$$

式中 t_{a1}——空气进口温度,单位为℃;

t_{a2}——空气出口温度,单位为℃;

t_{01}——制冷剂进口温度,单位为℃;

t_{02}——制冷剂出口温度,单位为℃。

试验时蒸发器出口过热度应控制在 5℃以下。

7.2　吊顶式冷风机的现场工业试验

前面介绍了房间空调器用蒸发器在专门的性能测试台上的性能试验,这类试验往往在试验室中进行。除这类试验外有时也会遇到需要对现场运行的蒸发器进行工业试验。下面介绍吊顶式冷风机的现场工业试验。由于试验在生产现场进行,不像试验室试验那样仪表比较齐全,有时仪表的装置还受生产条件的限制,甚至不容许安装,故工业试验的测试误差较试验室试验要大些。但是,由于工业性试验完全是在实际运行条件下进行的,测试结果更接近于生产实际。

7.2.1　用热平衡法测量制冷量

前面介绍的用测量流量和进、出口焓差确定制冷量的方法称为焓差法,如式(4-21)、式(4-22)。在工业现场用焓差法测量的难度比较大,首先是空气流量无法测量,制冷剂侧也不容许安装液体流量计,其次,空气进、出口的干湿球温度也不易测准,故建议采用热平衡法。

热平衡法的测量原理是将试验的吊顶式冷风机的库房作为一个封闭系统(图 4-36),冷风机在稳定工况运行时,冷风机的制冷量应与库房中电加热器发热量,外界传入库房的热量、冷风机的电动机耗功及照明灯的发热量等相平衡。电加热器用于替代负荷,消耗冷风机的冷量,可放置在安放负荷的位置处,见图 4-36。

(1)风机的电动机发热量 Q_1　用电功率表测定风机电动机的输入功率。

(2)电加热器加入的热量 Q_2　电加热器加入的热量可以用接入电加热器的电度表测量,当用三相交流电加热时,可以在每相接入一单相电度表计算时取三个单相电度表之和。需注意的是,电度表

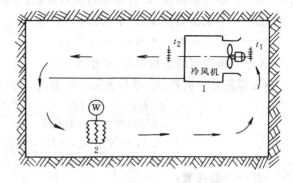

图 4-36　吊顶式冷风机工业试验
1—冷风机　2—加热器

的 1 度电代表的是 1kW·h=3.6×10^6J，因此在读电度表读数时应将相应的时间 τ（s）记录下来，则 Q_2=电度表读数$\times3.6\times10^6\times\tau^{-1}$（单位为 W）。

（3）库房内照明灯光的发热量 Q_3　按库房内照明灯泡的个数及每个灯泡的额定功率计算。

（4）外界环境通过库房壁传入库房的热量 Q_4（单位为 W）

$$Q_4=A_w K_w(t_{f1}-t_{f2}) \tag{4-29}$$

式中　A_w——库房四个侧面、上顶面及下底面的总表面积，单位为 m^2；

k_w——通过库房壁的传热系数，单位为 W/($m^2\cdot$K)。

$$k_w=\cfrac{1}{\cfrac{1}{\alpha_i}+\cfrac{\delta_1}{\lambda_1}+\cfrac{\delta_2}{\lambda_2}+\cfrac{1}{\alpha_o}} \tag{4-30}$$

式中　α_i——库房内空气与库房内壁面的表面传热系数，单位为 W/($m^2\cdot$K)；

δ_1——库房壁砖层的厚度，单位为 m；

δ_2——库房壁绝热层的厚度，单位为 m；

λ_1——库房壁砖层的热导率，单位为 W/(m·K)；

λ_2——库房壁绝热层的热导率，单位为 W/(m·K)；

α_o——库房外大气与库房外壁面的表面传热系数，单位为 W/($m^2\cdot$K)；

t_{f1}——库房外大气的温度，单位为 ℃；

t_{f2}——库房内空气的温度，单位为 ℃。

冷风机的总制冷量 Q_e（单位为 W）

$$Q_e=Q_1+Q_2+Q_3+Q_4$$

用热平衡法测制冷量必须在工况稳定的条件下进行。

7.2.2　冷风机传热系数 K 值的确定

（1）冷风机中制冷剂的平均蒸发温度　在冷风机进液管和回气管上接 U 形管压差计，读出相应的水银柱高度差 h_1 和 h_2（单位为 Pa），由大气压力计读出当地大气压 p_B（单位为 Pa），则冷风机中制冷剂的平均蒸发压力 p_0（单位为 Pa）为

$$p_0=p_B+\left(\cfrac{h_1+h_2}{2}\right) \tag{4-31}$$

根据 p_0 从制冷剂的热力性质图表中查得相应的蒸发温度 t_0。

（2）对数平均温差 θ_m（单位为 ℃）的确定

$$\theta_m=\cfrac{t_{in}-t_{out}}{\ln\cfrac{t_{in}-t_0}{t_{out}-t_0}} \tag{4-32}$$

式中　t_{in}——冷风机进风温度的平均值，单位为 ℃；

t_{out}——冷风机出风温度的平均值，单位为 ℃。

当冷风机进、出风口温度不均匀时应增加测温点，测取平均值。为了提高测温的精度，可在温度计温包外用铝箔或锡箔屏蔽。

（3）传热系数 k〔单位为 W/($m^2\cdot$K)〕

$$k=\cfrac{Q_e}{A_o\theta_m} \tag{4-33}$$

148

式中　A_0——冷风机的总传热面积,单位为 m²。

　　需要注意的是,传热系数 k 的值随翅片管外表面霜层厚度而变化。

7.2.3　冷风机的风量

　　在冷风机风机出风口安装一出风筒,其长度为出风口直径的 4 倍。将出风筒圆形截面按等面积原则划分成 8～10 个同心圆环,用高精度的翼式风速仪测出每一圆环的风速,取其平均值后计算风量 V(单位为 m³/h)

$$V = 3600\ wA \tag{4-34}$$

式中　w——风筒中的平均风速,单位为 m/s;

　　　　A——风筒的横截面积,单位为 m²;

　　　　V——冷风机的风量,单位为 m³/h。

测量风量可以在无霜及不同霜层厚度下进行,以获得风量随霜层厚度的变化关系。

第5章　全封闭制冷压缩机

1　按结构型式分类

　　全封闭制冷压缩机的压缩机和电动机全部被密封在一个钢制外壳内，电动机在气态制冷剂中运行，结构紧凑，体积小，重量轻，密封性能好，振动小，噪声低，多用于家用制冷空调设备和小型商用制冷机械中。

　　全封闭制冷压缩机根据其结构型式主要可分为往复式、滚动转子式和涡旋式等三大类。

　　虽然往复式问世已久，但近年来在提高性能方面仍不断取得可喜成果，通过计算机模拟研究，不断提高压缩机性能，使其继续向着高效率、小尺寸、重量轻、低噪声及延长使用寿命等方向发展。日本近年来的研究结果表明，往复式的 COP 值可提高到：低温工况 1.8～2.3，空调工况为 2.8～3.4。美国泰康公司和勃列斯托公司生产的往复式压缩机，其 COP 值已达到了 3.1～3.2，同时它的体积和重量也大幅度减少。表 5-1 列出了美国泰康公司 SF 系列空调用往复式压缩机的主要性能指标。

表 5-1　SF 系列压缩机

型　　号	制冷量/W	COP 值	(A 计权)声功率级/dB	型　　号	制冷量/W	COP 值	(A 计权)声功率级/dB
SF5554E	15823	3.22	74～78	SF5594E	27251	3.22	76～80
SF5558E	16995	3.22	74～78	SF5611E	31353	3.22	76～80
SF5560E	17581	3.22	74～78	SF5612E	37214	3.22	76～80
SF5572E	21097	3.22	74～78	SF5615E	43953	3.16	76～80

　　为了提高压缩机效率、降低能耗，使其继续向小型化、轻型化发展，回转式压缩机被广泛应用，其中滚动转子式是一种很有发展前途的压缩机。在国外，其生产经验已较成熟，实践证明在小型空调和家用冰箱的使用中，它的性能较好，今后用它取代往复式的趋势已较明显。如在日本，容量在 3kW 以下的滚动转子式压缩机已广泛在家用冰箱及窗式空调器中使用。自 1967 年以来，在窗式空调器上，几乎全采用滚动转子式。近几年滚动转子式在节能、降噪、数学模型和计算机模拟等方面，均取得相当的研究成果。

涡旋式压缩机也是一种很有发展前途的压缩机。在 1973 年～1976 年间，美国和瑞士先后开发出压缩空气、氟利昂和氮气的涡旋式压缩机。1980 年以来，日本成功地开发了空调用涡旋式压缩机，且应用到 2.2～4.4kW 的热泵型空调器上，并于 1983 年开始在市场上销售。图 5-1 示出日本日立

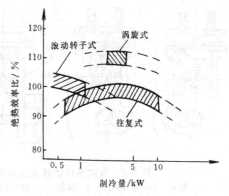

图 5-1　各种压缩机绝热效率比

公司的研究结果，它比较了涡旋式，往复式和滚动转子式的绝热效率比，图中把往复式的绝热效率视为100%。由图可见，涡旋式的绝热效率比比往复式的约高10%。由图还可看出，容量在1.1kW以下的压缩机可用滚动转子式取代；容量在1.0～1.5kW范围内，涡旋式效率最高。总之，采用回转式是小型制冷压缩机的发展方向之一。

2 往复式压缩机的主要零部件

往复式压缩机是问世最早，至今还广为应用的一种机型，这是因为：①能适应较广阔的压力范围和制冷量的要求；②热效率较高，单位耗电量较少，特别在偏离设计工况运行时更为明显；③对材料要求低，多用普通钢铁材料，加工比较容易，造价也较低廉；④技术上较为成熟，生产使用上积累了丰富的经验。

上述优点使它在中、小制冷量范围内，成为制冷机中应用最广、生产批量最大的机型。但是，它也有其不足之处，主要是：①转速受到限制，因此机器的体积和重量较大；②结构复杂，易损件多，维修工作量大；③由于往复惯性力不能完全平衡，运转时有振动；④输气不连续，气体压力有波动等。

2.1 总体结构

往复式压缩机主要有曲轴连杆活塞式、曲柄连杆活塞式和曲柄滑管式三种型式。

曲轴连杆活塞式：以主副轴承作二点支承，在轴承摩擦面上受力均匀，因而磨损低、寿命长，但是其零件稍多，加工精度高。该结构适用于各种输出功率的机组，现小型电冰箱上已不采用此类结构，但目前国内外生产的输出功率1kW以上全封闭式压缩机大多属于此类结构。图5-2为其结构和工作示意图。

曲柄连杆活塞式：与曲轴连杆活塞式结构基本类似，主轴端呈曲柄形，曲柄轴以单支点支承，也只有一个主轴承套，所以受力小，适用于小功率的压缩机，目前只见用于0.75kW以下机组上。此型结构稍简单，寿命长，噪声小，是当前欧美国家在电冰箱压缩机生产中普遍采用的类型。北京电冰箱压缩机厂和广州电冰箱压缩机厂引进的意大利伊瑞公司和日本松下公司的压缩机以及国内各厂生产的压缩机大都属于此类结构。图5-3示出了曲柄、连杆和活塞的构造。

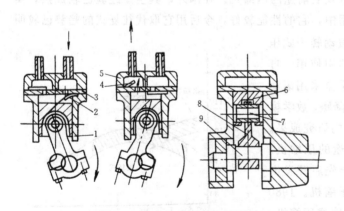

图5-2 曲轴连杆活塞式压缩机
1—缸体 2—进气阀片 3—阀板 4—排气阀片 5—缸盖
6—活塞 7—活塞销 8—连杆 9—曲轴

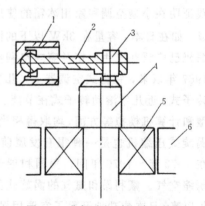

图5-3 曲柄连杆活塞式压缩机
1—活塞 2—连杆 3—曲柄销 4—曲轴
5—电动机转子 6—电动机定子

曲柄滑管式：曲柄轴拨动在丁字形活塞体横管中的滑块使其作柔性结合传动，如图 5-4 所示。

全封闭压缩机将气缸体、主轴承座和电动机座连结成一开式的刚性机体，而整个电动机压缩机组则支承在机壳中，露在机壳外面的主要有吸、排气管，工艺管，电源接线柱盒等。

现代全封闭压缩机的主轴绝大多数直立布置，见图 5-5，支承部分为滑动轴承，包括推力滑动轴承。立式适用于往复式或回转式压缩机，后者多见于空调器用压缩机。其优点在于可采用离心泵油机构供应润滑油。只有当驱动功率超过 7.5kW 时（如美国的 Crysler 公司和日本三洋公司的产品），从安装稳定性考虑才取横卧布置形式，支承仍为滑动轴承。此时，需采用转子油泵来供油。

在立轴式压缩机中，大多数是电动机处于上部，见图 5-6，但也有位于下面的，见图 5-5。除滑管式压缩机外，通常压缩机的气缸体和机架是整体铸件；也有采用可分结构，由螺钉加以连接，如当气缸体和主轴承座是由铝合金压铸而成时就要采用这种结构形式。另外，此时平衡块可以和偏心轴铸成一体。

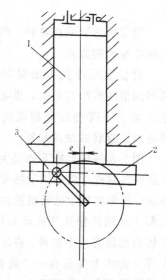

图 5-4　压缩机的滑管机构简图
1—活塞　2—滑管　3—滑块

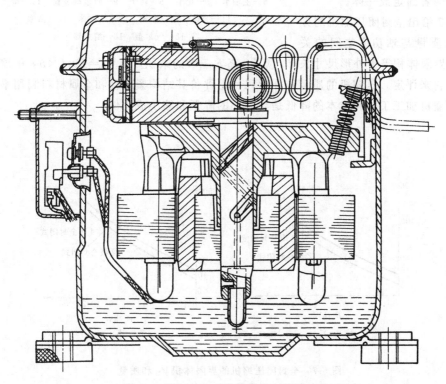

图 5-5　QF21-93 型滑管式全封闭压缩机
$D=21mm$　$S=14mm$　$n=2880r/min$　Q_0（冰箱）$=186W$

压缩机内部，还有用上下两个中心弹簧和腰部两侧的两个横向弹簧或在顶部的板簧来支撑。也有用上下两个中央弹簧及设在腰部两侧的两个横向抗扭销分别插在装于抗扭架上的 6 片悬臂板簧间（每边 3 片）的结构。

当立轴为双曲拐轴时，利用二次离心泵油的方式。

对低温压缩机为加强对电动机和润滑油的冷却效果，在电动机座上戴上一薄壁罩壳和机壳底部油池内设盘管式油冷却器。

图 5-6 是日本松下公司生产的 F 系列压缩机。它适用于热带气候地区。该压缩机中电动机放在壳体上部。采用曲轴连杆式运动机构。壳体内底部有 4 个弹簧，将压缩机支撑。壳体上部焊有一个防振环，曲轴的端部套在防振环内。气缸体和主轴承是两个零件，分别加工后由螺栓将两者固定成一体。

图 5-7 给出全封闭压缩机的界限体积和质量与轴功率之间的关

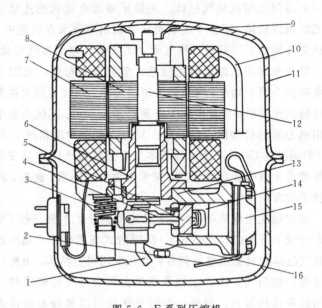

图 5-6　F 系列压缩机
1—吸油器　2—吸油毛细管　3—支撑弹簧　4—连杆　5—活塞销
6—主轴承　7—定子　8—转子　9—防过振装置　10—排气管
11—壳体　12—曲轴　13—气缸体　14—活塞
15—气缸盖　16—消声器

系。其中界限体积等于外形尺寸长 L、宽 b、高 h 三者的乘积，即 $V_D = L \times b \times h$，压缩机的外形大小由它来评定。压缩机的质量和外形尺寸是评价其结构紧凑性和金属材料利用率的重要指标，压缩机加工工时和成本的降低是与它们的降低和缩小成比例。

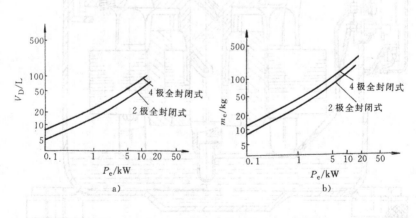

图 5-7　全封闭压缩机的界限体积 V_D 和质量
m_e 与轴功率 P_e 之间的关系
a) V_D 和 P_e 之间关系　b) m_e 与 P_e 之间关系

2.2 活塞、曲柄连杆机构

2.2.1 活塞组件

（1）对活塞的要求　活塞组件在气缸里作高速往复运动，它受着变化的气体力，往复惯性力、侧压力和摩擦力的作用，同时又受到工质的加热作用，润滑条件较差，因此要求活塞组件重量轻，热导率高，余隙容积小；强度高，刚度好，耐磨性强；热膨胀小，铸造性能和加工性能优良，与气缸之间有良好的气密性和润滑；成本低，价格廉。

目前采用粉末冶金的活塞越来越多，它可以减少加工量和加工工序，节约工时，使制造成本降低。

图 5-8 是滑管式活塞，它用薄钢板深拉成形，然后与滑管焊接而成，或用铸铁整体铸造后加工，并进行磷化处理。

图 5-9 是 3.75kW 以下，缸径为 50mm 以下的连杆式压缩机使用的活塞体，材料以铸铁、粉末冶金或 45 号钢为主制造。活塞铣有一道或二道密封槽，依靠流到槽内的润滑油密封气缸与活塞的间隙，同时润滑了气缸表面。小型全封闭压缩机一般不采用活塞环的结构。

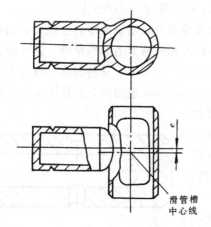

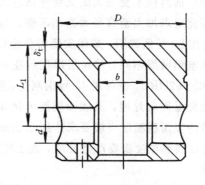

图 5-8　滑管式活塞　　　　图 5-9　连杆式压缩机使用的活塞

（2）活塞的几何尺寸和相互关系　大量统计数据表明，活塞长度 L 与直径 D 之比 L/D 一般为 0.6～1.3；活塞销孔中心线距活塞顶部的距离 L_1 与直径之比 L_1/D 为 0.35～1.0；活塞销孔直径 d 与活塞外径 D 之比 d/D ＝0.27～0.45；活塞与连杆小头的连接宽度 b 与直径之比 b/D＝0.32～0.5，见图 5-10。

（3）活塞销与活塞的固定方式在全封闭压缩机中，常采用图 5-11 这种固定方式。

活塞销与销孔之间有微小的间隙，装配时可以用手将活塞销插入销孔，然后用一个弹性销固定活塞与活塞销。在连杆小头的两侧各装有一个

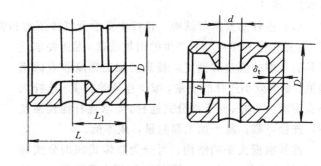

图 5-10　活塞各几何尺寸间的关系

平垫圈和一个弹性垫圈，它们的作用是使连杆运动时自动对中。例如 F4Q 型全封闭式压缩机中这种弹性垫片厚 0.3mm。

（4）活塞的计算　活塞的顶部的厚度由下式确定

$$\delta_t = (0.4 \sim 0.5)D \sqrt{\frac{p_{max}}{[\sigma_m]}} \qquad (5-1)$$

式中　δ_t——活塞顶部的厚度，单位为 mm；

　　　　D——活塞直径，单位为 mm；

　　　　p_{max}——最大排气压力，单位为 MPa；

　　　　$[\sigma_m]$——材料的许用应力，单位为 MPa；其中铸铁活塞约为 70MPa，轻合金活塞约为 40MPa。

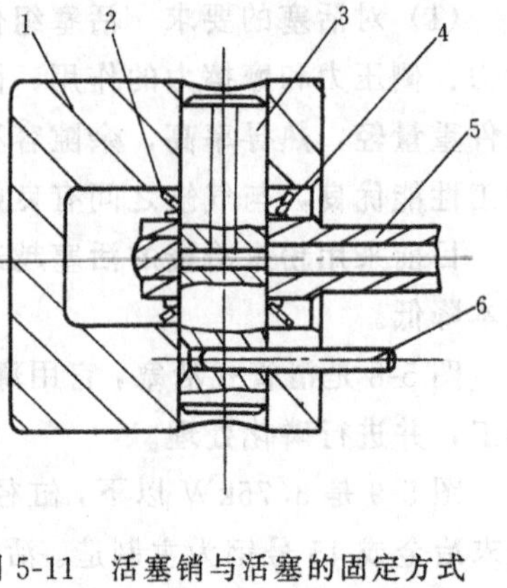

在小型活塞中，δ_t 变薄，一般按铸造工艺决定 δ_t 值。

活塞的壁厚 δ_t'，对于活塞直径 D 在 60mm 以下的，$\delta_t' = D/17 \sim D/20$；对于小直径活塞，最小铸造厚度不得小于 2.5mm；对于直径 60~100mm 的活塞，$\delta_t' = D/20 \sim D/25$ 左右。

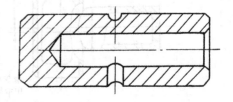

图 5-11　活塞销与活塞的固定方式
1—活塞　2—弹性垫圈　3—活塞销
4—平垫圈　5—连杆　6—弹性销

（5）活塞销　活塞销承受很大的交变弯曲应力和冲击力，销表面压力也很大，润滑条件差，易磨损。因此要求加大销直径和选用耐磨、抗冲击和抗疲劳的韧性材料，进一步提高表面硬度。通常使用 20 号低碳钢，或优质低碳合金钢 20Cr、15CrMn 材料制造并进行表面渗碳淬火处理。随活塞销壁厚不同，渗碳层厚度约在 0.5~1.0mm 范围内，并经淬火和低温回火后表面硬度为 55~62HRC。也可用 45 号钢制造，经过高频淬火，并经低温回火处理，其表面硬度可达 50~58HRC。活塞销的表面粗糙度一般要求达到 0.2μm 以内，对表面的圆度和圆柱度都要严格要求，加工完后，还应作磁力探伤。

在全封闭压缩机中，如图 5-12 所示，活塞销中心孔并不钻透，安装时开口端向上，使流入的油经过中间的小孔和周向油槽润滑小头轴承。

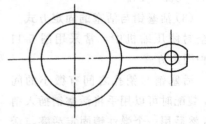

图 5-12　F5Q 型全封闭式压缩机的
活塞销结构

通常活塞销直径就是活塞销孔直径，活塞销内径与活塞销外径之比在 0.3~0.7 之间；活塞销的长度为（0.85~0.95）倍的气缸直径 D。

2.2.2　连杆

（1）连杆的要求与结构　连杆主要承受气体压力和惯性力所产生的交变载荷以及压入衬套、轴瓦和拧紧螺栓等所产生的附加载荷，因此要求连杆具有足够的强度和刚度，较高的加工精度和表面粗糙度；尽量减小连杆的质量，减少连杆的长度；连杆大小头耐磨性要好；对于剖分式连杆，要求连杆螺栓强度高，连接可靠；易于加工和测量，成本低。

连杆根据大头的结构，可分为整体式和剖分式两种。整体式连杆见图 5-13，用于行程短或采取偏心轴的

图 5-13　整体式连杆

结构。整体式连杆的大小头加工精度容易保证，且省去连杆螺栓、螺母、垫片等零件，结构简单，加工方便，便于制造和装配，成本低。目前多数电冰箱用压缩机都采用整体式连杆。

对于活塞行程较大的压缩机常采用剖分式连杆，见图5-14。剖分式连杆的加工较复杂，精度不易保证，装配精度也较难保证。

沿连杆的轴线钻有油孔，与大小头孔相通。对于剖分式连杆，此孔由大头孔向小头孔方向钻；对于整体式，则由小头向大头孔方向钻，然后将小头孔外圆上的孔用铝丝或钢丝铆死，再精加工大小头孔。

连杆小头广泛采用简单的圆环形结构，见图5-15，其外表面为适应模锻或铸造的需要，具有一定的拨模斜度，其外圆

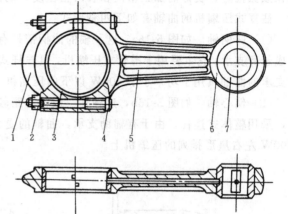

图 5-14　剖分式连杆

1—大头盖　2—连杆螺母　3—大头轴瓦　4—连杆螺栓
5—连杆体　6—连杆小头　7—小头衬套

与内圆直径比约为 1.30～1.50。为了适当减少小头的质量，也可采用椭圆形结构。

多数连杆杆身的横截面为矩形或工字形，且从小头到大头的截面逐渐加大，其中杆身厚度不变，而宽度由小头到大头逐渐变大。另外，杆体向大小头过渡时要用较大的圆弧。

整体式连杆大头无连接件，大头结构简化，强度和刚度亦有所增加。当连杆材料为铝合金时，在大头内可压入或铸入轴瓦，或在内表面镀上一层轴承材料，也可直接利用本身材料作为轴承材料。剖分式连杆一般镶有轴瓦。通常连杆大小头厚度相等，大头孔内径与曲柄销直径相等。

(2) 连杆的材料　连杆通常采用优质碳素钢、球墨铸铁、可锻铸铁、铝合金和粉末冶金材料等。目前许多全封闭往复式压缩机都采用铝合金作为连杆材料。

(3) 连杆螺栓　连杆螺栓受到交变载荷，是

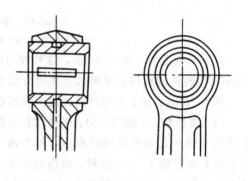

图 5-15　连杆小头的结构

曲柄连杆机构中受力情况最严重的零件。为提高螺栓的抗疲劳强度，通常采用降低螺栓刚度的方法。这可通过使杆身直径小于螺纹根径来实现的。杆身至头部的过渡圆角应尽可能大一些，螺纹采用细牙，螺纹底部不允许有尖角。连杆螺栓螺纹外径 d（mm）一般为：

$$d=(0.18\sim0.25)d_r$$

连杆螺栓的总长度单位为(mm)取

$$L=(1.2\sim1.5)d_r$$

式中 d_r 为大头孔直径单位为(mm)。

连杆螺栓材料应用优质合金钢。加工时应保证螺栓头的承压面与螺栓中心线的垂直度，加工后应进行磁粉探伤及超声波探伤。装配时要严格按规定的力矩紧固螺栓。

2.2.3 曲轴

曲轴承受较为复杂的扭曲和弯曲载荷,所以要求曲轴具有足够的疲劳强度和刚度,耐磨性和减振性好,良好的加工精度和表面粗糙度,润滑可靠,易于加工。

往复式压缩机的曲轴有如下四种形式:

(1) 曲柄轴 如图 5-16a,这种轴的曲柄销只有一个端面与曲柄连接,只有一个主轴颈,形成悬臂支承。它主要用于滑管式压缩机,但连杆式压缩机也可采用这种结构。一般来说,悬臂支承的曲轴只用于功率小于 400W 以下的压缩机。

(2) 偏心轴 如图 5-16b,这种轴一般偏心距较大,用于功率不大于 1500W 单缸压缩机上,采用整体式连杆。由于有辅助支承,曲轴的受力情况较曲柄轴要好。它也被用于功率为 7500W 左右星形排列的压缩机上。

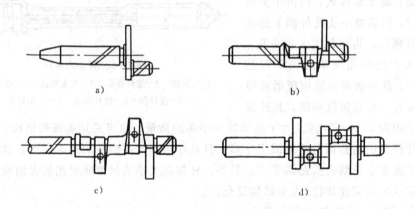

图 5-16 曲轴的几种结构形式

a) 曲柄轴 b) 偏心轴 c) 双偏心轴 d) 曲拐轴

(3) 双偏心轴 如图 5-16c,这种轴与图 5-16b 所示的偏心轴相似,只是为了适应 750W ~5500W 的两缸或四缸压缩机上使用而设置了两个偏心轴。

图 5-16b,c 在小型全封闭往复式压缩机中得到了广泛的应用。

(4) 曲拐轴 如图 5-16d,这种轴有主轴颈,曲柄和曲柄销三个部分。这个曲轴可以有一个或几个以一定错角排列的曲拐,每个曲拐上可并列安装 1~4 个连杆。曲拐轴用于偏心量大的 2~4 缸的压缩机上,一般与剖分式连杆配合。常用于 1100W 以上的全封闭往复式压缩机。

曲轴采用的材料有优质碳素钢、铸铁(包括球墨铸铁和可锻铸铁)。对于功率较大的压缩机采用球墨铸铁。对于功率为 200W 以下的电冰箱压缩机,大多数采用优质灰口铸铁。

压缩机中实际采用的主轴颈直径 d_s 及曲柄销直径 d_t 可根据压缩机功率分别从图 5-17 及图 5-18 中查找。

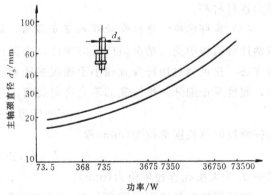

图 5-17 主轴颈直径与功率关系

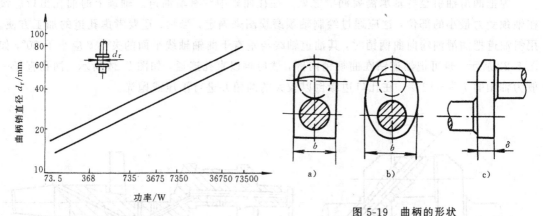

图 5-18 曲柄销直径与功率关系

图 5-19 曲柄的形状
a）矩形曲柄 b）椭圆形曲柄 c）曲柄厚度

曲拐轴的曲柄形状有矩形和椭圆形两种基本形式，如图 5-19 所示，从工艺简单角度考虑可采用矩形结构，如图 5-21a，从应力分布均匀和减小曲柄质量方面考虑椭圆形的曲柄结构最合理，见图 5-19b，适用于铸造或模锻曲轴。为了减少曲拐轴不平衡旋转质量，一般把曲柄在曲柄销端靠外的棱角削去，见图 5-19c。曲柄在主轴颈一端可根据安装平衡块的需要而制成相应的形状，或与平衡块连成一整体，小型全封闭式制冷压缩机中，多为整体形式。通常曲柄厚 $\delta \geqslant \frac{1}{2} d_r$，曲柄宽 $b=(1.25 \sim 1.35)d_r$，式中 d_r 是曲柄销直径。

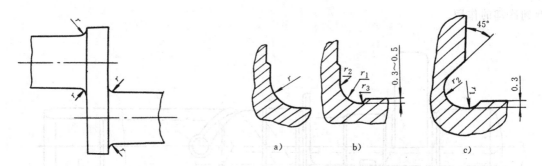

图 5-20 曲轴的过渡圆角

图 5-21 过渡圆角的形状

另外，曲柄与主轴颈的过渡部分或曲柄与曲柄销的过渡部分，一般采取过渡圆角，如图 5-20 所示，过渡圆角的形状如图 5-21 所示，图中 a 是采用最多的一种圆角形式。

对偏心轴，由于省去了曲柄，应合理地增大偏心轴过渡区的轴向尺寸 L 和过渡圆角半径 r，如图 5-22 所示。

此外，采用卸载槽、空心轴颈和增加轴颈的重叠度都有利于提高曲轴强度。

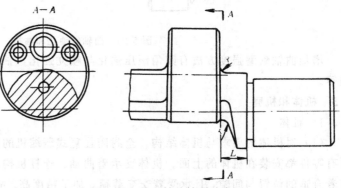

图 5-22 偏心轴的轴颈过渡区

158

为把润滑油引至各轴承需要润滑之处,往往曲轴中钻有输油道。轴颈上的油孔出口应设在轴颈受力最小的部位,这应通过绘制轴颈磨损图来确定,当然,还要考虑孔道的加工方便。用斜油道把润滑油输向曲柄销时,其油道轴线与垂直于曲轴轴线平面的夹角 θ 应小于 30°,如图 5-23 所示。也可把油道钻在曲柄销内部,然后再以直孔连通,如图 5-24 所示。油孔直径一般为轴颈的 7%～12%,在孔口边缘倒以较大的圆角并进行滚压或抛光。

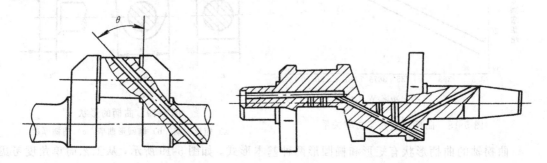

图 5-23　曲轴中的斜油道　　　　　图 5-24　曲轴的输油道结构

图 5-25 是某压缩机垂直安装的曲轴。沿曲轴的轴线方向钻有贯通的孔,吸油器与孔 1 配合,润滑油从吸油管进入轴内的通道,从孔 2 流出,沿轴表面螺旋槽上升润滑主轴颈和端面。从孔 3 流出的润滑油润滑曲柄销和连杆大头孔;从孔 4 流出的润滑油润滑轴颈和辅助轴承。除润滑各运动零件表面外,剩余的润滑油从曲轴端部的孔内流出。压缩机运转时,在离心力的作用下,油沿横槽向四周甩出,成伞状向壳体内壁喷洒,然后沿壁面落下,将热量传给壳体,起到冷却的作用。

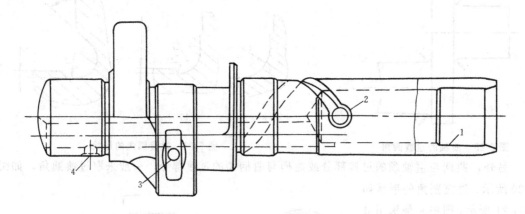

图 5-25　曲轴的油孔和油槽

增加曲轴耐磨强度方法有圆角滚压强化与喷丸强化,轴颈及圆角表面淬火和表面氮化处理等。

2.3　机体和机壳

2.3.1　机体

(1)对机体的要求与机体结构　全封闭往复式压缩机的机体是加工最复杂的零件。几乎所有零件都安装在机体的上面。机体支承着曲轴、连杆机构、电动机,并使这些零件互相保持着合适的位置与间隙,且承受着交变载荷,加工精度高。故要求机体:①具有合理的形状,尽量使应力分布均匀，使机体具有足够的强度和刚度，尽量减少机体的重量和尺寸；②机体应保证良好的铸造工艺性和加工工艺性，尽量减少加工工序，降低成本；③较好的耐磨性和气密性；④机体的外形应有利于装配，有利于提高组装效率。

对于功率 400W 以下的滑管式压缩机，考虑到装配的方便性，机架与气缸分开，不铸成一体，如图 5-26 所示。

对于功率 3.75kW 以下的连杆式压缩机，机体一般与气缸、进排气消声器铸成一体，如图 5-27 所示。有的机体为了减轻质量只铸有排气消声腔，而将进气消声腔移到气缸盖上或安装塑料消声器。连杆式压缩机的机体有的与主轴承一体，有的分别加工后，将机体与主轴承用螺栓连接，如图 5-28 所示。对于具有辅助轴承的，也有机体与主轴承或辅助轴承形成一个整体，如图 5-29 所示。在图 5-29 中是一个气缸的情况，也有使用并列两缸、90°V 型两缸排列的。

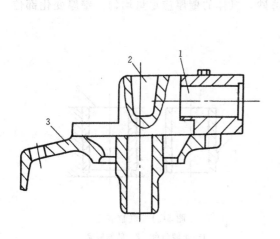

图 5-26 滑管式压缩机的机体与气缸

1—气缸 2—消声器空腔 3—机体

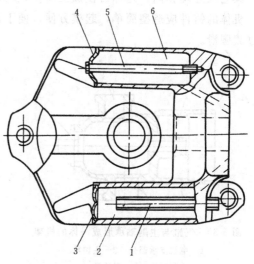

图 5-27 连杆式压缩机的机体

1—吸气管 2—进气消声器 3—进气消声器盖
4—排气消声器盖 5—螺栓 6—排气消声器

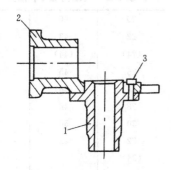

图 5-28 用螺栓连接主轴承与机体

1—主轴承 2—气缸 3—螺栓

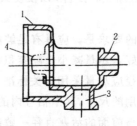

图 5-29 机体与主副轴承形成一体的机架

1—电机支承部分 2—副轴承 3—气缸 4—主轴承

图 5-30 是功率 7.5kW 以下的压缩机的机架，气缸的排列有并列二、三缸，星形二、三、四、五缸，90°V 型两缸，90°V 型双曲拐四缸等。机体同样有与吸、排气消声器或与其中任何一个做成一个整体的情况。

通常功率 0.75kW 以下的压缩机主、副轴承表面上不镶轴瓦，轴承材质为铸铁或铝合金；0.75kW 以上的压缩机，多半使用镶入轴承合金的轴瓦。

（2）机体的强度和刚度　机体由于形状复杂，很难用计算的方法求得机体的强度和刚度。一般在设计时，总是参照已有的同类压缩机的机体进行设计，然后通过试验的方法考核机体的强度和刚度。

（3）机体的材料与工艺性　机体常用的材料是灰口铸铁。为减轻重量和改善散热条件，也采用金属模铸造或压铸的铝合金制作。

一般同一系列不同制冷量的压缩机，应尽量采用同一尺寸的机体，或除了气缸直径不同外，其它尺寸均相同。这样可使加工简便，机床、刀具、夹具和量具都可通用。

机体的铸件应造型简单，起模方便，便于清砂。机体的壁厚应尽量均匀，壁厚变化部位要过渡圆滑。

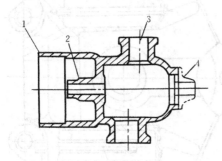

图 5-30　气缸与主副轴承形成一体的机架

1—电机支承部分　2—主轴承

3—气缸　4—副轴承

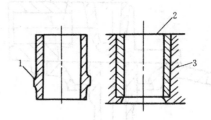

图 5-31　气缸套

1—止转凸台　2—铸铁缸套

3—轻合金机架

2.3.2　气缸

一般小型往复式压缩机不使用气缸套，气缸与机体铸成一体。而铝合金机体中，要铸入如图 5-31 所示的铸铁缸套。由于缸套与机架的热膨胀不同，使用时，在表面上（同铝合金接触的一侧）或加工出沟槽，或附加止转凸台，以便使其既能松动地活动，又不致掉下。

对气缸的要求是，应具有足够的强度和刚度，工作表面耐磨性好，尽量减小余隙容积等。

气缸直径应尽量采用有关标准规定的值。表 5-2 给出了推荐采用的尺寸，其中括号内的尺寸最好不要使用。气缸直径应与前面的活塞直径一致起来。

气缸长度设计时应考虑压缩机运转时气缸端面不应碰触连杆，且活塞移动到内止点时，活塞露出气缸的长度应为活塞全长的 1/5～1/6。

表 5-2　气缸内径（单位为 mm）

20	40	60
22	42	62
(24)	(44)	—
25	45	65
(26)	(46)	—
28	48	68
30	50	70
32	52	
(34)	—	
(35)	55	
(36)	—	
(38)	58	

在气缸的下端口应加工 $\alpha = 30°$ 的斜面，见图 5-32 所示，以便装配时插入活塞。当活塞销部分无强制润滑时，α 角最好是小于 30°。

气缸厚度 δ_t（mm）按下式计算

$$\delta_t = \frac{D}{2}\left(\sqrt{\frac{\sigma + 0.4 p_{max}}{\sigma - 1.3 p_{max}}} - 1\right) \qquad (5\text{-}2)$$

式中 D——气缸内直径，单位为 mm；

p_{max}——最大排气压力单位为 MPa；

σ——材料的许用应力，对于铸铁 σ 为 30～40MPa。

2.3.3 机壳

（1）机壳的结构和作用 全封闭式压缩机的机壳是一密封的金属壳体，支撑着电动机和压缩机。壳体内的下部装有规定数量的润滑油，壳体具有较高的强度，能承受工质气体力，气密性好，工质不泄漏，隔绝和减弱电动机和压缩机产生的振动和噪声，易于切割和焊接。

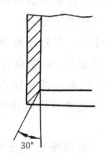

图 5-32 气缸端面
的斜角

机壳的一般结构如图 5-33 所示，它是由上下两个用钢板冲压而成的罩壳，待电动机—压缩机组装入后对合焊接而成。机壳上设有排气管，吸气管和工艺管，密封接线端子及接线盒，过振动防止装置和外部支脚等，有时还装有消声板，油面检视镜等。图 3-34 是另一种机壳，下壳体上焊有吊簧架用来支撑压缩机，下壳体底部焊有一个防过振装置。

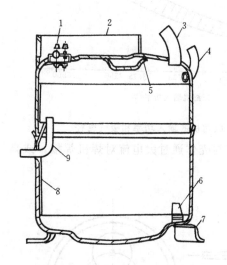

图 5-33 机壳部件
1—密封接线柱 2—接线盒 3—吸气管
4—充液管 5—过振动防止装置 6—内
部支承弹簧 7—外部支脚 8—消
声板 9—排气管

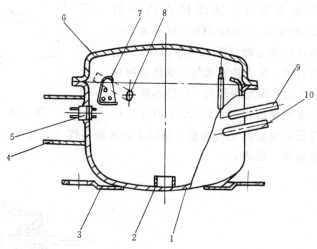

图 5-34 机壳
1—下壳 2—防过振装置 3—支撑板 4—支板 5—接线端子
6—上盖 7—吊簧架 8—进气管
9—排气管 10—工艺管

吸、排气管和工艺管由软质脱氧铜管制成，通过钎焊方式焊在壳体上。但在内部支承方式的压缩机中，机壳内部的排气管多用邦迪管制成。对于功率 200W 以下的压缩机，吸气管和工艺管一般外径 8mm 左右，壁厚为 2.3～2.3mm。排气管的外径一般为 6～7mm，壁厚为 2mm。图 5-35 和图 5-36 中示出目前正在使用的压缩机的排气、吸气管径与输入功率的关系。

162

壳体的底部焊有支脚，用于固定压缩机。支脚一般用薄钢板冲压而成，它上面开有 4 个孔，4 个孔应保证在同一平面上。对于小功率的压缩机，支脚一般用一块钢板冲压出 4 个孔，见图 5-37 所示。

接线盒由固定在机壳一面上的框和盖组成。也有将安装片固定在机壳上，把框和盖做成一个整体，用螺钉紧固在安装片上。接线盒中除接线端子外，有时还有启动装置、过载保护装置等，故应留有足够的高度和空间，以便接线和操作。另外，应在与机壳连接的较低位置上，设置排水小孔。

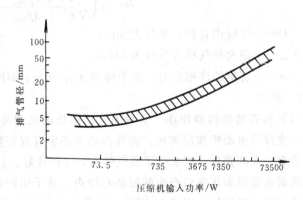

图 5-35　压缩机的输入功率和排气管径

接线端子用于引接内置电动机电源线，如图 5-38 所示，它承受工质的气体压力和温度的变化，要求各组成部分膨胀系数能等同一致，保证密封性。接线端子由接线座、接线柱和玻璃体构成。接线座一般做成带凸缘的帽状，使用冷轧钢板，多数进行浸硫酸镍加工。接线柱直径一般 2.3mm 和 3.2mm 两种，材料为铁—铬或在中心部位插入铜芯，以加大电流容量。高温钠玻璃体（或烧结陶瓷体）用来固定接线柱，同时起到与机壳电绝缘的作用。接线端子的安装位

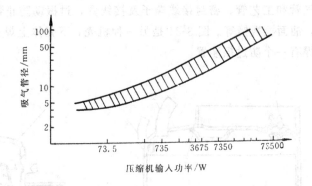

图 5-36　压缩机的输入功率和吸气管径

置最好设置在充入油量 2 倍以上的液面高度上。接线座与壳体通过大电流对焊机焊接，或高频银焊、锡焊。

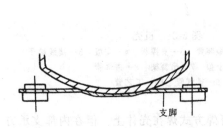

图 5-37　小功率压缩机的支脚

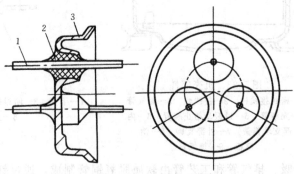

图 5-38　接线端子
1—接线柱　2—玻璃体　3—接线座

（2）壳体的材料和焊接形状　壳体一般用热轧或冷轧钢板冲制而成，如 08AL 钢板。功率 2.2kW 以下的压缩机壳体所用的钢板厚度为 3.2mm；2.2kW 以上的压缩机壳体多用厚度为 3.2mm 或 4.5mm 的钢板。也可以用铝合金制造壳体。

壳体的焊接形状有下列两种，如图 5-39 中所示，图 5-39a 这种焊接形式，现在除功率 0.75kW 以下的压缩机和采用 R12 的低温用压缩机外，已经不太常用了；图 5-39b 是日本多数厂家采用的焊接形状，包括冰箱用的小型压缩机。

图 5-39　壳体的焊接形状

2.4　气阀

气阀是往复式压缩机的主要部件，它控制着压缩机的吸气、压缩、排气和膨胀四个过程。气阀工作的好坏直接关系到压缩机运转的经济性和可靠性。为此，必须对气阀提出下述几项要求：①气阀的强度高，使用寿命长。在全封闭往复式压缩机中，阀片的寿命应与压缩机的寿命相同；②气阀形成的余隙容积小；③气体流经气阀时的阻力要小；④气阀及时启闭，并且应有良好的密封性；⑤结构简单，制造方便，通用化程度高。

2.4.1　阀组的结构

小型往复式压缩机上的气阀一般都采用组合式，即进排气阀门以阀板为主体，下侧为进气阀，上侧为排气阀。阀片的结构多为弹簧片的形式，该结构简单，适于大量生产。对于大制冷量压缩机的排气阀片还装有升程限制器。目前生产的电冰箱压缩机大多采用图 5-40 所示的阀组结构。该形式属于组合式，其中排气阀片、升程限制器与阀板铆接在一起，阀板的另一面镶有两个销子，用来固定吸气阀片。为了使吸气阀片开启时保持适当的开启度，在气缸的端面上开有一个相当的槽，当吸气阀片打开时，该槽起到限位的作用。一般槽深为 0.25～0.5mm。缸盖垫用来密封阀板和气缸盖之间的间隙；气缸垫不但起到气缸端面与阀板之间的密封作用，而且用来调整活塞位于外止点时与阀板的间隙，使余隙容积达到规定的要求。另一种组合式气阀如图 5-41 所示，吸气阀片与图 5-40 中吸气阀片不同，阀板

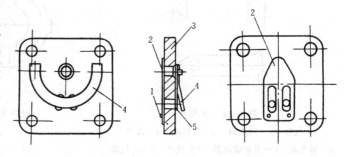

图 5-40　阀组的结构

1—销钉　2—吸气阀　3—阀板（座）　4—升程限制器　5—排气阀

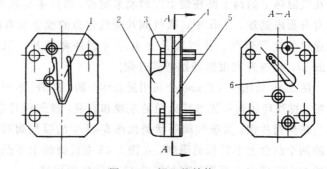

图 5-41　阀组的结构

1—吸气阀　2—气缸盖　3—螺栓　4—缸盖垫
5—阀板　6—升程限制器

上没有安装吸气阀片的销子，吸气阀片的四角有 4 个螺栓孔，用螺栓将其与阀板、缸盖连接在一起。

图 5-42 是用在功率 2.2kW 以下压缩机上的气阀。其中吸气阀为簧片阀，排气阀由马蹄形阀构成。其所有部件装到气缸盖或阀座上，然后用螺栓把气缸盖、阀座一起紧固在气缸头上。

图 4-43 是使用带臂柔性环片阀的气阀结构。它有较大的通道面积，使用于功率 1.1kW～7.5kW 的压缩机中。其吸、排气阀片中心处用铆钉与阀板和排气升程限制器铆接在一起，工作中受气体推力而分别向下或向上挠曲，打开相应的阀座通道。吸气阀片外圆上的凸舌与气缸壁上相应的凹槽深度相配合，亦用来限制阀片挠曲的程度。

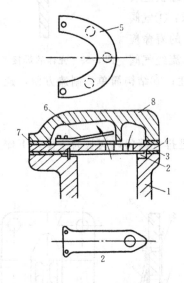

图 5-42　阀组

1—气缸　2—吸气阀　3—气缸垫　4—阀座
5—排气阀　6—升程限制器　7—衬垫　8—气缸盖

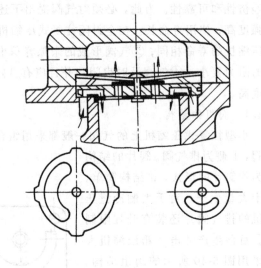

图 5-43　带臂的柔性环片阀结构

国产 2FV5Q 型往复式压缩机上所用气阀结构如图 5-44 所示。其阀片材料为 T10A 或 PH15-7Mo 的薄钢片，厚度约为 0.2～0.4mm。吸气阀片支承于两侧翼上，并利用其中的导槽插在气缸体上的两个圆柱销上的滑动来定位。阀片本身具有弹性，因而取消了吸气阀弹簧，也没有升程限制器。工作中，吸气阀片受气体力的推动而弯曲，周期性地打开所覆盖的吸气阀座通道并进行吸气。排气阀片上有三片缓冲弹簧片，见图 5-44d，材料为 65Mn，厚度为 0.2mm，设有升程限制器控制其升程。

图 5-45 是国产（Trane 公司引进技术）的 CRHH 系列往复式压缩机中所采用的气阀。其中吸、排气环状阀片的形状见图的左视和右视，吸气阀片厚 0.6mm，排气阀片厚 0.3mm，材料为瑞典阀片钢。其吸气阀形状类似图 5-43 中的吸气阀形状，其弯曲程度受到阀片外圆上相对的两个凸台上下升程的限制，在图 5-45 左视图的上下凸台处，被插置在气缸上具有一定深度的相应凹槽中，而排气阀与图 5-43 中排气阀相同。

图 5-43 至图 5-45 这类柔性环片阀的结构和工艺都比较复杂，成本较高，因而应用于功率在 0.75～7.5kW 范围内的往复式压缩机中。

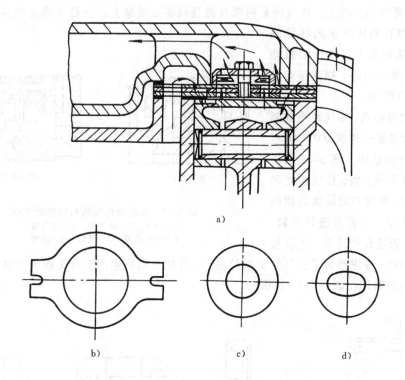

图 5-44 2FV5Q 型往复式压缩机的气阀结构

a）气阀结构 b）吸气阀片 c）排气阀片 d）缓冲弹簧片

圆盘状排气阀是美国考普兰公司压缩机上一种独特的结构，产品出现在 1982 年，如图 5-46 所示。这种气阀使压缩机的相对余隙容积缩小到 1% 以下，因此具有高的输气系数，带有这种气阀的压缩机比常规的往复式压缩机的制冷量提高 25%，而输入功率降低 15%。排气圆盘阀用塑料制造，可耐温 480℃。这种压缩机可以使用 R12、R22 和 R502 制冷剂，寿命试验已超过 20 万 h。

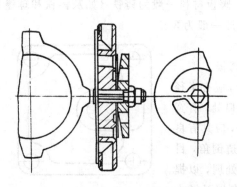

图 5-45 CRHH 系列往复式压缩机的气阀结构

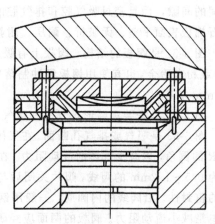

图 5-46 圆盘状排气阀和环状吸气阀

勃列斯托（Bristol）公司开发了一种惯性吸气阀，如图 5-47 所示，在空调用压缩机上可使 COP 值提高到 3.2 以上。该气阀是将吸气圆盘阀装在活塞上，而排气圆盘状装在阀板上，这样可使余隙容积比原来的环状阀降低 80%，从而大大提高压缩机输气系数，降低吸气过热，提高压缩机效率，增加 COP 值。

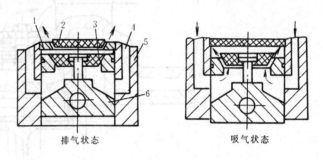

排气状态　　　　　　吸气状态

图 5-47　圆盘状排气阀和惯性吸气阀
1—阀板　2—排气阀　3—吸气阀
4—吸气通道　5—气缸　6—活塞

通常气缸盖的吸、排气腔用壁隔开，两个腔大多是一体成形的，但也有只有排气腔的结构。图 5-48 示出气缸盖的一种形状。吸、排气腔之间用壁互相隔开，吸气腔因结构的原因比排气腔容积小。为提高输气系数，吸、排气腔容积应设计适当。气缸盖通常用铸铁制成。考虑到为了使气缸的散热良好，有的压缩机选用铝合金作为气缸盖的材料，并铸有散热用的肋片，如图 5-49 所示。

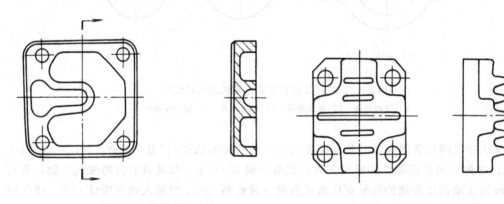

图 5-48　气缸盖　　　　　　　　　　　图 5-49　带有肋片的气缸盖

图 5-50 是缸盖垫的一种形状，厚度一般在 0.3～0.6mm 左右。它不但用来密封缸盖与阀板间的间隙，而且密封吸气腔和排气腔的间隙。缸盖垫和气缸垫用橡胶石棉板制成。要求橡胶石棉板表面平整、无皱折、耐压、耐氟。在冷冻机油和氟利昂中不溶解、不腐蚀。

图 5-51 是阀板的结构，阀板上有吸、排气孔。阀板材料一般为铸铁（如灰铸铁和球墨铸铁）或粉末冶金，也有使用钢板经冲制落料而成，板厚一般为 3～4mm 左右。

图 5-52 是安装马蹄形排气阀和吸气簧片阀的阀板。

图 5-53 是吸气或排气孔断面。在气体的入口处，应有半径为 R 的倒角，以减少气体的流动阻力，在气体的出口处，有宽度为 0.5～1.2mm 的阀线，阀片关闭后与阀线贴合，应具有良好的密封性。沿阀线的内圆周，一般用钢球压出一道倒角，目的也是减小流动阻力。阀板的两面应经研磨、抛光处理，以提高其表面的平面度和光洁度。对于阀线，不许有毛刺以及微小

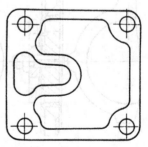

图 5-50　缸盖垫

的磕伤和划痕。吸、排气口的四周要仔细进行整修,使之不产生棱边和毛刺。用于制造阀板的材料必须质地细密,阀板两面不得有砂眼或气孔等缺陷。此外,阀板的材料应具有一定的刚度和厚度,以保证阀片的密封性。整体阀板在加工后必须消除应力和退磁。

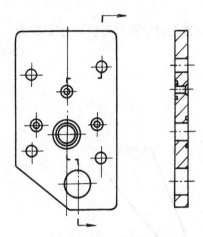

图 5-51 阀板

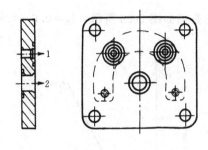

图 5-52 阀板

1—排气口 2—吸气口

对于柔性环片吸气阀的阀板,为尽量扩大其上的阀座通道面积,吸气通道具有曲折的途径,见图 5-54a,图中 5-54b 是由三块冲制成形的钢板(每块厚 2mm)钎焊而成,图 5-54c 是用铁基粉末冶金分别将板体和环加工成形,然后叠合、烧结、浸铜,以保证阀板材料的密封性。

排气口面积和排气阀隙面积,由图 5-55 中给出了往复式压缩机排气阀的部分资料,排气阀面积系数 λ_d

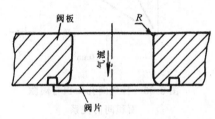

图 5-53 阀孔的断面

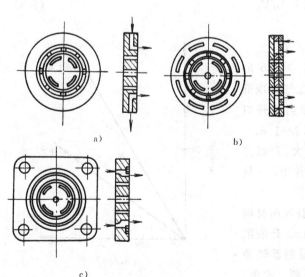

图 5-54 往复式压缩机中柔性环片阀
的阀板及吸气流向

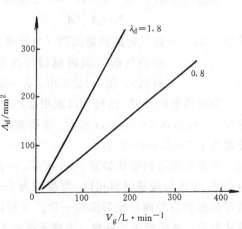

图 5-55 排气阀孔面积与
气缸工作容积关系

$$\lambda_d = A_d/V_g \tag{5-3}$$

式中　λ_d——排气面积系数，取 0.8～1.8 范围；

　　　A_d——排气口面积，单位为 mm^2；

　　　V_g——一个气缸工作容积，单位为 L/min。

排气口面积 A_d 和阀隙面积 A_{vd}（即阀片贴到升程限制器上时的开口面积）之比 ξ_d 为

$$\xi_d = A_{vd}/A_d \tag{5-4}$$

ξ_d 的数值如图 5-56 所示，$\xi_d = 0.6～1.8$。

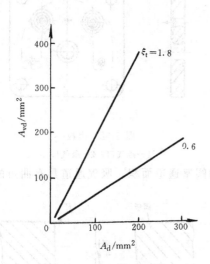

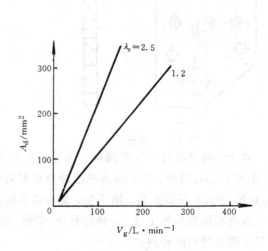

图 5-56　排气阀孔面积与阀隙
面积间的关系

图 5-57　进气阀孔面积 A_s 与气缸工作
容积 V_g 的关系

进气阀孔面积 A_s 与一个气缸工作容积之比为 λ_s，以下式表示

$$\lambda_s = A_s/V_g \tag{5-5}$$

式中　A_s——进气阀孔面积，单位为 mm^2。

根据图 5-57 所示，$\lambda_s = 1.2～2.5$ 范围。又

$$\xi_s = A_{vs}/A_s \tag{5-6}$$

式中　A_{vs}——进气阀的阀隙面积（与设置在气缸顶部
　　　　　的进气阀升程限制器深度相当的开口
　　　　　面积）。图 5-58 示出，$\xi_s = 0.7～1.6$。

采用环型阀片时，因排气口面积取得较大，所以升程较小，约为 0.5～1.5mm 左右。在弹簧阀片中，一般升程为 1.5～2.5mm 左右。

升程限制器的形状如图 5-59 所示，一般选用材料为 08F，也可与阀板材料相同，厚度约为 2mm。升程限制器的形状应与阀片变形曲线一致。升程限制器经冲裁成型后，必须经滚光处理，边缘不得有毛刺、棱角。表面应光滑。图中的 A 面需经研磨检查，与阀板、排气阀片铆接后，此面应与阀片、阀板贴实。做研磨检查

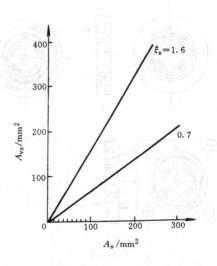

图 5-58　进气阀孔面积与进气阀侧的阀隙
面积间的关系

时，此面的接触面积一般不应小于 70%。

吸、排气阀用螺栓或铆钉安装在阀座或气缸盖上，因此所安装的螺栓、铆钉应有足够的强度，同时要可靠地采取止转措施，以防止运转中松动，这点在设计上是十分重要的。

2.4.2 阀片

由于阀片在高速下运行，因此要求材料具备：耐疲劳强度高，具有持久和稳定的弹性、高硬度、耐磨、表面致密、厚度均匀平直和表面光洁度高。

簧片阀由于结构简单，余隙容积小，阀片重量轻，惯性小，启闭迅速，广泛应用于小型往复压缩机中。图 5-60 主要示出簧片阀的吸、排气阀片的几种形状。图中 a、b、e 为吸气阀片，d 为排气阀片。在这里有簧片不固定的、一端固定的、中间固定的、两端

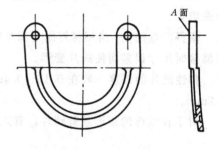

图 5-59 升程限制器

固定的、按形状固定的和环形的（图 5-60a）。除了弹性阀片外，还采用在工作时不变形状的刚性阀片，其中包括图 5-60b 上所表示的圆盘形阀片。在实际应用中，弹性阀片使用越来越多，其中一边固定的悬臂阀片是最主要的一种。

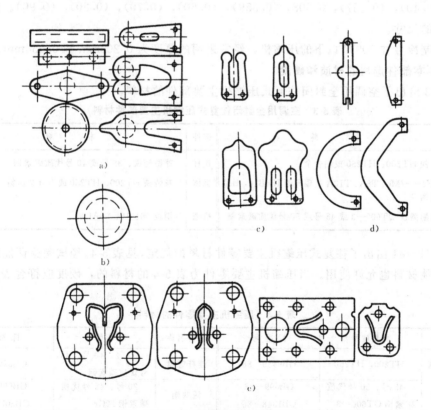

图 5-60　各种形状的阀片

吸气阀片通常用镶在气缸端面上的两个销子固定。另一方面，阀片常常做成舌状，而在气缸端面上做一个相应的槽。《泰康》公司的气阀（图 5-60c），甚至在最小的机器中也有两个吸气孔口，在所有阀片上都做了纵向窗口，使阀片变形量最大的地方的局部宽度在 3～5mm

之间。该公司的排气阀如图 5-60d 所示。在某些结构中采用长形阀片，两端固定，盖住一个中心孔。在多数压缩机中，采用同一类型带有升程限制器（某些情况下还带有弹簧片）的马蹄形阀。

图 5-60e 是一些阀片形状实例，这些阀片盖住整个气缸端面。这种阀利用固定气缸盖的螺栓来组装。

值得注意的是，当用铆钉固定阀片时，阀片上穿铆钉的两个孔中，有一个孔是长圆孔，以防铆接时尺寸误差而使阀片变形。

弹性阀片的厚度一般在 0.15～0.4mm 的范围内（弹簧片厚度到 0.7mm），升程由 0.5～1.2mm。

对于较流行的矩形悬臂阀片，有人建议厚度 δ（单位为 mm）为

$$\delta = 0.25d \tag{5-7}$$

式中 d——阀板中的孔径，单位为 mm。

簧片阀的升程一般在 0.8～3.0mm 左右。

小型往复式压缩机的簧片阀阀片所用材料，几乎都采用瑞典所生产的带状阀片钢。

阀片钢的标准厚度（单位为 mm）有：0.114，0.152，（0.178），0.203，0.254，0.305，0.381，（0.40），（0.457），0.508，（0.559），（0.60），（0.70），（0.80），（0.90）。应优先选用无括号的尺寸。

对于制冷量在 200W 以下的压缩机，经常采用的厚度为 0.203mm 和 0.254mm。

2.5 主要零部件选用的材质和硬度

表 5-3 给出了空调用全封闭往复式压缩机主要部件的材料。

表 5-3 空调用全封闭往复式压缩机主要部件材料

部件	材　　料	部件	材　　料
活塞	铸铁 HT200、HT250 或铝合金	连杆	球墨铸铁、35 号或 40 号优质碳素钢
阀片	PH15—7Mo、T8A、T10A 或瑞典钢 UHB20，日立弹簧钢等	机体	灰铸铁 HT200、HT250 或铝合金压铸
曲轴	球墨铸铁 QT600—3 或 45 号或 50 号优质碳素钢	机壳	钢板 08、10、08AL

JB2941—81 给出了往复式压缩机主要零件材料的规定，见表 5-4。经试验验证能保证设计要求的其他材料也允许使用。当压缩机主要零件为表 5-4 的材料的，硬度应符合表 5-5 的规定。

表 5-4 压缩机主要零件的材料

零件名称	材料牌号	标准号	零件名称	材料牌号	标准号
机体、活塞	HT200，HT250	GB9439—88	连杆螺母	35 号、40 号、45 号优质碳素钢	GB699—88
曲　轴	45 号、50 号优质碳素钢 QT600—3	GB699—88 GB1348—88	活塞销	20 号、45 号优质碳素钢 20Gr	GB699—88 GB3077—88
连　杆	LY—12	GB3190—82	阀片	T8A、T10A	GB1298—86
				PH15—7Mo	1710—78
连杆螺栓	35Gr、40Gr	GB3077—88	封闭壳	Al—08	YB1710—78
				08、10	GB699—88

表 5-5 主要零件的硬度

零件名称	硬度	同一零件的最大硬度偏差	零件名称	硬度	同一零件的最大硬度偏差
气缸	170~241HBS	30	钢制曲轴主轴颈和曲柄销面	50~63HRC	6
活塞销外圆面	56~66HRC	3	球墨铸铁曲轴主轴颈和曲柄销面	229~302HBS	30
连杆螺栓	26~39HRC	3	阀片	500~627HV	50
连杆螺母	26~35HRC	—			

2.6 润滑装置

往复式压缩机在高速下运行，必须有润滑，润滑油的作用是：①使被润滑的零件表面减少磨损；②由于零件摩擦表面形成薄薄一层油膜而降低压缩机的摩擦功，提高了压缩机的可靠性，耐久性，以及机械效率；③带走摩擦热，使摩擦部分的零部件不致温度过高；(d) 起密封作用。为此，润滑油有一定的质量要求。

在往复式压缩机的强制供油方式中，以柱塞形式和离心形式为多，其中离心式供油的油压虽小，但结构简单，工作可靠，并且工作时与曲轴转向无关，广泛用于立轴式压缩机中。

2.6.1 离心式供油机构

当主轴在高速旋转时，机油在离心力作用下，沿主轴上所开的偏心孔，经过径向孔，将油上提送到各摩擦面。图 5-61 是几种离心式供油机构。

图 5-61a 是在装有主轴承、副轴承的压缩机内使用。从止推板上的孔进入的润滑油，进入曲轴的偏心孔中，油受离心力上升。由于轴上开有螺旋槽，故润滑油边润滑轴承边上升。图 5-61b 使用在双曲拐曲轴中。在轴承下端对油施加离心力，把油引向轴心，向上轴承及曲柄销供油。图 5-61c 是把端口缩小又逐渐扩大的吸油管安装在曲轴的端部，当曲轴旋转，油在离心力作用下，沿吸油管内壁上升，并进入曲轴中的油道，进入螺旋槽上升并至各摩擦表面。在吸油管与曲轴的连接处设有放气孔，使启动时产生的气泡排出，图 5-63d 利用斜孔使油上升到螺旋槽，而与斜孔相通的横孔是放气孔。图 5-61e 吸油管的最下端呈圆弧面，在管中装有一片薄薄的叶片，以提高油的扬程。图 5-61f 是曲轴悬臂支撑，曲柄销位于油面侧时采用的离心式供油机构。

图 5-62 是二次离心供油的方式，其离心泵采用具有叶轮的结构。通过轴下端油泵的叶轮 1，油从孔 2 吸入，经叶轮压出后，经端盖上的槽 3 引向轴中心。这种离心泵的输油量较大，结构复杂。

通常轴上的进油孔为 5~8mm，径向的和偏心布置的孔径为 3~4mm，垂直的通道一般离开中心线不少于 6~7mm。

润滑系统所需要的供油量，一般可以通过由润滑油带走的热量进行计算。假定压缩机中，摩擦产生的热量中有 $a \times 100\%$ 是传给润滑油，则所需容积供油量 q_{VL}（单位为 m^3/s）等于

$$q_{VL} = a \times P_m \times 1000/(C_p \times \rho \times \Delta t) \times (1.5 \sim 2) \tag{5-8}$$

式中　P_m——压缩机所消耗的摩擦功率，单位为 kW；

　　　a——系数，可取为 0.5；

　　　C_p——润滑油比热容，单位为 J/(kg·K)；

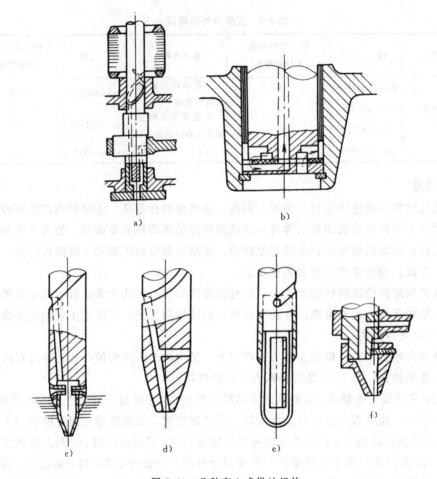

图 5-61 几种离心式供油机构

ρ——润滑油的密度，单位为 kg/m^3；

Δt——润滑油通过润滑表面后的温升，单位为℃；

对于无冷却器润滑系统可取 $10\sim15$℃；

对于有冷却器的润滑系统可取 $20\sim25$℃。

而离心供油泵的输油量 q_v(ml/s)由下式决定，如图 5-63 所示

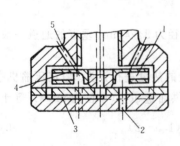

图 5-62 具有叶轮的离心泵

1—叶轮 2—进油孔 3—开在端盖

上的油槽 4、5—泄气孔

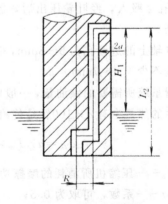

图 5-63 离心油泵特性

$$q_v = \frac{\pi \times a^4}{(8\nu)} \times \left(\frac{1}{2} R\omega^2 - \frac{g}{R} \times H_1 \right) \tag{5-9}$$

式中 R——偏心量，单位为 cm；

ω——旋转角速度，单位为 rad/s；

ν——运动粘度，单位为 cm²/s；

a——输油孔半径，单位为 cm；

g——重力加速度，单位为 cm/s²；

H_1——扬程，单位为 cm。

如果考虑供油孔中的压力损失，则离心泵特性应满足

$$(1+\xi_1+\xi_2)q_v^2 + 16\pi\nu(L_2+R)q_v - \pi^2 a^4(R^2\omega^2 - 2gH_1) = 0 \tag{5-10}$$

式中 L_2——供油孔长度；

ξ_1、ξ_2——因供油孔弯曲的损失系数。

在设计离心供油机构中，输油量不能太大，只要能保证在高温（压缩机最高温升时）各部有润滑油膜即可。一般允许排出油量按制冷剂循环的重量比在 3% 以下。

2.6.2 供油系统

压缩机的供油系统如图 5-64 所示。吸油管的下端位于油面以下。压缩机运行时，油在吸油管中被提升并沿曲轴的轴向油道向上流动。到达油孔 1 时，油从油孔 1 流出并进入螺旋槽 2，此位置的油润滑主轴承 3 和端面 4。其余的油通过曲轴的轴向流道上升分别从油孔 5 和 6 流出，润滑连杆大头孔和上轴承。曲轴旋转时，当油孔 5 与连杆杆身中的油孔 7 重合时，油

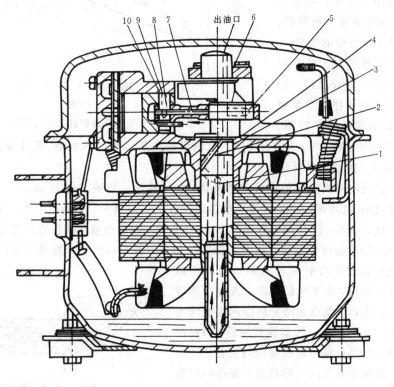

图 5-64 压缩机的供油系统

便沿连杆杆身中的油道进入连杆小头,活塞销上有一环形槽8,油在环形槽中润滑连杆小头孔和活塞销表面。剩余的油进入活塞销环形槽上的孔并沿油道9上流,从活塞销端面10流出,润滑活塞与气缸的表面。

在上述各摩擦面被润滑的同时,仍有一部分油沿曲轴的轴向流道上升并从端部出油口流出,在离心力的作用下向四周甩出,油被甩在机壳的内壁上,沿内壁下流到机壳底部。油在机壳内壁下流的过程中将热量传动机壳。

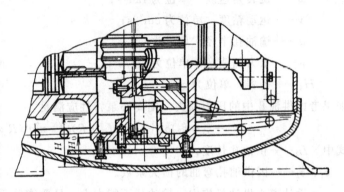

图 6-65　机壳中油面高度上下限

压缩机的充油量一般应考虑到以下几个问题:①吸油管的最下端所位于的水平面至壳底所形成的容积,此部分油在润滑中不能使用。如图 5-65 中油面 H_0 包含的油量(油面最低要淹没止推轴承的出油孔道);②润滑各个摩擦表面所必须的油量,包括泵及润滑油路内的容积总和,这部分油量较之充油量少得多;③溶于制冷剂中,随制冷剂流到冷凝器、蒸发器等管路和设备中的油量。

理论上压缩机所充入的总润滑油量应为上述三部分之和。但实际上,总充油量要注意启动时不要使油面下降到吸油口以下。

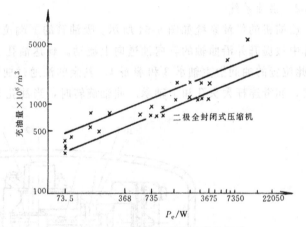

图 6-66　充油量与压缩机功率的关系

在目前实际使用的压缩机中,压缩机功率与充油量的关系如图 5-66 所示。最高油面 H 在图 5-65 中不超过曲轴平衡块的最低位置。

润滑油在机壳内的高度可用油面检查阀随时加以检视。如图 5-67 所示。

在功率较大的(400W 以上)低温用全封闭往复式压缩机中,热负荷较大,油温较高,常采用下述方法使之冷却:①从风冷冷凝器 1/2～2/5 处(制冷剂液化的位置)把全部制冷工质引入机壳下部的润滑油冷却盘管(如图 5-68)冷却润滑油后再回到冷凝器下部,再次被冷凝为液体制冷剂;②对于功率在 1.5kW 以上的全封闭往复式低温压缩机,由于全部制冷剂流过冷却盘管的阻力损失过大,于是改用部分制冷剂流经油冷却盘管的方式(如图 5-69),冷却润滑油后,再经过冷凝器的下部,与另一路冷凝的制冷剂汇合;③由独立的制冷工质循环系统(又称热管)来冷却润滑油,如图 5-70 所示,这样可减少流动阻力,也不增

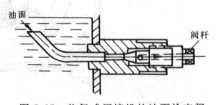

图 5-67　往复式压缩机的油面检查阀

加压缩机的功率消耗，且可降低电动机绕组温度和排气温度，提高压缩机输气系数和制冷系数；④当采用水冷冷凝器时，可利用压缩机排气流经喷嘴的引射作用，将冷凝器内的部分液体工质不断地引入油冷却器管进行热交换，然后经喷嘴与高压蒸汽一同进入冷凝器，重新冷凝，如图 5-71 所示。

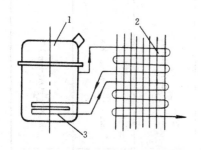

图 5-68　全部制冷剂流经油冷却盘管
的润滑油冷却系统

1—压缩机　2—冷凝器　3—油冷却盘管

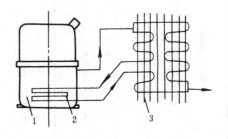

图 5-69　部分制冷剂流经油冷却盘管
的润滑油冷却系统

1—压缩机　2—油冷却盘管　3—冷凝器

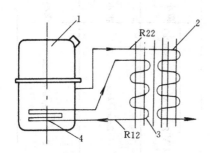

图 5-70　冷却润滑油的独立
制冷工质循环系统

1—压缩机　2—R22 的冷凝器
3—R12 的冷凝器　4—油冷却盘管

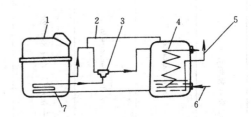

图 5-71　采用水冷冷凝器时用制冷剂
对润滑油冷却的方式

1—压缩机　2—平衡管　3—喷嘴　4—水冷冷凝器
5—高压输液管　6—冷却水管　7—油冷却盘管

2.7　防振、消声装置

2.7.1　防振装置

（1）惯性力平衡及平衡质量　压缩机由于往复惯性力、旋转惯性力，以及力矩作用在基础上产生振动，因此有必要减小它们，常采用加平衡质量和多气缸组合的方法来实现惯性力及惯性力矩的平衡。

有关各种压缩机所配的平衡质量如表 5-6 所示。其中 m_r 是曲柄连杆机构中不平衡旋转质量（单位为 kg）；r 是曲轴旋转半径（单位为 m）；ω 是曲轴旋转角速度（单位为 rad/s）；m_j 为曲柄连杆机构往复质量（单位为 kg）；a 为气缸中心距（单位为 m）；b 为两端平衡块质心间的轴向距离（单位为 m）；α 是曲柄转角（单位为 rad）；λ 是曲轴旋转半径与连杆长度之比；r_w 为平衡块质心到转轴中心的半径（单位为 m）。

图 5-72 中示出平衡块的各种安装位置。图 a 主要用在滑管式压缩机中。图 b 在美国的 Bendixw 公司的产品上使用。图 c 在美国的泰康公司和 Bendixw 公司等产品上可以见到。图 a～图 c 是最普通的方法，但图 a、b 不能完全满足平衡条件，图 c 中要做到完全平衡，存在着平衡质量大的缺点。

表 5-6 各种压缩机的平衡计算式

曲拐数及夹角	序号	压缩机型式	缸数	气缸中心线夹角 γ	旋转惯性力矩 M_r	一阶往复惯性力 ΣF_{j1}	一阶往复惯性力矩 M_{j1}	二阶往复惯性力 ΣF_{j1}	二阶往复惯性力矩 M_{j1}	平衡块用途	平衡块总质量	备注
单曲拐	1	立式	1		0	$m_j r\omega^2\cos\alpha$	0	$m_j r\omega^2\lambda\cos2\alpha$	微小不计	平衡 F_r 及部分 F_{j1}	$m_\omega=\dfrac{r}{r_\omega}[m_r+x\%\times m_j]$	x 为部分平衡的百分率
	2	V 型	2	90°	0	$m_j r\omega^2$	微小不计	$\sqrt{2}\,m_j r\omega^2\lambda\cos2\alpha$	微小不计	平衡 ΣF_r 及 ΣF_{j1}	$m_\omega=\dfrac{r}{r_\omega}(m_r+m_j)$	
	3	W 型	3	60°	0	$\dfrac{3}{2}m_j r\omega^2$	微小不计	$\dfrac{1}{2}m_j r\omega^2\lambda\ \sqrt{1+8\sin^2 2\alpha}$	微小不计	平衡 ΣF_r 及 ΣF_{j1}	$m_\omega=\dfrac{r}{r_\omega}(m_r+\dfrac{3}{2}m_j)$	
	4	星型	3	120°	0	$\dfrac{3}{2}m_j r\omega^2$	微小不计	$\dfrac{1}{2}m_j r\omega^2\lambda\ \sqrt{1+8\sin^2 2\alpha}$	微小不计	平衡 ΣF_r 及 ΣF_{j1}	$m_\omega=\dfrac{r}{r_\omega}(m_r+\dfrac{3}{2}m_j)$	
	5	扇型	4	45°	0	$2m_j r\omega^2$	微小不计	$m_j r\omega^2\lambda\ \sqrt{2(1+\sqrt{2}\cos2\alpha\sin2\alpha)}$	微小不计	平衡 ΣF_r 及 ΣF_{j1}	$m_\omega=\dfrac{r}{r_\omega}(m_r+2m_j)$	
双曲拐，夹角 180°	6	立式	2	0°	$m_r r\omega^2 a$	0	$m_j r\omega^2 a\cos\alpha$	$2m_j r\omega^2\lambda\cos2\alpha$	微小不计	平衡 M_r 及部分 M_{j1}	$m_\omega=\dfrac{ra}{r_\omega b}(m_r+x\%\times m_j)$	
	7	V 型	4	90°	$m_r r\omega^2 a$	0	$m_j r\omega^2 a$	$2\sqrt{2}\,m_j r\omega^2\lambda\cos2\alpha$	微小不计	平衡 M_r 及 M_{j1}	$m_\omega=\dfrac{ra}{r_\omega b}(m_r+m_j)$	

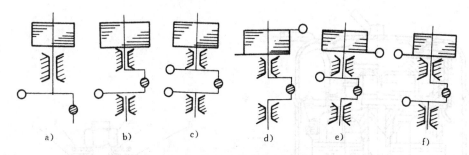

图 5-72　往复式压缩机中平衡块的几种安装方法

○—平衡质量　●—曲柄销

图 d 是在旋转压缩机的偏心部位上不装设平衡块的情况下使用；但在往复式压缩机上也有使用，这时虽平衡条件可以满足，但平衡块较大。故在功率 0.75kW 以上的压缩机中多用 e、f 形安装方式。由于图 e 的曲柄销部分的平衡块较大，不经常使用；图 f 是在美国开利等公司中采用的方法，这种方法的平衡块的质量可以做得比较小，同时又能满足平衡条件，是一种好的方法。

（2）压缩机内部的支撑弹簧　压缩机内部的支撑弹簧一般有两种形式：吊簧和座簧。压缩机采用吊簧时，一般需要 3～4 个吊簧，采用座簧时，一般需要 4 个。支撑弹簧一般采用直径为 2mm 左右的弹簧钢丝，支撑弹簧的固定方式如图 5-73 所示。

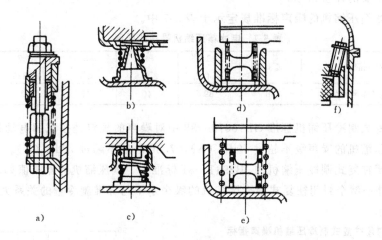

图 5-73　支撑弹簧的连接形式

a）座式（螺栓限位）　b）座式（山型限位）　c）座式（橡胶垫限位）
d）座式（上下橡胶限位）　e）无保护围座　f）三点悬挂式

在小型压缩机中，一般采用固有振动频率为 5～17Hz 的弹簧。

（3）排气管的减振　为减小气流脉动引起的排气管振动，排气管长度应经过计算确定。为减小排气管的刚度，常使它具有较复杂的形状，如盘成弯曲的蛇状。有的压缩机还在排气管上套有一个细而长的弹簧，用来吸收排气管的振动。

（4）防过振装置　为防止压缩机启动和停车时，以及运输过程中，产生较大振动即过振动，保护支撑弹簧和压缩机，可安装防过振装置，如图 5-74 所示，其中压缩机纵向的过振动用 a 装置来防止，横向的过振动由 b 装置加以防止。

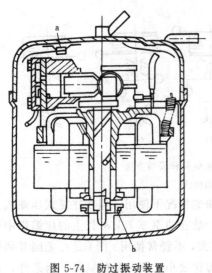

图 5-74　防过振动装置

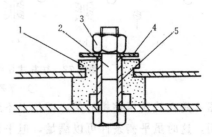

图 5-75　压缩机的外部减振装置
1—橡胶垫　2—螺栓　3—螺母
4—垫圈　5—套管

（5）压缩机的外部减振装置　压缩机的外部减振装置见图 5-75 所示。

2.7.2　消声方法

噪声已成为与全封闭往复式制冷压缩机制冷量、功耗、可靠性、耐久性等指标并驾齐驱，甚至比之更为重要的评价指标。

国标对电冰箱压缩机的噪声标准规定示于表 5-7 中。

表 5-7　电冰箱压缩机噪声的限值

气缸名义工作容积/cm³	≤3.2	>3.2 ≤4.2	>4.2 ≤5.5	>5.5 ≤7	>7 ≤8.5	>8.5 <10
（A 计权）声功率级噪声值/dB	38	39	40	41	42	44

全封闭往复式制冷压缩机标准 GB10079—88 中对噪声的规定是按配用电动机功率分档，如 0.75kW 的压缩机的噪声级不超过 59dB（A），7.5kW 的不超过 72dB（A）。

我国全封闭往复式制冷压缩机的 JB2941—81 标准中，其压缩机的噪声值如表 5-8 所示。

目前，国外小型全封闭往复式制冷压缩机的噪声水平与标准制冷量的关系大体如图 5-76 中阴影范围所示。

表 5-8　全封闭往复式制冷压缩机噪声指标

配用电动机功率/kW	（A 计权）声功率级/dB
0.75	≤59
1.1　1.5	≤60
2.2	≤62
3	≤65
4	≤67
5.5	≤69
7.5	≤72

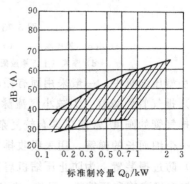

图 5-76　国外小型全封闭往复式压缩机的噪声指标

178

降低噪声的方法有：

1）**防止压缩机壳体共振及减少透过声**　①增加壳体板材的厚度；②机壳形状的改进，如采取椭圆形或球形机壳，适当改变机壳直径和高度，可防止气柱共鸣；③实现部分机壳的增强，如在机壳内加装隔音板，隔音板可焊上也可依靠本身弹性紧贴在壳内壁上，从而改变机壳自身的固有振动频率，降低噪声也可覆盖防振板；④避免压缩机内部的排气管和机壳产生共振；⑤吸、排气管和机壳连接部位要刚性好；⑥机壳内表面贴附吸声材料。

2）**防止排气管共振**　①改变管长、管径和管子的形状；②在管上套一个细弹簧，减少管的振动；③不要使管子的低频固有频率接近电源频率；④管路中加装重物。

3）**防止弹簧的冲击**　①改变弹簧的圈数、直径和弹簧钢丝的直径；②在弹簧中插入吸振材料。

4）**防止零件共振**　①减少曲柄连杆机构的不平衡惯性力和力矩；②通过改变零件的材质、形状等方法，使零件的固有频率与振源的振动频率不同；③改变各运动零件的配合间隙提高零部件的加工和装配精度。

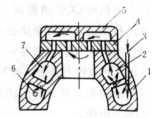

图 5-77　整体扩大型消声器气流流向
1—缸体　2—进气消声器腔　3—进气口
4—气阀　5—缸盖　6—排气口
7—排出消声腔

5）**采用消声器和减少气流脉动来降低噪声**　消声器既可分别与气缸铸成一体，也可单体制造后用铜管加以连接。消声器常用空腔型（由一个或几个入口窄小的空腔组成，截面比 50～150），管状型和共鸣型。铸造的消声器一般形状不规则，分开的消声器一般都有规则的形状。图 5-77 为整体式的扩大型消声器。由于脉动气流被多次扩大而减压，使声压减低。图 5-78 示出几种共鸣型消声器结构，它在消声器体腔内开有若干小孔，使气流发生共鸣频率来衰减气流声。消声器的结构用材要厚一点，并且将回气管适当延长和将排气管制成波浪形可以减低共振和避开共振点。

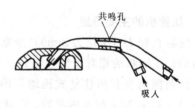

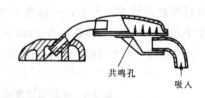

6）**采用合理的泵油系统**　①改变油泵的流量和压力；②改变润滑油的充入量，减小油的扰动噪声；③使充入的润滑油起泡。

7）压缩机内、外减振支撑。

2.8　当前往复式制冷压缩机的发展趋势

图 5-78　共鸣型消声器结构

（1）**简化结构和提高可靠性**　在设计结构时，应尽量使结构简化，使铸造、机加工和装配的工艺简单，整机的外形尺寸缩小。例如，美国开利公司的"MICROMITE"型压缩机，没有螺栓连接，不采用高低压气密用的垫片，而使用"O"形环，有防液击的安全盖。而在气阀设计时，并不追求获得尽可能大的通道面积，从而设计很复杂的气阀，而是采用简单可靠的簧片阀。

（2）**降低噪声和振动**　往复式压缩机由于存在往复质量惯性力和吸排气的气流脉动，故噪声和振动是难以完全消除的。因此力求从加工方面、气缸排列方面以及改善动力平衡性和增加消声器等方面降低噪声和振动。

（3）降低成本 任何产品都应力求降低成本，除采用扩大产量，提高劳动生产率降低成本外，还应从简化结构，简化制造工艺等方面着手。

（4）提高 COP 值 在压缩机设计中，大量采用计算机技术，进行优化设计，以获得较佳节能的机型。

另外也可通过发展新机型来实现。例如，美国考普兰公司研制成功的偏心轮式压缩机。这种压缩机没有连杆；压缩机的偏心轴通过偏心轮带动活塞体运动，使活塞在气缸内作往复运动。这种压缩机由于结构简单，使制造成本降低，同时减少了摩擦零件，故摩擦功率较小。此外，由于压缩过程和排气过程缓慢，可以使排气阀开启时间比常规的往复式压缩机延长 30%，这些都使压缩机的 COP 值提高。目前制造的这种压缩机冷量在 5～7kW 范围内。与偏心轮式压缩机原理相似的是美国泰康公司最近研制的"四端灵活"型压缩机。这种压缩机有上、下、左、右对称的四个气缸，依靠一个偏心轴带动两个滑块使四个活塞依次运动。活塞体与滑块是一个整体，故也没有连杆。这种压缩机在空调工况下的 COP 值已达到 3.225 以上，超过了滚动转子式的效率，可达涡旋式压缩机的效率，而其制造工艺却比涡旋式简单得多，目前正在美国市场上出现。

此外，使用优质原材料和先进的工艺措施，提高加工和装配精度及生产工艺的自动化程度，扩大生产数量也是发展趋势。

3 全封闭往复式压缩机的热力性能计算

3.1 压缩机的主要参数

气缸直径 D（单位为 mm）；活塞行程 S（单位为 mm）；气缸数 i（个）；转速 n（单位为 r/min）；压缩机的相对余隙容积 c。

目前国内全封闭往复式压缩机的基本参数尚未有统一标准，表 5-9 给出了机械工业部 JB2941—81 标准中的基本参数。在选取这些参数时也可参考现有产品的数值。在选取时要注意的是目前小型全封闭往复式制冷压缩机基本都采用 2 极电动机，其转速为 2880r/min 左右；活塞行程缸径比 $\Psi=S/D$，一般在 0.4～0.8 之间；活塞平均速度（单位为 m/s）$\overline{u_p}=sn/30$，通常不超过 5m/s，大体在 1.5～4m/s 范围内；缸径 D 一般不超过 60mm；气缸数 1～2 个居多，少数有 3～4 个气缸；c 值一般在 2%～6%以内。

表 5-9 全封闭往复式制冷压缩机基本参数（JB2941—81 标准）

类型	制冷剂	缸径/mm	行程/mm	缸数	转速/r·min⁻¹	名义制冷量/kW	配用电动机功率/kW
高温用	R22	40	25	1	2820	4.07	1.1
				2		8.37	2.2
				3		12.56	3
				4		16.74	4
		50	30	1	2880	7.91	2.2
				2		15.81	4
				3		23.72	5.5
				4		31.63	7.5

（续）

类型	制冷剂	缸径/mm	行程/mm	缸数	转速/r·min⁻¹	名义制冷量/kW	配用电动机功率/kW
低温用	R12	40	25	1	2820	1.28	0.75
				2		2.56	1.5
				3	2880	3.94	2.2
				4		5.26	3
		50	30	1	2820	2.46	1.1
				2		5.02	2.2
				3	2880	7.53	3
				4		10.05	4
	R22	40	25	1	2820	2.09	1.1
				2		4.30	2.2
				3		6.45	3
				4	2880	8.60	4
		50	30	1		4.07	2.2
				2		8.14	4
				3		12.21	5.5
				4		16.28	7.5
	R502	40	25	1	2820	2.12	1.1
				2		4.36	2.2
				3		6.52	3
				4	2880	8.70	4
		50	30	1		4.12	2.2
				2		8.23	4
				3		12.35	5.5
				4		16.47	7.5

3.2 计算工况

通常根据有关标准规定的设计计算工况进行热力计算，但也可依据实际使用的工况范围进行计算。

表 5-10 和表 5-11 列出了国标中规定的全封闭制冷压缩机的名义工况，最大功率工况和低吸入压力工况。其中制冷压缩机铭牌上所标的值由名义工况测出；最大功率工况用来考核压缩机电动机绕组温度、噪声、振动及机器能否正常启动；低吸入压力工况则用来考核零部件强度、排气温度、油温。因此，在一般情况下几种工况要同时进行计算。

表 5-12 是 JB955—67 标准规定的工况，此标准在国标出来之前广泛采用。

表 5-10　全封闭式制冷压缩机的名义工况

压缩机型式	全封闭式（GB10079—88）	全封闭式（GB9098—88）	
工况	高温	低温	冰箱
制冷剂	R12，R22	R12，R22，R502	R12
蒸发温度/℃	7.2	−15	−23.3
吸气温度/℃	35	15	32.2
冷凝温度/℃	54.4	30	54.4
制冷剂液体温度/℃	46.1	25	32.2

表 5-11 最大功率工况及低吸入压力工况

制冷剂	使用温度范围	最大功率工况			低吸入压力工况		
		蒸发温度/℃	吸气温度/℃	冷凝温度/℃	蒸发温度/℃	吸气温度/℃	冷凝温度/℃
R22	高温	10	15	60	−15	−5	55
	低温	−5	15	50	−30	−20	45
R12	低温	5	15	60	−30	−20	50
R502	低温	−5	15	50	−45	−35	40

表 5-12 全封闭往复式制冷压缩机运转工况

类型	使用制冷剂	试验工况	蒸发温度/℃	吸气温度/℃	冷凝温度/℃
高温用	R22	空调（名义）工况	5	15	40
		最大压力差	5	15	55
			−5	15 (3)	50
		最大轴功率	10	15	55
低温用		标准（名义）工况	−15	15	30
		最大压力差	−30	0 (−22)	45
		最大使用轴功率	−5	15	45
	R12	标准（名义）工况	−15	15	30
		最大压力差	−30	0 (−22)	50
		最大使用轴功率	−5	15	50

注：1. 名义工况的节流前过冷温度均比冷凝温度低 5℃；

2. 当压缩机的排气温度和电动机绕组温升超过规定时，可采用括号内的吸气温度；

3. R12 的空调工况与 R22 的空调工况相同。

3.3 热力计算

(1) 将所计算的工况表示在 $\lg p\text{-}h$ 图上，如图 5-79 所示，根据所用工质，查出有关特征点的状态参数值：包括压力 p（单位为 kpa），比容 v（单位为 m^3/kg），温度 T（单位为 K），比焓 h（单位为 kJ/kg），比熵 s（单位为 kJ/kg），为计算作好准备。

(2) 主要参数计算

1) 单位工质制冷量 q_0（单位为 kJ/kg）

$$q_0 = h_1' - h_4' \qquad (5\text{-}11)$$

2) 单位绝热理论功 w_{ts}（单位为 kJ/kg）

$$w_{ts} = h_2' - h_1' \qquad (5\text{-}12)$$

3) 理论容积输气量 V_h（单位为 m^3/s）

$$V_h = \frac{\pi}{4} D^2 \sin/60 \qquad (5\text{-}13)$$

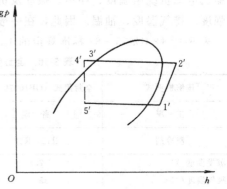

图 5-79 热力循环示意图

　　表 5-13 列出了驱动压缩机的电机输出功率与压缩机理论输气量的关系。表中参数变化范围较大，主要从设计中考虑压缩机系列化和通用化，以及所配用的制冷设备。要求不同（如蒸发温度不同），在同样气缸工作容积下，所配电动机输出功率不同，或者在相同输出功率下，气缸的缸径与活塞行程比不同。

　　目前小型全封闭往复式压缩机的工作容积和电动机功率分级也可按表 5-14。

表 5-13　全封闭往复式压缩机输入功率与输气量

电动机输入功率/W	输气量/m³·h	电动机输入功率/W	输气量/m³·h	电动机输入功率/W	输气量/m³·h
35	0.35～0.41	180～200	1.5～1.7	1800	8.8～9.5
40	0.48～0.50	250	1.8～2.1	2300	11.9～12.5
50	0.5～0.52	350～370	1.95～3.3	3700	18.7～20
60～65	0.6～0.65	550	2.3～4.6	5000	28～30
75～80	0.7～0.8	750	3.3～6.6	7500	41.3～50
93～100	0.82～1.0	900～1000	4.5～5.0	11000	57～60
125	1.05～1.2	1100～1150	4.6～8.2		
150	1.25～1.4	1500	6.6～8		

表 5-14　工作容积和电动机功率分级

额定功率/W	75～80	93～100	125	150	180～200
理论输气量/m³·h	0.45～0.5	0.6～1.0	0.75～1.25	1.0～1.4	1.2～2.1

　　4）容积系数 λ_V

$$\lambda_V = 1 - c\left[\left(\frac{p_{dk}+\Delta p_{d3}}{p_{s0}}\right)^{\frac{1}{m}} - 1\right] \tag{5-14}$$

Δp_{d3}、m'、n' 的规定范围如表 5-15 所示，其中 m'，n' 分别为等端点多变膨胀指数和多变压缩指数值。

　　图 5-80 是压缩机实际工作过程的 p-V 图。

　　5）压力系数 λ_p

$$\lambda_p = 1 - \frac{(1+c)\Delta p_{s1}}{\lambda_V p_{s0}} \tag{5-15}$$

Δp_{s1} 的值如表 5-16 所示。

　　6）温度系数 λ_T

$$\lambda_T = \frac{T_0 + (T_1'-T_0)}{a_1 T_K + b_1(T_1'-T_0)} \tag{5-16}$$

其中 b_1 由图 5-81 查出；一般 $1 \leqslant a_1 \leqslant 1.15$，对于家用制冷压缩机 $a_1 = 1.15$，商用制冷压缩机则 $a_1 = 1.1$。

　　7）压力比 ε

$$\varepsilon = p_{dk}/p_{s0} \tag{5-17}$$

一般单级压缩机的最大压力比不超过 10，这样就限

表 5-15　m'，n' 和 Δp_{d3} 的值

参数　　机型	氟利昂压缩机
m'	0.95～1.05
n'	1.05～1.18
Δp_{d3}	(0.10～0.15)p_{dk}

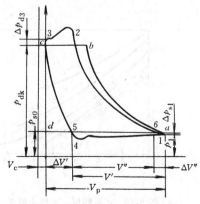

图 5-80　压缩机实际工作过程指示图

制了 R22 和 R12 单级制冷机合理使用的最低蒸发温度，其值见表 5-17 所示。

8）泄漏系数 λ_l

$$\lambda_l = 0.97 \sim 0.99 \tag{5-18}$$

9）输气系数 λ

$$\lambda = \lambda_V \lambda_P \lambda_T \lambda_l \tag{5-19}$$

图 5-82、5-83 是小型全封闭往复式压缩机 λ 与 ε 及 C 的关系。由这两个图，可直接得到 λ，也可用这两个图校核 λ 的计算值。

10）实际输气量 q_m（单位为 kg/s）

$$q_m = \lambda V_h / v_1' \tag{5-20}$$

11）制冷量 Q_0（单位为 kW）

$$Q_0 = q_m q_0 \tag{5-21}$$

12）理论绝热功率 P_{ts}（单位为 kW）

$$P_{ts} = q_m w_{ts} \tag{5-22}$$

13）指示功率 P_i

①对于已有压缩机测试的指示图，由图 5-84 求出图形面积 A_i 和图形长度 S_i，则指示功 W_i（单位为 J）

表 5-16 Δp_{s1} 的值

参数 机型	氟利昂压缩机
Δp_{s1}	$(0.05 \sim 0.07) p_{s0}$

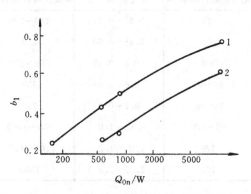

图 5-81 b_1 与全封闭压缩机制冷量的关系
1—空气自由运动 2—空气强制运动

表 5-17 单级往复式制冷机合理使用的最低蒸发温度（单位为℃）

冷凝温度	30	35	40	45	50
R22	−37.2	−34.2	−31.5		
R12	−36.8	−33.8	−31.1	−28.3	−25.4

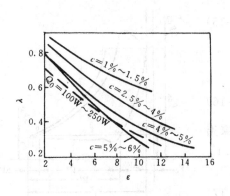

图 5-82 c 不同时，ε 与 λ 的关系

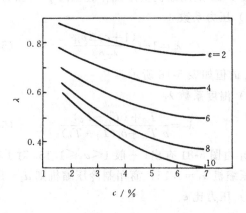

图 5-83 ε 不同时，c 与 λ 的关系

$$W_i = \frac{\pi}{4} D^2 S m_p A_i / S_i \tag{5-23}$$

式中 m_p——指示图压力比例尺单位为（N/m²）/m。

则指示功率 P_i（单位为 kW） $P_i = \frac{i n W_i}{60 \times 1000} \tag{5-24}$

②也可利用公式计算 P_i（kW）

$$P_i = 1.309 \lambda_v \lambda_p p_{s0} D^2 s n i \frac{n''}{n'' - 1} \left\{ \left[\varepsilon (1 + \delta_0) \right]^{\frac{n'' - 1}{n''}} - 1 \right\} \sqrt{\frac{z_2'}{z_1'}} \times 10^{-5} \tag{5-25}$$

式中 δ_0——吸、排气过程中平均相对压力损失之和，即 $\delta_0 = \Delta p_{sm} / p_{s0} + \Delta p_{dm} / p_{dk}$；

Δp_{sm}——平均的吸气压力损失，单位为 Pa；

Δp_{dm}——平均的排气压力损失，单位为 Pa；

n''——等功多变指数；

z_1'，z_2'——$1'$点和 $2'$点的压缩因子。

有关 Δp_{sm}，Δp_{dm}，n'' 的意义如图 5-85 所示。

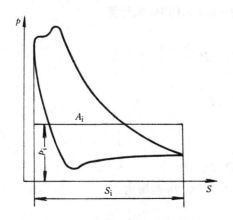
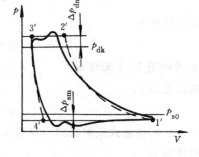

图 5-84 由实测指示图求指示功   图 5-85 实际循环的等功简化图

通常 n'' 近似取为工质的等熵指数 κ，常用工质 k 的数值如表 5-18 所示；z 可由 $z = pv/(RT)$ 求出，常用工质 R 的数值也见表 5-18 所示。

表 5-18 R 和 K 的数值

工质\名称	气体常数 R/[J/(kg·K)]	等熵指数 κ（当 p=760mmHg，t=20℃时）
R12	68.779	1.138
R134a	81.488	1.11
R22	96.173	1.194

δ_0 既可参照同类产品取 $\Delta p_{sm} / p_{s0}$ 和 $\Delta p_{dm} / p_{dk}$ 而得到，例如图 5-86 给出了三台全封闭往复式压缩机（工质 R12）的 Δp_{sm} 和 Δp_{dm} 随 p_{s0} 的变化关系；也可根据气阀相对阻力损失而近似计算出来；

③P_i 也可根据同类型压缩机选取指示效率 η_i 来确定，或按图 5-87 选取 η_i 来估值。

14）摩擦功率 P_m（单位为 kW）

$$P_m = 1.309 i D^2 s n p_m \times 10^{-5} \tag{5-26}$$

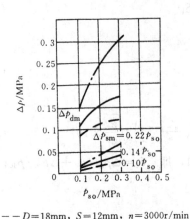

---- $D=18\text{mm}$, $S=12\text{mm}$, $n=3000\text{r/min}$
—— $D=22\text{mm}$, $S=14\text{mm}$, $n=1500\text{r/min}$
---- $D=26\text{mm}$, $S=14\text{mm}$, $n=1500\text{r/min}$

图 5-86 三台全封闭往复式压缩机的 Δp_{sm}
和 Δp_{dm} 与 p_{so} 的关系

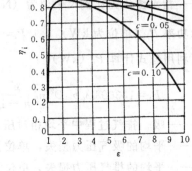

图 5-87 η_i 随 ε 和 c 的变化关系

p_m 可根据已有的压缩机估算，也可按 $p_m=0.2\sim0.5\times10^5\text{Pa}$ 来计算。

15）轴功率 P_e（单位为 kW）

$$P_e=P_m+P_i \tag{5-27}$$

16）指示效率 η_i

$$\eta_i=P_{ts}/P_i \tag{5-28}$$

计算出的 η_i 可由图 5-87 来校核。

17）机械效率 η_m

$$\eta_m=P_i/P_e \tag{5-29}$$

试验表明，全封闭往复式压缩机的机械效率在 0.8～0.95 范围内。

18）轴效率 η_e

$$\eta_e=\eta_i\eta_m \tag{5-30}$$

19）电效率 η_{eL}

$$\eta_{eL}=\eta_e\times\eta_{mo} \tag{5-31}$$

电动机效率 η_{mo} 由图 5-88 查出。η_{eL} 可由图 5-89 来校核。

由于压缩机电动机的输出功率随负荷、电压和季节的变化有较大的波动，因此，要求电动机在压缩机运行工况范围内 η_{mo} 不应有较大的变化，且在名义工况下有最大值。

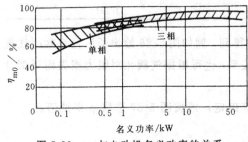

图 5-88 η_{mo} 与电动机名义功率的关系

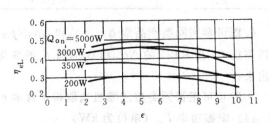

图 5-89 全封闭往复式压缩机 η_{eL} 与 ε 的关系

20）电功率 P_{eL}（单位为 kW）

$$P_{eL} = P_{ts}/\eta_{eL} \tag{5-32}$$

值得注意的是，制冷压缩机所需的轴功率随工况而变化，故通常电动机功率可按其工作温度（高、低）范围所规定的最大功率工况（见表 5-11）的轴功率选配。对于高温全封闭式压缩机，由于制冷剂冷却内置电动机的作用，其名义功率要比具有相同制冷量的开启式压缩所配置的普通电动机名义功率小 1/3～1/2。而小型开启式压缩机所需电动机名义功率，是按照最大功率工况下的轴功率，考虑到其传动效率，再加上启动的需要增加 10%～15% 来计算。此外，还要尽可能选用已有的封闭式压缩机用耐氟电动机产品系列。

21）COP 值

$$COP = Q_0/P_{eL} \tag{5-33}$$

根据全封闭式压缩机国标 GB9098—88，对于冰箱用压缩机（即使用 R12，蒸发温度范围在 −35～15℃，在名义功率下不超过 230W），在表 5-10 冰箱工况下，其 COP 值应不低于表 5-19 规定的限值。

根据全封闭式压缩机的国标 GB10079—88，其中 COP 值对不同的名义制冷量应具有表 5-20 上的数值。

表 5-19 *COP* 的下限值

气缸名义工作容积/cm³	≤4.2	>4.2 ≤7	>7 ≤10
COP/W/W	0.9	0.95	1.05

图 5-90 示出 COP 值随全封闭往复式压缩机名义制冷量的变化关系，其中曲线 1 是高温工况，曲线 2 是中温工况和曲线 3 是低温工况。

而 JB2941—81 中按表 5-12 中工况下进行考核，其具体指标列于表 5-21。

表 5-20 *COP* 的下限值

名义制冷量 /W	COP/W·W⁻¹ 高温用	
	单相	三相
≤2500	2.2	—
>2500～7000	2.3	2.5
>7000～14000	—	2.7
>14000～32000	—	2.7

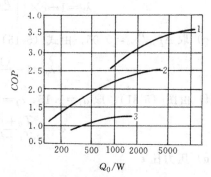

图 5-90 *COP* 值随全封闭往复式压缩机
名义制冷量的变化关系

表 5-21 *COP* 的下限值

配用电动机功率/kW		COP/W/W	
		高温用	低温用
配用三相电动机	1.1，1.5，2.2	2.91	1.86
	3，4，5.5	3.02	1.98
	7.7	3.14	2.03
配用单相电动机	0.75	2.56	1.74
	1.1，1.5	2.67	1.86
	2.2	2.79	1.92

3. 4 计算举例

试计算一台全封闭往复式压缩机在冰箱工况下的制冷量、压缩机功率和能效比 COP。

1）主要结构参数　气缸直径 $D=0.0235\mathrm{m}$；活塞行程 $s=0.01375\mathrm{m}$；气缸数 $i=1$；相对余隙容积 $c=0.0204$；转速 $n=2880\mathrm{r/min}$。

2）使用制冷剂　R134a。

3）计算工况　见表 5-10 中冰箱工况。

4）在计算工况下，制冷系统热力循环的各点参数值

参数 工况	t_0/℃	t_k/℃	t_i/℃	t_4'/℃	$p_0=p_{s0}$ /kPa	$p_k=p_{dk}$ /kPa	h_1' /kJ/kg	h_2' /kJ·kg	h_4' /kJ·kg	v_1' /m³·kg
名义工况	−23.3	54.4	32.2	32.2	114.149	1469.6	430.244	494.838	244.664	0.2152

5）热力计算

（a）单位制冷量 q_0

$$q_0=h_1'-h_4'=185.58\mathrm{kJ/kg}$$

（b）单位理论功 w_{ts}

$$w_{ts}=h_2'-h_1'=64.594\mathrm{kJ/kg}$$

（c）理论输气量 V_h

$$V_h=\frac{\pi}{4}D^2\sin/60=0.2863\times10^{-3}\mathrm{m^3/s}$$

（d）取 $m'=1$，$\Delta p_{d3}/p_{dk}=0.1$，由式（5-14）

$$\lambda_V=1-c\times\left[\left(\frac{p_{dk}+\Delta p_{d3}}{p_{s0}}\right)^{\frac{1}{m}}-1\right]=0.7315$$

（e）取 $\Delta p_{s1}/p_{s0}=0.05$，由式（5-15）

$$\lambda_p=1-\frac{(1+c)\Delta p_{s1}}{\lambda_V p_{s0}}=0.9303$$

（f）由图（5-81），取 $a_1=1.15$，$b_1=0.25$，由式（5-16）

$$\lambda_T=\frac{T_0+(T_1'-T_0)}{a_1 T_k+b_1(T_1'-T_0)}=0.7818$$

（g）压力比 ε

$$\varepsilon=p_{dk}/p_{s0}=12.874$$

（h）由式（5-18），取 $\lambda_l=0.98$

（i）输气系数 λ

$$\lambda=\lambda_V\lambda_p\lambda_T\lambda_l=0.5214$$

（j）流量 q_m

$$q_m=\lambda V_n/v_1'=0.6936\times10^{-3}\mathrm{kg/s}$$

（k）制冷量 Q_0

$$Q_0=q_m\times q_0=128.7\mathrm{W}$$

（l）理论功率 P_{ts}

$$P_{ts}=q_m\times w_{ts}=44.80\mathrm{W}$$

（m）指示功率 P_i

取 $n''=1.11$，$\delta_0=\dfrac{\Delta p_{sm}}{p_{s0}}+\dfrac{\Delta p_{dm}}{p_{dk}}=0.20$，而 $z_{1'}=0.98$，$z_{2'}=0.88$，

$$P_i=1.309\times\lambda_V\times\lambda_p\times p_{s0}\times D^2\times s\times n\times i\times\frac{n''}{n''-1}\left\{[\varepsilon(1+\delta_0)]^{\frac{n''-1}{n''}}-1\right\}\sqrt{\frac{z_{2'}}{z_{1'}}}\times10^{-5}$$

$$=65.5\text{W}$$

（n）取 $p_m=0.5\times10^5\text{Pa}$，则摩擦功率 P_m

$$P_m=1.309iD^2snp_m\times10^{-5}=14.31\text{W}$$

（o）轴功率 P_e

$$P_e=P_m+P_i=79.81\text{W}$$

（p）指示效率 η_i

$$\eta_i=P_{ts}/P_i=0.68$$

（q）机械效率 η_m

$$\eta_m=P_i/P_e=0.821$$

（r）轴效率 η_e

$$\eta_e=\eta_i\eta_m=0.5614$$

（s）取电动机效率 $\eta_{mo}=0.8$，则电效率 η_{eL}

$$\eta_{eL}=\eta_e\times\eta_{mo}=0.449$$

（t）输入电功率 P_{eL}

$$P_{el}=P_{ts}/\eta_{eL}=99.76\text{W}$$

（u）COP 值

$$COP=Q_0/P_{eL}=1.29$$

3.5 全封闭往复式制冷压缩机运行特性曲线和运行界限

图 5-91 表示了全封闭往复式 F5.2Q 型压缩机的运行特性曲线（即压缩机的性能曲线）。这些曲线对我们了解和选用制冷压缩机是很有用的，从这些曲线中可以发现出这样的共同规律：蒸发温度一定而冷凝温度上升，则压缩机的制冷量下降而功率消耗增加；冷凝温度一定而蒸发温度下降时，压缩机的制冷量减少，功率消耗亦下降，但前者下降速率大于后者，因而 COP 值将由此而逐渐降低。并且，蒸发温度对性能的影响大于冷凝温度对性能的影响。

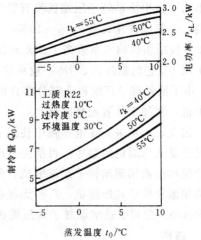

另外，同一台压缩机当使用不同工质或在不同工况范围运行时，由于所需电功率随工况而变化，故应分别配置不同功率的电动机。

为了运行的安全和经济，并合理而有效地保证其设计制造质量，国标中规定，全封闭制冷压缩机的运行范围应受到最高工作温度和最高工作压力的限制，如表 5-22 所示。

图 5-91　F5.2Q 型全封闭往复式空调压缩机的运行特性曲线

表 5-22　全封闭往复式压缩机设计和使用条件

项　目		R12	R22	R502
最高冷凝温度/℃	高温	—	60	—
	低温	60	50	
最大压力差/MPa	高温	—	2.0	—
	低温	1.2	1.6	
最高排气温度/℃		130	150	
蒸发温度/℃	高温	—	−15～10	
	低温	−30～−5	−45～−5	
最高环境温度/℃		43		

通常工质的压缩终了温度由下式计算:

$$T_2 = T_1' \left[\frac{(p_{dk} + \Delta p_{d2})}{(p_{s0} - \Delta p_{s1})} \right]^{\frac{n'-1}{n}} \tag{5-34}$$

也可通过 η_i 计算出压缩终了的实际比焓值 h_2,即

$$h_2 = (h_{2'} - h_1')/\eta_i + h_1' \tag{5-35}$$

然后由工质物性表和图上查出 T_2。

4　小型滚动转子式压缩机

目前生产的滚动转子式压缩机主要有两种形式:①大型开启式压缩机,多用氨工质,目前只有瑞士埃希尔韦斯公司生产;②小型全封闭式压缩机,一般标准制冷量多为 3kW 以下。本文主要涉及小型滚动转子式压缩机。小型滚动转子式压缩机的特点是:①结构简单,体积小,重量轻,同往复式压缩机比较,体积可减少 40%～50%,重量也可减轻 40%～50%;②零部件少 1/3,特别是易损件少,同时相对运动部件之间的摩擦损失少,因而可靠性较高;③仅滑片有较小的往复惯性力,旋转惯性力可完全平衡,因此这种机器振动小,运转平稳;④效率高。由于滚动转子压缩机没有吸气阀,吸气时间长,吸气过程流动阻力小,所以指示效率高,一般比往复式高 20%～40%。此外,由于直接吸气,因此吸气有害过热小;余隙容积也小,故压缩机输气系数高于往复式压缩机 10%～20%。对于冰箱用滚动转子式压缩机在冰箱工况下,它的能效比 COP 一般可达 1.2～1.3。而往复式压缩机仅 1.0 左右;⑤便于大量生产。由于滚动转子压缩机大部分零件的几何形状为圆柱形,便于加工和生产,可做到产量大,成本低;⑥加工及装配精度高。

因此,近年来,在电冰箱中使用小型滚动转子式压缩机越来越多,而在空调器中有完全取代往复式压缩机的趋势。目前上海冰箱压缩机公司已从日本三菱和日立公司引进技术,生产冰箱和空调用滚动转子式压缩机;西安庆安宇航设备公司从日本大金公司引进技术,生产空调用滚动转子式压缩机;广州无线电专用设备厂、南京金陵机器厂和珠海压缩机厂从美国的 Rotolex 公司引进滚动转子式压缩机生产线。

4.1　结构

滚动转子式压缩机分为立式和卧式两种。目前空调器中大都采用立式,电冰箱上使用的是卧式。

滚动转子式压缩机吸入气体可先经过电动机，然后进入气缸，但近年来为了减小吸气的有害过热，提高效率，小型滚动转子式压缩机的吸气由机壳下部的接管直接进入气缸（如图5-92）。吸气管上装有液体收集器，润滑油经下部弯管小孔被吸入气缸。高压气体直接排入机壳中。外壳还装有过载继电器，它的感应元件置于壳体内。内部无减振机构。而润滑系统靠离心式和压差式供油。图5-93是卧式滚动转子式压缩机的结构示意图。

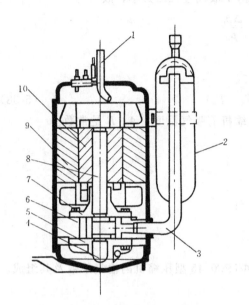

图 5-92　直接吸气压缩机

1—排气管　2—存储器　3—吸入管　4—油泵
5—端盖　6—气缸　7—端盖　8—曲轴
9—电动机定子　10—电动机转子

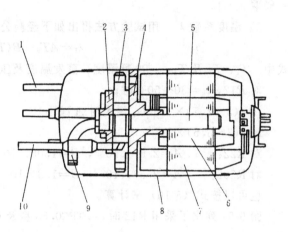

图 5-93　滚动转子式冰箱压缩机

1—排气管　2—端盖　3—气缸　4—轴承　5—曲轴
6—电动机转子　7—电动机定子　8—机壳
9—液压泵　10—吸气管

4.2　热力计算方法

4.2.1　输气系数

滚动转子式压缩机的热力计算与往复式压缩机基本相同,不同之处主要是输气量的计算,以及一些参数的选取等方面。这里仅对不同之处给予指出。

滚动转子式压缩机的理论输气量 V_h（单位为 m^3/h）

$$V_h=60nV_g=60n\pi L(R^2-r^2)=\pi R^2L\varepsilon'n(2-\varepsilon')60 \qquad (5-36)$$

式中　n——转速，单位为 r/min；

　　　R——气缸半径，单位为 m；

　　　L——气缸高度，单位为 m；

　　　r——滚动转子半径，单位为 m；

　　　ε'——相对偏心距，$\varepsilon'=e/R$；

　　　e——偏心距，单位为 m，$e=R-r$。

滚动转子式压缩机的输气量 V_s（单位为 m^3/h）

$$V_s=\lambda V_h \qquad (5-37)$$

式中　λ——输入系数。

而　　　　　　　　　　　　　　　　$\lambda=\lambda_V\lambda_p\lambda_T\lambda_l$

1) 容积系数 λ_V　同往复式压缩机一样，也可按下式计算

$$\lambda_V = 1 - c\left[\left(\frac{p_k}{p_0}\right)^{\frac{1}{\kappa}} - 1\right]$$

式中　c——相对余隙容积，它可通过仔细计算确定，通常 $c = 1\% \sim 2\%$；

　　　κ——工质等熵指数。

2) 压力损失系数 λ_p　同往复式压缩机一样。由于吸气过程压力小，故

$$\lambda_p = 1 - \frac{1+c}{\lambda_V} \frac{\Delta p_0}{p_0}$$

一般取 $\lambda_p = 1$。

3) 温度系数 λ_T　用试验方法得出如下经验公式

$$\lambda_T = AT_k - B(T_1 - T_0) \qquad\qquad (5\text{-}38)$$

式中　T_k、T_0 及 T_1——冷凝温度、蒸发温度及压缩机前吸气温度，A、B 是常数。

对 $R12$，$t_k = 30 \sim 50℃$ 时；

$A = (3 \sim 2.7) \times 10^{-3}$（$t_k$ 增大时 A 减小）

$B = (3 \sim 3.5) \times 10^{-3}$；

对 R22：　　　$A = 2.57 \times 10^{-3}$，$B = 1.06 \times 10^{-3}$；

对 R502：　　$A = 2.57 \times 10^{-3}$，$B = 1.8 \times 10^{-3}$。

也可以按式（5-16）来计算。

图 5-94 列出了采用 R12 时，ΦTPC0.55 型及 ΦTPC0.45 型压缩机的输气系数及其组成。

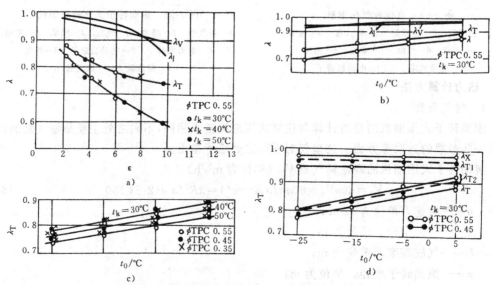

图 5-94　全封闭转子式压缩机的输气系数 a，b 和
温度系数及其组成 c，d

通常，当压力比 $\varepsilon = 2 \sim 8$ 时，$\lambda_T \approx 0.95 \sim 0.82$

4) 泄漏系数 λ_l　当精心设计选用较小间隙值时，λ_l 约在 $0.98 \sim 0.92$ 之间；而当选用中等间隙时，随着 t_0 从 $5℃$ 降到 $-25℃$，或者 t_k 从 $30℃$ 升至 $50℃$，λ_l 约减小 $3\% \sim 6\%$。在设计时对于标准工况可近似取 $\lambda_l = \lambda_V$。或者当转速 $n = 2880\text{r/min}$ 时，$\lambda_l = 0.82 \sim 0.92$；当

$n=1440\text{r/min}$ 时，$\lambda_l=0.75\sim0.88$。

通常 $\lambda=0.7\sim0.9$

4.2.2 电效率 η_{eL}

即理论压缩机所需功率 P_T 与实际压缩机所需功率 P_{eL} 之比：

$$\eta_{eL}=P_T/P_{eL} \tag{5-39}$$

则

$$\eta_{eL}=\eta_i\eta_m\eta_{mo} \tag{5-40}$$

1）指示效率 η_i

$$\eta_i=\lambda_T\lambda_l\Big/\left[1+1.5(\Delta p_{sm}+\Delta p_{dm}\varepsilon^{-1/K})\Big/\left(\frac{h_2-h_1}{v_1}\right)\right] \tag{5-41}$$

式中　　　　　v_1——吸入点气体比体积，单位为 m^3/kg；

ε——压力比；

Δp_{sm}，Δp_{dm}——吸、排气阀平均压力降，单位为 Pa；

h_1，h_2——压缩开始及终了时的比焓，单位为 J/kg；

κ——工质的等熵指数。

2）机械效率 η_m　对于中温全封闭滚动转子式压缩机 $\eta_m=0.7\sim0.85$；而冰箱压缩机 $\eta_m=0.4\sim0.7$。高转速小制冷量压缩机 η_m 取小值，反之取大值。

3）电动机效率 η_{mo}

小冰箱　$\eta_{mo}\leqslant0.65$

商用制冷机　$\eta_{mo}\leqslant0.8$

4）电效率 η_{eL}

$$\eta_{eL}\approx0.4\sim0.55$$

选配电动机的名义功率应比实际所需的功率小一些。

图 5-95 示出不同制冷量时电效率与压力比 ε 的变化关系。

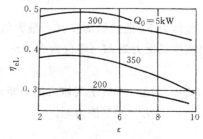

图 5-95　滚动转子式压缩机电效率与压力比 ε 的关系

在表 5-10 冰箱工况下，高效滚动转子式压缩机的 COP 应不低于表 5-23 规定的下限值。

表 5-23　COP 的下限值

气缸名义工作容积/cm^3	$\leqslant4.2$
COP/W/W	1.12

4.3　动力计算

4.3.1　滑片的运动规律

位移 x（单位为 m），经简化后

$$x=R\varepsilon'\left(1-\cos\varphi+\frac{1}{2}\frac{\varepsilon'}{1-\varepsilon'}\sin^2\varphi\right) \tag{5-42}$$

速度 c（单位为 m/s）

$$c=\frac{\mathrm{d}x}{\mathrm{d}t}=R\varepsilon'\omega\left(\sin\varphi+\frac{1}{2}\frac{\varepsilon'}{1-\varepsilon'}\sin2\varphi\right) \tag{5-43}$$

加速度 a

$$a=\frac{\mathrm{d}c}{\mathrm{d}t}=R\varepsilon'\omega^2\left(\cos\varphi+\frac{\varepsilon'}{1-\varepsilon'}\cos2\varphi\right) \tag{5-44}$$

式中　$\omega=\pi\times n/30$

4.3.2　转角 φ 时气缸内的压力 p_φ（单位为 Pa）为

$$p_\varphi=p_1\left\{\frac{\left[(2-\varepsilon')(\pi-\frac{1}{2}\beta)+(1-\varepsilon')\sin\beta+\frac{1}{4}\times\varepsilon'\times\sin2\beta\right]}{\left[(2-\varepsilon')(\pi-\frac{1}{2}\varphi)+(1-\varepsilon')\sin\varphi+\frac{1}{4}\times\varepsilon'\times\sin2\varphi\right]}\right\}^{n'} \tag{5-45}$$

式中　β——吸气孔口前边缘点所对应的夹角，（单位为 rad）；

　　　n'——可沿用往复式压缩机的推荐值。对于气缸周围是吸入蒸气，n' 可取小一些，反之若为排出蒸气时应选取得大一些。

4.3.3　转子受力计算

转子径向气体力 F_R（单位为 N）

$$F_R=R(1-\varepsilon')\sqrt{2(1-\cos\varphi)+\frac{\varepsilon'}{1-\varepsilon'}(1-\cos2\varphi)\times L\times(p_\varphi-p_s)} \tag{5-46}$$

气体力 F_R 曲线如图 5-96，最大值一般出现在排气过程开始之时。

压缩机反力矩 M（单位为 N·m）

$$M=M_R+M_F \tag{5-47}$$

式中　M_R——转子气体力的力矩；

　　　M_F——摩擦力矩。

$$M_R=\frac{1}{2}R^2L\varepsilon'(1-\varepsilon')\left[2(1-\cos\varphi)+\frac{\varepsilon'}{1-\varepsilon'}(1-\cos2\varphi)\right](p_\varphi-p_s) \tag{5-48}$$

$$M_F=\frac{60\times102}{2\times\pi\times n}P_e(1-\eta_m) \tag{5-49}$$

式中　P_e——压缩机的轴功率，单位为 W。

图 5-96 也示出反力矩图，其最大值一般也出现在排气过程开始之时。

在这里可用

$$P_e=n\int_0^{2\pi}M\mathrm{d}\varphi/(60\times102\times9.8) \tag{5-50}$$

来检验动力计算的准确程度。

利用

$$M_m=\int_0^{2\pi}M\mathrm{d}\varphi/(2\pi) \tag{5-51}$$

和反力矩，可计算旋转不均匀度 δ，通常 $\delta<\frac{1}{100}$。

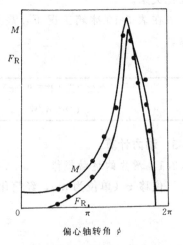

偏心轴转角 ϕ

图 5-96　转子气体力及反力矩图

4.3.4 转子的平衡

由图 5-97 可知，平衡质量（单位为 kg）按下式计算。

$$\begin{cases} m''_{x0} = \dfrac{a}{b} \times m_x \times \dfrac{r_x}{r''_{x0}} \\ m'_{x0} = m_x \times \dfrac{r_x}{r_{x0}} \times \left(1 + \dfrac{a}{b}\right) \end{cases}$$

(5-52)

4.3.5 滑片受力

侧面气体力 F_p（单位为 N）

$$F_p = xL(p_\varphi - p_s)$$

(5-53)

滑片弹簧力应满足

$$F_{t1} + k(2e - x) > \frac{1}{2} \times L \times \delta (p_\varphi + p_s - 2p_b) - m \times a$$

(5-54)

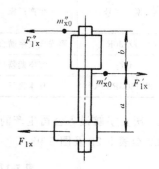

图 5-97 旋转惯性力与力矩平衡

式中 δ——滑片厚度，单位为 m；

     p_b——作用于上端部的气体压力，单位为 Pa；

     m——滑片质量，单位为 kg；

     a——滑片加速度，单位为 m/s²；

   F_{t1}——弹簧预紧力（$\varphi = \pi$ 时的弹簧力），单位为 N；

     k——弹簧刚度，单位为 N/m。

4.4 主要结构参数的选择

气缸半径 R（单位为 m）

$$R = \sqrt[3]{\frac{V}{120\lambda\pi n\mu\varepsilon'(2 - \varepsilon')}}$$

(5-55)

式中 V——压缩机的实际输气量，（单位为 m³/h）；

     μ——气缸长径比，$\mu = L/R$。

通常 $\varepsilon' = 0.05 \sim 0.2$；$\mu = 0.5 \sim 1.0$。

滑片厚度 $b \geqslant 2e$（有些 $0.6e \leqslant b \leqslant e$），气缸高度为 12.5～24.5mm。

表 5-24 至 5-25 给出以 R12 为工质的滚动转子式压缩机主要结构参数。表 5-26 是以 R22 为工质的滚动转子式压缩机的结构参数。

表 5-24 德国林德公司 GL 型滚动转子式压缩机系列

型 号	制冷量/W	主 要 尺 寸/mm			
		气缸直径	转子直径	气缸高度	偏心距
GL2	200	35	31.4	18	1.8
GL3	270		30.4		2.3
GL4	430	60	57.0	25	1.5
GL5	630		55.6		2.2
GL6	840		54.0		3

表 5-25　上海冰箱压缩机公司滚动转子式压缩机系列

型　　号	制冷量/W	主　要　尺　寸/mm			
		气缸直径	转子直径	气缸高度	偏心距
QDX40	140		28.58		2.71
QDX35	130	34	29.20	15	2.4
QDX31	109		29.90		2.05
QDX27	91		30.42		1.79

表 5-26　以 R22 为工质的滚动转子式压缩机

型　　号	生产厂家	制冷量/W	主　要　尺　寸/mm			
			气缸直径	转子直径	气缸高度	偏心距
YZ-30R	西安庆安宇航公司	3580	54	43	25	5.5
GZ$_2$	上海空调器厂	2853	60	50	20	5
2K16C3R35A	日本松下	2552	54	46.8	28	3.6

庆安宇航设备公司生产的 YZ 系列空调用滚动转子式压缩机的技术规格和安装尺寸见表 5-27 至表 5-28 及图 5-98。

表 5-27　YZ 系列空调用滚动转子式压缩机技术参数

参数　　　型号　　项目	YZ-12	YZ-14 YZ-14A	YZ-16	YZ-19 YZ-19R	YZ-21	YZ-23 YZ-23R	YZ-27 YZ-27R	YZ-30 YZ-30R
名义制冷量/W	1470	1670	1960	2250	2530	2740	3180	3580
缸径/cm	4.4				5.4			
气缸工作容积/cm³	8.87	10.02	11.99	13.67	15.65	16.43	18.72	21.10
电机额定功率/kW	0.4	0.5	0.55	0.6	0.7	0.75	0.95	1.1
能效比	2.70				2.75			
电源	单相，220V/50HZ							
额定电流/A	2.7	3.3	3.4	3.7	4.4	4.8	5.1	6.5
电机输入功率/kW	0.54	0.62	0.72	0.83	0.93	0.99	1.12	1.26
堵转电流/A	17.7	25.5	27.5	29.5	32	34	36	39
电机类型	电容运转型（PSC）							
运转电容器 电容/μF 电压/V	23/420			23/420 或 25/420	23/420			29/420
冷冻机油牌号	4GSD·1							
冷冻机油充油量/mL	400			500				
制冷剂	R22							
重量/kg	8.8	9.15	9.8	10.05 10.5	13.2	13.4 13.6	13.7 14.0	13.8 14.1

表 5-28　YZ 系列空调用滚动转子式压缩机安装尺寸

型　号	C	A	B	E	D	型　号	单制冷型		热泵型	
							YZ-21 YZ-23	YZ-27 YZ-30	YZ-23R	YZ-27R YZ-30R
YZ-12	220.5	240	191			H	261	286	261	286
YZ-14 YZ-14A	220.5	244	195	30.2	90.5	M	232	237	232	237
YZ-16 YZ-19	223.5	260	211			L	281	290	281	301
YZ-19R	260	260	211	52	96	E	52		75	
						D	107		110.5	

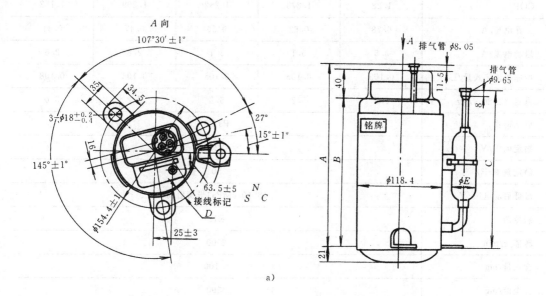

a)

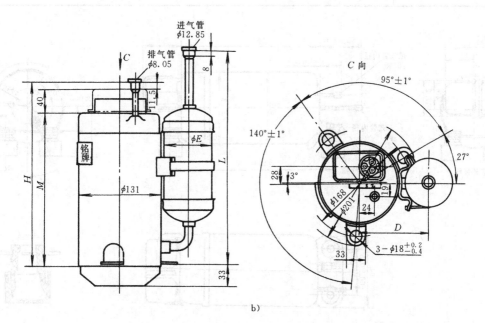

b)

图 5-98　YZ 系列空调用滚动转子式压缩机安装示意

上海冰箱压缩机公司生产的 QDX 系列冰箱用滚动转子式压缩机技术规格和安装示意见表 5-29 和图 5-99。

表 5-29　QDX 系列冰箱用滚动转子式压缩机技术参数

型　号	QDX45	QDX40	QDX35	QDX31	QDX27
输气量/mL	4.50	4.00	3.57	3.09	2.72
制冷能力/W	170	147.7	130	108.8	90.9
输入功率/W	131~132	116	104	90	76.9
COP	1.28	1.273	1.252	1.209	1.182
工作电流/A	0.78	0.62	0.56	0.47	0.41
启动电流/A	3.5	3.1	3.1	2.8	2.6
冷冻机油充入量/L	0.105	0.105	0.105	0.105	0.108
重量（含油）/kg	5.2	5.2	5.2	5.2	5.0
启动形式	PTCS				
额定电压/V	220				
额定频率/HZ	50				
最低启动电压/V	180(0.5MPa)平衡启动				
制冷剂	R12				
转速/r/min	2900				
含水量/mg	<100				
含尘量/mg	<90				

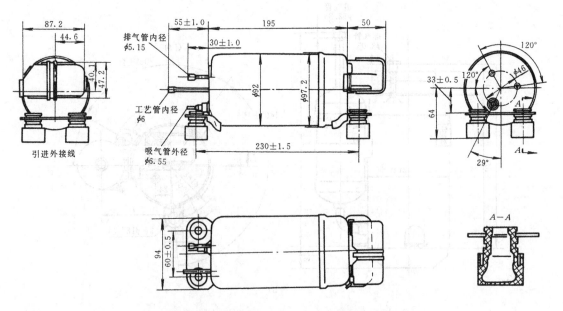

图 5-99　QDX 系列冰箱用滚动转子式压缩机安装示意

4.5 改进滚动转子压缩机的一些措施

4.5.1 提高效率的措施

(1) 提高电动机效率　采用特低铁损高磁通量的硅钢片；提高槽前率。

(2) 提高压缩机的效率　通过零件选配，减少滑动部分的间隙；采用圆形气缸，用减小螺栓扭紧力矩来减少变形量；高精度加工提高滑动部分表面精度。

(3) 改善流入系统的油量　采用 L 形排气管；采用油封装置；最合适的油槽、油量和制冷剂流通面积。

4.5.2 降低压缩机噪声

(1) 压力缓冲孔　即用一种特殊共鸣型消声孔来改善高频噪声。

(2) 亥姆霍兹型消声器　改善低频噪声。

4.5.3 提高滚动转子式压缩机的可靠性

(1) 确保电动机的可靠性　采用双重漆膜耐氟漆包线（H 级）；通过对电动机的拆卸试验，控制漆包线的气孔、伤痕；实行全部电机耐电压试验。

(2) 确保压缩机的可靠性　①彻底清除垃圾。铁屑类垃圾的清除用磁铁吸附，非铁类垃圾的清除用离心分离器；②应用高强度的材料。排气阀用高级不锈钢；曲轴用共晶石墨铸铁；挡板用高强度钢板；转子用 MoNiCr 铸铁；叶片用高速工具钢；润滑油用特制矿物油；③进行各种试验。高压力试验；高温、寿命试验及其它；④根据不同情况配以不同贮液器容量。

(3) 确保压缩机安全的措施　①重点防止电动机的烧损。过载过流保护器的特别加工和设计；②密封接线柱的遮蔽；③耐燃性部件的使用。

4.6 滚动转子式压缩机的目前发展趋势

(1) 变频压缩机的发展　变频压缩机可以提高空调机和热泵的季节能效比及热舒适性，并使压缩机容量具有随负荷的变化而具有较大的变化能力，因此近年来在国外发展很快。目前变频压缩机的频率调节范围从 15HZ 至 180HZ。变频压缩机要解决高转速时的轴承负荷问题、滑片摩擦和磨损问题及气阀的寿命问题，低转速的振动问题和润滑油供给问题，因而对压缩机的设计和制造提出了更高的要求。

(2) 向低温领域扩展　近年来，随着对结构的进一步改进和加工精度的进一步提高，使这种机型在低温领域中同样具有较高的 COP 值，因而成功地应用于家用冰箱和冷柜中，它不仅大幅度缩小了安放压缩机的空间，增大了冰箱和冷柜的有效容积，同时还减轻了冰箱和冷柜的整机重量。

最近，上海冰箱压缩机股份有限公司引进日本三菱 QDX Ⅱ 系列大容量冰箱压缩机，它具有制冷量大，能效比更高，体积更小，重量更轻，适应 R134a 替代工质的优点。该机与该厂生产的 QDX 系列压缩机外形尺寸相同，但制冷量却大很多，这主要是结构参数选择和零部件具体结构尺寸上较多的设计改进所致，如表 5-30 所示。

表 5-30　QDX Ⅱ 系列滚动转子式压缩机的性能参数

产品型号	制冷量/W	输入功率/W	COP（参考）
QDX Ⅱ 50	$184 \pm {}^{10}_8\%$	$138^{+12}\%$	1.33
QDX Ⅱ 58	$221 \pm {}^{10}_8\%$	$171^{+12}\%$	1.29

（3）发展双缸压缩机　常规的空调用滚动转子式压缩机均是单缸的，其最大制冷量约为 9kW。但空调机要有更大的冷量，因此开发了一根垂直的轴上有两个相互错开呈 180° 的偏心轮，与它相配合的有两个滚套和两个气缸，这样可使冷量增大一倍，而外形尺寸增加不多，同时使平衡性改善，振动减小，转矩变化均匀。例如目前日本三洋公司生产的双缸机有 4hp、5hp 和 6hp（1hp＝745.7W）三种，空调工况的制冷量分别为 14kW、17.45kW 和 20kW。这三种机型的外形尺寸均为直径 179mm，高 455mm。三菱电机公司生产的低温用双缸机有 QDX Ⅲ 84（E），其制冷量为 308W，*COP* 值为 1.4。

（4）开发具有制冷量调节的压缩机　常规的滚动转子式压缩机均不具备制冷量调节的功能。近年来，在有的滚动转子式压缩机上也设计了制冷量调节机构，其制冷量可在 10% 至 100% 的范围内进行调节。它的原理如图 5-100 所示。在气缸上分别开有三个位置的回气孔，通过阀门与吸气腔接通，当需要较少制冷量时，打开相应的阀门，使气缸上的孔和吸气相通，因而延迟了压缩开始的时间和气缸内被压缩气体的容积，达到改变制冷量的目的。

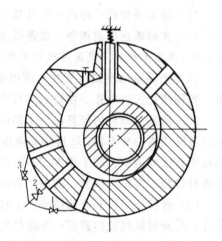

图 5-100　具有冷量调节的压缩机

（5）重视卧式空调用滚动转子式压缩机的开发　为适应超薄型室外机的需要，国外已有卧式空调用滚动转子式压缩机产品。如日本三菱电机公司的 KHZ 系列（制冷量 1.593～2.047kW）和 RHZ 系列（制冷量 2.651～4.267kW）。

（6）提高 *COP* 值　通过提高加工和装配精度，对压缩机结构进行最优化设计，改进排气阀结构、增大电机叠片厚度等多方面来实现 *COP* 值的改进。例如日本三菱电机采用环状排气阀后，*COP* 值提高了 7%～11.5%；美国罗托兰克公司增大电机叠片厚度后，*COP* 值提高了 3%～10%。目前，国外生产的空调用滚动转子压缩机 *COP* 值已达 3.0 以上。

4.7　计算举例

试计算一台滚动转子式压缩机，在空调工况下的制冷量，压缩机功率和 *COP* 值。

（1）主要结构参数　气缸直径 $D=0.054$m；气缸高度 $L=0.0293$m；转子直径 $D_2=0.04364$m；相对余隙容积 $C=1.2\%$；转速 $n=2980$r/min。

（2）使用制冷剂　R22。

（3）计算工况　见表 5-10 中高温工况。

（4）在计算工况下，制冷循环各点参数值如下

参数　工况	t_0/℃	t_k/℃	t_1'/℃	t_4'/℃	$p_0=p_{s0}$ /MPa	$p_k=p_{dk}$ /MPa	h_1' /kJ/kg	h_2' /kJ/kg	h_4' /kJ/kg	v_1' m³/kg
名义工况	7.2	54.4	35	46.1	0.625	2.146	428.59	463.25	257.89	0.0436

（5）热力计算

1）单位制冷量 q_0

$$q_0 = h_{1'} - h_{4'} = 170.7 \text{kJ/kg}$$

2）单位理论功 w_{ts}

$$w_{ts} = h_{2'} - h_{1'} = 34.66 \text{kJ/kg}$$

3）理论输气量 V_h

$$V_h = 60 n \pi L (R^2 - r^2) = 4.16 \text{m}^3/\text{h}$$

4）取 $k = 1.194$，由式（5-14）

$$\lambda_V = 1 - c [(p_k/p_0)^{1/k} - 1] = 0.9783$$

5）$\lambda_p = 1$

6）由式（5-38），并取 $A = 2.57 \times 10^{-3}$，$B = 1.06 \times 10^{-3}$

$$\lambda_T = A T_K - B(T_1' - T_0) = 0.8006$$

7）取泄漏系数 $\lambda_l = 0.94$

8）输气系数 λ

$$\lambda = \lambda_V \lambda_p \lambda_T \lambda_l = 0.7362$$

9）压力比 ε

$$\varepsilon = p_K/p_0 = 3.43$$

10）质量输气量 q_m

$$q_m = \lambda V_h / v_1 = 1.95 \times 10^{-2} \text{kg/s}$$

11）制冷量 Q_0

$$Q_0 = q_m q_0 = 3.33 \text{kW}$$

12）理论功率 P_T

$$P_T = q_m w_{ts} = 676 \text{W}$$

13）取 $k = 1.194$，$\Delta p_{sm} = 0$，$\Delta p_{dm} = 0.1 p_{dk}$

由式（5-41），则

$$\eta_i = \frac{\lambda_T \lambda_l}{1 + \dfrac{1.5(\Delta p_{sm} + \Delta p_{dm} \varepsilon^{-1/k})}{[(h_{2'} - h_{1'})/v_{1'}]}} = 0.658$$

14）取机械效率 $\eta_m = 0.95$

15）取电动机效率 $\eta_{mo} = 0.78$

16）电效率 η_{eL}

$$\eta_{eL} = \eta_i \eta_m \eta_{mo} = 0.487$$

17）输入电功率 P_{eL}

$$P_{eL} = P_T / \eta_{eL} = 1387 \text{W}$$

18）COP 值

$$COP = Q_0 / P_{eL} = 2.4$$

202

5 涡旋式压缩机

涡旋式压缩机是最近几年才发展起来的一种新型压缩机。这种压缩机最早由法国人克勒克斯发明，并于1905年在美国取得专利。长期以来由于轴向力不能稳定平稳，防自转机构不灵活，轴向、径向密封不完善，以及涡形盘加工困难，故未达到实用化程度。直至70年代美国进行了应用研究，并在精加工方面取得突破，成功地研制出了一种潜水艇超导推进实验系统上应用的氦气涡旋式压缩机，使涡旋式压缩机走上实用化的道路。后来日本多家公司从美国购买了涡旋式压缩机的专利，致力于开发制冷用涡旋式压缩机获得成功。1981年日本三电公司开始生产汽车空调用涡旋式压缩机，1983年日立公司和三菱电机公司也开始生产空调用涡旋式压缩机。1986年美国考普兰公司、开利公司和特灵公司也生产空调用涡旋式压缩机，其中以考普兰公司生产的数量最多，开利正在新建一个规模很大的涡旋式压缩机制造厂。

5.1 工作原理

涡旋式压缩机主要由两个涡旋盘相错180°对置而成，其中一个是固定涡旋盘，而另一个则是运动涡旋盘，它们在几点上接触并形成一系列月牙形容积。运动涡旋盘一方面为了与固定涡旋盘啮合而保持给定的旋转半径，另一方面作不自转的旋转运动，这是靠安装在动、静涡旋盘之间的十字滑环来保证。吸气口在涡旋盘的外表面，随着曲面的顺时针转动，气体由

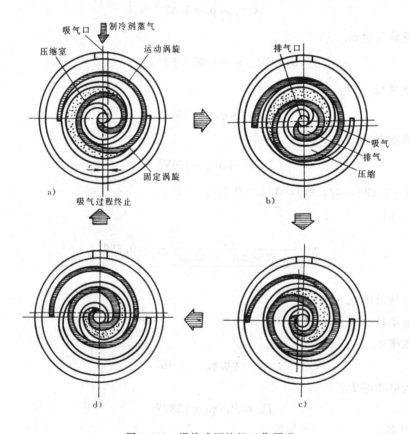

图 5-101　涡旋式压缩机工作原理

边缘吸入，进入月牙形容积，并在顺时针向中心运动的同时，使月牙形容积逐渐缩小而压缩气体。图 5-101 表示涡旋式压缩机吸气、压缩、排气过程的原理示意图。图 5-102 表示涡旋式

压缩机的基本结构。图 5-101a 表示正好吸气终了的位置，旋转涡旋盘中心在零度位置。图 5-101b 示出运动涡旋盘中心在 90°位置，涡旋外围为吸入过程，中间为压缩过程，中心处于排气过程。以后旋转 180°,270°连续而同时进行吸入和压缩过程。工作过程就是这样周而复始地进行。

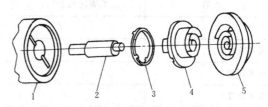

图 5-102 涡旋式压缩机的基本结构
1—曲轴箱 2—偏心轴 3—止动环
4—动盘 5—静盘

5.2 基本结构

图 5-103 示出 3.75kW 全封闭涡旋式压缩机剖面图。压缩机主要由静涡旋盘 5、动涡旋盘 7、十字滑环 8、曲轴 13、支架 10、机壳 3 等组成。涡旋盘安装在机壳上部。静涡旋盘和电动机定子安装在机壳内壁上。十字滑环是在上下两面设置互相垂直两对凸键的圆环，上面凸键装在动涡旋盘背面的键槽内，下面的凸键装在支架键槽内；十字滑环的作用是防止动涡旋盘倾斜及自转。在动涡旋盘下设有一个背压腔，背压腔压力由动涡旋盘底盘上的小孔引入中压气体自动充气，使气腔压力支撑着动涡旋盘，同时在动涡旋盘顶部装有可调的轴向密封，使得动涡旋盘可以轴向移动，这样便可补偿运行中的逐渐磨损，并且也能防止液击或压缩腔中润滑油过多时引起的过载。

在曲柄销轴承处和曲轴通过支架的地方，装有转动密封，以保持背压腔与机壳之间的气密性。轴承的润滑油是利用排气压力和中间压力的压差，由密封壳体的底部经曲轴上加工的油道来供给的，并最终由背压腔流向压缩腔以润滑涡旋面，然后同压缩气体一起排出，在机壳中将油分离，然后流至底部。再者，在静涡旋盘外有油流，由这里给涡旋盘摩擦部位供油。涡旋式压缩机停止运转后要逆转，为此在静涡旋盘上的吸气管内装有止逆阀。

吸入气体从腔上部被直接导入涡旋盘的四周，封在月牙形容积中，然后被压缩，并由静涡旋盘的中心排入机壳内，最后由排气管排出。

目前大多数工厂生产的涡旋式压缩机功率均在 2～4kW 范围内，空调工况的制冷量在 7kW 至 12kW，个别工厂有功率 11.5kW，制冷量 42.5kW 的产品。

目前国内也有不少工厂生产出了空调用涡旋

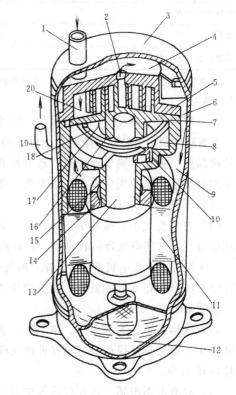

图 5-103 全封闭涡旋式压缩机剖面图
1—吸气管 2—排气口 3—密封外壳 4—排气腔
5—静涡旋盘 6—排气通道 7—动涡旋盘
8—背压腔 9—电动机腔 10—支架
11—电动机 12—油 13—曲轴
14—轴承 15—密封 16—轴承
17—背压腔 18—十字滑环
19—排气管 20—吸气腔

式压缩机。表 5-31 示出南通机床公司生产的 QW 系列空调用涡旋式压缩机性能表。

表 5-31 QW 系列涡旋式压缩机性能表

型号	QW46-2.2G	QW64-3G	QW78-3.75G
工质	R22		
最高冷凝温度	60℃		
最大压差	2MPa		
蒸发温度	−15℃～+10℃		
输气量/（cm³·r⁻¹）	46	64	78
制冷量①/W	8120	10440	13688
电动机功率/kW	2.2	3.0	3.75
直径 A/mm	183		
高度 H/mm	378	430	430
能效比/W/W	2.8		
质量/kg	33	39	40
转速/（r·min⁻¹）	2880		

① 制冷量测试工况为：蒸发温度 7.2℃，吸气温度 35℃，冷凝温度 54.4℃，过冷温度 46.1℃。

5.3 特点

（1）效率高 涡旋式压缩机吸气、压缩、排气连续单向地进行，因而吸入气体有害过热小；气流脉动很小；没有余隙容积中气体的膨胀过程；同时，两相邻压缩腔中的压差很小，气体的泄漏少，因而其输气系数高。还有旋转涡旋上的所有点，都以很小半径作同步转动，因此摩擦速度小，摩擦损失亦小；没有吸、排气阀流动损失，因而效率高。同往复式压缩机比较，其效率高 10% 左右。

（2）力矩变化小、振动小、噪声低 涡旋式压缩机压缩过程较慢，并可同时进行两、三个压缩过程，这使得机器运转平稳，而且曲轴转动力矩变化小，仅为往复或滚动转子式的 1/10，这样有利于提高电机效率。其次，因气体基本上是连续流动，吸入与排出压力脉动小，使接管中气流产生振动的能量小。由于惯性力几乎平衡，故压缩机的振动、噪声均较小，平均比往复式降低约 5dB。

（3）结构简单、零部件少、体积小、重量轻、可靠性好 涡旋式压缩机结构简单，运动零部件少，特别是易损件少，没有进排气阀，运转可靠性高，同往复式相比，其体积小 40% 重量减轻 15%。

（4）对液击不敏感 可允许进气中有少量液体进入气缸，故可采用喷液循环。

（5）转速可以提高 这有利于实现变频控制的方式调节制冷量。同时，最大滑动速度较小，只有往复式的 1/3，因而特别适用于高速，这对用作热泵机组很理想。它在 8000～10000r/min下仍有较高的效率，最高转速可达 13000r/min。

（6）采用一种背压可自动调节的可控推力机构 由于压缩腔气体压力的作用，将动涡旋盘沿轴向推动，使其产生脱离静涡旋盘的趋势；同时作用于涡旋侧面的径向力产生引起倾斜的力矩。要对抗这些力和力矩，减少涡旋盘的磨损，并防止涡旋盘脱离，通常把具有中间压力的气体（压缩过程中气体）通过设置在涡旋盘上的气孔导入其背后，从而产生背后合力与力矩。这种机构的主要优点是：可不靠配合公差而能维持涡旋的轴向间隙为最小，保持了轴向密封；作用在涡旋盘背面的气体压力可随转子的运动使压力变化，而形成自动调节，使之在广泛的运转、压力范围内，能维持极小的机械损失；在起动和停止时，可确保安全，在因制冷剂液体和油等非压缩性液体压缩而造成异常压缩时，具有使涡旋盘自动脱离，从而防止异常高压的功能。

（7）便于采用气体注入循环　采用气体注入循环是涡旋式压缩机的一个特点。其循环原理是：冷凝后的液体制冷剂经第一次节流膨胀到中间压力，然后经气液分离器，再分两路，一路是液态制冷剂经第二次节流膨胀并通过室内热交换器后进入压缩机；另一路是气态制冷剂经注入回路被压缩机吸入。这样可提高压缩机制冷或供暖能力 $10\% \sim 15\%$，而且还可以根据负荷变化启闭注入回路进行能量调节，从而可提高节电效果，同时又可减少压缩机开、停频率，减少室温变化，实现舒适空调。

（8）制造需要高精度的加工设备及方法，以及精确的调心装配技术，并且成本也较高。

5.4　涡旋式压缩机的几何特性

5.4.1　渐开线

涡旋的型线是渐开线，可以采用正多角形、正方形或圆的渐开线，通常采用圆的渐开线，这是一条用无限小的圆弧连接、曲率连续变化的曲线。在以渐开角 φ 作为参数的坐标系中，圆的渐开线方程可表示为

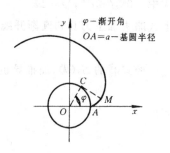

图 5-104　圆的渐开线

$$\begin{cases} x = a(\cos\varphi + \varphi\sin\varphi) \\ y = a(\sin\varphi - \varphi\cos\varphi) \end{cases} \quad (5\text{-}56)$$

图 5-104 示出其间关系。由于涡旋式压缩机的涡旋壁有一定厚度，故其渐开线方程应写成下式

$$\begin{cases} x_i = a[\cos(\varphi_i + \alpha) + \varphi_i\sin(\varphi_i + \alpha)] \\ y_i = a[\sin(\varphi_i + \alpha) - \varphi_i\cos(\varphi_i + \alpha)] \\ x_o = a[\cos(\varphi_o - \alpha) + \varphi_o\sin(\varphi_o + \alpha)] \\ y_o = a[\sin(\varphi_o - \alpha) - \varphi_o\cos(\varphi_o - \alpha)] \end{cases} \quad (5\text{-}57)$$

式中　α——基圆上的渐开线初始角；

"i"——涡旋内壁处下标；

"o"——涡旋外壁处下标。

5.4.2　涡旋参数

型线是圆渐开线的涡旋几何参数有：

a——基圆半径；

p——涡旋节距，$p = 2\pi a$；

t——涡旋壁厚；

α——涡旋起始角，$\alpha = t/2a$；

N——压缩腔数，应为正整数；

m——涡旋圈数，$m = N + 1/4$；

h——涡旋高度；

θ——偏心轴回转角；

θ^*——开始排气时回转角。

5.4.3 压缩腔容积

压缩腔是由两个涡旋盘相切而形成的封闭空间,故涡线圈数与压缩腔数有关。在图5-105中示出涡线圈数 $m=3.25$ 圈的情况,这时两个涡旋形成①、②、③三对压缩腔。这三对月牙形面积就是三对压缩腔的投影面积,分别求出各对月牙形面积,便可求得各压缩腔的容积 $V_1(\theta)$、$V_2(\theta)$、$V_3(\theta)$。

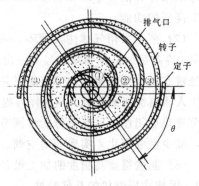

图 5-105 涡旋式压缩机的压缩腔

腔室①为中心压缩腔,它们和排气口相通,其对应的投影面积为 $S_1(\theta)$,经推导可得出:

$$S_1(\theta)=\frac{1}{3}a^2\left[\left(\frac{5}{2}\pi-\alpha-\theta\right)^3-\left(\frac{3}{2}\pi-\alpha-\theta\right)^3\right]$$
$$-2a^2\alpha\left(\frac{3}{2}\pi-\theta\right)^2-\frac{2}{3}a^2\alpha^3-a^2(\pi-4\alpha) \tag{5-58}$$

式中 $0\leqslant\theta\leqslant\theta^*$,$e\geqslant2a$

上式略去加工刀具和圆渐开线相干涉而被切掉部分面积,所以

$$V_1(\theta)=S_1(\theta)h \tag{5-59}$$

腔室②的 $S_2(\theta)$,经推导也可得出

$$S_2(\theta)=4\pi^2a^2(\pi-2\alpha)(3-\theta/\pi) \tag{5-60}$$

所以

$$V_2(\theta)=S_2(\theta)h=\pi p(p-2t)\left(3-\frac{\theta}{\pi}\right)h \tag{5-61}$$

同理,也可推导出从中心压缩腔起的第 j 个压缩腔的容积 $V_j(\theta)$

$$V_j(\theta)=\pi p(p-2t)(2j-1-\frac{\theta}{\pi})h \tag{5-62}$$

式中 j——从中心压缩腔数起的压缩腔顺序数,$j\geqslant2$。

5.5 涡旋式压缩机的性能计算

5.5.1 行程容积

涡旋式压缩机的行程容积是指静涡旋盘内侧与动涡旋盘外侧所形成的最大封闭容积及动涡旋盘内侧与静涡旋盘外侧形成的最大封闭容积之和,如图5-105中示出的,当偏心轴回转角 $\theta=0$ 时的容积③。由式(5-62)可以得到压缩机每转的行程容积 V

$$V=\pi p(p-2t)(2N-1)h \tag{5-63}$$

5.5.2 容积比

涡旋式压缩机的容积比是指任意回转角 θ 时行程容积与各相应压缩腔的容积之比,即

$$v_i(\theta)=V/V_j(\theta) \tag{5-64}$$

而内容积比是指行程容积与压缩终了时的容积之比,即

$$v(\theta^*)=V/V(\theta^*) \tag{5-65}$$

式中 $V(\theta^*)$——压缩终了时的压缩腔容积。

当 θ 转变为 θ^* 时,压缩终了了。紧接着是②腔与中心压缩腔联通排气。故上式中的 $V(\theta^*)$ 应是 $V_2(\theta^*)$,而式(5-61)可以得出

$$V(\theta^*) = \pi p(p-2t)\left(3-\frac{\theta^*}{\pi}\right)h \qquad (5-66)$$

故内容积比为

$$v(\theta^*) = (2N-1)/\left(3-\frac{\theta^*}{\pi}\right) \qquad (5-67)$$

5.5.3 涡旋式压缩机的输气量

理论输气量 V_h（单位为 m^3/h）据每转的行程容积 V 及偏心轴转速，由下式求出

$$V_h = 60nV \qquad (5-68)$$

式中 n——偏心轴回转转速，r/min。

当求得容积效率后，则实际输气量 V_R 为

$$V_R = \eta_V V_h \qquad (5-69)$$

η_V 也受 λ_p、λ_V、λ_T 及 λ_l 的影响，但在涡旋式压缩机中这些系数影响较小。这是因为涡旋式无气阀，使压力损失较小，故其 λ_p 值高；这种压缩机余隙很小，且排气孔与低压侧不通，这就避免了再膨胀现象，故基本上不存在 λ_V 的影响；这种压缩机采用了吸气过热小和有利于供油的高压室结构，且其转速也较高，综合作用使其加热损失小于往复式等类型压缩机；再者，这种压缩机的相邻压缩机室的压差较小，故也使其泄漏损失小，综上所述原因，使涡旋式压缩机的容积效率较高，据有关资料介绍，最高可达 0.98。涡旋式压缩机的容积效率主要与间隙值有关，尤其受涡旋盘外端间隙的影响较大。有关文献指出，如把涡旋盘高的精度控制在数微米范围，把涡旋盘的表面粗糙度控制在 $1\mu m$ 以下时，则容积效率可控制在 0.95 左右。

5.5.4 功率与效率

涡旋式压缩机在不同工况下，压缩终了时的气体压力 p_i（内压力）不一定等于排气管中压力 p_d（外压力），如图 5-106 所示。由于 $p_d \neq p_i$ 使内外压缩比不相等，会产生附加耗功。

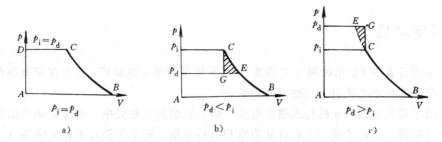

图 5-106 内、外压力不相等时的附加损失

压缩 $1m^3$ 气体所消耗指示功 w_i （J/m^3）为

$$w_i = w_P + w_r = \frac{n_p}{n_p-1}p_1\left(\tau_i^{\frac{n_p-1}{n_p}}-1\right) + w_r \qquad (5-70)$$

式中 w_r——压缩 $1m^3$ 气体，因各种内部损失所消耗的损失功，单位为 J/m^3；

τ_i——压缩机的内压缩比；

n_p——有冷却时多变压缩指数。

其中 w_r 分两种情况计算：

1）内外压缩比相等情况

$$w_r = p_1 \left(\frac{k}{k-1} - \frac{n_1}{n_1-1} \right) \left(\tau_i^{\frac{n_1-1}{n_1}} - 1 \right) \qquad (5\text{-}71)$$

式中　n_1——无冷却时多变压缩指数。

2）内外压缩比不相等情况

$$w_r = p_1 \left(\frac{k}{k-1} - \frac{n_1}{n_1-1} \right) \left(\tau_i^{\frac{n_1-1}{n_1}} - 1 \right) + w_d \qquad (5\text{-}72)$$

式中　w_d——由于内、外压缩比不相等产生的附加耗功。最后可以导出，内、外压缩比相等时的指示功为

$$w_i = p_1 \left[\frac{n_p}{n_p-1} \left(\tau_i^{\frac{n_p-1}{n_p}} - 1 \right) + \left(\frac{k}{k-1} - \frac{n_1}{n_1-1} \right) \left(\tau_i^{\frac{n_1-1}{n_1}} - 1 \right) \right] \qquad (5\text{-}73)$$

内外压缩比不相等时的指示功为

$$w_i = \frac{n_p}{n_p-1} p_1 \left(\tau_i^{\frac{n_p-1}{n_p}} - 1 \right) + p_1 \left(\frac{k}{k-1} - \frac{n_1}{n_1-1} \right) \left(\tau_i^{\frac{n_1-1}{n_1}} - 1 \right) + \tau_i^{-\frac{1}{n_p}} (p_d - p_i) \qquad (5\text{-}74)$$

用上述方法求得指示功后，可由下式求出指示功率 P_i（单位为 kW）

$$P_i = w_i V_R / (3600\eta_V) \times 10^{-3} \qquad (5\text{-}75)$$

而对功率与效率的关系、能效比和制冷量等概念与关系式，均与往复式基本相同。

5.6　目前涡旋式压缩机的改进趋势

1）改进制造工艺，简化涡旋盘的加工制造方法，降低制造成本。

2）降低泄漏损失，进一步提高效率，从设计的角度，进一步合理地确定考虑工作压力和温度下产生变形影响的密封间隙，并且提高加工和装配精度。

3）研究变转速下涡旋式压缩机的性能，提高涡旋式压缩机的工作转速。

4）研究开发自转型涡旋式压缩机　自转型涡旋式压缩机的两个涡旋盘都是转动的，主动涡旋盘由电动机的轴带动，从动涡旋盘由一个专门的机构带动，沿相同方向旋转。自转型涡旋式压缩机密封线的位置不变，故比较容易实现良好的密封。

6　内置电动机

一般家用设备中（如电冰箱和空调器），都采用单相感应电动机，只有在商业等单位应用的较大容量压缩机中才使用三相感应电动机。

全封闭压缩机组的电动机与压缩机组成一体，被密封在机壳中。单相电动机由定子和转子两大部分组成。在定子铁心上有启动绕组和运行绕组。转子为铁心上铸入铝条（或铜）后形成的鼠笼式感应线圈，并经动平衡校验，转子上通常还有配重块（有些机型的配重块直接安装在曲轴上）。转子直接被压入曲轴（同轴）。采用四个加长螺栓，将定子铁心固定在机体上，或采用压入机体内定位（用于回转式压缩机和大容量压缩机）。

电动机的转速是由电动机绕组的极数所决定。两极电机的同步转速为 3000r/min，四极电机为 1500r/min，但我们所有的电动机都是异步电动机，存在一个负载转差率，一般为 3%～5%左右。所以，两极电机转速为 2850～2920r/min，四极电机转速为 1425～1450r/min。全封闭压缩机电机以两极居多。

6.1　电动机的启动

常用的单相电动机起动方法和特点见表 5-32。

表 5-32　全封闭压缩机用单相电动机类型与特性

起动方式	阻抗分相起动型（RSIR）	电容起动型（CSIR）	电容运转型（PSC）	电容起动电容运转型（CSR）	
起动继电器	电流型	电流型	没有	电流型	电压型
接线图	启动绕组　运行绕组				
输出功率/W	40～130	40～300	500～1100	180～300	350～1500
电动机特性（额定工况）起动　转矩	130%～200%	200%～300%	35%～60%	150%～250%	150%～250%
电动机特性（额定工况）起动　电流	600%～800%	500%～600%	500%～620%	500%～600%	500%～600%
停动转矩	200%～350%	200%～350%	200%～300%	200%～300%	200%～300%
运转特性	←——相同——→		←——相同——→		
电动机的转速——速度曲线	转速　速度				
适用	冰箱、空调器、商品陈列柜、冷冻箱	冰箱、空调器、商品陈列柜、冷水器、冷冻箱	冷却风扇电动机、空调器	商品陈列柜、冷冻箱、冷水器、制冷机、冰箱	空调器

6.1.1　阻抗分相起动型（RSIR）

由于起动绕组和运行绕组的线径、匝数和角度不同，输入交流电源后会产生不同的相位差电流，组成旋转磁场，使其产生转动力矩。起动后转速达到额定转速的 75%～80% 时，起动绕组在电流继电器控制下断开电路，只剩下运行绕组作正常运行。

该型结构简单，运行可靠，但功率因数不高，起动转速小，一般在 125W 以下全封闭式压缩机选用这种电机，它最大功率可做到 300W。

6.1.2　电容启动型（CSIR）

在起动绕组上串联一只大容量交流电解电容器（一般用的电容量为 45～100μF，耐交流电压为 220V），使两个绕组电流相位差增大，起动力矩也增大，起动电流减小，其功率因数和效率均比阻抗分相型好，适用 80～750W 输出功率较大的电动机上。

6.1.3　电容起动电容运行型（CSR）

除在起动绕组中串联一个起动电容外，还在运行绕组上串联一个小电容器（2～3μF），这样它不仅有电容起动型的优点，还能提高电动机效率和功率因数，噪声亦低，用于输出功率 400～1500W 大容量电动机。

6.1.4　电容运行型（PSC）

定子上两个绕组在运转中始终接在电源回路中，而运行绕组中串接一个运行电容，使电流相位差加大。这种电动机的功率因数和效率较高，不需起动装置，用于输出功率为 40W～1500W 的电动机，多用于空调压缩机。

6.2 对全封闭电动机的要求

全封闭压缩机用的内置电动机除符合一般电动机的基本技术要求外，还应具备以下技术要求：

1）耐制冷剂和耐油性良好 内置电动机处在制冷剂和润滑油共存条件下，对绝缘材料有特殊要求。一般电动机中的槽绝缘垫、定子扎线、端部引出线套管采用聚脂薄膜、涤纶扎带、涤纶套管等；漆包线采用聚乙烯甲醛树脂或由环氧树脂、聚胺基甲酸乙脂等数种树脂合成的改性树脂线。表 5-33 列出对绝缘材料的一些特殊要求。绝缘线中还可采用 QY 聚酰亚胺和 QZY 聚酯亚胺。

表 5-33　全封闭压缩机电动机用绝缘导线和材料

制冷剂	漆包线	绝缘处理（滴漆）	槽绝缘材料
R12，R13	QZ，QF 型	6440 环氧树脂绝缘清漆（H30-40）	聚胺酯薄膜青壳纸槽楔；用红反白纸（钢纸）
R22，R502	QF，QXY QY，QZY 型（聚酰胺酰亚胺）	EIU 环氧改性无溶剂漆	聚酰亚胺薄膜及聚砜纤维复合箔。引线：聚四氟乙烯电缆。槽楔：酚改性二甲苯树酯层压板。

2）耐热性和高温下不劣化 在电动机的绝缘等级上一般均采用 E 级绝缘（120℃）。回转式压缩机采用 F 级绝缘（155℃）。

另外，还应采取措施降低机壳内温度，如降低回气温度，回气口尽量对着电动机定子；冷却润滑油等。

3）耐振动和冲击 除导线包扎牢靠，并用槽楔固定外，对输出功率 0.75kW 以上的电动机要经过二次滴漆工艺，使绕组被绝缘漆紧紧地粘固成一体。

4）提高起动转矩、功率因数和电动机效率 单相电动机输出功率在 125W 以上时，大多采用电容起动（CSIR）、电容起动及电容运行（CSR）和电容运行（PSC）的电动机。提高电动机功率因数多从定子槽满率，提高硅钢片电特性和减少定、转子气隙着手。

三相电动机功率小于 11kW 可用全电压起动法，只有大于 15kW 时才使用 Y－△起动法。

一般内置电动机效率，三相电机为 85%；小型单相电机为 60%。功率因数希望接近 100%。在空调器中，对单相电容运行电动机要求达到 90%～98%；对三相电动机，则是 80%～90%。

5）对电压波动的适应性 全封闭压缩机电动机要求供电电源电压波动范围一般为 ±10%。

我国电冰箱标准中对电动机规定了在 180V～240V 范围内能正常起动。

6）对压缩机负荷变化应有良好的适应性 要求电动机有一定过载运转能力。

7）体积小、重量轻、噪声低、寿命长。

6.3 主要技术参数

表 5-34 给出国产电冰箱用压缩机的电机技术参数。表 5-35 和表 5-36 分别给出空调器用压缩机电动机参数。

表 5-37 至表 5-38 给出几种电冰箱和空调器用进口压缩机电动机参数。

表 5-34 国产电冰箱用压缩机的电动机技术参数

压缩机型号 / 生产厂 技术规格	北京电冰箱压缩机厂				常熟机械总厂	
	QF-21-65		QF-21-100		QZD-3.4	
工作电压/V	220		220		220	
额定电流/A	0.7		0.8		0.6	
输出功率/W	65		100		75（输人）	
额定转速/r·min^{-1}	2850		2850		2850	
定子绕组（用 QZ 或 QF 漆包线）	运行	起动	运行	起动	运行	起动
导线直径/mm	0.60 (0.59)	0.29 (0.33)	0.6	0.32	0.45	0.31
匝数：小小圈	59 (64)		53			
小圈	79 (84)	57 (39)	72	45	88	36
中圈	95 (101)	64 (45)	88	55	112	48
大圈	105 (113)	74 (50)	114	59	137	$188\pm^{124}_{64}$
大大圈	105 (113)	87 ($152\pm^{107}_{47}$)	114	$195\pm^{27}_{68}$	137	$141\pm^{100}_{41}$
绕组总匝数	2×443 (445)	2×242 (286)	2×441	2×354	2×474	2×413
绕组电阻值（直流）/Ω					30.13	53.9
定子槽数	24		24		24	
绕组跨槽：小小圈	4		4			
小圈	6	6	6	6	6	6
中圈	8	8	8	8	8	8
大圈	10	10	10	10	10	10
大大圈	12	12	12	12	12	12
定子铁芯叠厚/mm	30±0.5		35±0.5		35	

5-35 西安庆安压缩机厂空调用压缩机电动机参数

电动机型号	压缩机制冷量/W	主绕组（运转绕组）			副绕组（起动绕组）		
		总匝数	裸线径/mm	20℃电阻/Ω	总匝数	裸线径/mm	20℃电阻/Ω
YD-750	2900	290	0.75 0.64 并绕	2.5	466	0.64	9.5
YD-1.2	3480	260	0.75 0.75 并绕	2	234	0.75	3.5

表 5-36　西安微电机厂 KBD 型空调压缩机用单相电动机技术参数

型号	输出功率/W	电压/V	频率/HZ	转速/r/min	效率/%	起动转矩 N·m	起动电流/A	最大转矩/N·m	相应空调器的制冷量/W	电容器/μF
KBD-1	750				68	≥0.75	31	≥5.6	2324	12.5
KBD-2	1100	200	50	2800	70	≥1	36	≥6.2	3486	20
KBD-3	560				68	≥0.65	27	≥4.3	1394	12.5
KBD-4	1500				70	≥1.1	51	≥7.8	4248	25

表 5-37　国内常见的几种电冰箱所用进口压缩机电机参数

压缩机(冰箱)型号＼生产厂家 技术规格	日本日立公司				日本东芝公司	
	HQ-651-BQ		V1001R		KL-12M	
工作电压/V	220～242		220		220	
额定电流/A	1.0		0.91		0.95	
输出功率/W	62		93		80	
额定转速/(r·min⁻¹)	2850		2850		2850	
定子绕组(系用耐氟漆包线 QF)	运行	起动	运行	起动	运行	起动
导线直径/mm	0.62	0.31	0.62	0.38	0.57	0.41
匝数：小小圈			71			
小　圈	58		81	43	80	
中　圈	76	64	99	52	106	
大　圈	102	72	116	60	110	128
大大圈	108	82	104	66	118	130
绕组总匝数	2×344	2×218	2×471	2×221	2×414	2×258
绕组电阻值/(直流)Ω	15	37	19.15	24	8.5+8.5	20.5
定子槽数	24		24		24	
绕组跨槽：小小圈			4			
小　圈	6		6	6	6	
中　圈	8	8	8	8	8	
大　圈	10	10	10	10	10	10
大大圈	12	12	12	12	12	12
备　注					起动绕组一端接运行绕组二极中心点上	

表 5-38　部分国产空调器使用的日立压缩机电动机规格

型　　号	ND7505BX	RH-113AX（W113X）	RH-153AX（W153X）
型式（单相 2 极）		PSC	
输出功率/HP	0.75	1.5	2.0
电压/V		220	
运转电流/A	—	6.4	10.1
起动电流/A	20	34	53
起动装置		电压继电器	
过载保护装置		蝶形双金属	
电容器/（电压/μF）/（电流/A）	20/350	35/400	

注：1HP＝735.5W

对于全封闭压缩机除电容运行外，都必须借助起动继电器来完成起动。在电冰箱用压缩机中，常用起动控制器有电流式起动控制器和半导体起动控制器（即 PTC 起动器）。

电流式起动器中广泛采用重锤式，其电路及构造见图 5-107。重锤式起动器起动快、成本高、有噪声、触点易损坏。

PTC 是一种半导体元件，其连接电路及外形见图 5-108 所示。PTC 起动器成本低、无触点、起动慢、易老化。

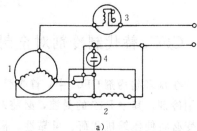

a)

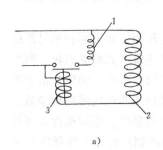

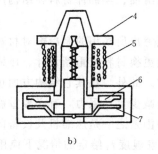

a)　　　　　b)

图 5-107　重锤式起动器

a）工作原理　b）构造

1—启动绕组　2—运行绕组　3—继电器　4—绝缘壳体

5—励磁线圈　6—静触点　7—动触点

图 5-108　PTC 起动器

a）连接电路　b）外形

1—压缩机　2—PTC 起动器　3—保护器

4—起动电容器

在空调用压缩机的电动机中，基本采用电容运转型和电容起动、电容运转型电路。电容运转型根本不用起动器；而在电容起动、电容运转型电路中常用电压型起动继电器，它在电路中的接法如图 5-109 所示。

过载（热）保护器用来防止压缩机过载和过热避免烧毁电动机，常用碟形过电流过载保护器和内埋式保护器等。碟形过载保护器常与起动器装在一起，并紧贴于压缩机外表面，如图 5-110 所示。对于较大功率的压缩机，保护器埋入电动机绕组内，其结构如图 5-111 所示。

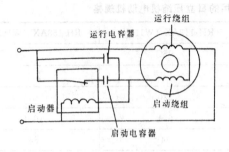

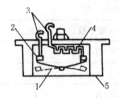

图 5-110　碟形保护器
1—双金属片　2—触点　3—端点
4—加热丝　5—外壳

图 5-109　电压式起动继电器接线图

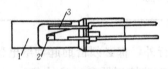

图 5-111　内埋式保护器
1—绝缘套　2—触点　3—双金属片

7　CFCs 替代制冷剂对全封闭压缩机结构的要求

在众多制冷剂 CFCs 中，首先受到限用并最终禁用的是 R12、R11、R113、R114 和 R115 等制冷剂。其中 R12 的受控，必将对冷冻和冷藏用全封闭制冷压缩机带来影响，因为制冷剂改变必将使压缩机载荷、可靠性、润滑油、零部件材料和结构产生变动，因此必须改进原有压缩机。

压缩机改用制冷剂后，首先必须考虑所换用的制冷剂对材料的作用。如果制冷剂对压缩机和电动机的材料有腐蚀作用就必须更换材料或重新设计。压缩机还得考虑润滑问题，制冷剂改变时，润滑油也应作相应的改变。此外，在其它结构方面也需加以考虑，例如，由于制冷剂密度不同，则流动阻力不同。为减少流动阻力，有必要重新设计或变动气阀结构参数。

换用制冷剂时，需要考虑的重要因素之一是压缩机及设备的许用强度及压缩机运动部件的受力情况。通常在冷凝温度 t_K 及蒸发温度 t_0 给定的情况下换用制冷剂应符合①冷凝压力 p_k 小于设计的最大冷凝压力；②压力差（$p_k - p_0$）小于设计的最大压力差。

此外，在换用制冷剂后还得验算压缩机的最大功率，以确定压缩机的电动机是否会发生过载，以便选配电动机。

目前 R12 可能的替代物之一是 R134a，它对大气臭氧层破坏系数 $ODP=0$，温室效应 $GWP=0.3$，无毒、不可燃；换热性能比 R12 好，有良好的化学稳定性和热稳定性；其热力性能接近于 R12；但在相同工况下，其单位容积制冷量较小，压力比较大，能效比减小，特别在低温下表现更为突出，另外与矿物性冷冻油互溶性差，对压缩机的橡胶密封圈、线圈绝缘漆、聚酯薄膜等有一定影响。

因此，根据 R134a 的性质，要求低温下运行的配套压缩机的容量及尺寸应作相应的增加，活塞间隙也要重新考虑，同时要改变气阀结构，减小余隙，以提高压缩机输气系数。为改进抗磨损特性，选择适当的零部件材料和进行表面处理，使得重新设计的压缩机零件的寿命更高。如增大轴承的有效承载面积使得应力下降，降低滑动表面的粗糙度并进行锰酸盐表面处理以及铸铁合金材料的选用等。

重新选择电动机线圈上的绝缘材料。例如选用 PET 薄膜和双层漆膜电磁线等。以及采用新型合成橡胶。另外，R134a 击穿电压、介电常数均较 R12 低，更换时注意电绝缘性质。

一般而言，R134a 的自润滑性能不如 CFC$_s$ 等物质，因为 CFC$_s$ 中的氯原子有利于润滑，尤其在高的接触压力下，氯原子有较好的自润滑性能。由于 R134a 的高极性，使其与非极性油难以互溶。目前用于制冷和空调压缩机中的润滑油基本上是矿物油，是非极性油，因而不与 R134a 互溶，必须更换。聚烯烃甘醇（PAG$_s$）是极性油，并与 R134a 互溶性较好。然而，现已证实 PAG$_s$ 的润滑性能并不好，引起摩擦表面升温，致使表面磨损率为 R12/矿物油的 20 倍。PAG$_s$ 的润滑性不好，致使摩擦力增加，这是造成以往实际机器试验结果出现 R134a 的 *COP* 值不如 R12 的主要原因之一。另外，PAG$_s$ 还有如下缺点：较高吸湿性、低绝电性、热稳定性不好，而且与 R134a 配对使用时，会在钢表面出现镀铜现象，在带水份时，情况更为严重。PAG$_s$ 与 R12 会有化学反应，在旧的 R12 机器中直接灌入 R134a/PAG$_s$ 前，系统必须彻底清除 R12，否则残留的 R12 将严重影响 PAG$_s$ 油的稳定性。而且 PAG$_s$ 油易氧化，若系统混入氧气，将使 PAG$_s$ 油氧化，影响其润滑性能。

新近合成的多元聚脂油（POE），最适合与 R134a 配对。其润滑性比 PAG$_s$ 好，与 R134a 互溶性好，又没有上述 PAG$_s$ 缺点。而且有合适粘度、高绝电性、低吸湿性、热稳定高等优点。另外，为改善其性能，也可适当加入添加剂，如抗镀膜、抗氧化与抗磨损剂等，以增加互溶性和润滑性、减少水解反应，控制酸值，提高可靠性。

总之，目前很多问题有待进一步研究，但 R134a 的应用开发技术已日趋成熟，现在不仅有 R134a 制冷剂的批量供应；而且已有使用 R134a 制冷剂的全封闭压缩机供应。

第6章 电 冰 箱

1 概述

世界上首台家用的制冷设备在 1910 年左右出现,1913 年拉森制造了一台人工操作的家用冰箱,1918 年美国卡尔维纳特公司首次成功地试制出商业和家用自动电冰箱,到 1920 年为止约售出 200 台,1926 年美国奇异公司经过 11 年的试验,制造出世界第一台密封式制冷系统的电冰箱,1927 年第一台家用吸收式冰箱问世。

自第一台冰箱出现至今已有半个多世纪,当前全世界每年电冰箱的总产量在 4000 万台以上,其中产量居前几位的国家是美国、俄罗斯、意大利、日本等国。

我国冰箱起步较迟,第一台冰箱是 1954 年由沈阳医疗器械厂生产的 200 升单门冰箱。1956 年开始,卫生部门的一些医疗器械厂开始具备了电冰箱生产能力,并投入了小批量生产。80 年代初电冰箱产量连年翻番,1983 年产量约 18 万台,1984 年产量超过 40 万台,目前国家确定四十几家电冰箱定点厂,全国引进 50 多条电冰箱生产装配线,年产能力达 1500 万台以上,规格已有 50 升到 200 升以上大型冰箱的多种系列,品种有单门、双门、多门、型式有直冷式,也有间冷式。

在 90 年代,电冰箱技术已向高效率、智能化和多门多温多功能的方向发展。

目前,对电冰箱产品结构调整影响最大。最突出、最迫切的问题,是 CFC_s 制冷工质的限制和禁用。国际社会对 CFC_s 的控制并逐步禁止已成定局,电冰箱将因此而面临产品改型的任务,这正是电冰箱工业必须正视的现实。各国正在努力寻找合适的近远期替代工质,并力图加快对各种新型制冷系统的研究及商品化进程。

在多能源冰箱的开发方面,国外吸收式、吸附式冰箱发展迅速。近几年来日本三洋公司在吸收式冰箱方面突破了一些技术难关,发展到耗电量可与压缩式冰箱相近的水平。目前全世界吸收式和吸附式冰箱的年产量约为 150 万台,以瑞典和瑞士的产量最多,质量也最好。太阳能冰箱、半导体冰箱也是近年来较引人注目的新产品。

为了更科学地贮存和保鲜食品,国外电冰箱还增加了快速冷冻和快速解冻的功能。快速冷冻是使冷冻室底面温度达 $-40℃$ 左右的低温,让食品迅速通过 $-1～-5℃$ 冰结晶生成区,以防营养成分的破坏,保持食品原有的鲜度;快速解冻是在冰箱内增设快速解冻室,通过解冻风扇,把冰箱冷藏室的空气吹入到解冻室,使解冻室内的食品快速解冻,以适应短期保鲜贮存的需要。

电冰箱是家庭中主要耗电的家用电器,为此目前有关厂家及研究单位正在开发节电型的电冰箱。采用滚动转子式压缩机,不仅减小压缩机的体积,减轻重量,而且降低能耗。目前日本 100W 以上的滚动转子式压缩机已投入使用,用电量比同类冰箱节电 $20\%～25\%$;应用微机控制电冰箱可以节电 $15\%～20\%$;改进隔热层,将电冰箱隔热厚度增至 3 吋,可节电 14%;应用新型绝热材料,日本东芝公司应用聚铬硅氧的新材料,使冰箱每月节电 2 度,应用上述各种新技术以达到节能之目的。

本章是以电冰箱制冷系统为对象，以压缩式电冰箱制冷系统为重点，其内容除简单介绍电冰箱的构造外，主要阐述电冰箱设计的步骤和方法。

2 电冰箱的种类

电冰箱的种类繁多，按照制冷形式来分，可以分为蒸气压缩式冰箱、吸收-扩散式冰箱（简称吸收式冰箱）以及半导体冰箱等；按箱体外形可分为立式冰箱、卧式冰箱、茶几式以及炊具组合式等；按箱门型式可分为单门冰箱、双门冰箱、三门冰箱及多门冰箱。

2.1 蒸气压缩式冰箱

压缩式冰箱按制冷方式可分为直接冷却式和间接冷却式两种。

在直冷式冰箱中，冷气以自然对流方式冷却食品，蒸发器一般直接安装在上部的冷冻室，在下部的冷藏室内另有一个小的蒸发器，或者将冷冻室的冷气分一部分进入冷藏室，冷藏室借助冷冻室来的冷气进行食品冷藏。

间冷式冰箱的蒸发器多数位于冷冻室和冷藏室的夹层之间，在箱内看不到蒸发器，只能看到一些风孔。夹层内有一个微型电风扇将冷气吹出，达到制冷效果。这种冰箱有自动除霜装置，因此又叫"无霜"冰箱。

压缩式冰箱按结构可分为单门、双门和多门几种。单门冰箱的冷冻室与冷藏室共用一个箱门，冷冻室的温度一般为-12℃左右，冷藏室的温度为0～10℃。其剖面图和制冷系统图如图6-1、图6-2所示。

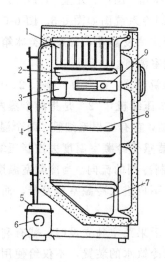

图 6-1 直冷式单门冰箱剖面图

1—蒸发器 2—接水盘 3—接水盒 4—冷凝器 5—压缩机
6—启动器和过载保护继电器 7—果菜盒 8—搁架
9—温度控制器和照明灯

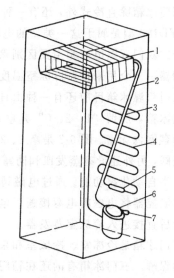

图 6-2 直冷式单门冰箱制冷系统图

1—蒸发器 2—低压吸气管 3—毛细管 4—冷凝器
5—干燥过滤器 6—压缩机
7—抽空充注制冷剂管

双门冰箱的冷冻室和冷藏室分别设门，使冷冻和冷藏的食品互相不串味，这种冰箱的冷冻室容量比单门冰箱大，国产的双门冰箱大都为直冷式双门双温冰箱。其剖面图和制冷系统图如图6-3、图6-4所示。

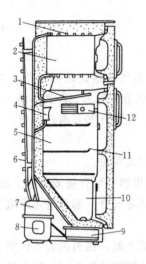

图 6-3　直冷式双门双温电冰箱剖面图

1—冷冻室蒸发器　2—冷冻室　3—冷藏室蒸发器
4—接水盒　5—冷藏室　6—冷凝器　7—压缩机
8—启动器和过载保护继电器　9—水蒸发盘
10—果菜盒　11—搁架　12—温度控
制器和照明灯

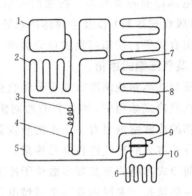

图 6-4　直冷式双门双温电冰箱制冷系统图

1—冷冻室蒸发器　2—冷藏室蒸发器　3—毛细管
4—干燥过滤器　5—低压吸气管　6—水蒸发加
热器　7—除露管　8—冷凝器　9—抽空充注
制冷剂管　10—压缩机

双门冰箱除直冷式外，还有一种间冷式双门双温电冰箱，国产"万宝"BYD155型和"上菱"BYD180型是属于这一类型的电冰箱，其剖面图和制冷系统图如图6-5、图6-6所示。它与直冷式双门双温电冰箱主要区别除了只有一个翅片管式蒸发器外，一般这类冰箱有两个温度控制器，一个用来控制冷冻室温度，另一个控制冷藏室温度。

双门双温冰箱目前还有一种由日本东芝公司推出的新产品，它称为"新1、2、0方式"的直冷式冰箱，所谓"1、2、0"其意义为："1"是指一个压缩机，"2"是指两个蒸发器，"0"是指冷藏室内无霜。图6-7是新1、2、0方式制冷系统图，它有三根毛细管、两个温控器、一个电磁阀，另外还设有蒸发皿和防露管。其中一个温控器感受冷藏室温度去控制压缩机开停，并带有半自动化霜功能。通过电磁阀的换向作用，改变制冷剂的流向。当冷藏室温度达到后，冷藏室温控器将电磁阀电源接通，电磁阀关闭，制冷剂不再进入冷藏室蒸发器，而通过第三毛细管后直接进入冷冻室蒸发器。

三门冰箱是冷冻室、冷藏室和果菜室分别设门。由于果菜室独立设门，就有利于水果和蔬菜的保鲜。三门冰箱有的还在箱门上设有可取冰、取冷饮水的装置，不仅给使用者带来更大的方便，而且还能减少制冷量的损失。

多门冰箱一般设有冷冻室、冷藏室、轻度冷冻室、果菜室。为了使用上的方便，其轻度冷冻室（温度保持0℃左右）和果菜室采用抽屉式结构。这种电冰箱轻度冷冻室的位置一般处于冷藏室下面，可以保存冷冻后的食品和需较长一点时间存放的熟食品。

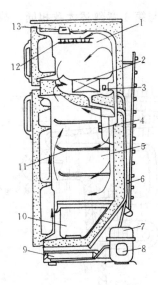

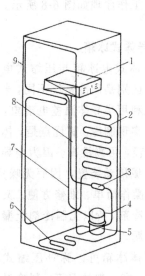

图 6-5　间冷式双门双温电冰箱剖面图

1—冷冻室　2—翅片管式蒸发器　3—风扇　4—感温风门温
度控制器　5—冷藏室　6—冷凝器　7—压缩机　8—起动
过载保护继电器　9—水蒸发盘　10—果菜盒　11—搁架
12—制冰盒　13—温度控制器

图 6-6　间冷式双门双温电冰箱制冷系统图

1—翅片管式蒸发器　2—冷凝器　3—干燥过滤器
4—抽空充注制冷剂管　5—压缩机　6—水蒸发加
热器　7—低压吸气管　8—毛细管
9—门口除露管

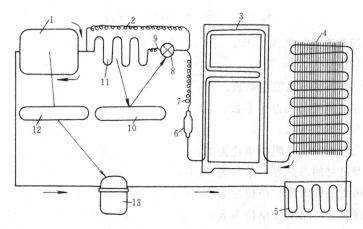

图 6-7　新 1、2、0 方式制冷系统图

1—冷冻室蒸发器　2—第三毛细管　3—防露管　4—冷凝器　5—蒸器皿加热管
6—干燥过滤器　7—第一毛细管　8—电磁阀　9—第二毛细管　10—冷藏室温
控器　11—冷藏室蒸发器　12—冷冻室温控器　13—压缩机

2.2　吸收-扩散式冰箱

　　吸收-扩散式冰箱的构造与压缩式冰箱类似，也分为箱体、制冷系统和控制系统三部分。家用吸收式冰箱可以采用各种热源作为动力，例如天然气、油、煤气、太阳能等。因此此种冰箱都装有气、电两用的加热装置，该装置由燃烧器、自动点火装置、温度控制器组成。燃烧器中还带有安全装置，当燃烧器的火焰熄灭时，感受火焰温度的热电偶可自动断开燃气通路，以确保安全。在制冷系统中充有三种物质，即制冷剂——氨、吸收剂——水、扩散剂——氢

或氢。其工作原理如图 6-8 所示。实现连续制冷的过程与第 1 章叙述大致相同，故不重复叙述。

2.3 半导体式冰箱

半导体式电冰箱与压缩式电冰箱的主要区别是制冷系统不同，半导体冰箱是利用半导体温差电现象，形成温差而实现制冷。其优点是，体积小、重量轻，可靠性高。因为半导体冰箱无机械传动装置，因而无噪声、无磨损、操作简单、维修方便；又因它不用制冷剂，所以无制冷剂泄漏和污染等问题。

半导体冰箱可以弥补压缩式冰箱的不足。在一般情况下，制冷温度也比较低，它已引起人们的重视，半导体制冷的原理可参阅第 1 章。

半导体制冷装置的冷端吸热量（即制冷量）按下式进行计算。

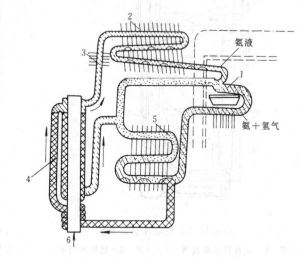

图 6-8 吸收—扩散式冰箱制冷系统
1—蒸发器 2—冷凝器 3—精馏器 4—发生器
5—吸收器 6—热源

$$Q_c = \pi I - \frac{1}{2} I^2 R - K(T_h - T_c) \tag{6-1}$$

式中　Q_c——冷端吸热量，单位为 W；

π——珀尔帖系数，$\pi = T_c(\alpha_P - \alpha_N)$；

α_P——P 型电偶臂的温差电系数；

α_N——N 型电偶臂的温差电系数；

I——电流，单位为 A；

R——温差电对的总电阻，单位为 Ω；

K——温差电对的总热导，单位为 W/K；

T_h——热接点上的温度，单位为 K；

T_c——冷接点上的温度，单位为 K。

3　压缩式电冰箱的制冷系统

压缩式电冰箱的制冷系统由压缩机、冷凝器、蒸发器、干燥过滤器和毛细管组成。

3.1　制冷压缩机

压缩机是电冰箱制冷循环系统的重要部件，它好比人的心脏。电冰箱借助这个"心脏"，使制冷剂在系统的管道中不断循环。目前，国内外生产的电冰箱已全部采用全封闭压缩机，将电动机和压缩机同装在一个封闭的壳体中，壳体的接缝处在出厂时就焊死，平时不能拆卸，这不仅大大减少了制冷剂泄漏，还有利于压缩机的小型化和轻量化，同时，也减少噪声，降低成本。

目前电冰箱压缩机按其结构特点有如下三种类型：①滑管式压缩机；②连杆式压缩机；③滚动转子式压缩机。

这三种压缩机的工作原理、结构和设计方法已在本书第 5 章作了详细介绍，表 6-1 列出了这三种压缩机的特点。

表 6-1　三种类型压缩机的特点

特　点	滑　管　式	连　杆　式	滚　动　转　子
零部件数	中	多	少
加工工艺性	简　单	较复杂	复　杂
加工精度要求	低	中	高
装配要求和分组性	中（一般 9 组）	低（一般 5 组）	高（一般 20～30 组）
噪声和振动	中	小	小
重　量	中	大	小
能效比（COP）	低	中	高
总体评价	由于制造简单，成本比连杆式低 20%，从 50 年代中期至 80 年代大量生产此类型。寿命较短，年故障率为 2%～4%	从理论到生产技术比较成熟，至今世界上一些厂家坚持生产此型而不生产滑管式。寿命长，年故障率为 1‰，但价格偏高	加工精度高，要专门精密机床，零件材料要特殊处理，由于技术水平提高，已有取代前两种型式的趋向

3.2　冷凝器

冷凝器是使气态制冷剂放出热量而冷凝为液态的热交换器。家用冰箱的冷凝器都为空气冷却式冷凝器。

空气冷却式冷凝器可分为自然对流冷却式和强制通风冷却式两种。它在第 3 章中已作了详细介绍，现将其结构及特点列于表 6-2。

3.3　蒸发器

蒸发器是使液体制冷剂吸热汽化的一种热交换器。低温低压的液体制冷剂在电冰箱蒸发器内迅速蒸发转变为气体，同时吸收被冷却物体的热量，使冷藏食品的温度下降，从而达到食品保鲜的目的。

家用冰箱常用的蒸发器都属于空气冷却式，按空气循环对流方式可分为自然对流式和强制对流式两种。其结构型式除第 4 章介绍的管板式、铝—铝吹胀式、单脊翅片式及翅片盘管式外，还有串联板式蒸发器和多层搁架式蒸发器。串联板式蒸发器的外形结构如图 6-9 所示，其材料和制法同铝—铝吹胀式蒸发器，它用于直冷式双门双温电冰箱。多层搁架式蒸发器的结构外形如图 6-10 所示，其特点是蒸发器兼作搁架，具有结构紧凑，传热性能好等优点，主要用于立式冷冻箱的制冷系统。

表 6-2　各种冷凝器的结构及特点

冷却方式	自 然 对 流 冷 却			强制通风冷却
结构型式	板 管 式	丝 管 式	壁板盘管式	翅片盘管式
结构简图及说明	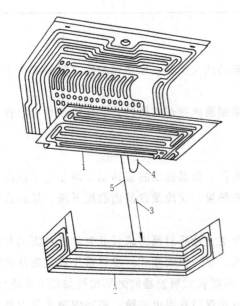 散热片为 0.5mm～0.6mm 钢板，盘管为 ϕ5mm～ϕ6mm 镀铜钢管或铜管，将散热片冲出通风孔和凹槽，盘管挤压在凹槽中	盘管为 ϕ5mm～ϕ6mm 的镀铜钢管，将 ϕ1.5mm 左右的钢丝焊接在盘管两侧，钢丝间距一般为 5mm～7mm	将 ϕ5mm～ϕ6mm 的镀铜钢管或铜管，以铝箔粘附，或以压成槽形的薄钢板压附在箱体外壁的内侧，靠箱体外壁散热	盘管为 ϕ8mm～ϕ10mm 的铜管或镀铜钢管，翅片为 0.2mm～0.4mm 的镀锌钢板或铝板，翅片和盘管以胀管法胀紧，片距 2mm～3mm
特 点	工艺简单，传热性能比钢丝盘管式稍差　传热系数 $K=6\sim8W/(m^2\cdot K)$	传热性能较好，整体强度好，材料费低，焊接工艺复杂 $K=7\sim9W/(m^2\cdot K)$	结构紧凑，不占用空间，便于清扫，不易损伤。传热性能较差，隔热层要适当加厚 $K=6\sim8W/(m^2\cdot K)$	结构紧凑，散热效率高，冷却能力大，需配置风扇 $K=23\sim35W/(m^2\cdot K)$
适用范围	用于压缩机功率 200W 以下的小型冰箱			用于压缩机功率 200W 以上的大型冰箱

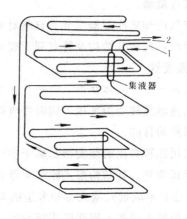

图 6-9　串联板式蒸发器
1—冷冻室蒸发器　2—冷藏室蒸发器　3—进口铜铝接头
4—出口铜铝接头　5—铝管

图 6-10　多层搁架式蒸发器
1—进口　2—出口

3.4 干燥过滤器

电冰箱制冷系统在运行过程中，制冷剂和冷冻油中过量的水分或管道中的脏物，都能使毛细管堵塞，因此制冷剂由冷凝器进入毛细管之前要先经过干燥过滤器。

电冰箱干燥过滤器的结构如图 6-11 所示。它是直径为 14～18mm、长度为 100～150mm、壁厚约为 1mm 的紫铜管制成，在铜管的两端分别装有 120 目至 180 目的过滤网，滤网之间填充干燥剂，干燥剂早期采用氧化铝、氧化钙、硅胶，目前都采用吸湿性强的"分子筛"。

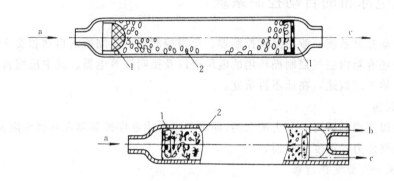

图 6-11　干燥过滤器

1—孔网　2—分子筛

a—接冷凝器　b—接抽空管　c—接节流毛细管

分子筛是一种人造泡沸石，它的空间晶格的大小以分子直径 0.1nm 表示。当物质分子直径小于分子筛的空间直径时，就会被它吸附，若采用加热或抽真空时，又可使它从分子筛中脱附，而不失去分子筛的空间晶格，因此可选用不同直径的分子筛来分选不同的分子直径的物质。

分子筛的品种很多，不同品种的分子筛，其直径大小不同。在使用 R12 制冷剂时可选用 4×10^{-10}～5×10^{-10}m 的分子筛。因为 R12 的分子直径大于 4×10^{-10}m，而水分子的直径在 1.7×10^{-10}～3.2×10^{-10}m 之间，因此选用 4×10^{-10}m 分子筛可以吸附制冷系统中的残留水分，但 R12 制冷剂不被吸附。分子筛在使用前要经过活化，4×10^{-10}m 型分子筛在标准大气压下，活化温度约为 450～550℃，活化时间看分子筛用量而定。经活化的分子筛应与空气隔绝，以免因吸附空气的水分而影响使用效果。对 R134a 制冷系统的干燥剂应采用 XH7（碳化物）或 3×10^{-10}m 型分子筛。

3.5 毛细管

目前国内外电冰箱的节流机构一般都是采用毛细管，它是一根内径为 0.5～1mm、外径为 2～3mm、长度为 2～4m 的紫铜管，在制冷系统中的作用是控制制冷剂的流量和保持冷凝器与蒸发器的合理压差。液态制冷剂进入毛细管后压力逐渐降低，由开始的过冷液体逐步转变为饱和液体，此段称为液相段，压力呈线性变化。在毛细管中从开始气化至毛细管出口为气液共存段，亦称两相流动段。在此段内蒸气的干度沿流动方向逐步增加，而压力降是非线性变化，越接近毛细管出口，其单位长度内的压力降越大。在毛细管内压力降至低于当时温度相应的饱和压力时，就要产生闪发现象，使液体降温降压。如果随着制冷剂的压力降能从外界得到充分的冷却（如与回气管进行热交换），保持一定的过冷度，则可延迟"闪发"现象，减少蒸气含量，从而提高制冷剂的流量。实践证明，对于 R12 制冷剂，制冷剂在毛细管入口的过冷度每增加 1℃，制冷量约提高 0.8%。

毛细管节流具有结构简单，无运动部件，不易产生故障等优点；停机后高低压力逐渐趋于平衡状态，故易于压缩机启动，可选用启动转矩较小的驱动电机。但是，毛细管的流量调节范围小，因此不适用于热负荷变化较大的制冷装置，只能用于热负荷比较稳定的家用冰箱、空调器、除湿机等小型全封闭型制冷系统。

4 压缩式电冰箱的自动控制系统

电冰箱自动控制系统一般由温度控制器、化霜控制器、压缩机的启动和安全运转保护器等组成。另外还有箱内空气强制循环用的电风扇以及照明灯等电器。其中压缩机电机的启动和保护器已在第 5 章叙述，在此不再重复。

4.1 温度控制器

电冰箱的温度控制器可以分为两大类，即蒸气压力式温度控制器和热敏电阻温度控制器。在此只介绍蒸气压力式温度控制器。

4.1.1 蒸气压力式温度控制器

蒸气压力式温度控制器的工作原理如图 6-12 所示。

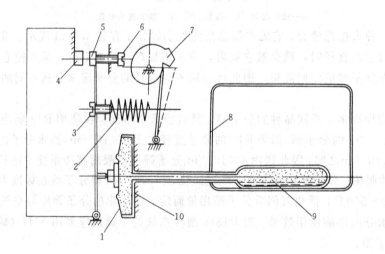

图 6-12 温控器工作原理

1—膜片 2—平衡弹簧 3—温度调节螺栓 4—静触点 5—动触点 6—差额调节螺栓 7—调节凸轮 8—蒸发器 9—感温包 10—气箱

蒸气压力式温度控制器用于直冷式电冰箱时，一般是将温度控制器的感温包末端紧压在上蒸发器或下蒸发器管路出口附近的表面上，由蒸发器表面温度的变化来控制压缩机开停。当静触点 4 和动触点 5 接触时（组成闭合回路），压缩机电源被接通，压缩机正常运转，蒸发器表面温度不断下降，同时感温包内的感温剂（一般用 R12 或氯甲烷）的温度和压力也随着下降，使感温腔前面的膜片向后移动，导致温控器的动触点 5 离开静触点 4，压缩机停止工作以后，蒸发器表面的温度不断升高，同时感温包感受的温度也随之增高，感温包包内压力也上升，使感温腔前的膜片向前移动，使动触点 5 与静触点 4 闭合，接通压缩机电源，压缩机恢复运转，蒸发器表面的温度又开始下降。这一过程不断循环，以此来控制电冰箱内的温度。要想得到不同的制冷温度，只要旋转温度调节旋钮（即温度控制范围凸轮）就可以改变平衡弹簧对感温腔的压力，从而改变压缩机工作时间的长短，实现冰箱内温度的自动调节。

如果改变调节旋钮不能使箱内温度达到要求时，可以依靠温度调节螺栓进行调节。若顺时针方向旋动螺栓 3，可使平衡弹簧拉长。从而增加平衡弹簧对膜盒的压力，使旋钮的调节范围提高，即可使箱内温度升高。将螺栓 3 反时针方向旋转时，则使箱内温度降低。还有一个差额调节螺栓可以改变温控器的开停温差。当开停温差小时，开停时间会缩短，电动机开停频繁。温度范围调节螺栓和差额调节螺栓一般在出厂时已调好，不可轻易调动。

如果将蒸气压力式温度控制器用于间冷式双门双温电冰箱，它是将感温包末端放在强制循环冷风的出风口或回风口处。利用冰箱内循环风温度的变化来控制压缩机的开停，以此来自动控制冰箱内的温度。

4.1.2 电冰箱用的几种温控器

电冰箱所用的蒸气压力式温度控制器的种类很多，但其控温原理和结构大致相同。其感温元件是一个密闭的腔体，由感温包、感温剂和感温腔三部分组成。根据感温腔的形状不同，温控器又可分为波纹管式和膜盒式两种。广东佛山、沈阳温控器厂从日本鹭宫制造厂引进的 CTB 型温度控制器用波纹管作为感温腔，称为波纹管式温度控制器，而北京温控器厂从美国宏高公司引进的 WSF-25D 温度控制器用膜盒作为感温腔，称为膜盒式温度控制器。日本东芝公司生产的普通型和定温复位型系列的温控器也都属于以上这类产品。表 6-3 列出了部分蒸气压力式温度控制器的型号及技术参数，表 6-4 列出了部分国产冰箱温度控制器的技术参数。

表 6-3　家用电冰箱用温度控制器的技术参数

类　别	型　号	工　作　温　度/℃						最 冷 点	化霜温度/℃	备注
		弱 冷 点		中 间 点		强 冷 点				
		开	停	开	停	开	停			
普通型	A-201	−11	−17.5	−15.5	−22.5	−20	−28.5			
普通型	B-201	−11.2	−17.5	−15.5	−22.5	−20.2	−28.5			
定温复位型	K-6J	3.5	−13.5	3.5	−18.5	3.5	−24.5	不　停		东芝公司
定温复位型	K-17	3.5	−13	3.5	−18	3.5	−23	最低−26		
定温复位	K-18	4	−16	4	−20	4	−26	不　停		
定温复位	K-21	3.5	−14	3.5	−19	3.5	−25.4	不　停		
按钮除霜型	M-15B	−2.5	−10	−6.5	−15	−13	−24	最低−26	4	
按钮除霜型	北京	3.2	−5.2	−1.1	−9	−5.4	−14	不　停	4.4	北京

表 6-4　部分国产冰箱温度控制器的技术参数

型　　号	工作温度 / ℃				化霜温度	备　　注
	热　点		冷　点			
	开	停	开	停		
美国兰柯公司 K59	5±1.1	−18±2	5±1.1	−29±1.5		西冷 BCD-175 BCD-212
江西浔阳 WSF-24A	−2	−8.5	−15	−24		水仙花 Z1142TR
江西浔阳 K-L201	2.5	−10	−9.5	−26		水仙花 BC-110
佛山 YWD-M122	5	−9.5	5	−25		水仙花 BCD-175
美国 K60-P1059	0±1.1	−6±1.1	0±1.1	−19±2.2	+5.5±2.5	长庆牌 BC-137
美国 K59-P1063	3.5±1	−12±1.5	3.5±1	−28±2.5		BCD-174
成都航空仪表公司 WSF22	−1±1.1	−7.5±1.1	−1±1.1	−22±2.2	+5±2.5	长庆牌 BC137

目前，在间冷式双门双温电冰箱中还采用感温风门式温度控制器，其工作原理与蒸气压力式温度控制器一样，利用感温剂压力随温度而变化的特性，通过温-压转换部件，带动并改变风门开闭的角度，调节流进冷藏室的循环风量，以此来控制冷藏室温度。

风门温度控制器分为盖板式风门温度控制器和风道式风门温度控制器两种。盖板式风门温度控制器利用盖板所处的位置来改变风门开启的大小，当盖板处于垂直位置时，风门处于全闭状态，此时温度调节旋钮处在"热"的位置，完全关闭从冷冻室通往冷藏室的冷风。当盖板偏离垂直位置时，风门打开，其最大角度为 20℃。日本三菱的 MRE-1585、1705 型双门间冷式冰箱就采用这种温度控制器，其工作温度特性如表 6-5 所示。

风道式风门温度控制器的内部结构如图 6-13 所示。国产"万宝"无霜双门双温电冰箱就是用它来控制和调节冷藏室温度。当冷藏室内的温度升高时，感温腔内感温剂的压力也随之升高，于是克服弹簧的作用力使顶针上移，风门开度增大，进入冷藏室的冷风量增加，而使冷藏室温度下降；反之，当冷藏室内的温度下降时，感温腔内的压力随之减小，在弹簧的作用下，顶针下移，风门开度减小，进入的冷风量减少，使冷藏室温度上升，这样便实现了控制冷藏室温度的目的。

冷藏室温度还可以通过转动温度调节旋钮来调节。当转动温度调节旋钮时，则在拨轮的带动下，圆柱形的齿轮上下移动，使弹簧压缩或放松。弹簧压缩时，感温腔内的压力增大才能克服弹簧的作用力，即相应的冷藏室温度将升高；反之，弹簧放松时，冷藏室温度将降低。日本产 RD12-2022 型温控器是属于风道式风门温度控制器。其性能参数见表 6-6。

表 6-5　盖板式风门温度控制器工作温度特性

制造厂	型　号	给定位置	工作温度特性/℃			行程/mm
			冷　点	正　常	热　点	
日本鹭宫	XGB-A102	全　开	(6)	(9.5)	(13.5)	11
		全　闭	(−0.5)	3.5	(7.5)	
	XGB-A103	全　开	4.5	(13)	(17)	11
		全　闭	(−6)	4.5	(9)	
	XGB-A201	全　开	(2)	(6)	(9.5)	9
		全　闭	(−6.5)	−2	(2)	
	XGB-A202	全　开	(0)	(9.5)	(13.5)	11
		全　闭	(−12.5)	−2	(3)	
日本 Rance	B₁₁-1031	开	—	最大 7	—	
		闭	(−13)	−1.5±1.5	(3.5)	
	B₁₁-1035	开	—	最大 6	—	
		闭	(14)	−2.5±1.5	(2.5)	

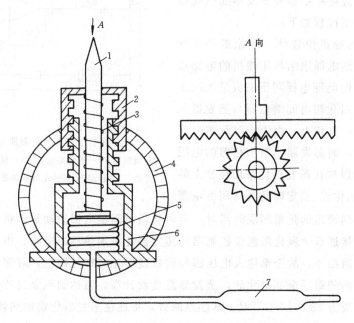

图 6-13　温感风门温控器的内部结构

1—顶针　2—圆柱齿轮　3—弹簧　4—拨轮　5—感温腔　6—壳体　7—感温包

表 6-6　日本 RD12-2022 型风道式风门温度控制器工作温度特性

	冷　点		正　常		热　点
	3.5℃	最低 −10℃	6.5℃	3~4℃	95℃
开度 *A*	5.3mm±1.8mm	关　闭	5.3mm±1.8mm	关　闭	5.3mm±1.8mm

4.2 化霜控制器

电冰箱在工作过程中，因为冰箱内蒸发器表面温度相当低，空气中的水蒸汽遇冷就会在蒸发器表面上结成霜。霜层厚度达到约 5mm 时，就会使蒸发器表面的传热性能明显下降，这时需要将霜融化掉。常见的化霜方法有以下三种。

4.2.1 人工化霜

这种化霜方式只用于单门简易电冰箱。化霜时，将温度控制器旋钮旋至停机位置或拔下电源插头，使制冷压缩机停止工作。经过一定时间，蒸发器表面温度逐渐上升，冰箱内的霜开始融化，待全部融化后，再人工启动压缩机。

4.2.2 半自动化霜

部分国产冰箱采用按钮式半自动化霜方式。化霜时，将温度控制器上的化霜按钮轻轻按下，这时制冷压缩机停止工作，蒸发器表面温度回升到 6℃ 左右时，化霜按钮就会自动跳起，压缩机恢复运转。

4.2.3 全自动化霜

目前，国内外生产的高档电冰箱大多采用"全自动化霜"控制。图 6-14 为全自动化霜温度控制器原理图。

这种电路是在积算式自动化霜控制电路上，增加了双金属化霜温度控制器和蒸发器加热化霜超热保护器，其控制过程如下：

假定图 6-14 的触点位置是一次化霜终了状态，定时化霜时间继电器刚刚与压缩机的电路接通，此时，定时化霜时间继电器同压缩机进入同步运转。由图可知，定时化霜时间继电器与蒸发器化霜加热器串接在同一电路上。由于定时化霜时间继电器的内阻很大，而蒸发器化霜加热器的电阻只是它的 1/22，所以加在蒸发器化霜加热器上的电压极低，此时停止化霜。当定时化霜时间继电器

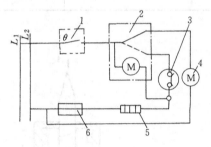

图 6-14　自动化霜原理图

1—温控器　2—时间继电器　3—双金属片化霜温控器　4—压缩机　5—化霜加热器　6—熔断器

与压缩机同步运转到调定的化霜间隔时间时，定时化霜时间继电器的动触点将通往压缩机的电路断开，并立即接通双金属化霜温度控制器的蒸发器化霜加热器的电路。由于双金属片化霜温度控制器的电阻很小，故全部输入电压都加到蒸发器化霜加热器上，对蒸发器进行加热化霜。当蒸发器表面的霜层全部融化后，蒸发器温度就升高，当达到双金属片化霜温度控制器的跳开温度（一般为 13℃±3℃）时，其触点断开，将通往蒸发器化霜加热器的电路切断，这时化霜加热器停止对蒸发器加热，同时定时化霜时间继电器开始运转，待运转 2min 后，压缩机又开始工作。于是，蒸发器表面温度很快下降，当达到双金属片化霜温度控制器的复位温度（一般调定最低温度 −5℃）时，其触点就复位，等待下一除霜周期。以此实现了电冰箱周期性的全自动化霜控制。

4.3 电冰箱的控制电路

电冰箱控制电路是根据电冰箱的性能指标来确定的。一般电冰箱性能越复杂，其对应的控制电路部分也越复杂。下面我们介绍两种典型的电冰箱控制电路。

4.3.1　直冷式电冰箱的控制电路

　　直冷式电冰箱的控制电路一般都比较简单,图 6-15 是"雪花"牌 BCD-170A 电冰箱的电路图。其工作过程如下:当电源接通的瞬间,电流经温度控制器 3、起动继电器 5 的起动线圈、电动机 6 的运行绕组和过载保护器 7 形成回路,这时由于电动机的定子绕组未形成旋转磁场,故转子不能转动。当电流增大到吸合电流值以上时,起动线圈产生的电磁力吸动重力衔铁向上移动,使动触点与定触点闭合,将起动绕组接入电路,这时在定子中产生旋转磁场,电动机转子就起动运转,并很快(约 1～2s)达到额定转速,使流过运行绕组中的电流降至释放电流值以下,它所产生的磁力已不足以吸动衔铁,衔铁就自动落下,使动触点与定触点断开,启动绕组断电,电冰箱便进入正常运行。

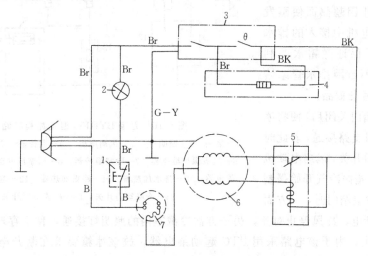

图 6-15　雪花牌 BCD-170A 电冰箱的电路图
1—灯开关　2—照明灯　3—温度控制器　4—温度补偿加热丝
5—起动继电器　6—压缩机电动机　7—过载保护器
B—蓝色　BK—黑色　Br—棕色　G—Y—绿黄色

　　当压缩机电机过载时,过载保护继电器 7 中的发热元件发热,双金属片受热弯曲,使其触点断开,电路断电,而当制冷压缩机长时间运转,电动机温升过高时,保护继电器的双金属片受热弯曲,也使触点断开,保护了电机不致损坏或烧毁。

4.3.2　间冷式双门双温电冰箱的控制电路

　　图 6-16 是国产万宝 BYD155 型电冰箱的控制电路。此电路除直冷式冰箱电路中所具备的温控器 4、起动继电器 9 和过载保护继电器 6 外,还增加了除霜计时器 5、除霜温控器 7、除霜加热器 11 和排水加热器 10。

　　其工作过程如下:电源接通后,除霜计时器的触点 a-b 接通,压缩机的起动与保护电路也接通,压缩开始运转,电冰箱开始制冷,同时除霜计时器的电钟电机 M、除霜加热器 11、排水加热器 10 和熔断器 12 也接入电路,但是由于除霜计时器电钟电机的内阻(约 7500Ω)远大于除霜加热器和排水加热器的并联电阻(约为 320Ω),故两个加热器并不加热,而除霜计时器中的电钟电机 M 与压缩机电机同步运转,冰箱处于制冷运行状态。

　　当制冷压缩机累计运行 8h 后,除霜计时器的触点 a-b 断开,压缩机和风扇电机停止运转,而 a-c 接通,同时由于此时除霜温控器 7 的触点处于接通状态,将除霜计时器的电钟电机短路,故使除霜加热器和排水加热器接通电源加热,开始进行除霜,并使融霜水经排水管排出。

当蒸发器翅片表面的温度由于被加热而升高至13℃左右时，蒸发器翅片表面的霜层已全部融化完毕，致使除霜温控器的双金属片产生变形，触点跳开，而将除霜计时器的电钟电机重新接入电路，除霜计时器恢复运转，约2min后a-b触点重新接通，而a-c触点断开，制冷压缩机又恢复启动运转。当蒸发器翅片表面温度降到—5℃左右时，除霜温控器的触点复位闭合，为下一个化霜周期作好准备，这样就完成了一个化霜周期的自动控制。电路中接入了保险丝以保证在除霜温控器失灵时，防止因超热而使蒸发器盘管破裂。电机中接入的排水加热器11用于保证融霜水顺利地导出箱外，不致因排水管冰堵而损坏冰箱或污染食品。

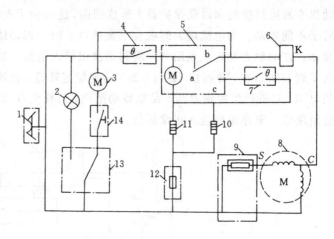

图6-16　万宝BYD155型电冰箱电路图

1—插头　2—照明灯　3—风扇电机　4—温控器　5—除霜计时器　6—过载保护继电器　7—除霜温控器　8—压缩机电动机　9—起动继电器　10—排水加热器　11—除霜加热器　12—熔断器（70℃）　13—冷藏室门开关　14—冷冻室门开关

在冷藏室箱门关闭后，便将冰箱的风扇电动机支路接通，若此时再接通冷冻室门开关，风扇电动机便通电运转，使箱内冷气开始强制对流。打开冷藏室箱门时，一方面将风扇电动机断电，冷风停止对流，另一方面冷藏室内的照明灯接通，便于存取食物。

要顺便指出，由于该电路采用PTC起动继电器，故该冰箱要求在断开电源后，应相隔5min以后方可重新将电源接通，起动压缩机，以防止压缩机电动机过电流。

5　电冰箱的热负荷

电冰箱热负荷在冰箱设计中是一个重要参数，它与冰箱的箱体结构、冰箱的内容积，箱体绝热层的厚度和绝热材料的优劣等因素有关。

5.1　箱体设计要求及形式

电冰箱箱体由箱外壳、内胆、绝热层、顶装饰框、铭牌、门外壳、门胆、门把手等组成。箱外壳和门外壳通常用0.6~1.0mm冷轧薄钢板制成，外壳表面磷化处理后涂漆或喷塑。内胆和门胆采用ABS塑料板或PS板加热后真空成形。绝热层采用聚氨酯泡沫塑料，它是在异氰酸酯与多元醇放热反应的基础上，通过自身的聚合反应，产生出固态聚氨酯。在聚合混合物中注入发泡剂，产生气泡便得到泡沫塑料。箱顶装饰框一般采用塑料或金属边框装饰，也有用整体塑料装饰框。门框四周装有磁性门封条，关门后使箱门与箱体吸合。

电冰箱箱体设计的优劣，直接影响使用性能、外观、耐久性、制造成本和市场销售。在进行设计时，要求造型别致、美观大方。除色调要与家庭家具协调外，还必须考虑占地面积小、内容积大，宽度、深度与高度的比例合理，有稳定感等。

电冰箱绝大多数为立式结构。箱体结构的发展过程，大致分为四个阶段：50年代以前主要是厚壁箱体（厚度为60~65mm）；60年代是薄壁箱体（厚度30~35mm）；70年代是薄壁双温双门；80 年代世界上趋于采用中等壁厚箱体（厚度为 40～45mm），并以箱背式冷凝器的三门三温或双门双温自然对流冷却（即直冷式）冰箱为主。随着良好隔热性能的隔热材料的应用，箱体壁厚的减薄，箱体重量将进一步减轻并增大了冰箱的内容积。

立式冰箱箱体，首先根据内容积确定宽深比例，一般选为正方形或矩形，其比例不超过 1∶1.3；双侧门柜式箱体的宽深比为 1∶0.65 左右。总体高度以放置稳定和箱内储放食品方便为原则。表 6-7 给出了电冰箱内容积与外形尺寸范围。

表 6-7　电冰箱内容积和外形尺寸范围

内容积/L	外 形 尺 寸/mm		
	宽	深	高
50～100	450～480	470～530	480～100
100～150	480～530	530～650	900～1200
150～200	530 左右	650 左右	1200～1500
200～300	530～610	640～720	1500～1700
300～400	700～850	600～720	1600～1700
400～600	750～1000	650～720	1700～1800

5.2　箱体绝热层厚度和外表面温度校核

冰箱箱体都采用硬质聚氨脂整体发泡作绝热层，其绝热性能好，适于流水线大批量生产，发泡后的箱体内外壳被粘接成刚性整体，结构坚固，内外壳厚度可以适当降低，无须对箱体做防潮处理，年久也不会吸湿而使热导率增大。

绝热层厚度的确定将直接影响耗电量和箱体的外形尺寸。若厚度增加，通过绝热层进入箱内的热量减少，耗电量减少，但外形尺寸增加，成本也增加。箱体设计时希望冰箱制冷效果好，保温性能好，同时又售价低，耗电少，因此尽可能在满足冰箱性能指标的基础上既减少绝热层的厚度，又降低能耗。

设计箱体的绝热层时，可预先参照国内外冰箱的有关资料设定其厚度，并计算出箱体表面温度。如果箱体外表面温度 t_w 低于露点温度，则会在箱表面上发生凝露现象，因此箱体表面温度 t_w 必须高于露点温度 t_d，最低限度 $t_w > 0.2℃ + t_d$。

在达到稳定传热状态后的表面温度 t_w 可以由下式计算：

$$t_w = t_1 - \frac{K}{\alpha_0}(t_1 - t_2) \tag{6-2}$$

式中　t_w——箱体外表面温度，单位为℃；

t_1——箱外空气温度，单位为℃；

t_2——箱内空气温度，单位为℃；

α_0——箱外空气对箱体外表面的表面传热系数，单位为 W/(m²·K)；

K——传热系数，单位为 W/(m²·K)。

按照国家标准 GB8059.1 的规定，电冰箱在进行凝露试验时，规定亚温带型（SN）、温带型（N）和亚热带型（ST）、热带型（T）冰箱的露点温度分别为 19℃±0.5℃ 和 27℃±0.5℃。

在箱体表面温度高于露点温度的前提下，计算箱体的漏热量 Q_1，并用下式校验绝热层的厚度

$$\delta = \frac{\lambda A(t_{w1} - t_{w2})}{Q_1} \tag{6-3}$$

式中　t_{w1}——箱外壁温度,单位为℃;

　　　t_{w2}——箱内壁温度,单位为℃;

　　　　λ——热导率,单位为 W/(m·K);

　　　　A——传热面积,单位为 m²。

校验计算所得的厚度在设定厚度的基础上,进行修正,反复计算,直到合理为止。

5.3　总热负荷计算

热负荷包括:箱体漏热量 Q_1、开门漏热量 Q_2、贮物热量 Q_3 和其它热量 Q_4。即

$$Q=Q_1+Q_2+Q_3+Q_4 \tag{6-4}$$

5.3.1　箱体漏热量 Q_1

箱体漏热量包括,通过箱体隔热层的漏热量 Q_a,通过箱门和门封条的漏热量 Q_b,通过箱体结构形成热桥的漏热量 Q_c。即

$$Q_1=Q_a+Q_b+Q_c \tag{6-5}$$

(1) 箱体隔热层的漏热量 Q_a　由于箱体外壳钢板很薄,而其热导率 λ 值很大,所以热阻很小,可忽略不计。内壳多用 ABS 塑料板真空成形,最薄的四周部位只有 1.0mm。塑料热阻较大,可将其厚度一起计入隔热层,因此箱体的传热可视为单层平壁的传热过程。即

$$Q_a=KA(t_1-t_2) \tag{6-6}$$

式中　A——箱体外表面,单位为 m²。

传热系数 K〔单位为 W/(m²·K)〕为

$$K=\cfrac{1}{\cfrac{1}{\alpha_1}+\cfrac{\delta}{\lambda}+\cfrac{1}{\alpha_2}} \tag{6-7}$$

式中　α_1——箱外空气对箱体外表面的表面传热系数,单位为 W/(m²·K);

　　　α_2——内箱壁表面对箱内空气的表面传热系数,单位为 W/(m²·K);

　　　δ——隔热层厚度,单位为 m;

　　　λ——隔热材料的热导率,单位为 W/(m·K)。

当室内风速为 0.1~0.15m/s 时,α_1 可取 3.5~11.6W/(m²·K);箱内空气为自然对流(直冷式)时,α_2 可取 0.6~1.2W/(m²·K);双门双温间冷式电冰箱,由于箱内风速较大,其 α_2 可取 17~23W/(m²·K)。

在进行箱体隔热层漏热量计算时,要注意到冷冻室和冷藏室的隔热层厚度是不一样的,应采用分段计算相加后的 Q_a 值。

另外,采用壁板盘管式冷凝器的电冰箱,箱体后壁面的表面温度近似取为冷凝温度 t_k,也需另外计算该部分漏热量。

(2) 通过箱门与门封条进入的漏热量 Q_b　由于 Q_b 值很难用计算法计算,一般根据经验数据给出,可取 Q_b 为 Q_a 的 15% 值。

(3) 箱体结构部件的漏热量 Q_c　箱体内外壳体之间支撑方法不同,Q_c 值也不同,因此同样也不易通过公式计算。一般可取 Q_c 值为 Q_a 值的 3% 左右。目前采用聚氨酯发泡成型隔热结构的箱体,无支撑架形成的冷桥,因此 Q_c 值可不计算。

5.3.2　开门漏热量 Q_2

国家标准 GB8059.1~GB8059.3—87《家用电冰箱》和轻工业部标准 SG215—84 的耗电

量试验项中并未提明开门次数，在日本标准的耗电量试验项中则规定了冷藏室每日开门 50 次，冷冻室每日开门 15 次，因此电冰箱的开门次数一般按每小时平均 2～3 次计算。假定每次开门箱内空气全部被置换成箱外空气，则开门漏热量 Q_2（单位为 W）可用下式计算。

$$Q_2 = \frac{V_B n \Delta h}{3.6 v_a} \tag{6-8}$$

式中　V_B——电冰箱内容积，单位为 m³；

　　　n——开门次数；

　　　Δh——进入箱内空气达到规定温度时的比焓差，单位为 kJ/kg；

　　　v_a——空气的比体积，单位为 m³/kg。

5.3.3　贮物热量 Q_3

电冰箱的贮物热量无明确规定的标准，一般都按电冰箱标准中的"制冰能力"项提出的"以电冰箱内容积 0.5% 的 25℃ 水，在 2h 内结成实冰"的规定进行计算。实冰的具体温度在标准中也未提出，我们建议按 −2～−5℃ 取值。贮物热量 Q_3（单位为 W）可按下式计算。

$$Q_3 = \frac{(mct_1 + mr - mc_b t_2)}{2 \times 3.6} \tag{6-9}$$

式中　m——水（冰）的质量，单位为 kg；

　　　c——水的比热容，$c=4.19$ kJ/(kg·K)；

　　　r——水的凝固热（冰的熔解热），$r=333$ kJ/kg；

　　　c_b——冰的比热容，$c_b=2$ kJ/(kg·K)；

　　　t_1、t_2——水的初始温度和冻结终了温度，单位为 ℃。

5.3.4　其它热量 Q_4

这里所说的其他热量，是指箱内照明灯、各种加热器、冷却风扇电机的散发热量，可将其电耗功率折算热量计入。

电冰箱箱体热负荷计算时，为了安全起见一般还增加百分之十的余度，即以 $1.1Q$ 的热负荷进行设计。

6　电冰箱制冷系统的热力计算

电冰箱制冷系统热力计算的目的是算出循环系统的性能指标，制冷工质的循环量和压缩机实际吸入蒸气量。以此作为设计电冰箱冷凝器、蒸发器及压缩机选型的依据。

6.1　制冷循环的额定工况

电冰箱制冷循环的额定工况由于应用的标准不同，因而国标上还没有一个统一的规定。目前都是参照压缩机的工况条件。

表 6-8 列出了日本 JISB—8600 标准中有关氟利昂全封闭压缩机工作条件。

表 6-8　日本 JISB—8600 标准中规定的工况（E 区级）

蒸发温度	吸气温度	冷凝温度	过冷温度	环境温度
−23℃	32℃	55℃	32℃	32℃

表 6-9 列出了我国国家标准局发布的"电冰箱用全封闭型电动机—压缩机"国家标准 GB9098—88 中有关确定压缩机制冷量的试验条件。

234

表 6-9　我国国标 GB9098—88 中规定的工况

蒸发温度	吸气温度	冷凝温度	过冷温度	环境温度
$-23.3℃±0.2℃$	$32.2℃±3℃$	$54.4℃±0.3℃$	$32.2℃±0.1℃$	$32.2℃±1℃$

参照上述标准，结合冰箱的运行条件，在计算冰箱的制冷系统时，按下列方法确定各种参数。

6.1.1　冷凝温度 t_k

冷凝温度一般取决于冷却介质的温度以及冷凝器中冷却介质与制冷剂的传热温差，传热温差与冷凝器的冷却方式和结构型式有关。电冰箱大多采用空气自然对流冷却方式，制冷剂的冷凝温度等于外界空气温度（即环境温度）加上冷凝传热温差。冷凝传热温差 θ_K 一般取 10～20℃，冷凝器的传热性能好，可适当取小的数值，例如采用风速为 2～3m/s 的风冷却时，传热温差 θ_K 值可取 8～12℃。

6.1.2　蒸发温度 t_0

蒸发温度一般取决于被冷却物体的温度以及蒸发器中制冷剂与被冷却物体的传热温差 θ_e。电冰箱的蒸发温度等于箱内温度减去传热温差，一般传热温差 θ_e 取 5～10℃，如采用风冷却式（间冷式）时传热温差可取 5℃，箱内温度一般参照星级要求选取。

6.1.3　回气温度 t_G

回气温度（即过热温度）取决于蒸气离开蒸发器时的状态和回气管的长度。电冰箱采用全封闭压缩机，一般以进入壳体的状态为吸气状态，可根据压缩机标定的工况选取，该值越低对压缩机运行越有利。一般回气温度要小于或等于环境温度，但经实际测定，由于电机加热吸入气缸前过热蒸气温度达 80℃左右。

6.1.4　过冷温度 t_s

过冷温度取决于液体制冷剂在回气管中进行热交换的程度。冷凝后的制冷剂在冷凝器末端已达到环境温度值，再与回气管进行热交换得到冷却。一般过冷温度等于环境温度减去过冷度，过冷度可取 15～32℃。

6.2　制冷系统的热力参数计算

下面通过一个实例，说明制冷系统热力参数计算过程。

例 6-1　要求设计一台采用自然对流冷却方式的 BCD—195 温带型（N）电冰箱，冷冻食品贮藏室的温度要求 $-18℃$，制冷剂选用 R12。现对该冰箱的制冷系统进行热力计算。

对于温带型电冰箱，环境温度应取 32℃。其计算步骤如下：

1) 确定制冷系统的额定工况。根据以上介绍，其额定工况列于表 6-10 上。

表 6-10　制冷系统的额定工况　　　　　　　　　（单位为℃）

工况参数	冷凝温度 t_k	蒸发温度 t_0	回气温度 t_G	过冷温度 t_s
设计例值	54.4	-25	32 (80)	17
参数来源	$t_k=32+22.4$ 环境温度加上冷凝传热温差	$t_0=-18-7$ 上箱要求温度减去传热温差	蒸气进入压缩机壳体前状态，括号值为实际吸入气缸前的过热蒸气	$t_s=32-15$ 环境温度减去过冷度

2）根据设计冰箱确定的工况和选用的制冷剂，运用压-焓图或热力性质表或计算公式求取有关压力、各点比焓值和过热蒸气比体积。计算时采用图 6-17 的压-焓图，图中将制冷剂在毛细管内的节流和进一步过冷过程分别用 3′—4 和 3—3′ 表示。

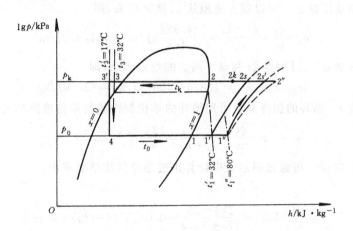

图 6-17　电冰箱制冷系统压-焓图

作图时，假定工质的过冷过程已经在工质进入毛细管前完成（此假定对以后的计算并无影响）。

R12 的有关压力，各点比焓值和过热蒸气比体积等参数值列于表 6-11 上。

表 6-11　热物性参数列表（工质 R12）

参　数　名　称	符号	单　位	参　数　来　源	设计值
冷凝压力	p_k	MPa	$t_k=54.4℃$ 查热力性质表	1.34776
蒸发压力	p_0	MPa	$t_0=-25℃$ 查热力性质表	0.12368
出蒸发器时饱和蒸气比焓	h_1	kJ/kg	$t_0=-25℃$ 查热力性质表	340.424
进压缩机前过热蒸气比焓	h_1'	kJ/kg	32℃　查热力性质图	375
进入压缩机前过热蒸气比体积	v_1'	m³/kg	32℃　查热力性质图	0.166
进入气缸前过热蒸气比焓	h_1''	kJ/kg	80℃　查热力性质图	406
进入气缸前过热蒸气比体积	v_1''	m³/kg	80℃　查热力性质图	0.1917
排出过热蒸气温度	t_{2s}	℃	$T_2=\left(\dfrac{p_k}{p_0}\right)^{(K-1)/K}(t_1'+273)$	134.46
冷凝温度下饱和蒸气比焓	h_2	kJ/kg	$t_k=54.4℃$ 查热力性质表	371.697
排出过热蒸气比焓	h_2''	kJ/kg	$h_2''=h_1''+\dfrac{h_{2s}''-h_1''}{\eta_1}$	495.93
制冷剂过冷至 32℃ 时比焓	h_3	kJ/kg	$t_k=54.4℃$ 查热力性质图	231.4
毛细管节流前液体比焓（17℃）	h_3'	kJ/kg	$t_k=54.4℃$ 查热力性质图	215.6
蒸发器人口制冷剂比焓	h_4	kJ/kg	$h_4=h_3'$	215.6
定熵压缩蒸气比焓（32℃）	h_{2s}	kJ/kg	$t_k=54.4℃$ 查热力性质图	428.7
定熵压缩蒸气比焓（80℃）	h_{2s}'	kJ/kg	$t_k=54.4℃$ 查热力性质图	468.5

3) 计算循环的各性能指标

①单位质量制冷量 q_0 可用图 6-17 中点 1 和点 4 两点的比焓差表示，即

$$q_0 = h_1 - h_4 = (340.424 - 215.6) \text{kJ/kg} = 124.824 \text{kJ/kg}$$

②单位容积制冷量 q_v 可以很方便地从 q_0 换算出来，即

$$q_v = \frac{q_0}{v_1'} = \frac{h_1 - h_4}{v_1'} = \frac{124.824}{0.166} \text{kJ/m}^3 = 751.95 \text{kJ/m}^3$$

③单位绝热功 w_0 可用点 $2s$ 和点 $1''$ 两点的焓差表示，即

$$w_0 = h_{2s}' - h_1'' = (468.5 - 406) \text{kJ/kg} = 62.5 \text{kJ/kg}$$

④制冷系数 ε 循环的制冷系数可用循环的单位制冷量与单位绝热功之比表示，即

$$\varepsilon = \frac{q_1}{w_0} = \frac{h_1 - h_4}{h_{2s}' - h_1''} = \frac{124.824}{62.5} = 2.00$$

⑤单位指示功 w_i 可通过指示效率计算出过热蒸气比焓后求出。

指示效率

$$\eta_i = \frac{T_0}{T_k} + bt_0 = \frac{273 - 25}{273 + 54.4} + 0.0025 \times (-25) = 0.695$$

排出过热蒸气比焓

$$h_2'' = h_1'' + \frac{h_{2s}' - h_1'}{\eta_i} = \left(406 + \frac{468.5 - 406}{0.695} \right) \text{kJ/kg} = 495.93 \text{kJ/kg}$$

单位指示功

$$w_i = h_2'' - h_1'' = (495.93 - 406) \text{kJ/kg} = 89.93 \text{kJ/kg}$$

⑥单位冷凝热量 q_k

$$q_k = h_2' - h_3' = (451.83 - 215.6) \text{kJ/kg} = 236.23 \text{kJ/kg}$$

⑦制冷剂循环量 G_a 已知压缩机的制冷量 Q_0 可求出制冷剂每小时循环量 G_a（即压缩机每小时吸入制冷剂质量）

$$G_a = \frac{Q_0}{q_0} = \frac{131.77 \times 3.6}{124.824} \text{kg/h} = 3.8 \text{kg/h}$$

上式中的 Q_0 可以查压缩机规格参数表获取，在进行设计时一般取总热负荷值，131.77W 是例 6-2 中总热负荷的计算值。

⑧冷凝器热负荷 Q_k 冷凝器中放出的总热量，即

$$Q_k = G_a q_k = G_a(h_2' - h_3') = 3.8 \times 236.23 \div 3.6 \text{W} = 249.35 \text{W}$$

⑨压缩机实际吸入过热蒸气量 V_s 压缩机实际吸入过热蒸气量就是实际输气量

$$V_s = G_a v_1' = 3.8 \times 0.166 \text{m}^3/\text{h} = 0.63 \text{m}^3/\text{h}$$

6.3 过热蒸气区参数计算

电冰箱的制冷系统往往不是按额定工况运行的，而是按照实际工况运行。例如冰箱用全封闭式压缩机的回气管口温度，在额定工况中规定为 32℃。由于低压蒸气进入封闭壳体内时受到电机、压缩机气缸外部散热量的影响，经实际测量进入气缸时的气体温度往往可达到 80 ~90℃，排气温度高达 150℃以上。因此，在现有的制冷剂压—焓图上已超出右部过热蒸气区边框，也就无法描述制冷循环过程和取得有关参数。在这种情况下，只能依靠计算求得参数。

6.3.1 排气温度计算

排气温度可按下式计算：

$$T'_2 = \left(\frac{p_k}{p_0}\right)^{\frac{\kappa-1}{\kappa}} (t'_1 + 273) \tag{6-10}$$

式中 T'_2——排气温度，单位为 K；

p_k——冷凝压力，单位为 kPa；

p_0——蒸发压力，单位为 kPa；

κ——气体等熵指数（R12 为 1.138）；

t'_1——进气温度，单位为℃。

6.3.2 排气温度下的焓值计算

在越出制冷剂压—焓图的过热蒸汽区的焓值 h'_2 可用下式求得：

$$h'_2 = h_2 + c_p (t'_2 - t_2) \tag{6-11}$$

式中 t_2——在冷凝温度 t_K 下的饱和蒸气温度（$t_2 = t_k$），单位为℃；

c_p——过热蒸气的比定压热容单位为 kJ/(kg·K)；

h'_2——排气点"2'"处制冷蒸气比焓，单位为 kJ/kg；

h_2——在冷凝温度 t_k 下的饱和蒸气比焓，单位为 kJ/kg。

6.3.3 过热蒸气的比体积值计算

过热蒸气比体积可用下式计算

$$v'_1 = v_1 \frac{T_1 + \Delta t}{T_1} = v_1\left(1 + \frac{\Delta t}{T_1}\right) = v_1\left(1 + \frac{\Delta t}{t_1 + 273}\right) \tag{6-12}$$

或 $$v'_1 = v_1(1 + 0.005\Delta t) \tag{6-13}$$

式中 v_1——吸入蒸气在饱和状态下的比体积，单位为 m³/kg；

T_1——回气过热蒸气的热力学温度，单位为 K；

Δt——过热温度差，单位为℃。

7 压缩机选型及热力计算

压缩机在不超过极限工作条件时，应当尽量提高蒸发温度，降低冷凝温度，使制冷系统在最经济的条件下工作。我国对中小型活塞式压缩机的极限工作条件有所规定，可参看表 6-12。但是，电冰箱的运行过程中有时超过规定值。

表 6-12 单级制冷压缩机的限定工作条件

工作条件＼工质	单 位	R22	R12	工作条件＼工质	单 位	R22	R12
蒸发温度 t_0	℃	+5～-40	+10～-30	吸气温度	℃	+15	+15
冷凝温度 t_k	℃	≤40	≤50	排气温度	℃	≤150	≤130
压力比 $R=\frac{p_k}{p_0}$		≤10	≤10	油压压差（高于低压）	MPa	0.15～0.30	0.15～0.30
				油 温	℃	≤70	≤10
压力差	MPa	≤1.4	≤1.2	安全阀开启压差	MPa	1.6	1.4

表 6-13　电冰箱用全封闭压缩机技术参数表 (I)

国别型号	制冷量/W	额定功率/W	输入功率/W	缸径/mm	行程/mm	缸数	排气容积/cm³/r	转速/r/min	电机启动方式	冷却方式	电源	制冷工况
中国 (北京)												
QF21-65	84	65	95	21	11	1	3.81	2880	RSIR	自然冷却	单相 220V 50Hz	环境温度:32℃ 蒸发温度:−20℃ 冷凝温度:55℃ 过冷温度:32℃ 吸气温度:32℃
QF21-93	122	93	125	21	14	1	4.84	2880	RSIR	自然冷却		
QF21-100	110	93	115	21	13	1	4.5	2880	RSIR	自然冷却		
LD-5801	110	93		27	14.5	1	8.3	2880	RSIR	自然冷却		
中国 (天津)												
LD1-6	116	93		21	13	1	4.5	2880	RSIR	自然冷却		
5608-1-11	137	125	25.4		22.2	1	11.2	2880	RSIR	自然冷却		
中国 (西安)												
QD24	55		75				2.42	2880	PTC	自然冷却		环境温度:32.2℃ 蒸发温度:−23.3℃ 冷凝温度:54.4℃ 过冷温度:32.2℃ 吸气温度:32.2℃
QD36	86		100				3.58	2880	PTC	自然冷却		
QD45	113		118				4.5	2880	PTC	自然冷却	220 +10% −15%	
QD52,QD52A	132		139				5.2	2880	PTC	自然冷却		
QD45G	114		103				4.5		PTC	自然冷却		
QD52G,QD52GA	132		116				5.2		PTC	自然冷却		
QD62G,QD62GA	154		134				6.2		PTC	自然冷却		
QD75G	190		168				7.5		PTC	自然冷却		
QD88G	220		192				8.8		PTC	自然冷却		

电冰箱用全封闭压缩机技术参数表（Ⅱ） （续）

国别 型号	制冷量/W	输入功率/W	排气量/ml·r	转速/r·min	电机启动方式	工作电流/A	性能系数COP	含水量/mg	含尘量/mg	(电压/V)/(频率/Hz)	制冷工况
上海冰箱压缩机厂											
QDX 27（滚动转子式）	91	77	2.72	2900	PTCS	0.41	1.18	<100	<90	200/50	蒸发温度-23.3℃ 冷凝温度54.5℃ 吸气温度32.2℃ 环境温度32.2℃ 过冷温度32.2℃
QDX 31（滚动转子式）	109	90	3.09	2900		0.47	1.21			200/50	
QDX 35（滚动转子式）	130	104	3.57	2900		0.56	1.25				
QDX 40（滚动转子式）	148	116	4.00	2900		0.62	1.28				
QDX 45（滚动转子式）	167	128	4.5	2900		0.78	1.31				
QDX（Ⅰ）35（滚动转子式）	184	104/125	3.57	2900/3500		1.4/1.2	1.25			100/50 110/60	
QDX（Ⅰ）50（滚动转子式）	184	138	5				1.33			220/50	
QDX（Ⅰ）58（滚动转子式）	221	171	5.86	2900			1.29			220/50	
QDX（Ⅱ）84(E)（滚动转子式）	308	220	8.4				1.4				

表6-14 进口电冰箱压缩机规格参数表

国别型号	制冷量/W	额定功率/W	输入功率/W	缸径/mm	行程/mm	缸数	排气容积/cm³/r	转速/r/min	电机启动方式	冷却方式	电源	制冷工况
日本（东芝）												
KL₉M₄	58	60		23.5	7.7	1	3.34	2900	RSIR	自然冷却	单相 220V 50Hz	蒸发温度:-23.3℃ 冷凝温度:54.4℃ 过冷温度:32.2℃ 吸气温度:32.2℃ 环境温度:32.2℃
KL₁₂M₄	76	80		23.5	9.1	1	3.95	2900	RSIR	自然冷却		
KL₁₇M₄	122	120		23.5	12.2	1	5.29	2900	RSIR	自然冷却		
KL₂₃MN₄	186	170		25	15.5	1	7.61	2900	RSIR	油冷		
S₃₆·101	64	61	79	20.88	8.76	1	3	2900	RSIR	自然冷却		
E₄₄·101	84	74	90	20.88	12.8	1	4.38	2900	RSIR	自然冷却	单相 220V 50Hz	蒸发温度:-23.3℃ 冷凝温度:55℃ 过冷温度:32℃ 吸气温度:32℃ 环境温度:32℃
E₄₄·101A	102	92	99	20.88	12.8	1	4.38	2900	RSIR	自然冷却		
E59·101	134	123	132			1	5.9	2900	RSIR	自然冷却		
E₈₀·101A	184	147	164			1	8.0	2900	—	—		
E₈₈·101A	200	184	175		12.5	1	8.85	2900	—	—		
B₅A₁₅	71	61	86	18		1	3.18	2900	RSIR	自然冷却	单相 220V 50Hz	蒸发温度:-25℃ 冷凝温度:55℃ 过冷温度:32℃ 吸气温度:32℃ 环境温度:32℃
B₈A₃₀	85	92	96	18	15	1	3.82	2900	RSIR	自然冷却		
B₉A₃₀	97	123	120	22	15	1	5.7	2900	RSIR	自然冷却		

241

法国（泰康）										冷却方式	电源	工况
AE₁₄₃Z₆（往复式）	58	61					3.3	2900	RSOR	自然冷却		蒸发温度：−23.3℃ 冷凝温度：51.4℃ 过冷温度：32.2℃ 吸气温度：32.2℃ 环境温度：32.2℃
AE₁₂₁Z₇（往复式）	79	74					4.03	2900	RSOR	自然冷却	单相 220～ 240V 50Hz	
AE₈ZA₇（往复式）	94	92					4.5	2900	RSOR	自然冷却		
AE₆₅ZD₇（往复式）	118	123					5.47	2900	RSOR	风冷/油冷		
AE₅ZF₉（往复式）	178	147					7.57	2900	RSOR	风冷/油冷		
AE₄ZF₁₁（往复式）	215	184					8.85	2900	RSOR	风冷/油冷		
V₆₁₂E（往复式）	72	62	74	20.6	10.2	1	3.4	2900	RSOR	自然冷却		蒸发温度：−23.3℃ 冷凝温度：55℃ 过冷温度：32℃ 吸气温度：32℃ 环境温度：32℃
V₇₉₂E（往复式）	99	92	94	20.6	13.2	1	4.4	2900	RSOR	自然冷却	单相 220～ 240V 50Hz	
V₁₀₄₀E（往复式）	120	123	105	23.6	13.2	1	5.77	2900	RSOR	自然冷却		
V₁₃₅₀E（往复式）	157	147	148	23.6	17.2	1	7.52	2900	RSOR			

（续）

国别型号	制冷量/W	额定功率/W	输入功率/W	缸径/mm	行程/mm	缸数	排气容积/cm³/r	转速/(r/min)	电机启动方式	冷却方式	电源	制冷工况
丹麦（丹佛斯）												
PW$_3$K$_6$（往复式）	49	61	80	21	8.5	1	2.94	2920	RSIR	自然冷却		
PW$_{3.5}$K$_7$（往复式）	64	74	90	21	10	1	3.47	2920	RSIR	自然冷却		
PW$_{4.5}$K$_9$（往复式）	87	92	110	21	12.5	1	4.33	2920	RSIR	自然冷却	单相220~50Hz	蒸发温度:-25℃ 冷凝温度:55℃ 过冷温度:32℃ 吸气温度:32℃ 环境温度:32℃
PW$_{5.5}$K$_{11}$（往复式）	116	123	140	21	16	1	5.52	2920	RSIR	油冷却		
PW$_{7.5}$K$_{14}$（往复式）	151	147	175	23	18	1	7.46	2920	RSIR	油冷却		
PW$_9$K$_{18}$（往复式）	169	184	210	30	12.5	1	8.8	2920	RSIR	油冷却		
PW$_{11}$K$_{22}$（往复式）	203	245	240	30	16	1	11.3	2920	RSIR	油冷却		
HQ$_{651}$BQ（往复式）	75	61	—	21	11	1	3.81	2900	RSIR	自然冷却		
HJ$_{1001}$BR（往复式）	99	92		21	13	1	4.5	2900	RSIR	自然冷却	单相220~50Hz	蒸发温度:-23.3℃ 冷凝温度:54.4℃ 过冷温度:32.2℃ 吸气温度:32.2℃ 环境温度:32.2℃
HG$_{1401}$BR（往复式）	128	123		21	15	1	5.2	2900	RSIR	油冷		
HG$_{1603}$BR（往复式）	174	147		23	18	1	7.46			油冷		

表 6-15 意大利各公司生产的小型压缩机组规格参数表

生产厂家	型号	气缸容积 /cm³	制冷量 /W	输入功率 /W	COP /W/W	电流 /A	质量 /kg	缸径 /mm	行程 /mm	启动电压 /V
意大利扎努西公司（天津海河厂引进）（往复式）	RB-V612A	3.4	68	76	0.89	0.55	8.7	20.6	10.2	
	RB-V792A	4.4	97	95	1.02	0.65	9	20.6	13.2	
	RB-V1040A	5.77	130	125	1.04	0.81	9.4	23.6	13.2	
	RB-V1350A	7.52	180	165	1.09	1.11	10.1	23.6	15.2	
	RB-V1450A	8.04	195	177	1.10	1.15	10.5	21	12.5	
意大利阿斯贝拉 aspera（滚动转子式）	B1112A	5.9	139.5	132	1.057	0.83	9.5			180~240
	B1116A	8.0	186	165	1.127	1.0	10.9			
	B1118A	8.85	204	183	1.118		11.2			
	BP1084A	4.3	102.3	103	0.993	0.66	7.2			
	BP1111A	5.73	134.9	136	0.992	0:86	7.8			
	A1085A	4.85	102.3	115	0.89	0.8				200~220
	A1111A	5.9	130.2	132	0.986	0.9				
	A1112A	5.9	133.7	135	0.99	1.0				
	A1116A	8.0	186	160	1.163	1.1				
意大利南希公司 NECCHI	miniES4	4.10	97	103	0.94	0.79	6.3	20.638	12.225	180~240
	miniES5	5.08	129	128	1.01	0.95	6.9	21.5	14	
	ESM4	4.1	97	107	0.91		7.8			
意大利伊端公司 I·R·E（北京压缩机厂引进）	PB9		98	101	0.97		7			180~240
	PB12		125	126	0.99		7			
	L8A74	4.34	102	97	1.05	0.725	9.35			
	L10A76	6	125	117	1.07	0.88	10			
	L13B78	7.58	160	146	1.10	0.94	11.2			

电冰箱压缩机均采用全封闭式压缩机。对于冰箱厂，一般无制造冰箱压缩机的能力，只能在进行电冰箱设计时，直接根据设计任务书所提出的制冷量的大小从已有产品中选择压缩机。表 6-13 列出了国内电冰箱用的小型压缩机组规格参数。表 6-14 列出了进口电冰箱压缩机规格参数，表 6-15 列出了意大利各公司生产的小型压缩机组的规格参数。

压缩机选型时，主要的参考资料是各种压缩机的全性能曲线。全性能曲线如图 6-18 所示。

图中 t_0 为蒸发温度，t_k 为冷凝温度。作图时，过冷温度和吸气温度由制造厂决定，它们基本上与表 6-8 或表 6-9 相符。

压缩机制造厂提供每种型号压缩机的全性能曲线。

用全性能曲线选择压缩机的方法如下：①通过制冷系统的热力计算，求出在计算工况 t_k、t_0 时的制冷量 Q_0；②参照各种压缩机的全性能曲线，选择压缩机。所选用的压缩机

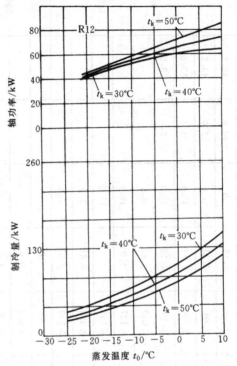

图 6-18　压缩机的全性能曲线

应满足计算工况下的制冷量，并应有高的制冷系数，同时要顾及产品的质量，价格和安装尺寸。

8　毛细管选择和制冷剂充注量

在电冰箱设计中，毛细管尺寸的正确选择和制冷剂充注量的确定都是很重要的，它们将直接影响到电冰箱的有关性能。

8.1　毛细管的选择

关于毛细管的选择，国内外学者发表过多种方法，但由于毛细管中气、液两相流动过程比较复杂，在实际应用中，因管径偏差、管壁的粗糙度等都难以准确测量，所以计算结果都存在一定误差。在冰箱制冷系统设计中，一般先用实验或计算法初步预选毛细管，然后再通过整台冰箱的试验，确定其最终尺寸。下面介绍几种毛细管的选择方法。

8.1.1　实测法

实测法分为毛细管液体流量测定法和氮气（或者空气）流量测定法两种。

液体流量测定法是将几台经过实测和证实符合设计要求工况工作的制冷系统作为样机，拆除该机的毛细管作为标准品，测出它的液体流量值，作为生产所用毛细管的测定依据。

简易测定流量方法如图 6-19 所示。在钢瓶内盛的液体（酒精、水或四氯化碳）用空气压

缩机加压,在气体流量控制阀的控制下,瓶内的压力保持在表压力 1MPa,每分钟通过毛细管的液体量,就是该毛细管的流量（mL）。

氮气（或空气）流量测定法一般用压缩机为排气动力,进行氮气（空气）流量测定。其测定方法:在压缩机吸、排气侧连接低压、高压阀门和压力表,低压阀门处于全开状态,把毛细管一端焊在干燥过滤器出口上（要保持干燥过滤器畅通）,另一端暂不焊入蒸发器。压缩机启动运行后,氮气或空气从低压阀门吸入,直到低压吸入压力与大气压力相等时,高压表指示压力应稳定在 $1\sim1.2$MPa 的数值上。如高压超过,说明流量过小,可截去一段毛细管,边截边试,直到压力值合适为止。如压力过低,说明流量过大,要更换长一些的毛细管或加大毛细管的阻力,如增加毛细管盘成小圈的圈数等。这种方法在电冰箱维修中应用较普遍。

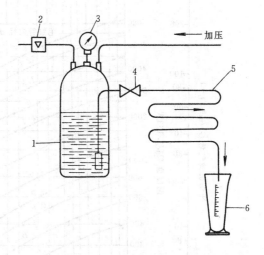

图 6-19 毛细管的液体流量测定法
1—液体钢瓶 2—气体流量控制阀 3—压力表
4—阀 5—被测毛细管 6—量杯

8.1.2 图解法

图解法即在稳定工况下,对某种制冷剂按试验数据作出线图。实际应用时,根据已知的条件,通过线图选择适用的毛细管。图 6-20 是在进口温度为 46.1℃,蒸发压力 p_0 小于或等于临界压力时,制冷剂 R12、R22 的毛细管初步选择线图。如果已知制冷剂种类、制冷量 Q_0、压缩机输气量 G_a 等条件,就可以从图上方便地确定适用的毛细管长度 L 和内径 d。若采用 R12 制冷剂的制冷装置,当 $Q_0=233$W、$G_a=7$kg/h 时,即可在图中找到 A、B、C 三点,得到三种长度和内径的毛细管,其长度和内径分别为 0.86m、1.9m、3.35m 及 0.7mm、0.8mm、0.9mm。可以看出,三种规格中毛细管管径越小,其长度越短,反之,则越长。实际应用时,可按装置的具体结构特点及要求,从这三种规格中选取一种。

8.1.3 计算法

毛细管的计算公式到目前为止都不是十分精确。现介绍一种从管道阻力计算中推导出来的经验公式。公式中所取的摩阻系数采用勃兰修斯公式,即 $f=0.3164Re^{-\frac{1}{4}}$。据有关报导,此公式作为摩阻系数计算毛细管长度,更能接近实际。毛细管计算的经验公式如下。

$$L=\frac{\Delta p\,Re^{0.25}d}{0.1582w^2\rho} \tag{6-14}$$

式中　Δp——压力差（p_k-p_0）,单位为 Pa;

$\quad\quad Re$——雷诺数;

$\quad\quad L$——毛细管长度,单位为 m;

$\quad\quad w$——制冷剂流速,单位为 m/s;

$\quad\quad \rho$——制冷剂密度,单位为 kg/m³;

$\quad\quad d$——毛细管内径,单位为 m。

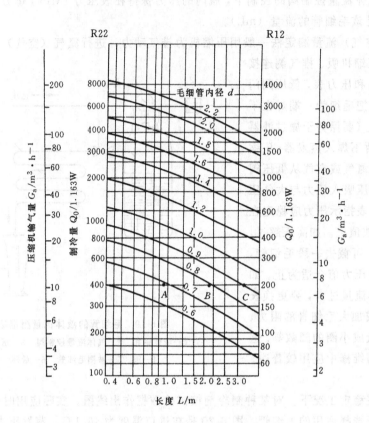

图 6-20　毛细管初选曲线图

对 R22：$t_k=54.5℃$，$p_k=2.15MPa$，$q_0=157.8kJ/kg$

对 R12：$t_k=51.5℃$，$p_k=1.28MPa$，$q_0=119.3kJ/kg$

8.1.4　统计法

统计法是一种最简单的使用方法。它是根据多数厂家长期的实践经验数据选用毛细管。表 6-16 是通过统计法得到的用于电冰箱、冷藏库毛细管的选配表。

表 6-16　毛细管选配表

压缩机功率/W	制冷剂	冷凝器型式 S（自然对流） F（强迫对流）	用　途	蒸发温度/℃ 长度、内径/mm					
				−23～−15		−15～−6.7		−6.7～2	
				内径	长度	内径	长　度	内径	长　度
61	R12	S	家用电冰箱	0.66	3.66	0.79	3.66		
92	R12	S	家用电冰箱	0.66	3.66	0.79	3.66		
123	R12	S	家用电冰箱	0.79	3.66	0.91	3.66		
123	R12	F	家用电冰箱	0.91	4.58	0.91	3.05		
123	R12	F	冷饮器、冷藏箱			0.91	3.66	0.91	2.44

（续）

压缩机功率/W	制冷剂	冷凝器型式 S（自然对流） F（强迫对流）	用　　途	蒸发温度/℃ 长度、内径/mm					
				−23～−15		−15～−6.7		−6.7～2	
				内径	长　度	内径	长　度	内径	长　度
147	R12	S	家用电冰箱	0.91	4.58	0.91	3.05	1.07	3.66
147	R12	F	冷饮器					0.91	1.34
188	R12	S	家用电冰箱	0.91	3.66				
188	R12	F	冷饮器、冷藏箱			1.07	3.66	1.07	2.41
245	R12	F	冷藏箱			1.24	3.66	1.37	3.05
367	R12	F	商用电冰箱（低温）	1.37	3.05	1.5	4.58		

对一定输气量的压缩机，当蒸发温度和冷凝温度一定时，使用 R134a 时的容积流量仅为 R12 的容积流量的 80%，因此使用 R134a 时的毛细管阻力比 R12 时要大，对相同管径的毛细管要加长约 10%～20%。

8.2　制冷剂充注量

电冰箱设计制造中，制冷剂加入量过多或过少，对于冰箱的运行都是不利的。制冷剂量不足时，蒸发器未完全充满，蒸发压力降低，压缩机吸气过热度增加，因此蒸发器的传热系数和冰箱制冷量减小。另一方面制冷剂量过多时，将导致冷凝器参与换热的有效表面减少，结果引起冷凝温度和压力增加，冰箱制冷量下降，能耗也增加，而且充注量过多时，传热系数 K 值的下降速度比充注量不足时更快。

制冷剂注入量的精确计算，迄今还没有得到很好解决，目前归纳起来有以下几种方法。

8.2.1　经验估算法

经验估算法是按照制冷系统各容器容积乘以不同系数，相加后为系统内充注的容积。系统充注质量可根据下述公式计算：

$$m = v\rho \tag{6-15}$$

式中　m——系统内充注制冷剂的质量，单位为 kg；

v——系统内充注的容积，单位为 m^3；

ρ——制冷剂在充注温度下的密度，单位为 kg/m^3。

8.2.2　观察法

这种方法是在压缩机运行的情况下边充制冷剂，边检查充注压力，边观察蒸发器的结霜情况、冷凝器的温度、低压吸气管的温度、压缩机的运转电流等。直到蒸发器全部结霜，压缩机的运转电流不超过额定电流时，就停止充制冷剂。

8.2.3　实验数据法

实验数据法是根据实验方法得出的计算式和计算图。这种方法是从长期实践中总结出来的，在实验条件下使用是较正确的。

下面介绍是按照蒸发器和冷凝器内部容积计算制冷剂充注量（单位为 g）的经验公式。

$$m = 0.41V_n + 0.62V_k - 38 \tag{6-16}$$

式中　m——制冷剂充注量，单位为 g；

V_n——蒸发器的内部容积，单位为 cm^3；

V_k——冷凝器的内部容积，单位为 cm^3。

上述公式对冰箱周围介质的工作温度为 $25\sim32℃$、蒸发器容积 $100\sim140cm^3$，冷凝器容积为 $90\sim150cm^3$ 的电冰箱使用都是正确的。

8.2.4　额定工况计算法

额定工况计算法是根据制冷剂在冰箱制冷系统内的不同状态，查出它的密度和液体及蒸气所占容积的比例，然后按运行时各容器的状态算出其质量。

计算步骤：

1）分别计算冷凝器、蒸发器、干燥过滤器及管道内腔容积。

2）按额定工况参数查出制冷剂在该状态（气态、液态）下的密度，根据额定工况参数作压焓图，并查出蒸发器进、出口干度 x_1、x_2，再求出蒸发器内蒸汽的平均干度 x，即 $x=(x_1+x_2)/2$。

3）用 1）、2）项数据，分别计算各部分所需质量并相加，即为该机制冷剂的注入量。

现举例说明这一计算法的使用过程。

例 6-2　一台冰箱的蒸发器容积 $V_n=0.118dm^3$，冷凝器容积 $V_k=0.1056dm^3$，制冷工质为 R12，其工况 $t_0=-15℃$、$t_K=55℃$、t_G（过冷温度）$=50℃$，求制冷剂的最佳充注量。

1）根据给定工况在 R12 制冷剂压—焓图和热力性质表中查所需参数。

$t_0=-15℃$ 时　　液体密度 $\rho'=1.44kg/L$

蒸气密度 $\rho''=0.01kg/L$

$t_K=55℃$、$t_G=50℃$ 时　　液体密度 $\rho'=1.213kg/L$

蒸气密度 $\rho''=0.068kg/L$

蒸发器入口干度 $x_1=0.4$，出口干度 $x_2=1.00$，平均干度 $x=0.7$。因此蒸发器内饱和液体平均值占容积的 30%，干蒸汽占 70%。冷凝器内液体按经验取 15%，干蒸汽占 85%。

2）求制冷剂最佳充注量。

蒸发器内液体量：

$$m_1=0.3\rho'V_n=0.3\times1.44\times0.118kg=0.05kg$$

蒸发器内干蒸汽量：

$$m_2=0.7\rho''V_n=0.7\times0.01\times0.118kg=0.0008kg$$

冷凝器内液体量：

$$m_3=0.15\rho'V_K=0.15\times1.213\times0.105kg=0.019kg$$

冷凝器内干蒸汽量：

$$m_4=0.85\rho''V_K=0.85\times0.068\times0.105kg=0.006kg$$

总计：$m=m_1+m_2+m_3+m_4=(0.05+0.0008+0.019+0.006)kg=0.0758kg=75.8g$

将以上各式合并，则

$$m=(0.3\times1.44+0.7\times0.01)V_n+(0.15\times1.213+0.85\times0.068)V_k$$

$$m=0.439V_n+0.239V_K \qquad\qquad (6-17)$$

式（6-17）是在 $t_0=-15℃$、$t_k=55℃$ 下充注 R12 时的充注量公式。

电冰箱制冷系统如用 R134a 替代 R12 时，其最佳充注量将减少。在不改变系统部件的情况下，制冷剂的充注量将减少 10% 左右。

9 电冰箱的设计

以往电冰箱所使用的制冷剂都采用 R12。R12 属于氯氟烃工质,由于氯氟烃工质对大气臭氧层的破坏作用,目前世界各国正在大力开展对氯氟烃替代物的研究工作。在电冰箱中有可能替代 R12 的是 R134a、R152a 和近共沸混合工质 R22/R152a/R114,R22/R152a/R124 和 R22/R152a 等。它们的物性与 R12 很相近,其中 R134a 是最有前途的,传热性能好,有良好的化学稳定性和热稳定性,而且不可燃。由于它不含氯原子,其臭氧消耗潜能(*ODP*)的值为零。为此,有很多国家已试制出用 R134a 的电冰箱,我国由广东珠江冰箱厂试制的 R134a 为工质的电冰箱已于 1993 年初通过鉴定,这对于保护生态环境具有重大意义。在此例举的电冰箱设计也以 R134a 为制冷工质。

下面设计一台直冷式 BCD—195 温带型电冰箱为例,阐述电冰箱的设计。

9.1 电冰箱的总体布置

电冰箱的总体布置是电冰箱设计的一个重要环节。必须全面地考虑这个问题。本设计的总体布置是以国家标准 GB8059.1—3—87 为依据。现根据所提出的任务给出如下设计条件:

1)使用环境条件:冰箱周围环境温度 $t_a=32℃$,相对湿度 $\varphi=75\pm5\%$。

2)箱内温度:冷冻室不高于 $-18℃$,冷藏室平均温度 $t_m=5℃$。

3)箱内有效容积:总容积为 195L,其中冷冻室为 45L,冷藏室为 150L。

4)制冷系统为单级蒸气压缩式制冷系统,冷却方式采用直冷式,冷冻室蒸发器采用板管式,冷藏室蒸发器采用单脊翅片式,冷凝器采用丝管式冷凝器,采用毛细管作为节流元件。制冷系统图为图 6-2 的形式,不设置水蒸发加热器。

表 6-17　电冰箱各面的绝热层厚度　（mm）

箱面	顶面	侧面	背面	门体	底面
冷冻室	52	62	72	62	65
冷藏室	65	42	52	62	42

5)箱体结构:外形尺寸为 545mm×545mm×1332mm（宽×深×高）。绝热层用聚氨酯发泡,其厚度根据理论计算和冰箱厂的实践经验选取,其值如表 6-17 所示,箱体结构图如图 6-21 所示。

由于本设计选用 R12 的替代工质 R134a,故在总体布置时还必须考虑以下两方面问题。

(1)润滑油　制冷工质 R12 中的氯原子有利于润滑,尤其在高的接触压力下,氯原子起着良好的润滑作用,而替代工质 R134a 无氯原子,它与矿物质油难以互溶,前几年曾选用聚烯烃甘醇(PAG)油与 R134a 配用,虽然解决了互溶性问题,但由于聚烯烃甘醇润滑性不好,致使摩擦力增加,造成压缩机的 COP 下降。最近对新合成的聚酯油进行了试验,其结果表明,聚酯油不但润滑性比聚烯烃甘醇好,而且具有合适粘度,低吸湿性等优点,为此本设计选用合成聚酯油作为系统的润滑油。

(2)干燥过滤器　采用 R134a 替代 R12,要取得好的效果,干燥过滤器需要重新选择。其过滤器内的分子筛品种要根据 R134a 的直径大小来选配。因为聚酯类润滑油更容易吸水,故干燥过滤器内分子筛的重量比原来的增加 20% 左右。青岛电冰箱厂在试制过程中选用 XH7 型干燥过滤器替代原 XH5 型干燥过滤器,使用后效果良好,故本设计也选用 XH7 型干燥过滤器。

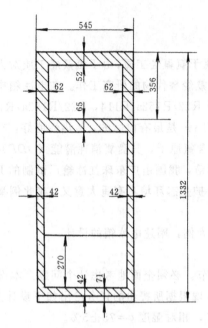 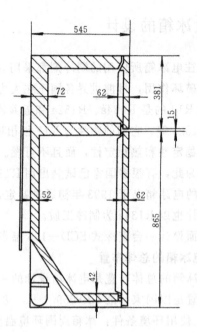

图 6-21　箱体结构图

9.2　电冰箱热负荷

电冰箱总热负荷计算在本章第 5 节中已作介绍。为以后设计蒸发器所需，本设计将冷冻室和冷藏室热负荷分别进行计算。

9.2.1　冷冻室热负荷 Q_F

(1) 冷冻室箱体漏热量 Q_{1F}　因为通过箱体结构形成热桥的漏热量 Q_c 不用计算，所以冷冻室箱体漏热量只包括箱体隔热层漏热量 Q_a 和通过箱门与门封条漏热量 Q_b 两部分。冷藏室箱体漏热量 Q_{1R} 的计算也如此。

1) 箱体隔热层漏热量 Q_a　箱体隔热层漏热量按式 (6-6) 计算，计算时箱外空气对箱体外表面的表面传热系数 α_1 取 $11.3\text{W}/(\text{m}^2 \cdot \text{K})$，箱内壁表面对箱内空气的表面传热系数 α_2 取 $1.16\text{W}/(\text{m}^2 \cdot \text{K})$，隔热层材料的热导率 λ 取 $0.03\text{W}/(\text{m} \cdot \text{K})$。各传热表面的传热量计算见表 6-18。

表 6-18　冷冻室箱体各表面的传热量

箱面／计算值	顶面	侧面	背面	门体	底面	箱面／计算值	顶面	侧面	背面	门体	底面
面积 A/m^2	0.262	0.359	0.179	0.179	0.262	传热温差／℃	50	50	61.2	50	50
传热系数 K ／$\text{W}/(\text{m}^2 \cdot \text{K})$	0.376	0.333	0.299	0.333	0.322	传热量 Q／W	4.926	5.98	3.275	2.98	4.218

箱体隔热层漏热量为以上各箱面传热量的总和。

$$Q_a = 4.926 + 5.98 + 3.275 + 2.98 + 4.218\text{W} = 21.379\text{W}$$

2) 通过箱门与门封条漏热量 Q_b

$$Q_b = 0.15Q_a = 0.15 \times 21.379\text{W} = 3.207\text{W}$$

冷冻室箱体漏热量为

$$Q_{1F}=Q_a+Q_b=21.379+3.207W=24.586W$$

（2）冷冻室开门漏热量 Q_{2F}　开门漏热量按公式（6-8）计算。电冰箱冷冻室内容积 v_B 取 $0.045m^3$，开门次数为每小时一次，空气的比体积 v_a 取 $0.9m^3/kg$，进入箱内空气达到规定温度时的降温降湿比焓差 Δh 值如下式：

$$\Delta h=h_{32℃,75\%}-h_{-18℃,100\%}=$$
$$〔90-(-16.75)〕kJ/kg=106.75kJ/kg$$

冷冻室开门漏热量为

$$Q_{2F}=\frac{v_B\cdot n\cdot\Delta h}{3.6v_a}=\frac{0.045\times1\times106.75}{3.6\times0.9}W=1.48W$$

（3）贮物热量 Q_{3F}　贮物热量按式（6-9）计算，水的初始温度 t_1 取 25℃，实冰的温度 t_2 取 −2℃，水的质量 $m_c=45\times0.005kg=0.225kg$。则

$$Q_{3F}=\frac{(m_cct_1+m_cr-m_cC_bt_2)}{2\times3.6}=$$
$$\frac{〔0.225\times4.19\times25+0.225\times333-0.225\times2\times(-2)〕}{2\times3.6}W=$$
$$\frac{(23.57+74.925+0.9)}{7.2}W=13.8W$$

式中　c、r、c_b——水的比热容、水的溶化热、冰的比热容。

因其它热量不计，则冷冻室热负荷为

$$Q_F=Q_{1F}+Q_{2F}+Q_{3F}=(24.586+1.48+13.8)W=39.866W$$

9.2.2　冷藏室热负荷 Q_R

（1）冷藏室箱体漏热量 Q_{1R}

1）箱体隔热层漏热量 Q_a　冷藏室箱体隔热层漏热量按式（6-6）计算，计算时所有参数取值与冷冻室热负荷计算时相同。各传热表面的传热量计算见表6-19。

表 6-19　冷藏室箱体各表面的传热量

箱面／计算值	顶面	侧面	背面	门体	底面	箱面／计算值	顶面	侧面	背面	门体	底面
面积 A/m^2	0.262	0.865	0.433	0.433	0.262	传热温差/℃	−23	27	38.2	27	27
传热系数 $K/$〔W/(m²·K)〕	0.322	0.431	0.376	0.333	0.431	传热量 Q/W	−1.94	10.07	6.219	3.89	3.05

箱体隔热层漏热量为

$$Q_a=(-1.94+10.07+6.219+3.89+3.05)W=21.289W$$

2）通过箱门与门封条漏热量 Q_b

$$Q_b=0.15Q_a=0.15\times21.289W=3.193W$$

冷藏室箱体漏热量为

$$Q_{1R}=Q_a+Q_b=(21.289+3.193)W=24.48W$$

（2）冷藏室开门漏热量 Q_{2R}　开门漏热量按公式（6-8）计算。电冰箱冷藏室内容积 v_B 取

$0.15m^3$，开门次数为每小时二次，空气的比体积为 $0.9m^3/kg$，进入箱内空气达到规定温度时的降温降湿比焓差 Δh 值为

$$\Delta h = h_{32℃,75\%} - h_{5℃,100\%} = (90-18.4)kJ/kg = 71.6kJ/kg$$

冷藏室开门漏热量为

$$Q_{2R} = \frac{v_B n \Delta h}{3.6 v_a} = \frac{0.15 \times 2 \times 71.6}{3.6 \times 0.9}W = 6.63W$$

（3）贮物热量 Q_{3R} 冷藏室贮物热量按式(6-9)计算，计算时水的质量 $m_R = 150 \times 0.005kg = 0.75kg$，其余参数与冷冻室计算相同。

$$Q_{3R} = \frac{m_R(ct_1 + r - c_b t_2)}{2 \times 3.6} = \frac{0.75 \times (4.19 \times 25 + 333 + 4)}{7.2}W = 46.0W$$

冷藏室热负荷为

$$Q_R = Q_{1R} + Q_{2R} + Q_{3R} = (24.48 + 6.63 + 46)W = 77.11W$$

电冰箱的总热负荷为

$$Q = 1.1(Q_F + Q_R) = 1.1 \times (39.866 + 77.11)W = 128.67W$$

9.3 箱体外表面凝露校核

箱体外表面凝露校核也分冷冻室和冷藏室进行。

9.3.1 冷冻室

冷冻室绝热层厚度最薄处在顶面，按式(6-2)计算，计算时取箱外空气对箱体表面的表面传热系数 α_0 为 $11.63W/(m^2 \cdot K)$，传热系数 K 值为 $0.376W/(m^2 \cdot K)$，环境温度 t_1 为 $32℃$，箱内空气温度 t_2 为 $-18℃$，则外表面温度

$$t_w = t_1 - \frac{K}{\alpha_0}(t_1 - t_2) = 32 - \frac{0.376}{11.63}(32+18)℃ = 30.38℃$$

在环境温度 $32℃$，相对湿度 75% 下查空气的 $h-d$ 图，其露点温度为 $28.2℃$，由此可见，冷冻室绝热层厚度最薄处的顶表面温度大于露点温度，故不会凝露。

9.3.2 冷藏室

冷藏室两侧面和底面的绝热层厚度最薄，因此只要对它们进行露点校核即可。计算时取传热系数 K 为 $0.431W/(m^2 \cdot K)$，环境温度 t_1 为 $32℃$，箱内空气温度 t_2 为 $5℃$，其余参数与冷冻室校核计算相同，则外表面温度

$$t_w = t_1 - \frac{K}{\alpha_0}(t_1 - t_2) = \left[32 - \frac{0.432}{11.63}(32-5)\right]℃ = 31℃$$

可见，冷藏室两侧和底部同样不会凝露。

根据以上计算可知，本例题所设计的冰箱采用上述绝热层厚度在外表面不会出现凝露现象。

9.4 制冷系统的热力计算

热力参数的计算步骤同本章第6节。因为替代工质 R134a 的换热性能比 R12 好，所以在相同的换热面积情况下可以降低蒸发器和冷凝器的传热温差。本设计时为便于压缩机选型，故选择压缩机工况，其冷凝温度 t_K 为 $54.4℃$，蒸发温度 t_0 为 $-23.3℃$，其余参数仍参照表6-10。计算时电冰箱制冷系统的压-焓图也采用图6-17，并应用 R134a 的压-焓图、热力性质表及有关计算公式，现将设计工况下的有关压力、各点比焓值和过热蒸气比体积等参数列于表6-20

中。

表 6-20　热物性参数列表（工质 R134a）

参　数　名　称	符号	单位	参　数　来　源	设计值
冷凝压力	p_k	MPa	$t_K=54.4℃$ 查热力性质表	1.4696
蒸发压力	p_0	MPa	$t_0=-23.3℃$ 查热力性质表	0.115
出蒸发器时饱和蒸气比焓	h_1	kJ/kg	$t_0=-23.3℃$ 查热力性质表	383.27
进压缩机前过热蒸气比焓	h_1'	kJ/kg	32℃　查热力性质图	430.0
进入压缩机前过热蒸气比体积	v_1'	m³/kg	32℃　查热力性质图	0.213
进入气缸前过热蒸气比焓	h_1''	kJ/kg	80℃　查热力性质图	475.0
进入气缸前过热蒸气比体积	v_1''	m³/kg	80℃　查热力性质图	0.250
排出过热蒸气温度	t_{2s}	℃	$T_2=\left(\dfrac{p_K}{p_0}\right)^{(K-1)/K}\cdot(t_1'+273)$	119.55
冷凝温度下饱和蒸气比焓	h_2	kJ/kg	$t_K=54.4℃$ 查热力性质表	424.1
排出过热蒸气比焓值	h_2''	kJ/kg	$h_2''=h_1''+\dfrac{h_{2s}'-h_1''}{\eta_1}$	585.5
制冷剂过冷至 32℃时比焓	h_3	kJ/kg	$t_K=54.4℃$ 查热力性质图	244.37
毛细管节流前液体比焓（17℃）	h_3'	kJ/kg	$t_K=54.4℃$ 查热力性质图	223.06
蒸发器入口制冷剂比焓	h_4	kJ/kg	$h_4=h_3'$	223.06
定熵压缩蒸气比焓值（32℃）	h_{2s}	kJ/kg	$t_K=54.4℃$ 查热力性质图	499.0
定熵压缩蒸气比焓值（80℃）	h_{2s}'	kJ/kg	$t_K=54.4℃$ 查热力性质图	552.8

循环各性能指标计算值如下：

（1）单位制冷量

$$q_0=h_1-h_4=383.27-223.06\text{kJ/kg}=160.21\text{kJ/kg}$$

（2）单位体积制冷量

$$q_v=\frac{q_0}{v_1'}=\frac{h_1-h_4}{v_1'}=\frac{160.21}{0.213}\text{kJ/m}^3=752.16\text{kJ/m}^3$$

（3）单位等熵压缩功

$$w_i=h_{2s}-h_1'=(499.0-430.0)\text{kJ/kg}=69.0\text{kJ/kg}$$

（4）制冷系数

$$\varepsilon=\frac{q_0}{w_i}=\frac{h_1-h_4}{h_{2s}-h_1'}=\frac{160.21}{69.0}=2.3$$

（5）单位冷凝热量

$$q_K=h_2'-h_3=(528-244.37)\text{kJ/kg}=283.63\text{kJ/kg}$$

（6）制冷剂循环量

$$G_a=\frac{Q}{q_0}=\frac{128.67\times3.6}{160.21}\text{kg/h}=2.89\text{kg/h}$$

式中　Q——电冰箱的总热负荷值。

（7）冷凝器热负荷

$$Q_k=G_aq_k=G_a(h_2'-h_3)=\frac{2.89\times283.63\times10^3}{3600}\text{W}=227.8\text{W}$$

（8）压缩机实际吸入过热蒸气量

$$V_s=G_av_1'=2.89\times0.213\text{m}^3/\text{h}=0.616\text{m}^3/\text{h}$$

9.5　压缩机选型及热力计算

压缩机选型除采用第 6.7 节中提出的查阅全性能曲线的方法外，也可以用热力计算方法。首先求出设计工况下的输气系数，并计算出压缩机的理论输气量、压缩机的制冷量、压缩机的输入功率，再查有关电冰箱压缩机的规格参数表，最后选用压缩机。所选用压缩机的制冷量必须等于或略大于设计值，其理论输气量和输入功率也要同时满足设计的要求。

9.5.1　设计工况下的输气系数

设计工况参数如表 6-10 所示。其输气系数 λ 等于容积系数 λ_v、压力系数 λ_p、温度系数 λ_t 和泄漏系数 λ_e 的乘积。

（1）容积系数 λ_v

$$\lambda_v=1-c\left[\left(\frac{p_k+\Delta p_k}{p_0}\right)^{\frac{1}{m}}-1\right]\tag{6-18}$$

其中相对余隙容积 C 取 0.025，膨胀系数 m 取 1，冷凝压力 p_k 取 1469.6kPa，蒸发压力 p_0 取 115.15kPa，排气压力损失 Δp_k 为 $0.1p_k$，则容积系数

$$\lambda_v=1-0.025\left[\left(\frac{1469.6+0.1\times1469.6}{115.15}\right)-1\right]=0.68$$

（2）压力系数 λ_p

$$\lambda_p=1-\frac{1+C}{\lambda_v}\frac{\Delta p_0}{p_0}\tag{6-19}$$

其中进气阀的压力损失 $\Delta p=0.05p_0$，其余取值同容积系数，则压力系数

$$\lambda_p=1-\frac{1+0.025}{0.68}\cdot\frac{0.05\times115.15}{115.15}=0.925$$

（3）温度系数 λ_t

$$\lambda_t=\frac{T_1''}{aT_k+b\theta}\tag{6-20}$$

系数 a 取 1.15，b 取 0.25，回气热力学温度 T_1'' 取 353K，冷凝热力学温度 T_K 取 327.4K，蒸发温度 t_0 取 -23.3℃压缩机吸入前过热度 $\theta=T_1''-(t_0+273)=353-(-23.3+273)\text{K}=103.3\text{K}$。

$$\lambda_t=\frac{353}{1.15\times327.4+0.25\times103.3}=0.88$$

（4）泄漏系数 λ_l 泄漏系数 λ_l 取 0.99。

输气系数为

$$\lambda = \lambda_v \lambda_p \lambda_t \lambda_l = 0.68 \times 0.925 \times 0.88 \times 0.99 = 0.55$$

9.5.2 理论输气量 V_h

$$V_h = \frac{V_s}{\lambda}$$

实际输气量 V_s 为 0.616m³/h，则

$$V_h = \frac{0.616}{0.55} \text{m}^3/\text{h} = 1.12 \text{m}^3/\text{h}$$

9.5.3 压缩机的制冷量 Q_0

$$Q_0 = q_v V_h \lambda = 752.16 \times 1.12 \times 0.55 \text{kJ/h} =$$

$$463.3 \text{kJ/h} = 0.128 \text{kW}$$

9.5.4 压缩机的功率

（1）理论绝热功率 P_0

$$P_0 = \frac{G_a w_i}{3600} = \frac{2.89 \times 69}{3600} \text{kW} = 55.4 \text{W}$$

（2）指示功率 P_i

$$P_i = \frac{P_0}{\eta_i} = \frac{G_a w_i}{\eta_i} \tag{6-21}$$

式中 η_i——指示效率，可以用下面公式计算：

$$\eta_i = \frac{T_0}{T_K} + bt_0 = \frac{249.7}{327.4} + 0.0025 \times (-23.3) = 0.704$$

上式中的 t_0 为采用摄氏温度为单位的蒸发温度，系数 b 凭经验选取。则指示功率

$$P_i = \frac{P_0}{\eta_i} = \frac{55.4}{0.704} \text{W} = 78.69 \text{W}$$

（3）摩擦功率 P_m 摩擦功率按下式计算：

$$P_m = \frac{P_m V_h}{36.72} \tag{6-22}$$

其中 P_m 为平均摩擦压力，取 0.65MPa，V_h 为 1.12m³/h，则摩擦功率

$$P_m = \frac{0.65 \times 1.12}{36.72} = 0.0198 \text{kW} = 20.0 \text{W}$$

（4）压缩机的轴功率 P_e

$$P_e = P_i + P_m = 78.69 + 20.0 \text{W} = 98.69 \text{W}$$

（5）电功率 P_{el} 和电机效率 η_{mo}

$$P_{el} = P_e / \eta_{mo}$$

取 $\eta_{mo} = 0.82$，则

$$P_{el} = 98.69 / 0.82 \text{W} = 120.4 \text{W}$$

根据以上求取的压缩机理论输气量、压缩机制冷量、电功率等参数,参照按 R134a 制冷工质设计的压缩机有关规格参数表,现选择意大利(aspera)生产的低回压 R134a 冰箱压缩机,型号为 BK1114Z,额定制冷量 182W,输入功率 135W,电源电压 220/240V、50Hz。

9.6 冷凝器的设计

冷凝器采用丝管式冷凝器,冷凝管用复合钢管(邦迪管)$d_b=6\times1.0mm$,钢丝直径 $d_w=1.5mm$,管间距 $s_b=46mm$,钢丝间距 $s_w=5mm$。

冷凝器设计在第 4 章中已作了详细介绍,其方法也可用于本例题计算。

冷凝器的总热负荷值在热力计算中已求得为 227.8W。冷凝温度为 54.4℃,压缩机机壳出口制冷剂蒸汽温度可假设为 80℃(见第 4 章例),箱体底部化霜水盘中不设预冷盘管,设置门框防露管,制冷剂出防露管温度为 32℃,空气温度为 32℃。

9.6.1 过热段及饱和段热负荷

查制冷剂 R134a 的热力性质图表,运用线性插值法可求得过热蒸气比焓值 h_{2k}。当温度 $t=80℃$,压力 $p=1317.6kPa$ 时,比焓 $h_{2k}'=458.399kJ/kg$;当 $t=80℃$,$p=1491.2kPa$ 时,比焓 $h_{2k}''=455.578kJ/kg$,则 $t=80℃$,$p=1469.6kPa$ 时,$h_{2k}=455.929kJ/kg$。同时查热力性质表也能查得 $t=54.4℃$、$p=1469.6kPa$ 时的饱和蒸气比焓 $h_2=424.10kJ/kg$ 和 $t=32℃$ 时的过冷液体比焓 $h_3=244.37kJ/kg$。故可求得过热段热负荷占总热负荷的百分数 β 为

$$\beta=\frac{h_{2K}-h_2}{h_{2K}-h_3}=\frac{455.929-424.10}{455.929-244.37}=15.05\%$$

现取防露管中放出热量占总热负荷的 43%,而过热段热负荷占总热负荷的 15.05%,则饱和段热负荷占总热负荷为 41.95%。

根据冷凝器总热负荷值可求得过热段负荷 $Q'=227.8\times\dfrac{15.05}{1.00}=34.28W$,饱和段的热负荷 $Q''=227.8\times\dfrac{41.95}{100}=95.56W$。

9.6.2 过热段和饱和段的传热温差

(1) 过热段传热温差 θ_m

$$\theta_m=\frac{t_h-t_k}{\ln\dfrac{t_h-t_a}{t_k-t_a}} \tag{6-23}$$

式中　t_h——过热蒸气温度,$t_h=80℃$;

　　　t_k——冷凝温度,$t_k=54.4℃$;

　　　t_a——空气温度,$t_a=32℃$。

则

$$\theta_m=\frac{80-54.4}{\ln\dfrac{80-32}{54.4-32}}℃=33.59℃$$

(2) 饱和段传热温差 θ_p

$$\theta_p=t_k-t_a=(54.4-32)℃=22.4℃$$

9.6.3 自然对流表面传热系数 α_{of}

自然对流表面传热系数按下式计算。

$$\alpha_{of}=0.94\frac{\lambda_f}{d_e}\left[\frac{(s_b-d_b)\ (s_w-d_w)}{(s_b-d_b)^2+\ (s_w-d_w)^2}\right]^{0.155}(P_{rf}G_{rf})^{0.16} \tag{6-24}$$

式中　λ_f——空气的热导率，单位为 W/(m·K)；

　　　d_e——当量直径，单位为 m；

　　　P_{rf}——空气的普朗特数；

　　　G_{rf}——空气的格拉晓夫数。

（1）过热段的自然对流表面传热系数　过热段的定性温度 $t_f=t_a+\frac{1}{2}\theta_m=$ $\left(32+\frac{1}{2}\times33.68\right)$℃$=48.84$℃，空气的热导率 λ_f 查表后用内插法求取。$t=40$℃时，$\lambda=2.76\times10^{-2}$W/(m·K)；$t=50$℃时，$\lambda=2.83\times10^{-2}$W/(m·K)，用线性内插法得 $t=48.84$℃ 时，$\lambda_f=2.82\times10^{-2}$W/(m·K)。空气的普朗特数 $P_{rf}=0.698$，空气的格拉晓夫数可由下式计算

$$G_{rf}=g\beta\theta_m d_e^3/\nu^2 \tag{6-25}$$

$$d_e=s_b\left[\frac{1+2\dfrac{s_b}{s_w}\dfrac{d_w}{d_b}}{\left(\dfrac{s_b}{2.76d_b}\right)^{0.25}+2\dfrac{s_b}{s_w}\dfrac{d_w}{d_b}\eta_f}\right]^4 \tag{6-26}$$

式中　g——重力加速度，$g=9.81$m/s^2

　　　β——空气的体积膨胀系数，$\beta=1/T_f=1/(273+48.84)=1/321.84$

　　　θ_m——对数平均温差，$\theta_m=33.68$℃

　　　ν——空气的运动粘度，$t=48.84$℃时，$\nu=17.84\times10^{-6}$m^2/s

　　　d_e——当量直径，单位为 m；

　　　η_f——肋效率，对冰箱用丝管式冷凝器，常取 $\eta_f=0.85$。

现将 s_b、d_b、s_w、d_w 值代入上式，则

$$d_e=0.046\times\left[\frac{1+2\times\dfrac{0.046}{0.005}\times\dfrac{0.0015}{0.006}}{\left(\dfrac{0.046}{2.76\times0.006}\right)^{0.25}+2\times\dfrac{0.046}{0.005}\times\dfrac{0.0015}{0.006}\times0.85}\right]^4\text{m}=0.0619\text{m}$$

空气的格拉晓夫数为

$$G_{rf}=9.81\times\frac{1}{321.84}\times33.68\times(0.0619)^3/(17.84\times10^{-6})^2=764000.8377$$

参照式（6-24），过热段的自然对流表面传热系数

$$\alpha_{of}'=0.94\times\frac{0.0282}{0.0619}\left[\frac{(46-6)(5-1.5)}{40^2+3.5^2}\right]^{0.155}\times$$

$$(0.698\times764000.8377)^{0.26}\text{W}/(\text{m}^2\cdot\text{K})=9.0405\text{W}/(\text{m}^2\cdot\text{K})$$

（2）饱和段自然对流表面传热系数　饱和段的定性温度 $t_f=(t_k+t_a)/2=(54.4+32)/2=$ 43.2℃，查表后内插得空气的热导率 $\lambda_f''=2.7824\times10^{-2}$W/(m·K)，空气的普朗特数 $P_{rf}=$ 0.699，空气的运动粘度 $\nu=17.28\times10^{-6}$m^2/s，空气的格拉晓夫数为

$$G_{rf} = g\beta\theta_p d_e^3 / \nu^2 = 9.81 \times \frac{1}{(273+43.2)} \times 22.4 \times$$

$$(0.0619)^3 / (17.28 \times 10^{-6})^2 = 552000.7031$$

参照式(6-24),则饱和段自然对流表面传热系数为

$$\alpha_{of}'' = 0.94 \times \frac{0.0278}{0.0619} \times \left[\frac{(46-6)(5-1.5)}{40^2+3.5^2}\right]^{0.155} \times$$

$$(0.699 \times 552000.7031)^{0.26} \text{W}/(\text{m}^2 \cdot \text{K}) = 8.197 \text{W}/(\text{m}^2 \cdot \text{K})$$

9.6.4 辐射传热系数

辐射传热系数由下式计算:

$$\alpha_{or} = 5.67\varepsilon \frac{(T_w/100)^4 - (T_a/100)^4}{\theta} \tag{6-27}$$

式中 ε——黑度,黑漆 $\varepsilon=0.97$;

T_w——壁面的平均热力学温度,单位为 K;

T_a——空气的热力学温度,单位为 K;

θ——传热温差,单位为℃。

(1) 过热段的辐射传热系数 过热段壁温 t_w 不是定值,现取 $t_w = t_a + \theta_m = 32 + 33.68 = 65.68$℃,而 $t_a = 32$℃,则过热段的辐射传热系数为

$$\alpha_{or}' = 5.67 \times 0.97 \frac{\left(\frac{273+65.68}{100}\right)^4 - \left(\frac{273+32}{100}\right)^4}{33.68} = 7.3540 \text{W}/(\text{m}^2 \cdot \text{K})$$

(2) 饱和段的辐射传热系数 饱和段的壁面温度 $t_w = t_a + \theta_p = 32 + 22.4 = 54.4$℃,其余参数同过热段。则饱和段的辐射传热系数为

$$\alpha_{or}'' = 5.67 \times 0.97 \times \frac{\left(\frac{273+54.4}{100}\right)^4 - \left(\frac{273+32}{100}\right)^4}{22.4} \text{W}/(\text{m}^2 \cdot \text{K}) =$$

$$6.9638 \text{W}/(\text{m}^2 \cdot \text{K})$$

9.6.5 冷凝器的传热面积 A

(1) 冷凝器过热段传热面积 其传热面积可按下式计算

$$A' = \frac{Q'}{(\alpha_{of}' + \alpha_{or}')\eta_0\theta_m} \tag{6-28}$$

式中 A'(单位为 m²)为过热段传热面积。过热段自然对流表面传热系数 $\alpha_{of}' = 9.0405 \text{W}/(\text{m}^2 \cdot \text{K})$,过热段的辐射传热系数 $\alpha_{or}' = 7.3540 \text{W}/(\text{m}^2 \cdot \text{K})$,过热段传热温差 $\theta_m = 33.68$℃,过热段的热负荷 $Q' = 34.28 \text{W}$,其中 η_0 为表面效率,可用下式计算

$$\eta_0 = \frac{a_b + a_w\eta_f}{a_b + a_w} \tag{6-29}$$

式中 a_b——每米管长管面的面积,$a_b = \pi 0.006 \text{m}^2/\text{m}$;

a_w——每米管长上钢丝外表面积。

$$a_w = 2 \times \left(\frac{1}{s_w}+1\right)\pi d_w s_b = \left(\frac{2}{s_w}+2\right)\pi d_w s_b \text{m}^2/\text{m}$$

则表面效率

$$\eta_0 = \frac{0.006\pi + \left(\dfrac{2}{0.005} + 2\right) \times 0.0015\pi \times 0.046 \times 0.85}{0.006\pi + \left(\dfrac{2}{0.005} + 2\right) \times \pi \times 0.046 \times 0.0015} = 0.8767$$

故过热段的传热面积

$$A' = \frac{Q'}{(\alpha_{of}' + \alpha_{or}')\, \eta_0 \cdot \theta m} = \frac{34.28}{(9.0405 + 7.3540) \times 0.8767 \times 33.68}\text{m}^2 = 0.0708\text{m}^2$$

（2）冷凝器饱和段传热面积　其传热面积可按下式计算

$$A'' = \frac{Q''}{(\alpha_{of}'' + \alpha_{or}'')\, \eta_0 \theta_p} \tag{6-30}$$

式中 A''（单位为 m²）为饱和段的传热面积。饱和段自然对流表面传热系数 $\alpha_{of}'' = 8.193$ W/（m²·K），饱和段辐射传热系数 $\alpha_{or}'' = 6.9638$ W/（m²·K），饱和段的传热温差 $\theta_p = 22.4$℃，表面效率 $\eta_0 = 0.8501$，饱和段的热负荷 $Q'' = 95.56$ W，以上数据代入式（6-30），则

$$A'' = \frac{95.56}{(8.193 + 6.9638) \times 0.8767 \times 22.4}\text{m}^2 = 0.3210\text{m}^2$$

故冷凝器的传热面积

$$A = A' + A'' = (0.0708 + 0.3210)\,\text{m}^2 = 0.3918\text{m}^2$$

9.6.6　冷凝器整体尺寸

丝管式冷凝器的冷凝管长 L（m）按下式计算

$$L = \frac{A}{a_b + a_w} \tag{6-31}$$

根据前面计算，冷凝器的面积为 0.3918m²，在实际情况下，由于冷凝器表面积灰，以及水平排数增加时会使表面传热系数减小，所以设计面积值应比理论计算值高，现增大 40%，则冷凝器的设计面积 A 为 0.5485m²。上式中 $a_b = 0.0188$m²/m，$a_w = \left(\dfrac{2}{0.005} + 2\right)\pi \times 0.0015 \times 0.046$m²/m = 0.087m²/m。则

$$L = \frac{0.5485}{0.0188 + 0.087}\text{m} = 5.184\text{m}$$

取冷凝器有效宽度 $b' = 0.4$m，则冷凝器冷凝管水平根数 $N' = L/b' = 5.184/0.4 = 12.96$，若制冷剂从同一侧面进出，则 $N = 14$ 根。实际有效长度 $L = 14 \times 0.4$m = 5.6m。冷凝器的计算高度 $H'' = NS_b = 14 \times 0.046$m = 0.644m，一般冷凝器钢丝焊接时两头各露出 0.01m，则冷凝器的实际高度 $H = (0.644 + 0.01 \times 2)$m = 0.664m = 0.67m。

9.7　蒸发器的设计

蒸发器的设计已在第 4 章中作了介绍，在此只简单地算出冷冻室蒸发器和冷藏室蒸发器的传热面积及结构尺寸。

9.7.1　冷冻室蒸发器

冷冻室的热负荷 Q_F 为 39.866W，蒸发温度 t_0 为 −23.3℃，冷冻室温度为 −18℃。采用板管式蒸发器。

(1) 制冷剂在管内的表面传热系数 α_i 管内表面传热系数（当制冷工质为 R12 时）可按下式计算：

$$\alpha_i=\frac{G_d^{0.2}q_i^{0.6}}{d_i^{0.6}}=0.95Bg^{0.2}q_i^{0.6}/d_i^{0.2}\text{W}/\ (\text{m}^2\cdot\text{K}) \tag{6-32}$$

式中 G_d——每根管内制冷剂的流量，单位为 kg/s

g——制冷剂的质量流量，单位为 kg/ (m²·s)

B——与制冷剂种类和蒸发温度有关的系数，$t_0=-23.3℃$ 时，制冷剂 R12 的 B 值为 0.9523。

q_i——热流量，单位为 W/m²

d_i——蒸发器管内径，单位为 mm，$d_i=6\text{mm}$。

制冷剂在管内的温度 $t_0=-23.3℃$，而冷冻室内平均温度 $t_w=-18℃$。制冷剂在管内的热流量 q_i 可按下式计算

$$q_i=\frac{Q_F}{\pi d_i L} \tag{6-33}$$

式中 Q_F——冷冻室热负荷，单位为 39.866W

L——冷冻室绕管长度，对于本设计中的绕管取 5 圈，则 $L=2\times(0.281+0.413)\times5=6.94\text{m}$。

则热流量 q_i 为

$$q_i=\frac{Q_F}{\pi d_i L}=\frac{39.866}{3.14\times0.006\times6.94}\text{W}/\text{m}^2=304.90\text{W}/\text{m}^2$$

制冷剂的循环量 G_a 为 2.89kg/h，化为质量流量

$$g=\frac{2.89}{3600\times\frac{\pi}{4}\times d_i^2}=\frac{2.89\times4}{3600\times3.14\times0.006^2}\text{kg}/(\text{m}^2\cdot\text{s})=28.41\text{kg}/(\text{m}^2\cdot\text{s})$$

制冷剂为 R12 时，在管内沸腾的表面传热系数为

$$\alpha_i=0.95Bg^{0.2}q_i^{0.6}/d_i^{0.2}=$$
$$0.95\times0.9523\times28.41^{0.2}\times304.90^{0.6}/0.006^{0.2}\text{W}/(\text{m}^2\cdot\text{K})=$$
$$152.07\text{W}/(\text{m}^2\cdot\text{K})$$

根据报导，R134a 制冷剂在管内沸腾的表面传热系数比 R12 高 35%～45%，现取 40%，则

$$\alpha_i=152.07\times1.4\text{W}/(\text{m}^2\cdot\text{K})=212.898\text{W}/(\text{m}^2\cdot\text{K})$$

(2) 板管式蒸发器空气表面传热系数 α_0 板管式蒸发器空气侧表面传热系数 α_{ac} 可用自然对流公式计算

$$\alpha_{ac}=1.28A\left(\frac{t_a-t_0}{d_0}\right)^{1/4} \tag{6-34}$$

式中 A——对于多排管，为沿高度方向管排数的修正系数，选蒸发器冷却排管为 5 圈，查表可得 $A=1.25$；

t_a——冷冻室空气的平均温度为 $-18℃$；

t_0——板管式蒸发器管内 R134a 的蒸发温度为 $-23.3℃$；

d_0——管外径，单位为 mm，$d_0=6.5$mm。

则板管式蒸发器空气侧表面传热系数

$$\alpha_{ac}=1.28\times1.25\times\left[\frac{-18-(23.3)}{0.0065}\right]^{1/4}\text{W}/(\text{m}^2\cdot\text{K})=$$

$$8.55\text{W}/(\text{m}^2\cdot\text{K})$$

在冷却排管外表面对空气的换热过程中，自然对流的表面传热系数较小（一般在 10W/($\text{m}^2\cdot\text{K}$)以下），因此辐射换热相对来说不可忽视。空气侧的表面辐射换热 α_{cr} 可按下式计算

$$\alpha_{cr}=\frac{C\left[\left(\frac{T_a}{100}\right)^4-\left(\frac{T_w}{100}\right)^4\right]}{t_a-t_w} \tag{6-35}$$

式中　T_a——冷冻室空气平均温度（单位为 K），$T_a=273-18=255$K；

T_w——蒸发器管子的表面温度，因为蒸发器管的管壁很薄，则内外表面温差不大。管子外表面温度可视为与蒸发器管内 R134a 蒸发温度相同，$T_w=(273-23.3)$K$=249.7$K。

C——辐射系数，对于结霜表面取 5.46W/($\text{m}^2\cdot\text{K}^4$)。

则空气侧的辐射传热系数 α_{cr} 为

$$\alpha_{cr}=\frac{5.46\times\left[\left(\frac{255}{100}\right)^4-\left(\frac{249.7}{100}\right)^4\right]}{-18-(-23.3)}\text{W}/(\text{m}^2\cdot\text{K})=$$

$$3.51\text{W}/(\text{m}^2\cdot\text{K})$$

综合计算空气侧的表面传热系数 α_0 必须同时考虑对流和辐射，计算公式如下

$$\alpha_0=\alpha_{ac}\xi+\alpha_{cr}\psi \tag{6-36}$$

式中　α_{ac}, α_{cr}——空气侧的表面传热系数和辐射传热系数，单位为 W/($\text{m}^2\cdot\text{K}$)；

ψ——曝光系数，对于平板可取为 1.0；

ξ——析湿系数。

析湿系数可按第 4 章介绍的方法计算，也可参考已有产品之数据确定。此处按参考产品之数据确定，取 $\xi=1.167$。

因此空气侧的传热系数

$$\alpha_0=\alpha_{ac}\xi+\alpha_{cr}\psi=(8.55\times1.167+3.51\times1.0)\text{W}/(\text{m}^2\cdot\text{K})=$$

$$13.49\text{W}/(\text{m}^2\cdot\text{K})$$

（3）冷冻室蒸发器的传热系数 K_0　冷冻室蒸发器管内表面传热系数 $\alpha_i=212.899$W/($\text{m}^2\cdot\text{K}$)，空气侧表面传热系数 $\alpha_0=13.49$W/($\text{m}^2\cdot\text{K}$)。由于空气侧表面传热系数远小于管内制冷剂侧的传热系数，因此传热系数的计算可简化为：

$$K_0=e\alpha_0\eta_s \tag{6-37}$$

式中　e——考虑管内热阻和管外霜层热阻的修正系数。根据试验 $e=0.80\sim0.90$。

η_s——翅片管的表面效率。取 0.98。

代入数据计算，得：

$$K_0 = 0.90 \times 13.49 \times 0.98 \text{W/(m}^2 \cdot \text{K}) = 11.90 \text{W/(m}^2 \cdot \text{K})$$

（4）冷冻室蒸发器的传热面积 A　冷冻室热负荷为 39.866W，蒸发温度为 -23.3℃，冷冻室内温度为 -18℃，则由下式计算冷冻室蒸发器的传热面积：

$$A = \frac{Q_F}{K_0 \theta_k} = \frac{39.866}{11.90 \times [-18-(-23.3)]} \text{m}^2 = 0.632 \text{m}^2 \tag{6-38}$$

电冰箱总体布置中所设计的冷冻室内传热面的长度为 413mm，深度为 391mm，高度为 281mm。故实际设计的传热面积 A'

$$A' = (0.413 \times 0.391 \times 2 + 0.391 \times 0.281 \times 2 + 0.413 \times 0.281) \text{m}^2 = 0.659 \text{m}^2$$

根据以上计算，冷冻室传热面积的实际设计值大于冷冻室蒸发器传热面积计算值，满足设计要求。

9.7.2　冷藏室蒸发器

冷藏室的热负荷 Q_R 为 77.11W，冷藏室内的平均温度 $t_m = 5℃$，蒸发器管内温度为 -23.3℃。冷藏室蒸发器采用单脊翅片盘管式蒸发器，一般用厚度为 0.25mm 的铝板，使它弯曲成 $\phi 6.5mm$ 的管形通道，其翅高 h 在 20～26mm 之间选择，本设计翅高选为 22mm，翅厚 $\delta_f = 2 \times 0.25 = 0.5mm$。冷藏室蒸发器示意图如图 6-22 所示。

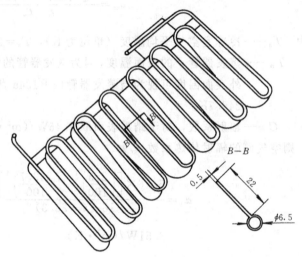

图 6-22　单脊翅片式蒸发器示意图

（1）单脊翅片式蒸发器管外表面传热系数 α_0　本设计冰箱属于直冷式冰箱，冷藏室蒸发器选用单脊翅片盘管式蒸发器，其空气侧表面传热系数 α_0 应按自然对流换热计算，计算公式如下

$$\alpha_0 = 1.28 \left(\frac{t_a - t_0}{l_0} \right)^{1/4} \tag{6-39}$$

式中　t_a——冷藏室内空气的平均温度，单位为 $t_a = 5℃$

t_0——蒸发器管内制冷剂 R134a 的蒸发温度，$t_0 = -23.3℃$

l_0——定型尺寸，取单脊翅片的翅高，$l_0 = 0.022m$。

则管外表面传热系数

$$\alpha_0 = 1.28 \left(\frac{t_a - t_0}{l_0} \right)^{1/4} = 1.28 \times \left(\frac{5-(-23.3)}{0.022} \right)^{1/4} \text{W/(m}^2 \cdot \text{K}) =$$

$$1.28 \times 5.99 = 7.70 \text{W/(m}^2 \cdot \text{K})$$

（2）管外纵向平直翅片的翅片效率 η_f　翅片效率按下式计算：

$$\eta_f = \frac{\text{th}(mh)}{mh} \tag{6-40}$$

式中　h——翅片高度，单位为 m；

m——定义参数。当翅片的深度比其厚度大得多时。

$$m=\sqrt{\frac{2\alpha_0}{\lambda\delta_f}}=\sqrt{\frac{2\times7.7}{203.5\times0.5\times10^{-3}}}=12.29$$

上述 m 的计算式中,α_0、δ_f、λ 分别为管外表面传热系数、翅厚、肋片的热导率。

翅片效率

$$\eta_f=\frac{\text{th}(mh)}{mh}=\frac{\text{th}(12.29\times22\times10^{-3})}{12.29\times22\times10^{-3}}=0.974$$

(3) 翅片的表面效率 η_s 翅片的表面效率按下式计算

$$\eta_s=\frac{1}{A_s}(A_1+A_2\eta_f) \tag{6-41}$$

其中 A_1 为一次传热面,A_2 为二次传热面,A_s 为总的传热面积。设翅片的长度为 l,则可列出如下关系式:

$$A_1=\pi dl=3.14\times6.5\times10^{-3}\times l=0.02l$$
$$A_2=2hl=2\times22\times10^{-3}\times l=0.044l$$
$$A_s=A_1+A_2=0.064l$$

表面效率为

$$\eta_s=\frac{1}{A_s}(A_1+A_2\eta_f)=\frac{1}{0.064l}(0.02l+0.044l\times0.974)=0.98$$

(4) 制冷剂在管内的表面传热系数 α_i 管内表面传热系数可按式 (6-32) 计算,式中除热流量外,其它参数与冷冻室蒸发器设计时相同。由于 R134a 在管内蒸发时的表面传热系数远大于空气自然对流表面传热系数,因此可以不计算管内表面传热系数。

(5) 传热系数 K_0 由于空气侧表面传热系数远小于管内制冷剂侧的表面传热系数,因此传热系数的计算可简化为

$$K_0=e\alpha_0\eta_s=0.9\times7.70\times0.98\text{W}/(\text{m}^2\cdot\text{K})=$$
$$6.79\text{W}/(\text{m}^2\cdot\text{K})$$

(6) 传热面积及翅片长度   冷藏室蒸发器总的供热量可用下式表示。

$$Q_R=KA\theta_e+\varepsilon\sigma\left[\left(\frac{T_1}{100}\right)^4-\left(\frac{T_2}{100}\right)^4\right]A \tag{6-42}$$

其中黑度 ε 为 0.9,辐射系数 σ 为 $5.67\text{W}/(\text{m}^2\cdot\text{K}^4)$,发射体热力学温度 T_1 为 278K,接受体热力学温度为 249.7K,传热温度 $\theta_e=5-(-23.3)=28.3℃$。则传热面积为:

$$A=\frac{Q_R}{K\theta_e+\varepsilon\sigma\left[\left(\frac{T_1}{100}\right)^4-\left(\frac{T_2}{100}\right)^4\right]}=$$

$$\frac{77.11}{6.79\times28.3+0.9\times5.67\times\left[(2.78)^4-(2.49)^4\right]}\text{m}^2=$$

$$0.258\text{m}^2$$

除去冷藏室蒸发器中连接管和连接板的传热面积 0.06m^2,翅片盘管的传热面积 $A_s=0.258-0.06=0.198\text{m}^2$,因为 $A_s=A_1+A_2=0.064l$,则翅片长度 $l=0.198/0.064=3.09\text{m}$。

9.8 毛细管长度的计算

电冰箱制冷剂采用 R134a 时,其毛细管长度可先按 R12 计算,然后再加以修正。本设计用式(6-14)计算。制冷剂 R12 的压力差 $\Delta p = p_k - p_0 = (1348.06 - 132.496)\text{kPa} = 1215.564\text{kPa}$；查制冷剂 R12 饱和状态下的热力性质表,发现温度对液体比体积的影响不大,本设计所取温度为冷凝温度和蒸发温度的平均值,即 $t = 15\,^{\circ}\text{C}$,查得液体比体积 $v' = 0.7426 \times 10^{-3}\text{m}^3/\text{kg}$,蒸气比体积 $v'' = 0.0354\text{m}^3/\text{kg}$,凭经验取干度 $x = 0.1$,则平均比体积 $v = (0.7426 \times 10^{-3} \times (1 - 0.1) + 0.0354 \times 0.1)\text{m}^3/\text{kg} = 4.21 \times 10^{-3}\text{m}^3/\text{kg}$,其密度 $\rho = \dfrac{1}{v} = \dfrac{1}{4.21 \times 10^{-3}}\text{kg/m}^3 = 237.53\text{kg/m}^3$,$15\,^{\circ}\text{C}$ 下液体粘度 $\mu' = 0.235 \times 10^{-3}\text{Pa} \cdot \text{S}$,而气体粘度 $\mu'' = 12.43 \times 10^{-6}\text{Pa} \cdot \text{S}$,则平均粘度 $\mu = 0.217 \times 10^{-3}\text{Pa} \cdot \text{S}$。已知制冷工质循环量 $G_a = 2.96\text{kg/h}$,选用内径 0.66mm 的毛细管,则制冷剂的流速可按下式计算。

$$W = \frac{G_a v}{\frac{\pi}{4}d^2} = \frac{2.96 \times 4.21 \times 10^{-3}}{\frac{3.14}{4} \times (0.00066)^2 \times 3600}\text{m/s} = 10.12\text{m/s}$$

雷诺数值为

$$Re = \frac{wd\rho}{\mu} = \frac{10.12 \times 0.00066 \times 237.53}{0.217 \times 10^{-3}} = 7455.70$$

则毛细管长度

$$L = \frac{\Delta P Re^{0.25} d}{0.1582 w^2 \rho} = \frac{1.216 \times 10^6 \times (7455.7)^{0.25} \times 0.00066}{0.1582 \times (10.12)^2 \times 237.55}\text{m} = 1.94\text{m}$$

国内有关厂家试验表明,制冷工质采用 R134a 后其流量约减小 $10\% \sim 20\%$,也就是说毛细管长度需要增加,现选取毛细管长度增加 20%,则毛细管的长度为:

$$L = 1.94 \times 1.2\text{m} = 2.33\text{m}$$

9.9 电冰箱控制与控制电路

电冰箱内温度的高低是随蒸发器表面温度的变化而变化的。箱温与蒸发器表面温度存在一定的关系,所以只要控制蒸发器表面的温度就可以控制箱内温度。控制蒸发器表面温度的一种办法是调节制冷系统的制冷量大小,而另一种办法是控制压缩机的开停时间。由于电冰箱采用毛细管作为节流元件,其制冷量是不可能调节的,故目前广泛采用温控器来实现对压缩机开停时间的控制。直冷式双门双温电冰箱的温控器一般都安装在冷藏室中,用它来控制冷藏室蒸发器的表面温度。

由于本系统的制冷剂经毛细管节流后,先进冷藏室蒸发器,再进冷冻室蒸发器,而冷藏室蒸发器管路又比较短,其内容积也小,故制冷剂的蒸发温度与制冷剂先进入冷冻室蒸发器,再进冷藏室蒸发器的制冷系统比较,它受外界条件和冷冻室负荷的影响较小,冷藏室蒸发器表面温度波动范围也小一些,所以温控器开停温度的范围可以适当小一点。根据以上分析,又要使冷藏室平均温度保持 $5\,^{\circ}\text{C}$,冷冻室温度达到三星级要求,即保持 $-18\,^{\circ}\text{C}$,故温控器拟选用表 6-3 的 B-201 普通型温控器。

在电冰箱中,温控器感温管尾部的安装位置对压缩机的开停时间比(即工作系数)有很大影响。它不能装在蒸发器的入口处,以免使它过早地接受进入蒸发器的制冷剂的影响,但也不能离蒸发器的管道太远，使它受到制冷剂充入量多少的影响。要求将其感温管尾部紧贴在下蒸发器出口处的表面上，具体位置由冰箱总调试决定。

由于直冷式电冰箱的性能不很复杂，故可采用比较简单的控制电路。根据本制冷系统的要求，再结合目前市场的需求，本设计采用图 6-23 的全自动化霜控制的电冰箱电路。

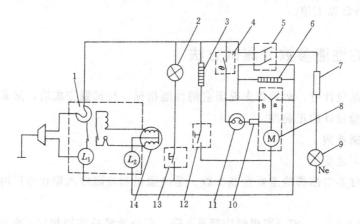

图 6-23　BC-195 电冰箱电路图

1—启动过电流保护器　2—照明灯　3—冷藏室补偿加热器　4—温度控制器
5—化霜停止开关　6—化霜加热器　7—指示灯限流电阻　8—化霜时间
继电器　9—指示氖灯　10—保护电阻　11—化霜温度控制器
12—冬用开关　13—灯开关　14—压缩机电机

其工作过程如下：制冷压缩机正常运转期间，化霜时间继电器 8 的触点 a、b 接通，双金属化霜温度控制器 11 的触点开启，这时化霜时间继电器 8 与制冷压缩机同步运转。当制冷压缩机累计运行到定时化霜时间继电器设定的化霜间隔时间时，化霜时间继电器 8 的触点 a、b 相继断开，制冷压缩机停止运转，同时化霜时间继电器 8 也停止运转。此时，蒸发器化霜加热器 6 立即对蒸发器加热化霜。当蒸发器表面凝霜全部融化完，且表面温度达到 +5℃时，双金属化霜温度控制器 11 的触点闭合，电路接通，这时化霜时间继电器 8 立即恢复运转。几分钟后，触点 a、b 又相继接通，致使制冷压缩机启动运转，同时蒸发器化霜加热器 6 停止对蒸发器加热。待蒸发器的表面温度降到 −8℃时，双金属化霜温度控制器的触点断开，完成一个化霜周期的自动控制。

电路的其它参数，化霜加热器 6 是一根很细的镍铬电热丝绕在多股玻璃丝芯线上，并装在一根薄壁铜管（或铝管）中，管内填满绝缘材料，使电热丝与管壁具有良好的绝缘，铜管两端用橡胶绝缘子完全密封，从而构成一安全性高、寿命长的电加热器。对直冷式冰箱冷冻室的化霜，是把这种加热器直接粘贴在蒸发器表面上。加热器的功率与冷冻室蒸发器的面积有关，其功率一般在 60～100W 之间，本设计冷冻室容积为 45l，化霜加热器功率拟选 90W 左右值；冷藏室补偿加热器 3 是用于直冷式双门电冰箱中，其作用在于使冷冻室和冷藏室之间的温度很好匹配，尤其当季节变化，环境温度变低时，保证冷冻室温度不致高于规定值。此加热器在冬用开关接通和压缩机停机时对冷藏室和温控感温管进行加热，使温控器的触点提前接通，以缩短压缩机的停机时间，做到即使冬季环境温度低于 5℃，仍可保持一定的开机时间，保证电冰箱冷冻室的冷冻能力。此加热器的功率一般在 3～5W 之间，本设计拟用 3.5W

的功率；保护电阻 10 在电路中相当于一个电阻分流器，以保护化霜温度控制器的双金属片，所以可以取一个 10Ω 左右的小电阻；当天气干燥无需采用全自动化霜控制时，可将化霜停止开关 5 接通，这时由于化霜停止开关 5 的分流线路将化霜电路短路，同时点亮了指示氖灯 9。为了防止指示氖灯烧坏出现短路现象，在线路中还增设了指示灯限流电阻 7，此电阻取值较大，一般取 $1500k\Omega$ 以上值。

10 电冰箱的性能参数和测试方法

在进行新产品设计时，必须首先提出它的性能指标，待试制完成后，又必须对试制产品进行测试，以检验设计的正确性。

10.1 电冰箱性能参数

10.1.1 冰箱冷却速度

冰箱冷却速度是电冰箱的重要性能参数，是冷藏箱和冷藏冷冻箱在出厂时的一项必检项目。

按照国标 GB8059.2—87《家用制冷器具》第二部分冷藏冷冻箱规定，冷藏冷冻箱进行冷却速度试验时，在环境温度下，箱内不加任何负荷，冰箱连续运行，当各间室的温度同时达到表 6-21 的规定时，所需时间不超过 3h。

表 6-21 各间室的温度标准

气候 类型	环境 温度 /℃	冷 藏 室		冷冻室及 "三星" 级的间室	"二星" 级部分	冷却室
		t_1、t_2、t_3/℃	t_m/℃ (max)			t_{cm}/℃
SN	10	$-1{\leqslant}t_1t_2t_3{\leqslant}10$	7			
	32					
N	16	$0{\leqslant}t_1t_2t_3{\leqslant}10$	5	$\leqslant-18℃$	$\leqslant-12℃$	$8{\leqslant}t_{om}$ $\leqslant14$
	32					
ST	18	$0{\leqslant}t_1t_2t_3{\leqslant}12$	7			
	38					
T	18					
	43					

进行冷却速度试验时，冷却过程中制冷系统给出的冷量消耗于两部分，一部分消耗于冷却箱体到表 6-21 所规定温度时所需的冷量，用 Q_1 表示，另一部分消耗于外界通过箱体传入箱内的漏热，用 Q_2 表示。

假设经过时间 t 后冰箱到达表 6-21 所列温度，根据能量平衡原理，在同一时间内压缩机的制冷量等于同一时间箱体的漏热量和将箱体冷却到规定温度所放出的热量之和，即：

$$Q_0t=Q_2t+Q_1$$

$$t=\frac{Q_1}{Q_0-Q_2}$$

(6-43)

箱体冷却热的计算步骤如下：

（1）箱外壁温度 t_{w1}、箱内壁温度 t_{w2} 和箱体发泡材料温度 t_3 的计算。

箱外壁与环境温度差 Δt_1（℃）可用下式表示：

$$\Delta t_1 = \frac{Q_2}{A_1 \alpha_1} \tag{6-44}$$

式中　A_1——外壁面面积，单位为 m^2；

　　　α_1——箱外壁面处的表面传热系数，单位为 $W/(m^2 \cdot K)$；

　　　Q_2——隔热层漏热量，单位为 W。

故箱外壁温度 t_{w1}（单位为℃）为

$$t_{w1} = t_1 - \Delta t_1 \tag{6-45}$$

式中　t_1——环境温度，单位为℃。

箱内壁与箱内空气的温差 Δt_2（单位为℃）用下式表示：

$$\Delta t_2 = \frac{Q_2}{A_2 \alpha_2} \tag{6-46}$$

式中　A_2——内壁面面积，单位为 m^2；

　　　α_2——箱内壁面处的表面传热系数，单位为 $W/(m^2 \cdot K)$。

故箱内温度为

$$t_{w2} = t_2 - \Delta t_2 \tag{6-47}$$

式中　t_2——箱内空气温度，单位为℃。

（2）冰箱各个部件的比热容和质量

冰箱部件包括箱体钢板、绝热材料、铜材、铝材及箱内空气等，其冷冻室和冷藏室各部件的比热容和质量分别计算。

（3）各部件的放热量 Q（单位为 J）

各部件的放热量按下式计算

$$Q = cm\Delta t \tag{6-48}$$

式中　c——各部件的比热容，单位为 $J/kg \cdot ℃$；

　　　m——各部件的质量，单位为 kg；

　　　Δt——各部件的温降，单位为℃。

各部件的放热量之和即为箱体的冷却热 Q_1。

10.1.2　冰箱制冰时间

根据国标 GB8059.1—87《家用电冰箱第一部分冷藏箱》规定，制冰能力试验时，在环境温度下，冰箱达到稳定运行状态后，将按表 6-22 中规定温度的水量充入离冰盒顶部 5mm 处，然后迅速将充水的冰盒放到冷冻食品储藏室或制冰室内，冰盒里的水应在 2 小时内完全结成实冰。

要预估制冰时间首先要计算出电冰箱冰盒内的水结成实冰所需的冷量 Q_{ice}，假设制冰时间为 t，则根据能量平衡原理、制冰时间内的制冷量等于这一时间的漏热量加上制成实冰所需的冷量，即

$$Q_0t = Q_2t + Q_{ice}$$

$$t = \frac{Q_{ice}}{Q_0 - Q_2} \qquad (6\text{-}49)$$

从上式可知,要预估制冰时间,只要计算出冰盒内水结成实冰所需的冷量 Q_{ice} 和箱体漏热 Q_2。

表 6-22　制冰能力试验数据表　　　　　　　　　(单位为℃)

气候类型	环境温度	冷藏室温度 t_m	制冰用水的温度	制冰用水量
SN 型 N 型	32	$0 \leqslant t_m \leqslant 5$ $t_1 t_2 t_3 \geqslant 0$	20 ± 1	按制造厂提供的冰盒
ST 型	38		30 ± 1	
T 型	43			

10.1.3　工作系数 R

根据国标 GB8059.1—87 规定,在给定的环境温度和箱内平均温度的条件下,其工作时间系数为

$$R = \frac{d}{D} \times 100\% \qquad (6\text{-}50)$$

式中　R——工作时间系数;

　　　d——在一定整数控制周期内制冷系统运行时间,单位为 h;

　　　D——一定整数控制周期的总时间。单位为 h。

开机时间和控制周期总时间在冰箱造好后通过实测才知道,在冰箱设计中,计算出时间是困难的。但是工作时间系数公式中规定的冰箱开、停机时间是在冰箱不加任何冷冻负荷和不开启箱门的情况下进行的,也可以这样理解,在一个整数控制周期内制冷系统开机时间内的制冷量都用来平衡一个整数控制周期总时间的箱体漏热,故工作时间系数也可以用下式表示:

$$R = \frac{Q_2}{Q_0} \qquad (6\text{-}51)$$

式中　Q_2——冰箱箱体的漏热量,单位为 kW 或 W;

　　　Q_0——压缩机的制冷量,单位为 kW 或 W。

10.1.4　耗电量 W

根据国标规定,除 T 型冰箱外,其他类型冰箱的耗电量试验时,环境温度都为 25℃,冰箱达到稳定运行状态时,计算冰箱 24h 内的耗电量 W(单位为 kW·h)其计算公式如下:

$$W = 0.024 P_{eL} R \qquad (6\text{-}52)$$

式中　P_{eL}——电机的输入功率,单位为 W。

上式是冰箱设计时用工作时间系数直接计算耗电量的公式。

冰箱用电量主要用于压缩机,它占总电量的 70% 以上。除此之外,不同类型冰箱有不同的耗电装置,例如蒸发器风扇、箱体加热器、除霜加热器、排水加热器及门封加热器等。冰箱用电总量是各个部分耗电的总和。

10.2 电冰箱性能测试

电冰箱的性能测试是保证电冰箱产品质量的重要手段，一般都按照各国制定的标准进行这项工作。国际标准化组织（ISO）也曾制订了电冰箱的标准。我国于 1980 年轻工业部制订了家用电冰箱的标准 SG215—84。由于电冰箱生产的发展，于 1987 年国家标准局制定了中华人民共和国国家标准 GB8059.1～GB8059.3—87《家用电冰箱》。为电冰箱的设计和性能测试提供了依据。

10.2.1 电冰箱型式和试验条件

根据国家标准 GB8059.1～GB8059.3—87 规定，电冰箱按用途可分为冷藏箱、冷藏冷冻箱和冷冻箱三大类。而按使用的气候环境分为以下四种类型，每种类型冰箱的冷却室温度要求范围 8～14℃，而冷藏室和冷冻食品储藏室温度如表 6-23 所示。

表 6-23　冷藏室和冷冻食品储藏室温度标准

类　型	气候环境温度	冷藏室温度	冷冻食品储藏室温度
亚温带型（SN）	10～32℃	−1～10℃	"一星"级室：不高于−6℃
温带型（N）	10～32℃	0～10℃	"二星"级室：不高于−12℃
亚热带型（ST）	18～38℃	0～12℃	"三星"级室：不高于−18℃
热带型（T）	18～43℃	0～12℃	

目前国内市场上销售的电冰箱，其产品的型号有两种。一种按 GB8059.1～GB8059.3—87 要求来表示，其定义如下：

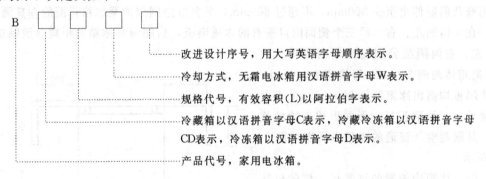

例如 BCD—185WA，该电冰箱为第一次改进设计 185 升无霜家用冷藏冷冻箱。

另一种按轻工业部标准 SG215—84 要求来表示的，其定义如下：

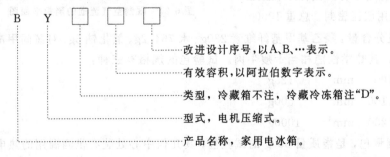

例如"万宝"电冰箱 BYD155，该电冰箱为有效容积为 155L，电机压缩式家用冷藏冷冻箱。

电冰箱试验条件在国标 GB8059.1~GB8059.3—87 中规定分为以下几个方面:

(1)试验室的温度条件 试验室内的环境温度在 10~43℃ 范围内可调。环境温度就是试验时冰箱周围的空气温度,是指距冰箱前壁和两侧壁表面几何中心的垂直距离 350mm 处的 3 个测点上测得的温度 t_1、t_2、t_3 的算术平均值。多台冰箱同时试验时,其环境温度是各台冰箱规定点测得值的算术平均值。各个试验项目的环境温度有所不同,表 6-24 列出了主要制冷性能试验项目的环境温度。

表 6-24 主要制冷性能试验项目

试验项目	环 境 温 度/℃				环境湿度 (相对湿度)	环境空气 流速
	SN 型	N 型	ST 型	T 型		
储藏温度	10—32	16—32	18—38	18—43	45%~75%	不大于 0.25m/s
冷却速度	32	32	32	32		
制冰能力	32	32	38	43		
耗电量	25	25	25	32		
凝露试验	25±0.5	25±0.5	32±0.5	32±0.5		

化霜性能试验时的环境温度与贮藏温度试验时相同,进行冷冻能力和负载温度回升试验时的环境温度与耗电量试验时相同。

(2)试验时对冰箱安置的要求 电冰箱应置于一个涂黑色而无光泽的木制试验平台上,平台底部应保持空气自由流通。平台顶面应高于试验室地面 300mm,平台向外延伸,比冰箱的两侧壁及前壁伸出至少 300mm,不超过 600mm,平台后边则应伸至冰箱背面的垂直隔板处。

在冰箱的左、右、后三个侧面围以垂直的木质隔板,后隔板与冰箱的距离参照制造厂说明,左、右两隔板分别与冰箱两侧平行放置,离箱体两侧 300mm,每块宽度 300mm,三块隔板均高出冰箱顶部 300mm,从平面布置看,三块隔板呈┏┓形并形成连续的整体,其限制空气流通的隔板平面图如图 6-24 所示。

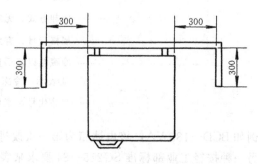

图 6-24 限制空气流通的隔板平面图

(3)冰箱内放置的试验包 试验包就是电冰箱进行各种性能试验时,装入箱内的负载。其形状为直角平行六面体,外层是一层塑料薄膜,采用层压密封。总重 1000g 的试验包的各种成分含量:羟乙基甲基纤维素 230g、水 764.2g、氯化钠 5g、对氯间甲酚 0.8g。其冻结点为 -1℃,其热学性能相当于瘦牛肉。试验包的规格有三种:

1)25×50×100   mm³   125g

2)50×100×100   mm³   500g

3)50×100×200   mm³   1000g

"M"包或称测量包,是指质量 500g 的试验包,其几何中心处装有供测温用的热电偶。热电偶应与填充料直接接触。

(4)测量仪器 国家标准 GB8059.1~GB8059.3—87 中规定的测量仪器精度要求如下:

1）温度测量仪器　温度测量应采用热电偶，或者采用同等精度的其他测温装置。

感温部分应插入试验包内或镀锡的铜质圆柱中心内。镀锡铜质圆柱的质量为25g，直径和高均约为15.2mm。

测量温度的仪器，型式试验时要求精确到±0.3K，出厂试验时精确到±1K。

2）湿度测量仪器　相对湿度测量采用测量干湿球温度的仪器，型式试验时要求精确到±0.5K，出厂试验时精确到±1K。

3）电气测量仪器　电工仪表中电流表、电压表、功率表等，型式试验时准确度不低于0.5级，出厂试验时准确度不低于1.0级。

电度表的分度值不大于0.01kW·h，型式试验时准确度不低于1.0级，出厂试验时准确度不低于2.5级。

4）其他测量仪器　噪声测量仪器，采用GB3785《声级计的电声性能及测试方法》中规定的Ⅰ型或Ⅰ型以上的声级计，以及准确度相当的其它测试仪器。

振动的测试仪器要求频率响应范围为10～1000Hz，在其频率范围内的相对灵敏度以80Hz的相对灵敏度为基准，其它频率的相对灵敏度不应超过10%～20%。

检漏仪要求灵敏度不大于年泄漏量0.5g。

10.2.2　电冰箱测试项目

按照国家标准规定，电冰箱出厂时要进行九项必检项目和十二项抽检项目。表6-25的前九项为必检项目。

表6-25　出厂试验项目

序　号	试　验　项　目	冷　藏　箱	冷藏冷冻箱	冷　冻　箱
1	外观要求	✓	✓	✓
2	冷却速度	✓	✓	
3	泄漏电流	✓	✓	✓
4	绝缘电阻（冷态）	✓	✓	✓
5	电气强度（冷态）	✓	✓	✓
6	启动性能	✓	✓	✓
7	接　　地	✓	✓	✓
8	制冷系统密封性	✓	✓	✓
9	资料文件及附件配件	✓	✓	✓
10	储藏温度	✓	✓	
11	绝缘电阻（潮态）	✓	✓	
12	电气强度（潮态、热态）	✓	✓	
13	耗电量	✓	✓	✓
14	噪声和振动	✓	✓	✓
15	电镀件	✓	✓	✓
16	表面涂层	✓	✓	✓

272

（续）

序 号	试 验 项 目	冷 藏 箱	冷藏冷冻箱	冷 冻 箱
17	防触电保护	√	√	√
18	电源线	√	√	√
19	门的开启力	√	√	√
20	冷冻能力		√	√
21	负载温度回升速度		√	√

电冰箱符合下列情况之一时，要进行型式试验。①试制的新产品；②设计、工艺或所用材料有重大改革时；③连续生产中的产品，每年不少于一次；④时隔一年以上再生产的产品。

型式试验的项目见表6-26。

表 6-26　型式试验项目

序 号	试 验 项 目	冷 藏 箱	冷藏冷冻箱	冷 冻 箱
1	总有效容积	√	√	√
2	储藏温度	√	√	√
3	冷却速度	√	√	√
4	制冰能力	√	√	√
5	耗电量	√	√	√
6	化霜性能	√	√	
7	负载温度回升速度			√
8	冷冻能力		√	√
9	绝热性能和防凝露	√	√	√
10	门封气密性	√	√	√
11	门铰链和把手的耐久性	√	√	√
12	搁架及类似部件的机械强度	√	√	√
13	电冰箱内部材料及气味性试验	√	√	√
14	制冷系统密封性	√	√	√
15	噪声和振动	√	√	√
16	电冰箱牢固性和运输试验	√	√	√
17	电镀件	√	√	√
18	表面涂层	√	√	√
19	外观要求	√	√	√

表6-25电冰箱出厂试验项目中，除绝缘电阻（冷态）和电气强度（冷态）标准由厂方自定外，其泄漏电流、接地、绝缘电阻（潮热）、电气强度（潮态、热态）和防触电保护五项项目是按GB4706.1—84《家用和类似用途电器的安全通用要求》进行测试，启动性能、电源线和门的开启力三项性能按GB4706.13—86《家用电冰箱和食品冷冻箱的特殊要求》进行测试，其余性能都按GB8059.1—87～GB8059.3—87规定的技术要求和试验方法进行测试。

第7章 空调器与空调机

1 概述

一个既定空间内空气的温度和湿度，受到两方面的干扰：一是空间内部生产过程和人体产生的热、湿等干扰；二是空间外部太阳辐射和室外气候条件的变化所产生的热作用。由于两方面的干扰，使得室内空气的状态参数偏离满足人体舒适感或工艺过程的要求，因此需向室内输送一定数量和一定状态参数的空气，与室内空气进行热、质交换，然后排出等量的、已完成调节作用的空气，达到对室内空气状态参数进行调节的目的。空调器或空调机就是完成上述任务的空气调节装置之一。

1.1 空调机组的分类

空调机组按空气处理的要求可分为：

1）冷、热风机—仅实现对室内空气温度的调节和控制；

2）去湿机—仅实现对室内空气的湿度的调节和控制；

3）恒温恒湿机—实现对室内空气的温度和湿度同时进行调节和控制。

按空调机组的规格和型式的不同，通常又可分为：

1）窗式空调器；

2）柜式空调机；

3）分体式空调器或空调机；

4）集中式空调机。

按空气处理设备的集中程度可分为：

1）集中式空调系统；

2）半集中式空调系统；

3）分散式空调系统。

1.2 窗式空调器

窗式空调器又叫房间空调器，是被广泛应用的一种小型空调设备，制冷量在9000W、风量在1800m³/h以下。目前窗式空调器一般均做成可供冷风或热风的形式，不带加湿装置，它由制冷系统、空气循环系统、控制与保护电器系统三部分组成。

1.2.1 制冷系统

空调器的制冷系统如图7-1所示。

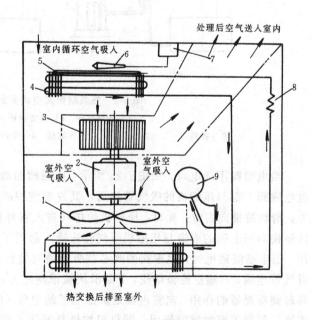

图7-1 电热型窗式空调器的系统流程图

1—轴流风扇 2—风扇电机 3—离心风扇 4—蒸发器 5—电热器 6—温包 7—温度控制开关 8—毛细管 9—压缩机

小型全封闭式压缩机将制冷剂（通常采用R22）压缩为高温高压气体后送至冷凝器，在其中冷凝成液体，然后经过干燥过滤器和毛细管后进入蒸发器，在其中蒸发（沸腾）吸热，转变为过热蒸气，再被压缩机吸入进行压缩，如此不断循环。

空调器中的全封闭式压缩机目前多采用往复式或滚动转子式。为避免压缩机产生液击现象，在进入压缩机前有时装有气液分离器。

若冬季需用空调器给房间供暖时，可采用电热型（用电热丝加热空气，如图7-1所示）或热泵型空调器。后者借用四通电磁换向阀，改变制冷剂循环流向，把原来的蒸发器当作冷凝器使用，加热室内空气，如图7-2所示。电磁换向阀中电磁阀的上下两端分别与换向阀的左端和右端相连接，中部与压缩机的吸气管相连。压缩机的排气管直接连到换向阀的中部，再经换向阀上端的某一条通路进入室外换热器或室内换热器，依换向阀中滑块的位置而定。进入换向阀的高压蒸气（压缩机排气）有一小部分可以经滑块两端的小孔进入换向阀两端的空腔中，用来改变滑块的位置。

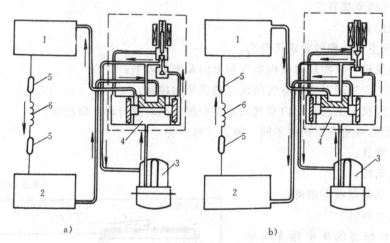

图 7-2　热泵型窗式空调器的系统流程图

a）制冷循环　b）供暖循环（热泵循环）

1—室外换热器　2—电磁换向阀　3—压缩机　4—室内换热器　5—干燥过滤器　6—毛细管

当电磁阀不通电时，如图7-2a所示，电磁阀的阀芯处在最低位置，换向阀右端的空腔通过电磁阀下部与压缩机的吸气管连通，其左端空腔的通道被堵住，于是左侧压力高于右侧压力，滑块被推向右方。此时，压缩机的排气进入室外换热器（起冷凝器的作用），而室内换热器经换向阀上边的通道与压缩机吸气管连通，起到了蒸发器的作用，因而机组按制冷循环工作。当电磁阀通电时，电磁阀的阀芯被吸到最高位置，如图7-2b所示，换向阀左端的空腔与吸气管连通，右端空腔被堵住，于是滑块被推向左方，此时压缩机的排气进入室内换热器，使其起到冷凝器的作用，向室内输送被加热了的空气（供暖），而室外换热器与压缩机的吸气管连通，起到了蒸发器的作用，即机组按热泵循环工作。

1.2.2　空气循环系统

空气循环系统由两台同轴风叶、风机电机、进出风栅、风道、过滤网等组成。它们的作用是驱使空气循环，为蒸发器和冷凝器提供热交换的气流。室外侧为轴流风叶，它使空气迅速流过翅片管式冷凝器，带走热量，使制冷剂蒸气冷凝成液体。室内侧为离心风机，它从室内抽吸空气，经过滤网进入翅片管式蒸发器外侧，被制冷剂的蒸发冷却后形成冷风，由风道从出风栅吹入室内，吸收室内的余热、余湿，使室内的温度和湿度达到所要求的状态。进风栅装在空调器面板上，进风滤网安装在进风栅后面，以插装方式固定。出风管道由蜗壳及隔板等组成，在隔板上装有新风门和回风门。

1.2.3 控制与保护电器系统

主要由温度控制器、过电流与过热双保护器、电磁换向阀（用于热泵型空调器）等组成，它们在系统中起控制与保护作用。

表 7-1、表 7-2 列出部分国产窗式空调器性能。

表 7-1 部分国产窗式空调器性能表

结　构		窗　　式						
型　号		KC-16	KC-18	KC-20	KC-25	KC-31	KCD-31	KC-35
功　能		制　冷	制　冷	制　冷	制　冷	制　冷	制冷/制热	制　冷
制冷量	W	1600	1800	2000	2500	3100	3100	3500
制热量							3000	
空气流量	m³/h	250	250	250	450	560	560	560
温度调节范围 制冷	℃	20～28	20～28	20～28	20～28	20～28	20～28	20～28
温度调节范围 制热							15～21	
房间适用面积	m²	10～12	10～15	10～15	15～20	20～25	20～25	20～25
使用电源 相数		单相	单相	单相	单相	单相	单相	三相
使用电源 电压	V	220	220	220	220	220	220	380
使用电源 频率	Hz	50	50	50	50	50	50	50
耗功 制冷	kW	0.65	0.75	0.75	0.98	1.6	1.6	2.0
耗功 制热							3.1	
电流 制冷	A	3.3	3.8	3.8	5	7.5	7.5	4.5
电流 制热							14.5	
声功率级	dB	≤50	≤50	≤50	≤54	≤55	≤55	≤60
外形尺寸 宽×高×深	mm	525×345 ×516	525×345 ×516	525×345 ×516	520×345 ×566	660×420 ×680	660×420 ×680	660×420 ×680
质　量	kg	38	40	40	55	60	60	62

表 7-2　部分国产窗式空调器性能表

型　　号		KC-18	KC-20	KC-22	KC-25	KC-35	KCR-35	RC-45	KCR-45
额定电压/V		220	220	220	220	220	220	220	220
频率/Hz		50	50	50	50	50	50	50	50
额定电流/A		3	4	4.4	5	6.6	6.6	12	12
制冷量/W		1800	2000	2200	2500	3500	3500	4500	4500
制热量/W							3250		4500
额定功率/W		650	720	800	1100	1450	1450/1490	2400	2400
除湿量/(kg·h⁻¹)		1			1.5	2	2		
制冷剂		R22	R22	R22	R22	R22	R22	R22	R22
外形尺寸	宽/mm	340	520	520	660	634	634	620	620
	高/mm	520	345	345	400	375	375	412	412
	深/mm	455	560	560	615	620	620	728	728
质量/kg		32	36	36	50	50	50	60	65

注：制冷工况：室内 27℃（干球），19.5℃（湿球）

　　　　　　　室外 35℃（干球），24℃（湿球）

　　制热工况：室内 21℃（干球）；室外 7℃（干球），6℃（湿球）

1.3　柜式空调机

柜式空调机均做成立式，又称单元式空气调节机，是一种较大型的空调装置，制冷能力一般在 7kW 以上。现广泛采用的是立柜式恒温恒湿机组，它是将蒸发器装在被处理空气的风道中，利用制冷剂的直接蒸发冷却空气。为保证被调节空间所要求的相对湿度，在空调机中设有加湿器。加湿器往往采用电极式，即在一个盛有水的容器中，内置管状金属元件（三根铜棒或不锈钢棒）作为加热电极，通电后水被加热成蒸汽，流入被处理空气中，以增加空气中的含湿量，亦即改变空气的相对湿度。加湿量的控制可通过改变盛水容器中的水位来达到。加湿器也可采用电热式，用电加热管（或棒）插入水中，通电后水被加热，形成蒸汽流入被处理空气中，加湿量的控制可通过改变加热器电压或通、断电源来达到。此外，在空调机中还装有电加热器，可对空气进行干式加热，用以改变空气的温度（精调）和降低相对湿度，在冬季也可作为加热热源，向室内供暖。

恒温恒湿机的适用范围为：

温度 $t=(18\sim25)℃\pm1℃$；

相对湿度 $\varphi=(40\sim70)\pm10\%$。

图 7-3 示出恒温恒湿机组的外形图。

除恒温恒湿机组外，还有立柜式冷风机及冷热风机，其总体结构与恒温恒湿机基本相同，不同之处仅在于机组内不带加湿器，不能对被调房间内空气的相对湿度加以控制。

表 7-3、表 7-4 分别列出部分国产水冷、空冷式冷风机组和水冷式恒温恒湿机组性能表。

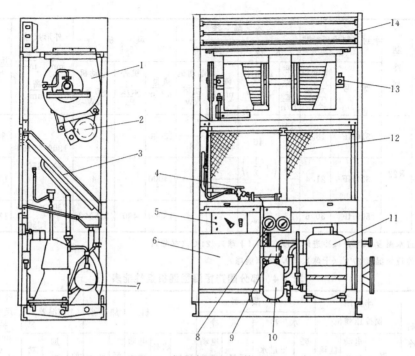

图 7-3　恒温恒湿机组外形图

1—风机　2—风机电机　3—蒸发器　4—热力膨胀阀　5—电控箱操作板　6—电气控制箱

7—冷凝器　8—压力表　9—高、低压压力控制器　10—气液分离器　11—全封闭

式压缩机　12—空气过滤器　13—轴承　14—出风帽

表 7-3　部分国产水冷、风冷式冷风机组性能表

型号	名义制冷量 kW	制冷剂	半封闭制冷压缩机		冷凝器				风机			外形尺寸 $\frac{长}{mm} \times \frac{宽}{mm} \times \frac{高}{mm}$	质量 kg	(A计权)声功率级 dB
					水冷		风冷							
			型号	电动机功率 kW	耗水量 T/h	进出水管径 mm	风量 m³/h	电动机功率 kW	风量 m³/h	机外余压 Pa	电动机功率 kW			
L10	10	R22	30HF5	2.2	2	40 $\left(1\frac{1}{2}''\right)$			2000	0	0.75	980×500 ×1850	450	60
LF10	10						6000	0.37						
L20	20		52HF5	3.7	4				4000		1	1250×500 ×1850	550	
LF18	18						12000	0.5						
L30	30		101PHF5	7.35	6				6000	343	1.8	1400×780 ×1850	600	67
LF25	25						18000	1.1						
L40	40		111PHF5	7.35	7.8				7000		2.2		620	
LF35	35						22000	1.5						
L50	50		151PHF5	11	10				8000		3	1670×780 ×1850	720	70
LF45	45						36000	2.2						
L60	60		201PHF5	12.9	12				9000		3		770	
LF50	50						36000	2.2						

（续）

型号	名义制冷量 kW	制冷剂	半封闭制冷压缩机 型号	电动机功率 kW	冷凝器 水冷 耗水量 T/h	进出水管径 mm	风冷 风量 m³/h	电动机功率 kW	风机 风量 m³/h	机外余压 Pa	电动机功率 kW	外形尺寸 长×宽×高 mm	质量 kg	(A计权)声功率级 dB
L70	70		316HF	18.4	14	40 $\left(1\frac{1}{2}''\right)$	44000	3	12000		4	1800×1150 ×1850	900	72
LF65	65	R22								343				
L85	85		357HF	21.4	18		44000	3	14000		4		1000	
LF75	75													
L100	107		509HF	30.6	23	50 (2'')	18000			490	3.5×2	2300×1100 ×1950	1700	76

注：水冷进水温度 30℃；风冷进风温度 35℃（干球）、24℃（湿球）；
蒸发器进风温度 27℃（干球）、19.5℃（湿球）

表 7-4 部分国产恒温恒湿机组性能表

型号	名义制冷量 kW	制冷剂	半封闭制冷压缩机 型号	电动机功率 kW	能调范围 %	冷凝器 水冷 耗水量 T/h	出进水管径 mm	风冷 风量 m³/h	电动机功率 kW	风机 风量 m³/h	机外余压 Pa	电动机功率 kW	加热器 型式	功率 kW	加湿器 型式	加湿量 kg/h	功率 kW	外形尺寸 长×宽×高 mm	质量 kg	(A计权)声功率级 dB
H10	10		30HF5	2.2		2				2000		0.75		9		2	1.5	980×500×1850	500	
HF10	10							6000	0.37		0									60
H20	20		52HF5	3.7		4				4000		1		15		4	3	1250×500×1850	600	
HF18	18							12000	0.5											
H30	30		101PHF5	7.35		6				6000		1.8		21		6.7	5	1400×780×1850	650	
HF25	25							18000	1.1											67
H40	40		111PHF5	7.35		7.8				7000		2.2	电加热式	27	电热式	6.7	5	1850	700	
HF35	35	R22			50, 100		40 $\left(1\frac{1}{2}''\right)$	22000	1.5											
H50	50		151PHF5	11		10				8000		3		32		10.2	7.5	1670×780×1850	800	
HF45	45							36000	2.2		343									70
H60	60		201PHF5	12.9		12				9000		3		39		10.2	7.5		850	
HF50	50							36000	2.2				电加热		电热					
H70	70		316HF	18.4		14				12000		4		45		16.1	12	1800×1150×1850	1000	
HF65	65							44000	3.0											72
H85	85		357HF	21.4		18				14000		4		50		16.1	12		1100	
HF75	75							44000	3.0											
H100	107		509HF	30.6		23	50 (2'')			18000	490	3.5×2		70+18	蒸汽	20		2300×1300×1950	2000	76

注：水冷进水温度 30℃，风冷进风温度 35℃（干球）、24℃（湿球）；
蒸发器进风温度 23℃（干球）、17℃（湿球）；
热水加热温度 60℃；加湿蒸汽压力 39×10⁴Pa

1.4 分体式空调器或空调机

分体式空调器是将整体式空调器（窗式、柜式）分为两个部件构成的。一般是将压缩机、冷凝器、轴流风机等组装成压缩冷凝机组，置于室外，称为室外机组；将蒸发器、离心式（或贯流式）风机、控制元件等组装成冷风箱置于室内，称为室内机组。两者之间用连接管道相连，构成一个完整的空调机组，如图 7-4 所示。这种型式空调器（机）的主要优点是：

1) 噪声低；

2) 冷凝器有较好的散热条件；

3) 外形美观。根据需要可将室内机组制成壁挂式、悬吊式、落地式、埋入式等新颖式样，为房间布置增添色彩。

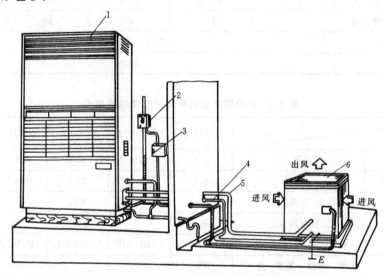

图 7-4 分体式空调器室内、外机组示意图

1—室内机 2—闸刀 3—开关盒 4—液氟管 5—气氟管 6—室外机

表 7-5、表 7-6 分别列出部分国产壁挂式和柜式分体式空调器（机）的性能。

表 7-5 部分国产壁挂式分体式空调器性能表

结构形式		壁挂式	壁挂式	壁挂式	壁挂式	壁挂式
型　　号		KF-20GW	KF-25GW	KF-35GW	KFR-35GW	KF-26GW×2
功　　能		冷却独立抽湿	冷却独立抽湿	冷却独立抽湿	冷暖独立抽湿	冷却一对二
冷却能力/W		2000	2500	3500	3500	2600×2
加热能力/W		/	/	/	3700	/
功率/W		750	980	1350	1350	1600
除湿能力/ (kg·h⁻¹)		1.0	1.1	1.5	1.5	1.1×2
(A 计权) 声功率级 dB	室内机	39（高） 36（低）	40（高） 37（低）	42（高） 37（低）	42（高） 37（低）	45
	室外机	45	45	48	48	48
运转电流/A		3.4	4.5	6.6	6.6	7.1

（续）

结构形式		壁挂式	壁挂式	壁挂式	壁挂式	壁挂式
型号		KF-20GW	KF-25GW	KF-35GW	KFR-35GW	KF-26GW×2
压缩机	形式	进口原装滚动转子式压缩机				
	输出功率 W	670	875	1100	1100	1100
外形尺寸	室内机	800×160×365	890×157×375	890×157×375	890×157×375	890×157×375
	室外机	745×260×540	745×260×540	850×290×605	850×290×605	790×290×600
质量 kg	室内机	9.5	12.5	11.3	11.3	11×2
	室外机	33	35	40	40	49.0
电源		220V-50HZ-1 PH				
制冷剂		R22				

表 7-6 部分国产柜式分体式空调机性能表

性能		型号	LFRD-08	LFRD-12	LFRD-20	LFRD-27	LFRD-30
空调机组	制冷量	kW	8.3	13.0	20.9	27.9	31.9
	制热量	kW	8.6	13.5	22.2	29.3	33.2
	制冷剂	工质	R22				
		控制形式	毛细管				
室内机		型号	LFRD-08L	LFRD-12L	LFRD-20L	LFRD-27L	LFRD-30L
	电气	电源（相数，频率，电压）	1Ph，50Hz，220V		3Ph，50Hz，380V		
		总输入功率/kW	0.10	0.20	0.33	0.41	0.53
		启动电流/A	1.3	1.4	8	11	11
	蒸发器类型		铝翅片盘管式				
	风机	类型×数量	低噪声离心式×2				
		输出功率/kW	0.07	0.12	0.20	0.35	0.45
		风量/(m·s⁻¹)	0.33	0.58	1.0	1.33	1.66
	运转控制及恒温器		内装				
	（A计权）声功率级/dB		48	51	54	56	58
	加热器	类型	电热式				
		组数×功率/kW	3×0.7	3×1.0	3×1.7	3×2.5	3×2.5
	制冷剂配管	供液管外经/mm	9	12	16		
		回气管外径/mm	16	19	25		
	外形尺寸	高/mm	1900			1850	
		宽/mm	500	600	985	1200	
		厚/mm	220	290	400		
	质量	kg	53	74	115	135	

（续）

性 能		型 号	LFRD-08	LFRD-12	LFRD-20	LFRD-27	LFRD-30
		型 号	LFRD-08W	LFRD-12W	LFRD-20W	LFRD-27W	LFRD-30W
室外机	电气	电源（相数，频率，电压）	\multicolumn{5}{c} 3Ph，50Hz，380V
		总输入功率/kW	4.6	5.7	7.27	9.5	9.9
		启动电流/A	50	60	87	93	105
	压缩机	类 型	全封闭式（直接起动）				
		输出功率/kW	2.4	3.75	5.5	7.5	8.0
		加热器功率/kW	0.046	0.057	0.062	0.067	0.067
	冷凝器类型		铝翅片盘管式				
	风机	类型×数量	轴流式×2				
		输出功率/kW	0.065	0.135	0.30	0.30	0.30
		风量/（m·s^{-1}）	0.77	1.45	3.5	3.7	3.7
	保护装置		高低压压力开关，过流继电器，热动开关，内装恒温器				
	除霜方式		反向循环				
	（A 计权）声功率级/dB		54	57	63	68	68
	外形尺寸	高/mm	850	1150	980		
		宽/mm	800	1000	1400		
		厚/mm	320	390	700		
	质量	kg	81	138	175	230	235

1.5 集中式空调装置

集中式空调装置多用于宾馆、剧院、商业大楼、车间等大型建筑物中的空调系统。夏季，它采用冷水机组制成冷水，然后用水泵将冷水输送至安装在各个室内的风机盘管中，在风机的作用下，与室内空气进行热、质交换，将室内空气降温、降湿。也可将冷水送至空气处理箱（喷水室或表面式冷却器），将空气处理（降温去湿）后用风管直接送至各空调房间（或车间）。冬季，用锅炉制成热水或蒸汽，送入风机盘管或空气处理箱，对空气加热，然后送往被调房间（或车间），供室内采暖。

1.6 空调系统的组成

空调系统一般由进风部分、空气过滤部分、空气热湿处理部分、空气输送部分、冷（热）源部分和控制设备部分所组成。

对于整体式窗式空调器或柜式空调机，整个系统组成一个整体，直接置于需要空调的房间内或置于相邻房间内，用短风道与被调节房间连接。

1.7 空调机组型号表示方法

根据 ZBJ73025—89 规定，空调机组名称代号如表 7-7 所示。

空调机组的结构特征代号如表 7-8 所示。

空调机组的名义制冷量在 10kW 以上时取整数，小于 10kW 时取小数点后一位数。

空调机组型号示例如表 7-9 所示。

表 7-7 空调机组名称代号

空调机组名称	代 号	空调机组名称		代 号
房间空气调节器	K	单元式空气调节机组	冷风型	L
列车空调机组	KL		热泵型	R
			恒温恒湿型	H
汽车空调机组	KQ	除湿机		C

表 7-8 空调机组结构特征代号

空调机组名称	结构特征代号	空调机组名称	结构特征代号
房间空气调节器	R 为热泵型,D 为电热型,Z 为热泵辅助电热型	列车空调机	R 为热泵型,D 为电热型,冷风型不表示
单元式空气调节器	F 为风冷型,Z 为蒸发冷凝式,水冷不表示	汽车空调器	Z 为主发动机驱动,F 为辅助发动机驱动
		除湿机	W 为卧式,立式不表示

表 7-9 空调机组型号示例

空调机组名称	型 号	产品型号代表意义
房间空气调节器	KCR-22 或 KFR-22GW	名义制冷量为 2.2kW 的窗式或分体壁挂式热泵机组
单元式空气调节机	LF14	名义制冷量为 14kW 的风冷冷风型机组
除 湿 机	CW7	名义除湿量为 7kg/h 的卧式机组
列车空调机组	KLD35	名义制冷量为 35kW 的电热型机组
汽车空调机组	KQF8	名义制冷量为 8kW 压缩机由辅助发动机驱动的机组

目前,仍有一些厂家采用 JB2744—80 和 JB1768—73 标准,分别表示窗式空调器和立柜式空调机的型号,其表示方法如下:

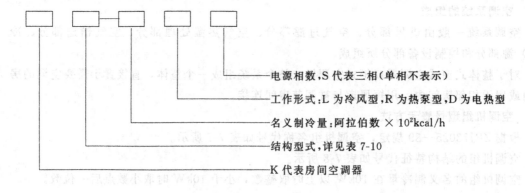

电源相数,S 代表三相(单相不表示)

工作形式:L 为冷风型,R 为热泵型,D 为电热型

名义制冷量:阿拉伯数 × 10²kcal/h

结构型式,详见表 7-10

K 代表房间空调器

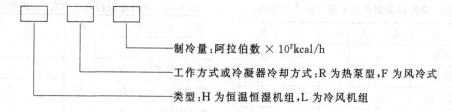

制冷量:阿拉伯数 × 10²kcal/h

工作方式或冷凝器冷却方式:R 为热泵型,F 为风冷式

类型:H 为恒温恒湿机组,L 为冷风机组

表 7-10　窗式空调器结构型式代号

结 构 型 式		代　号	结 构 型 式		代　号
窗式空调器		C	室内机组	落地式分体式空调器	L
室外机组		W		埋入式分体式空调器	M
室内机组	吊顶式分体式空调器	D		台式分体式空调器	T
	壁挂式分体式空调器	G			

示例:KC-28 表示窗式冷风型房间空调器,制冷量为 2800kcal/h (3256W);

KFR-45GW 表示分体式热泵型空调器,室内机组为壁挂式,制冷量为 4500kcal/h(5233W);

HF15 表示制冷量为 15000kcal/h (17442W) 的风冷式恒温恒湿机组。

2　空调用制冷循环工作参数的确定

循环工作参数包括冷凝温度、蒸发温度、过冷温度和吸气温度。

2.1　冷凝温度

冷凝器的冷却方式分空冷式和水冷式两种。窗式空调器中均采用空冷式冷凝器,空气在风机作用下强制流过冷凝器管簇;立柜式空调机中,空冷式及水冷式冷凝器均有采用。

冷凝温度一般取决于冷却介质的温度以及冷凝器中的传热温差,而传热温差又与冷凝器的结构型式及冷却介质的种类等因素有关。

对窗式空调器而言,按照 HB68—88《房间空气调节器用冷凝器、蒸发器》标准规定,空冷式冷凝器的名义工况如表 7-11 所示。

表 7-11　空冷冷凝器名义工况（窗式空调器）

	迎 面 风 速		m/s	2.5
空气侧	入口温度	干球	℃	35.0
		湿球		24.0
制冷剂侧	入口过热蒸气温度			95.0
	入口压力对应的冷凝温度			54.4
	过冷度			5.0

对于立柜式空调机而言,按照 JB/T5444—91《单元式空气调节机组用冷凝器型式与基本参数》标准规定,风冷冷凝器的名义工况如表 7-12 所示。水冷式冷凝器的名义工况如表 7-13 所示。

表 7-12 空冷冷凝器名义工况（柜式空调机）

项　　目	符　号	单位	参　数
进风温度	t_1		干球 35，湿球 24[①]
冷凝温度	t_k		50
出口过冷度	Δt_u	℃	5
进出口空气温差	Δt		$\geqslant 8$
进口温度差	$\Delta t_1 = t_k - t_1$		15
迎面风速	w_f	m/s	2.5

① 湿球温度是适用于当冷凝器起散热作用的冷却空气流中有利用水潜热影响时。

表 7-13 水冷冷凝器名义工况（柜式空调机）

项　　目	符　号	单位	参　数
进水温度	t_{w_1}		30
进出水温度差	Δt		5
冷凝温度	t_k	℃	40
出口过冷度	Δt_u		5
进口温差	$\Delta t_1 = t_k - t_{w_1}$		$\geqslant 10$
水速	w	m/s	套管式 2.5，壳管式 2.0
污垢系数	r_1	$(m^2 \cdot$ ℃)/W	水侧（流动水）铜管 0.000172 钢管 0.000344

2.2 蒸发温度

无论是窗式空调器还是立柜式空调机，蒸发器均是采用制冷剂在管内直接蒸发，空气在风机作用下强制通过翅片管簇而得到冷却。

蒸发温度一般取决于被冷却物体的温度以及蒸发器中的传热温差。

按照 HB68—88 规定，窗式空调器用蒸发器的名义工况如表 7-14 所示。

按照 JB/T2796—91《单元式空气调节机组用蒸发器型式与基本参数》标准规定，蒸发器的名义工况如表 7-15 所示。

表 7-14 蒸发器的名义工况（窗式空调器）

	迎　面　风　速		m/s	2.0
空气侧	入口温度	干球		27.0
		湿球		19.5
制冷剂侧	膨胀阀前过冷液温度		℃	46.1
	出口压力对应的蒸发温度			7.2
	出口温度			15.0

表 7-15 蒸发器的名义工况（柜式空调机）

进风参数		蒸发温度 t_o	出口过热度 Δt	迎面风速 w_f
干球温度 t_1	湿球温度 t_{s_1}			
℃				m/s
27	19.5	5	5	2.5

2.3 过冷温度

由表 7-11、表 7-12、表 7-13 可以看出，水冷式与空冷式冷凝器的过冷度均规定为 5℃。

2.4 吸气温度

由表 7-14 可以看出，窗式空调器蒸发器的出口温度为 15℃；由表 7-15 可以看出，柜式空调机蒸发器的出口过热度规定为 5℃，即出口温度为 10℃。压缩机的吸气温度则根据吸气管道的长度和保温情况而定，一般取管道过热为 5℃ 左右。对于全封闭式压缩机，由于机壳内电机散热等因素，压缩机的吸气温度在空调工况时要超过 15℃，据有关资料介绍，全封闭压缩机的吸气过热度的实测值比开启式压缩机高 20～30℃。

2.5 循环在压-焓（*p-h*）图上的表示

综上所述，循环的工作参数确定后，循环过程在 *p-h* 图上可表示为如图 7-5 所示。各状态点的参数值可由相应的制冷剂的热力性质表和图确定，然后进行循环的热力计算。

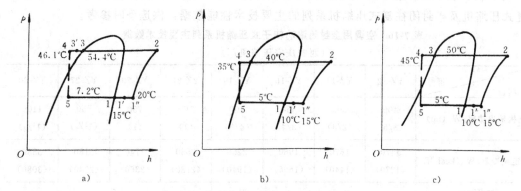

图 7-5 循环过程在 *p-h* 图上的表示

a）窗式空调器 b）水冷式立柜式空调机 c）空冷式立柜式空调机

3 空调用压缩机、冷凝器、蒸发器的选型

3.1 压缩机的选型

目前，在中小型空调器（机）中，一般都采用往复式或滚动转子式制冷压缩机。全封闭式压缩机因其结构紧凑，无轴封装置，体积小，噪声低，重量轻等一系列优点，因而在中小型空调机组中得到广泛应用。

全封闭式滚动转子式压缩机在能效比（EER 值）、体积、零件数、重量等方面均优于往复式压缩机，因而在中小型空调器（机）中占有主导地位。但由于滚动转子式压缩机的某些零部件的材质要求较高（如滑片等），而且加工精度要求也高，因而限制了它的使用。

为空调机组配套的压缩机，可直接根据设计任务书中规定的工况和制冷量大小或按照循环的热力计算所求出的压缩机理论输气量数值进行选型。具体的选型方法可参阅本书的第六章。

必须指出，空调器（机）的特性不仅取决于压缩机的特性，而且也与室内外侧空气的状态参数有关，犹如风机的工作点取决于风机本身的特性和管道特性一样，空调器（机）的工作点也取决于上述两个特性的平衡点。在空调机组的产品样本中，一般都给出了不同冷凝温度（或空冷冷凝器的进风温度）及不同蒸发器进风湿球温度下的制冷量，如图 7-6 所示。

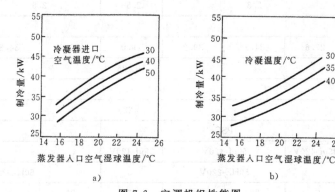

图 7-6 空调机组性能图

a）空冷式机组 b）水冷式机组

表 7-16、表 7-17、表 7-18 分别列出部分国产空调器（机）用全封闭滚动转子式压缩机、往复式压缩机及半封闭往复式压缩机系列的主要技术性能数据，供选型时参考。

表 7-16　空调用全封闭滚动转子式压缩机系列主要技术数据

（西安庆安压缩机厂）

项目 ＼ 型号	YZ-12	YZ-14	YZ-16	YZ-19	YZ-21	YZ-23	YZ-27	YZ-30
电机输出功率/W（hp）	400 (3/5)	500 (2/3)	550 (3/4)	600 (4/5)	700 (1)	750 (1)	950 ($1^1/_4$)	1100 ($1^1/_2$)
额定制冷量/W（kcal/h）	1470 (1270)	1670 (1440)	1960 (1690)	2250 (1940)	2530 (2180)	2740 (2360)	3180 (2740)	3580 (3080)
缸径/cm	4.4				5.4			
气缸工作容积/cm³	8.87	10.02	11.99	13.67	15.65	16.43	18.72	21.10
额定 EER 值/W/W	2.7				2.75			
冷冻机油牌号	4GSD-1							
注油量/mL	400				500			
制冷剂	R22							
运转电容	23μf-420V						29μf-420V	
起动方式	PSC							
电源	50HZ-220V							
质量/kg	8.8	9.15	9.8	10.05	13.2	13.4	13.7	13.8

表 7-17　空调用全封闭往复式压缩机系列主要技术参数

（上海航空机械厂）

项目 ＼ 型号	F4.3Q	F4.3Q-I	F4.3Q-II	F4.3Q-III	F4.3Q-S	F4.3Q-SI	F4.5Q-S
电机输出功率/W（hp）	1100 $\left(1\frac{1}{2}\right)$	1500 (2)	1700 $\left(2\frac{1}{4}\right)$	1300 $1\left(\frac{3}{4}\right)$	1100 $\left(1\frac{1}{2}\right)$	1500 (2)	4500 (6)
额定制冷量/W（kcal/h）	3815 (3280)	4880 (4200)	5350 (4600)	4000 (3440)	3815 (3280)	4880 (4200)	15580 (13400)
额定能效比/W/W	2.3		2.56		2.5		2.9
缸径/cm	4.3						4.5
气缸工作容积/cm³	27.6	34.8	39.2	29.0	27.6	34.8	111.7
冷冻机油牌号	HD-25						
注油量/mL	760						2200
制冷剂	R22						
起动方式	PSC						
运转电容	35μf-420V	50μf-420V		35μf-420V			
电源	50HZ-220V				50HZ-380V		
质量/kg	23	26	27	23	23	26	48

表 7-18　空调用半封闭往复式压缩机系列主要技术数据

型　号	电机功率 kW	制冷剂	制冷量 kW	电源频率 Hz	电源电压 V	润滑 方式	质量 kg
30HF5	2.2		12.4				69
52HF5	3.7		22.6			飞　溅	112
75HF5	5.5		32.6				114
101PHF5	7.35	R22	37.8	50	380		117
111PHF5	8.16		46.3			压　力	127
151PHF5	11		59.3				155
201PHF5	12.9		62.9				160

注：工况条件：蒸发温度7℃，冷凝温度43℃。

3.2　冷凝器的选用

窗式空调器一般均采用翅片管簇式，强制通风的空冷冷凝器，柜式空调机中的冷凝器则空冷式和水冷式均有采用。水冷式冷凝器又往往选用套管式或卧式壳管式两种类型。套管式水冷冷凝器用于制冷量较小的空调机（7～45kW），而卧式壳管式冷凝器则用于制冷量为25～116kW的空调机中。空冷式冷凝器多用于制冷量小于60kW的窗式或柜式空调器（机）中。

空冷冷凝器及水冷冷凝器的名义工况见表7-11、表7-12、表7-13。

空冷冷凝器的结构参数可按表7-19选取；水冷式冷凝器的结构参数可按表7-20选取。

表 7-19　空冷式冷凝器结构参数

	管　　子				翅　　片				排　数
材　料	外径 d_o mm	壁厚 δ_0 mm	管距 S mm	排　列 方　式	材　料	片　厚 δ mm	片　距 S_f mm	片　型	n
紫铜	6～16	0.30～0.10	20～35	等边或等 腰三角形	铝	0.10～0.30	1.3～2.5	平片, 波纹片, 冲缝片	1～5

表 7-20　壳管式水冷冷凝器结构参数　　　　　（单位为 mm）

密封 方式	筒　体		管　板		管　板　孔			传　热　管	长径比
	材　料	厚　度	材　料	厚　度	孔　径	粗糙度 R_a μm	孔间距	材　料	
胀管	碳素 钢板或 无缝钢 管	5～8	碳素 钢板	$(1\sim2)d_o$	$d_o {}^{+0.4}_{+0.2}$	不低于 6.3	$\geqslant1.3d_o$	紫铜低翅管 19～26/25.4mm	$\geqslant4$
焊接					—	—	$\geqslant1.2d_o$	无缝钢管	

冷凝器在名义工况下的传热系数应达到表 7-21 所规定的数值。

表 7-21　冷凝器在名义工况下的传热系数

冷 却 方 式	型　　式	传热系数 $K/[W \cdot (m^2 \cdot K)^{-1}]$	
		R12	R22
水　冷	壳管式	≥700	≥1000
	套管式	≥900	≥1200
空　冷	翅片管簇式	≥30	≥35

对水冷冷凝器，为强化氟利昂侧的换热系数，目前多采用锯齿形或低螺纹管型的传热管，低螺纹管的结构参数也不统一，由各生产厂家根据工厂的加工工艺条件而定。表 7-22 列出部分低螺纹管的结构参数，供设计选用时参考。

表 7-22　低螺纹管的结构参数　　　　　　　　（单位为 mm）

胚　管	翅片外径 D	翅高 h	翅厚 δ	翅距 S_f	圆角半径		管内径 d_i	基管外径 d_o	每米长外表面积 $m^2 \cdot m^{-1}$
					R_1	R_2			
16×1.5	16.11	1.55	0.38	1.64	0.4	0.15	10.88	13.01	0.13
18×1.5	17.9	1.30	0.55	1.61	0.55	0.30	13	15.30	0.135
19×1.5	18.9	1.5	0.25	1.1	—	—	14	15.9	0.191
19×2	19.5	3	0.71	1.21	—	—	14.5	16.9	0.198

3.3　蒸发器的选用

空调器（机）中蒸发器均为翅片管簇换热器，制冷剂在管内直接蒸发，用风机强制通风，使管外空气降温去湿。

蒸发器的名义工况见表 7-14、表 7-15。

蒸发器的结构参数可按表 7-23 选取。

表 7-23　蒸发器的结构参数　　　　　　　　（单位为 mm）

管　子					翅　片			排数 n	单流程管内侧制冷剂流动阻力 Δp_i/MPa	
材料	外径 d_o	壁厚 δ_0	管距 s	排列方式	材料	片厚 δ	片距 S_f		R22	R12
紫铜	6～16	0.3～1.0	20～38	等边或等腰三角形	铝	0.1～0.3	1.3～3.0	1～6	≤0.05	≤0.03

选择管内氟利昂流动阻力 Δp_i 的大小涉及到整个蒸发器的结构、分液路数、单流程长度，直接影响到压缩机的吸气压力、输气系数、制冷量等。在换热管总长一定的情况下，选取较小的 Δp_i 虽然对制冷量有利，但势必增加分液路数，难以保证各流程中分液的均匀性，同时也因管内制冷剂质量流速的降低而使管内换热系数下降。但是，如果减少分液路数，虽然能提高管内的换热系数，但由于流动阻力的增加，导致蒸发器中传热温差的减少（保证蒸发器出

口压力不变），换热量减小。因此，分液路数的选取（也即 Δp_i 的选取）存在着一个最佳质量流速的问题。Δp_i 的选取一般按制冷量减少 3%～5% 来考虑，此时的 Δp_i 值约为：

R22：$\Delta p_i = 0.03～0.05$MPa；R12：$\Delta p_i = 0.02～0.03$MPa。

空调器中的蒸发器，其热流量 q_i 一般在 6000～12000W/m² 之间，它的最佳质量流速 g 一般可在下列范围内选取：

R22：$g = 120～220$kg/(m² · s)；R12：$g = 110～200$kg/(m² · s)。

q_i 值越大，其 g 值也越大。

沿空气流动方向传热管的排数以 3～4 排为宜，排数过多不仅增加了空气的流动阻力，而且换热效果并没有明显得到改善。

蒸发器在名义工况下的传热系数应达到表 7-24 所规定的数值。

表 7-24 空调用蒸发器在名义工况下的传热系数

传热系数 K W/(m² · K)	R12	R134a	R22
	≥37	≥37①	≥43

① 迎面风速 $w_f = 2.5$m/s 时所得到。

蒸发器的翅片型式也有平片、波纹片、冲缝片等多种，传热效果以冲缝翅片为最好，故在空调器（机）中已被广泛采用，但空气通过翅片时的流动阻力也较大。

4 空气流过蒸发器时状态的变化及参数在 $h\text{-}d$ 图上的表示

4.1 空气流过蒸发器时状态的变化

在空气调节系统中，为保证人体健康，从卫生要求来看，必须补充一部分室外新鲜空气（新风）。一般情况下，新风量占总送风量的百分数（又称新风比）不应低于 10%，也可按每人每小时大于或等于 30m³ 选取。

空调回风（室内空气）和部分新风混合后，在风机的作用下受迫流过蒸发器的翅片管簇时，即有部分空气与金属的冷表面相接触，使得空气的温度降低。如果冷表面的温度高于进口空气的露点温度时，空气中含有的水蒸气不会凝结，空气在含湿量不变的情况下得到冷却，即所谓等湿（干式）冷却；如果冷表面的温度低于进口空气的露点温度时，空气中的水蒸气就会凝结而从空气中析出，在冷表面形成水膜，此时空气的温度和含湿量同时下降，称为析湿冷却过程。

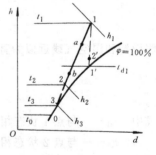

4.2 空气状态的变化在 $h\text{-}d$ 图上的表示

空气流经蒸发器时状态的变化可用湿空气的 $h\text{-}d$ 图来表示，如图 7-7 所示。

设蒸发器由三排管束组成，在 $h\text{-}d$ 图上，点 1（h_1、t_1）表示进口空气状态；点 3（h_3、t_3）表示与冷表面接触的饱和空气状态，其中 t_3 为冷表面的平均温度，且 $t_3 < t_{d1}$（进口空气露点温度）；t_0 为管内制冷剂的平均蒸发温度。

进入蒸发器的空气，首先进入第一排，此时必有一部分空气与第一排冷表面接触，先等湿冷却到点 1′（见图 7-7），然后水

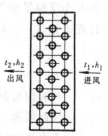

图 7-7 空气经过蒸发器时状态变化过程

分便开始从这部分空气中凝结下来,这部分空气沿饱和线被冷却到 t_3,其余未接触到冷表面的空气则从第一排的管间旁通而过,状态仍为原来状态1,然后是状态为1的空气与状态为3的空气混合,混合后空气的状态用 a 表示,a 点处于点1与点3的连线上。a 点状态的空气进入第二排管簇,此时又有一部分空气与第二排的冷表面接触,又被冷却到点3状态,这部分空气又与从第二排管簇旁通过来的点 a 状态的空气混合,达到状态点 b。状态为 b 点的空气流经第三排管簇时,又将发生类似情况,最后空气被冷却至出口状态2。

如果冷表面的温度高于进口空气的露点温度,空气经过蒸发器的每一排时,也是部分被冷却,部分旁通,然后混合,但冷却时没有凝结水析出,空气仅沿等湿线不断地被冷却,直至出口状态 $2'$。

4.3　蒸发器的接触系数

由前面分析可知,质量流量为 q_m 的空气流经蒸发器时,仅有部分空气与冷表面接触,其余则旁通而过。显然,如果接触冷表面的空气越多,出口空气的状态越接近冷表面处饱和空气的状态,理想情况下出口空气的状态可以达到点3的状态。

理想情况下空气与蒸发器冷表面的换热量 Q_{max}（单位为 kW）为:

$$Q_{max}=q_m(h_1-h_3) \tag{7-1}$$

实际情况下的换热量为

$$Q=q_m(h_1-h_2) \tag{7-2}$$

我们把实际情况下的换热量 Q 与理想情况下的换热量 Q_{max} 之比值称为接触系数,用 ε_2 表示,即

$$\varepsilon_2=\frac{h_1-h_2}{h_1-h_3} \tag{7-3}$$

假设饱和湿空气线近似为直线,经过换算,ε_2 也可用下式表示:

$$\varepsilon_2=\frac{t_1-t_2}{t_1-t_3}=1-\frac{t_2-t_{s2}}{t_1-t_{s1}} \tag{7-4}$$

式中　t_{s1}——与点1状态相对应的空气的湿球温度;

　　　t_{s2}——与点2状态相对应的空气的湿球温度。

ε_2 的大小反映了空气与冷表面之间热、湿交换的完善程度,即反映了蒸发器的冷却效率。

通过理论推导,ε_2 可由下式表示:

$$\varepsilon_2=1-e^{\frac{-\alpha_\omega aN}{w_f\rho c_p}} \tag{7-5}$$

式中　α_ω——外表面传热系数,单位为 $kW/(m^2 \cdot K)$;

　　　w_f——迎面风速,单位为 m/s;

　　　c_p——干空气比定压热容,单位为 $kJ/(kg \cdot K)$;

　　　ρ——空气的密度,单位为 kg/m^3;

　　　N——沿气流方向翅片管排数;

　　　a——肋通系数,它可由式(7-6)表示。

$$a=\frac{A_{of}}{NA_g}\qquad(7-6)$$

式中　A_{of}——蒸发器总外表面积,单位为 m^2;

　　　A_g——迎风面积,单位为 m^2。

由式（7-6）可知,肋通系数 a 即为每排翅片管的传热外表面积与迎风面积之比值。

下面举例说明空气通过蒸发器时状态的变化。

例 7-1　已知室内空气状态参数为:干球温度 $t_N=27℃$,湿球温度 $t_{SN}=19.5℃$;室外空气状态参数为:干球温度 $t_w=35℃$,湿球温度 $t_{sw}=24℃$;新风比 $m=15\%$,接触系数 $\varepsilon_2=0.9$,蒸发器的传热量 $Q_o=6976W$,送风量 $q_V=1395m^3/h$,大气压力 $B=101325Pa$,求空气经过蒸发器后的出口状态参数。

解　根据 t_N、t_{SN}、t_w、t_{sw} 的数值,在 $B=101325Pa$ 的湿空气的 h-d 图上确定室内、外空气的状态点 N 及 W,如图 7-8 所示。相应的 $h_N=55.8kJ/kg$,$h_w=72.1kJ/kg$。

新风 q_{mw}（室外空气）和回风 q_{mn}（室内空气）混合,混合后总风量为 q_m,根据混合时的热量平衡方程,可求出混合后空气的状态参数,也就是蒸发器的进口空气状态参数,即

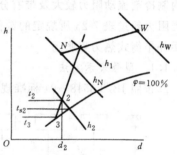

$$q_{mw}h_w+q_{mn}h_N=q_mh_1$$

按新风比定义可知:

$$q_{mw}=mq_m,\ 则\ q_{mn}=(1-m)q_m$$

代入上式得:

$$mq_mh_W+(1-m)q_mh_N=q_mh_1$$

所以　　　$h_1=mh_W+(1-m)h_N=$

　　　　　$0.15×72.1+(1-0.15)×55.8kJ/kg=$

　　　　　$58.3kJ/kg$

图 7-8　例 7-1 用图

蒸发器的进口空气状态点应在 N、W 点的连线上,$\overline{NW}$ 线与 h_1 线的交点 1 即为所求解。由图 7-8 可知,$t_1=28.2℃$,$t_{s1}=20.2℃$。

空气通过蒸发器时的焓降

$$\Delta h=h_1-h_2=\frac{Q_o}{\rho q_V}=\frac{6976×10^{-3}×3600}{1.2×1395}kJ/kg=15kJ/kg$$

出口空气比焓值

$$h_2=h_1-\Delta h=58.3-15kJ/kg=43.3kJ/kg$$

查湿空气的性质表可得出口空气的湿球温度:$t_{s2}=15.5℃$。

根据接触系数 ε_2 的定义:

$$\varepsilon_2=1-\frac{t_2-t_{s2}}{t_1-t_{s1}}$$

可求出出口空气的干球温度:

$$t_2=(t_1-t_{s1})(1-\varepsilon_2)+t_{s2}=$$

　　　　$[(28.2-20.2)(1-0.9)+15.5]℃=16.3℃$

由 t_2、t_{s2} 即可在 h-d 图上确定出口空气状态点 2,相应的含湿量为

$$d_2=10.5g/kg\ 干空气$$

5 节流装置

空调器（机）中常用的节流装置有热力膨胀阀和毛细管等。

5.1 热力膨胀阀

热力膨胀阀可根据蒸发器出口处制冷剂蒸气过热度的大小，自动调节阀门的开启度，达到调节制冷剂流量的目的，使制冷剂的流量与蒸发器负荷相匹配，这样既能充分利用蒸发器的传热面积，又能防止压缩机产生"液击"现象。

热力膨胀阀有内平衡式和外平衡式之分。外平衡式热力膨胀阀用于蒸发器管路较长、管内制冷剂流动阻力较大及带有分液器的场合。当阻力超过表7-25所规定的数值时，建议采用外平衡式热力膨胀阀。

表7-25 蒸发器阻力损失值

（单位为MPa）

蒸发温度	R12	R22	R502
10℃	0.02	0.025	0.030
0℃	0.015	0.020	0.025
−10℃	0.010	0.015	0.020

5.1.1 型号表示方法

按照JB/T3548—91标准规定，热力膨胀阀的型号表示方法如下：

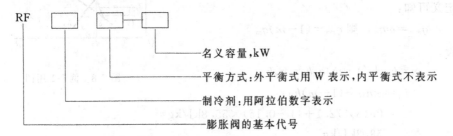

示例：RF12W—8 表示制冷剂为R12、外平衡式、名义容量为8kW的热力膨胀阀；

RF22—7 表示制冷剂为R22、内平衡式、名义容量为7kW的热力膨胀阀。

目前，国内某些生产厂家生产的热力膨胀阀仍用阀的公称直径来表示其型号，如RF2表示阀口公称直径为2mm的内平衡式热力膨胀阀；也有的产品型号中除用公称直径外，还用冷吨数来表示其容量，例如RF22W6—7.5表示制冷剂为R22、外平衡式、公称直径为6mm、容量为7.5冷吨（美国）的热力膨胀阀。

5.1.2 热力膨胀阀的名义工况

根据JB/T3548—91标准规定，热力膨胀阀的名义工况如下：

冷凝温度 $t_k = 40℃$、蒸发温度 $t_o = 5℃$、进入膨胀阀液体温度 $t_u = 38℃$、通过阀的压力降：R12为0.41MPa，R22和R502为0.69MPa、静止过热度3.5℃、过热度变化4℃。

5.1.3 热力膨胀阀的选配

（1）膨胀阀的容量 实际使用中应按膨胀阀容量与蒸发器负荷相匹配的原则来选配膨胀阀。所谓膨胀阀容量是指在某压力差作用下流过处于一定开度的膨胀阀的制冷剂流量和膨胀阀入口处焓值与蒸发温度下饱和蒸气焓值之差的乘积，称该膨胀阀在此压差和蒸发温度下的阀容量。如阀工作在名义工况下，称为名义容量。

容量是膨胀阀的一个重要参数，影响膨胀阀容量的主要因素有：膨胀阀前后的压力差、蒸发温度及制冷剂液体的过冷度。膨胀阀的容量随压力差的增大、蒸发温度的升高而增大。如果过冷度小甚至没有过冷度时，将会由于阀前管路压力损失而引起部分液体制冷剂气化，破坏了膨胀阀的正常工作性能。为防止在阀前出现制冷剂液体气化现象，过冷度的数值建议如表 7-26 所示。

膨胀阀的容量 Q 可按下式计算

$$Q = q_m(h_{1'} - h_5) \tag{7-7}$$

$$q_m = \frac{KC_D A \sqrt{p_1 - p_2}}{3600} \tag{7-8}$$

式中　q_m——通过膨胀阀的制冷剂流量，单位为 kg/s；

$\quad\quad h_{1'}$——蒸发器出口处制冷剂焓值，单位为 kJ/kg；

$\quad\quad h_5$——蒸发器入口处制冷剂焓值，单位为 kJ/kg；

$\quad\quad K$——与制冷剂性质有关的常数（见表 7-27）；

$\quad\quad C_D$——流量系数，见表 7-27；

$\quad\quad p_1$——膨胀阀入口处压力，单位为 Pa；

$\quad\quad p_2$——膨胀阀出口处压力，单位为 Pa；

$\quad\quad A$——膨胀阀流通截面积，单位为 cm²。

<table>
<tr><th colspan="6">表 7-26　膨胀阀前过冷度建议值</th></tr>
<tr><td>阀前液管总压力损失/MPa</td><td colspan="2">0.05</td><td>0.10</td><td>0.15</td><td>0.20</td></tr>
<tr><td rowspan="2">冷凝器出口液体过冷度
/℃</td><td>R12</td><td>2.5</td><td>4.5</td><td>7.0</td><td>9.5</td></tr>
<tr><td>R22</td><td>1.5</td><td>3.0</td><td>4.5</td><td>6.0</td></tr>
</table>

表 7-27　R12、R22 的 K 与 C_D 推荐值

	R12	R22
K	5740	5470
C_D	0.75~0.85	0.7

对于圆锥形阀针，阀的流通截面积可由下式表示

$$A = \pi h \sin\frac{\alpha}{2}\left(d - \frac{1}{2}h\sin\alpha\right) \tag{7-9}$$

式中　h——阀针提升（开启）高度，单位为 cm；

$\quad\quad d$——阀孔直径，单位为 cm；

$\quad\quad \alpha$——阀针角度。

（2）热力膨胀阀的选配　热力膨胀阀的选配主要是根据制冷量、制冷剂种类、膨胀阀节流前后压力差、蒸发器管内制冷剂的流动阻力等因素来确定膨胀阀的型式和阀的孔径。选配时，应使阀的容量与蒸发器的产冷量相匹配，如果容量选得过小，将使蒸发器的传热面积得不到充分利用，以致制冷系统冷量不足；若选得过大，则使膨胀阀的调节不稳定，蒸发器出口处温度产生较大波动，严重时甚至会发生压缩机的液击现象。

热力膨胀阀的选配步骤大致如下：

1）根据蒸发器中压力降大小及有无分液头来确定热力膨胀阀的型式；

2）确定膨胀阀两端的压力差；

3）选择膨胀阀的型号和规格。

膨胀阀两端的压力差可按下式计算

$$\Delta p = p_k - \Delta p_1 - \Delta p_2 - \Delta p_3 - \Delta p_4 - p_0 \tag{7-10}$$

式中 p_k——冷凝压力，单位为 Pa；

　　Δp_1——液管阻力损失，单位为 Pa；

　　Δp_2——安装在液管上的弯头、阀门、干燥过滤器等的总阻力损失，单位为 Pa；

　　Δp_3——液管出口与进口间高度差引起的压力损失，单位为 Pa；

　　Δp_4——分液头及分液管的阻力损失，单位为 Pa；

　　p_0——蒸发压力，单位为 Pa。

液管阻力损失 Δp_1 可按照一般的阻力计算公式来确定，即

$$\Delta p_1 = \frac{1}{2} f \rho w^2 \frac{l}{d_i} \tag{7-11}$$

$$f = \frac{0.3164}{Re^{0.25}} \tag{7-12}$$

式中 ρ——液体制冷剂的密度，单位为 kg/m³；

　　w——液体制冷剂的流速，单位为 m/s；

　　l——管长，单位为 m；

　　d_i——管道内径，单位为 m；

　　f——沿程阻力系数；

　　Re——雷诺数。

Δp_1 的数值也可根据管长、管内径及制冷量由表 7-28 中查取。

表 7-28   液体管路压力损失（Pa）和冷量（kW）的关系

液体管内径 mm	制冷剂	管长为 30m 时的压力损失/10⁵Pa						
		0.05	0.1	0.2	0.3	0.5	0.8	1.0
8	R12	1.39(1.2)	2.47(1.8)	2.8(2.41)	3.83(3.3)	5.05(4.35)	6.62(5.7)	7.67(6.6)
	R22	1.8(1.56)	2.65(2.28)	3.83(3.30)	4.88(4.20)	6.27(5.4)	8.02(6.9)	9.06(7.8)
10	R12	4.36(3.75)	6.45(5.55)	9.41(8.10)	11.85(10.2)	15.68(13.5)	20.91(18.0)	23.7(20.4)
	R22	5.93(5.1)	8.71(7.5)	12.55(10.8)	15.68(13.5)	20.21(17.4)	26.14(22.5)	29.62(25.5)
13	R12	8.01(6.9)	11.85(10.2)	17.43(15.0)	21.96(18.9)	29.62(25.5)	38.34(33)	45.31(39)
	R22	11.15(9.6)	16.38(14.1)	23.35(20.1)	29.27(25.2)	38.34(33)	48.79(42)	54.60(48)
20	R12	16.03(13.8)	23.70(20.4)	34.85(30)	45.31(39)	59.25(51)	80.16(69)	87.13(75)
	R22	22.65(19.5)	33.11(28.5)	47.91(42)	59.25(51)	80.16(69)	101.07(87)	115.01(99)
25	R12	33.10(28.5)	48.79(42)	73.19(63)	90.61(78)	125.46(108)	163.80(141)	181.33(156)
	R22	45.30(39)	66.47(57)	94.10(81)	121.98(105)	156.83(135)	170.77(147)	231.07(198)
30	R12	55.76(48)	83.64(72)	121.98(105)	153.34(132)	202.14(174)	264.87(228)	306.69(264)
	R22	76.67(66)	111.52(96)	163.80(141)	202.14(174)	264.87(228)	341.54(294)	383.36(330)
38	R12	90.61(78)	132.43(114)	195.17(168)	243.96(210)	330.89(285)	424.02(365)	487.91(420)
	R22	128.94(111)	188.20(162)	271.84(234)	334.57(288)	453.06(390)	575.04(495)	644.74(555)
50	R12	181.23(156)	264.87(228)	390.33(336)	498.37(429)	662.17(570)	871.28(750)	975.83(840)
	R22	261.38(225)	365.94(315)	540.19(465)	679.59(585)	906.13(780)	1150.08(990)	1324.33(1140)

注：括号内单位为 10³kcal/h。

局部阻力损失 Δp_2 可按下式计算

$$\Delta p_2 = \frac{1}{2}\rho\omega^2\zeta \tag{7-13}$$

式中　ζ——局部阻力系数。

Δp_2 也可折算成当量长度，按式（7-11）进行计算。管路中阀门、弯头等的当量长度见表7-29。

液管出口与进口间高度差引起的压力损失 Δp_3 可根据提升高度 H 及制冷剂的密度 ρ 求得，即

$$\Delta p_3 = H\rho \times 9.81 \tag{7-14}$$

分液头及分液管的阻力损失 Δp_4 通常均可取 0.5×10^5Pa。

由已知的制冷量（考虑 $20\% \sim 30\%$ 的余量）、蒸发温度 t_o 及计算出的压力差 Δp 值，按制造厂提供的膨胀阀容量性能表选择合适的型号、规格，如无资料时，可按表7-30、表7-31中所列数据选取。

表 7-29　管路中阀门及弯头等压力损失的当量长度　（单位为 m）

配管直径/mm	10	13	20	25	30
球形阀、电磁阀	4.3	4.9	6.7	8.5	11.0
弯头（90°）	0.3	0.6	0.7	0.9	1.2
三通	0.9	1.2	1.5	1.8	2.4
角阀	2.1	2.8	3.7	4.6	5.5

表 7-30　R12热力膨胀阀容量表

（德国 EGELHOF 公司）　　　　　　　　　　　（单位为 kW）

公称直径 mm	阀两端压力降 $\times 10^5$Pa	蒸　发　温　度　/℃					
		10	0	−10	−20	−30	−40
1	3	1.1	1.1	1.1			
	4	1.2	1.2	1.2	0.90	0.70	
	6	1.4	1.4	1.3	1.0	0.75	0.55
	8	1.4	1.4	1.4	1.1	0.80	0.60
	10	1.5	1.5	1.4	1.1	0.80	0.60
	12	1.5	1.5	1.4	1.1	0.80	0.60
	14	1.5	1.5	1.4	1.1		
1.5	3	1.6	1.6	1.6			
	4	1.7	1.7	1.7	1.3	1.0	
	6	1.9	1.9	1.9	1.4	1.1	0.80
	8	2.1	2.0	2.0	1.5	1.1	0.85
	10	2.1	2.1	2.0	1.5	1.1	0.85
	12	2.1	2.1	2.0	1.5	1.1	0.85
	14	2.1	2.1	2.0	1.5		
2	3	2.2	2.2	2.2			
	4	2.4	2.4	2.4	1.8	1.4	
	6	2.7	2.7	2.6	2.0	1.5	1.1
	8	2.9	2.9	2.8	2.1	1.6	1.2
	10	3.0	2.9	2.8	2.2	1.6	1.2
	12	3.0	3.0	2.9	2.2	1.6	1.2
	14	3.0	3.0	2.8	2.1		

（续）

公称直径 mm	阀两端压力降 ×10⁵Pa	蒸 发 温 度 /℃					
		10	0	−10	−20	−30	−40
2.5	3	3.1	3.1	3.1			
	4	3.4	3.4	3.4	2.6	2.0	
	6	3.9	3.9	3.8	2.9	2.2	1.6
	8	4.1	4.1	4.0	3.0	2.3	1.7
	10	4.3	4.2	4.1	3.1	2.3	1.7
	12	4.3	4.2	4.1	3.1	2.3	1.7
	14	4.3	4.2	4.1	3.0		
3	3	4.7	4.7	4.7			
	4	5.2	5.2	5.1	3.9	3.0	
	6	5.8	5.8	5.7	4.3	3.3	2.4
	8	6.2	6.1	6.0	4.5	4.4	2.5
	10	6.4	6.3	6.1	4.6	4.4	2.5
	12	6.4	6.4	6.1	4.6	4.4	2.5
	14	6.4	6.3	6.1	4.5		
4	3	6.2	6.3	6.3			
	4	6.9	6.9	6.8	5.2	4.0	
	6	7.7	7.7	7.5	5.8	4.4	3.2
	8	8.2	8.2	7.9	6.0	4.5	3.3
	10	8.5	8.4	8.1	6.1	4.6	3.4
	12	8.6	8.5	8.2	6.1	4.6	3.3
	14	8.6	8.4	8.1	6.1		
5	3	10.9	11.0	11.0			
	4	12.1	12.1	11.9	9.2	7.0	
	6	13.5	13.5	13.2	10.1	7.6	5.6
	8	14.4	14.3	13.9	10.6	7.9	5.8
	10	14.9	14.7	14.2	10.7	8.0	5.9
	12	15.0	14.8	14.3	10.7	8.0	5.8
	14	15.0	14.7	14.2	10.6		
6	3	15.5	15.6	15.6			
	4	17.1	17.1	16.9	13.0	9.9	
	6	19.2	19.2	18.8	14.3	10.8	8.0
	8	20.5	20.3	19.7	15.0	11.3	8.3
	10	21.2	20.9	20.2	15.3	11.4	8.4
	12	21.3	21.1	20.3	15.3	11.4	8.3
	14	21.3	20.9	20.2	15.1		
8	3	31.1	31.4	31.2			
	4	34.4	34.4	34.0	26.1	19.9	
	6	38.6	38.5	37.6	28.7	21.7	16.0
	8	41.1	40.7	39.6	30.1	22.6	16.6
	10	42.5	41.9	40.6	30.7	22.9	16.8
	12	42.8	42.3	40.8	30.7	22.8	16.6
	14	42.8	42.0	40.5	30.3		

表 7-31 R22 热力膨胀阀容量表

（德国 EGELHOF 公司）   （单位为 kW）

公称直径 mm	阀两端压力降 ×10⁵Pa	蒸 发 温 度 /℃							
		10	0	−10	−20	−30	−40	−50	−60
1	4	1.8	1.8	1.7					
	6	2.1	2.0	2.0	1.6	1.2	0.90	0.65	0.45
	8	2.3	2.2	2.1	1.7	1.3	1.0	0.70	0.50
	10	2.4	2.3	2.2	1.8	1.4	1.0	0.75	0.50
	12	2.5	2.4	2.3	1.8	1.4	1.1	0.75	0.50
	14	2.6	2.5	2.4	1.9	1.4	1.1	0.75	0.50
	16	2.6	2.5	2.4	1.9	1.5	1.1	0.75	0.50
	18	2.6	2.5	2.4	1.9	1.5			
1.5	4	2.5	2.5	2.4					
	6	2.9	2.9	2.8	2.2	1.7	1.3	0.95	0.65
	8	3.2	3.1	3.0	2.4	1.9	1.4	1.0	0.70
	10	3.4	3.3	3.2	2.5	2.0	1.5	1.0	0.70
	12	3.5	3.4	3.3	2.6	2.0	1.5	1.1	0.75
	14	3.6	3.5	3.4	2.7	2.1	1.5	1.1	0.75
	16	3.7	3.6	3.4	2.7	2.1	1.5	1.1	0.70
	18	3.7	3.6	3.4	2.7	2.1			
2	4	3.5	3.5	3.3					
	6	4.1	4.0	3.9	3.1	2.4	1.8	1.3	0.90
	8	4.5	4.4	4.2	3.4	2.6	2.0	1.4	0.95
	10	4.8	4.6	4.5	3.6	2.8	2.1	1.5	1.0
	12	5.0	4.8	4.6	3.7	2.8	2.1	1.5	1.0
	14	5.1	4.9	4.7	3.8	2.9	2.1	1.5	1.0
	16	5.2	5.0	4.8	3.8	2.9	2.2	1.5	1.0
	18	5.2	5.1	4.8	3.8	2.9			
2.5	4	5.1	5.0	4.9					
	6	5.8	5.7	5.6	4.5	3.6	2.6	1.9	1.3
	8	6.4	6.2	6.0	4.8	3.7	2.8	2.0	1.4
	10	6.8	6.8	6.4	5.1	3.9	2.9	2.1	1.5
	12	7.1	6.8	6.6	5.3	4.0	3.0	2.2	1.5
	14	7.3	7.0	6.8	5.4	4.1	3.1	2.2	1.5
	16	7.4	7.1	6.8	5.4	4.1	3.1	2.2	1.5
	18	7.5	7.2	6.9	5.5	4.2			
3	4	7.6	7.5	7.3					
	6	8.8	8.6	8.4	6.7	5.2	3.9	2.8	1.9
	8	9.6	9.4	9.0	7.3	5.6	4.2	3.0	2.1
	10	10.2	9.9	9.5	7.6	5.9	4.4	3.2	2.2
	12	10.6	10.3	9.9	7.9	6.1	4.5	3.2	2.2
	14	10.9	10.5	10.1	8.1	6.2	4.6	3.3	2.2
	16	11.1	10.7	10.3	8.2	6.3	4.6	3.3	2.2
	18	11.2	10.8	10.3	8.2	6.3			

（续）

公称直径 mm	阀两端压力降 ×10⁵Pa	蒸发温度 /℃							
		10	0	-10	-20	-30	-40	-50	-60
4	4	10.1	10.0	9.8					
	6	11.7	11.2	11.2	9.0	7.0	5.2	3.8	2.5
	8	12.8	12.5	12.1	9.7	7.5	5.6	4.0	2.8
	10	13.6	13.2	12.7	10.2	7.9	5.9	4.2	2.9
	12	14.2	13.7	13.2	10.5	8.1	6.0	4.3	2.9
	14	14.6	14.0	13.5	10.8	8.2	6.1	4.4	2.9
	16	14.8	14.3	13.7	10.9	8.4	6.2	4.4	2.9
	18	14.9	14.4	13.8	10.9	8.4			
5	4	17.7	17.5	17.1					
	6	20.5	20.1	19.6	15.7	12.2	9.1	6.6	4.4
	8	22.5	21.9	21.1	17.0	13.1	9.9	7.0	4.8
	10	23.8	23.1	22.3	17.8	13.8	10.3	7.4	5.1
	12	24.8	24.0	23.1	18.4	14.2	10.6	7.5	5.2
	14	25.5	24.6	23.7	18.8	14.4	10.7	7.6	5.2
	16	26.0	25.0	24.0	19.1	14.6	10.8	7.7	5.1
	18	26.2	25.2	24.1	19.2	14.6			
6	4	25.2	24.8	24.3					
	6	29.1	28.5	27.8	22.3	17.3	13.0	9.4	6.3
	8	31.9	31.1	30.0	24.1	18.7	14.0	10.0	6.9
	10	33.8	32.8	31.7	25.3	19.5	14.6	10.4	7.2
	12	35.2	34.0	32.8	26.2	20.1	15.0	10.7	7.3
	14	36.2	34.9	33.6	26.7	20.5	15.2	10.8	7.3
	16	36.9	35.5	34.0	27.1	20.8	15.3	10.9	7.2
	18	37.1	35.8	34.3	27.2	20.8			
8	4	50.5	49.8	46.8					
	6	58.4	57.2	55.8	44.8	34.8	26.0	18.9	12.6
	8	64.0	62.3	60.2	46.4	37.4	28.1	20.1	13.8
	10	67.9	65.8	63.5	50.9	39.2	29.3	20.9	14.5
	12	70.7	68.3	65.9	52.5	40.4	30.1	21.5	14.7
	14	72.7	70.1	67.5	53.6	41.1	30.6	21.8	14.7
	16	74.0	71.3	68.3	54.3	41.7	30.8	21.9	14.5
	18	74.5	71.9	68.8	54.6	41.7			

　　表 7-32、表 7-33 分别列出国产 RF 系列内、外平衡式热力膨胀阀的主要技术性能参数，供选用时参考。

表 7-32 国产 RF 系列内平衡式热力膨胀阀主要技术性能参数

型号	标称直径 mm	使用工质	适用温度范围 ℃	可调节关闭过热度 ℃	制冷量 kW 标准	空调	连接螺纹 mm 进口	出口	接管规格 mm 进口	出口	外形尺寸 长×宽×高 mm	质量 kg
RF0.8	0.8	R12	+10~-30		1.7	1.1						
		R22	+10~-70		1.9							
RF1	1	R12	+10~-30		1.4	1.3						
		R22	+10~-70		2.3							
RF1.2	1.2	R12	+10~-30		1.7	1.5						
		R22	+10~-70		2.9							
RF1.5	1.5	R12	+10~-30		2.2	2.0	M16×1.5	M18×1.5	φ10×1	φ12×1	108×55×150	1.4
		R22	+10~-70		3.6							
RF2	2	R12	+10~-30		2.9	2.6						
		R22	+10~-70	2~8	4.8							
RF3	3	R12	+10~-30		5.8	5.3						
		R22	+10~-70		10.0							
RF4	4	R12	+10~-30		10.5	9.3						
		R22	+10~-70		17.5							
RF5	5	R12	+10~-30		13.1	11.7						
		R22	+10~-70		21.5							
RF6	6	R12	+10~-30		14.9	14.0	M16×1.5	M22×1.5	φ10×1	φ16×1.2	108×55×150	1.4
		R22	+10~-70		26.3							
RF7	7	R12	+10~-30		25.0	16.3						
		R22	+10~-70		30.2							

表 7-33 国产 RF 系列外平衡式热力膨胀阀主要技术性能参数

型号	公称直径 mm	使用工质	制冷量 kW	连接螺纹 mm 进口	出口	接管规格/mm 进口	出口	外平衡管	外形尺寸 长×宽×高 mm	质量 kg
RF12W5-3	φ5	R12	10.5	M16×1.5	M22×1.5	φ10×1	φ16×1.5			
RF22W5-4.5		R22	15.7							
RF12W6-5	φ6	R12	17.5	M18×1.5	M22×1.5	φ12×1	φ16×1.5			
RF22W6-7.5		R22	26.2							
RF12W7-7	φ7	R12	24.4						130×80×130	
RF22W7-10.5		R22	36.6							
RF12W8-9	φ8	R12	31.4							
RF22W8-13.5		R22	47.1	M22×1.5	M27×2	φ16×1.5	φ19×1.5	φ6×1		1.3
RF12W9-11	φ9	R12	38.4							
RF22W9-16.5		R22	57.6							
RF12W10-13	φ10	R12	45.4	M27×2	M27×2	φ19×1.5	φ19×1.5			
RF22W10-19.5		R22	68.0							
RF12W11-15	φ11	R12	52.3						140×80×130	
RF22W11-22.5		R22	78.5	M27×2	M30×2	φ19×1.5	φ22×1.5			
RF12W12-18	φ12	R12	62.8							
RF22W12-27		R22	94.2							

5.1.4 热力膨胀阀选择举例

下面通过一个实例，说明热力膨胀阀选择计算的方法。

例 7-2 某 R22 空调装置，制冷量 $Q_o=14\mathrm{kW}$，蒸发温度 $t_o=5\mathrm{℃}$，冷凝温度 $t_k=40\mathrm{℃}$，蒸发器分六路供液，供液管内径 $d_i=13\mathrm{mm}$，供液管长度 $l=30\mathrm{m}$，蒸发器安装在贮液器上方，高度差 $H=6\mathrm{m}$，试问应选配什么型式和多大口径的膨胀阀？

解 计算步骤为：

（1）确定膨胀阀两端压力差

1）由 $t_k=40\mathrm{℃}$，查 R22 热力性质表得 $p_k=15.34\times10^5\mathrm{Pa}$；

2）根据 Q_o、l、d_i 查表 7-28，得 $\Delta p_1=0.08\times10^5\mathrm{Pa}$（内插值）；

3）假定安装在液管上的弯头、阀门、干燥过滤器等总的阻力损失 $\Delta p_2=0.2\times10^5\mathrm{Pa}$；

4）液管出口与进口高度差引起的阻力损失

$$\Delta p_3=H\rho=6\times1131.3\times9.81\mathrm{Pa}=0.67\times10^5\mathrm{Pa}$$

式中 ρ——40℃时制冷剂液体的密度，其值为 $1131.3\mathrm{kg/m^3}$；

5）分液器及分液管的阻力损失各取 $0.5\times10^5\mathrm{Pa}$，即 $\Delta p_4=1\times10^5\mathrm{Pa}$；

6）由 $t_o=5\mathrm{℃}$，查 R22 热力性质表得 $p_o=5.84\times10^5\mathrm{Pa}$；

将以上数据代入式（7-10）得：

$$\Delta p=(15.34-0.08-0.2\times0.67-1-5.84)\times10^5\mathrm{Pa}=7.55\times10^5\mathrm{Pa}。$$

（2）选择膨胀阀型式、型号及冷量规格

1）因有分液头，压降较大，故选用外平衡式热力膨胀阀；

2）由 t_k、t_o、Δp、Q_o 的具体数值，查表 7-31 可知，公称直径为 5mm 的膨胀阀容量与设计要求值比较接近，故可选用德国 EGELHOF 公司生产的公称通径为 5mm 的膨胀阀，或按照表 7-33 选用国产 RF22W5-4.5 型热力膨胀阀。

5.2 热电膨胀阀

热电膨胀阀是一种新型膨胀阀，其结构示意图如图 7-9 所示。它是感温元件和阀体两部分组成，用电来控制阀孔开度，调节制冷剂流量，而电流的大小则由制冷剂蒸气的温度通过热敏电阻来控制。

热电膨胀阀的控制原理如图 7-10 所示。它利用一个电阻系数为负值（即温度升高时其阻值下降）的热敏电阻作为感温元件，热敏电阻装在 6mm 的短管中，并直接插入蒸发器出口管道中，用以感受制冷剂蒸气的温度。热敏电阻与膨胀阀内的双金属片电热器串联在一个电路中。当蒸发器出口处制冷剂蒸气的温度升高时，热敏电阻阻值下降，电流增大，电加热器功率增加，使双金属

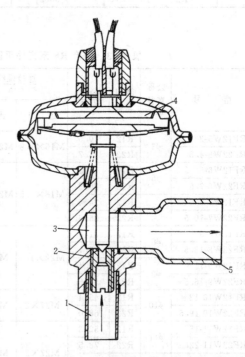

图 7-9 热电膨胀阀结构示意图
1—进液管 2—阀座 3—阀针 4—阀针控制机构 5—排液管（去蒸发器）

片变形加剧，带动阀芯向上移动，阀孔开启度增大，使制冷剂流量增加，实现对蒸发器供液量的控制及高压液体制冷剂的节流。

热电膨胀阀的产冷量特性见图7-11、图7-12。图中最大产冷量曲线是热敏电阻与过热蒸气接触时蒸发温度与阀加热器上的实际电压以及阀的开度之间的关系曲线；最小产冷量曲线是热敏电阻与制冷剂液体接触时上述关系曲线。图中还绘出了一簇不同的阀孔直径辅助曲线，借助于它们可以用来确定膨胀阀的最大和最小产冷量。

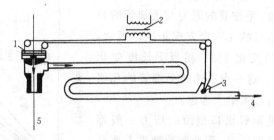

图 7-10　热电膨胀阀工作原理图

1—双金属片　2—电源　3—热敏电阻　4—回气　5—进液

该图的使用方法如下：在最大（或最小）产冷量曲线上找到与蒸发温度相对应的点，过此点引水平线与相应的阀孔径的辅助线相交，由交点向下引垂线，读出横坐标上的读数，即为该阀孔径的最大（或最小）产冷量值。例如，孔径为2.78mm的R12热电膨胀阀，蒸发温度为0℃时，最大产冷量为12.44kW（10.7×10^3kcal/h），与此相应的加给阀的电压为16.7V，阀针行程7mm；最小产冷量为4.65kW（4×10^3kcal/h），加给阀的电压为8.6V，阀针行程2.25mm。当蒸发温度变为－10℃时，最大与最小产冷量分别为12.2kW（10.5×10^3kcal/h）和1.86kW（1.6×10^3kcal/h）。由此可见，蒸发温度对阀的最大产冷量影响不大，对阀的最小产冷量影响较大（见图7-11）。

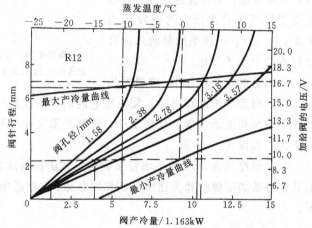

图 7-11　R12热电膨胀阀的产冷量曲线

冷凝温度54.4℃,蒸发温度4.4℃,压降1MPa,过热度0℃
加入电压24V,名义功率4.8W,阀加热器70Ω,热敏电阻(25°)50Ω

最大与最小产冷量曲线的形状由热敏电阻的性质所决定，可根据情况选择不同的热敏电阻来适应实际要求。最大产冷量与最小产冷量之间的差值给出了该热电膨胀阀能够加以调节的制冷量范围。

热电膨胀阀调节迅速，结构简单，安装方便，蒸发器内的压力降对阀的控制特性不产生影响，而且可以始终保持制冷剂蒸气过热度为0℃的控制特性，使蒸发器的面积得到充分利用。该阀的加工制造精度要求较高。目前仅用于某些小型制冷装置。

5.3　毛细管

毛细管是一根内径很细（一般在0.6～2mm）的紫铜管，它适用于工况比较稳定的制冷系统，广泛用于家用冰箱和中小型空调器。

影响毛细管供液能力的主要因素有毛细管前制冷剂的压力、温度以及毛细管的内径和长度等。毛细管进口前压力低于冷凝压力，这是由于流动阻力损失所造成的。毛细管前进口压力的降低将使液体制冷剂过冷度减少，而过冷度的减少又导致制冷剂在管内开始气化的提前，供液量减少；毛细管进口前液体过冷度越大，供液量越大。在毛细管出口截面压力高于临界压力之前，毛细管长度增加、内径减小都将使毛细管的供液能力减小。根据试验，毛细管的阻力与毛细管的长度和内径的 4.6 次方成正比，因此，若内径变化 1%，相当于长度变化 4.6%，这一点在选择毛细管的几何尺寸时必须给予考虑。

毛细管出口截面的压力一般都高于蒸发压力，因此制冷剂进入蒸发器时仍有一个压力和温度的降低过程。换句话说，毛细管进、出口的压力差并不等于冷凝压力与蒸发压力之差，这一点在选择毛细管的几何尺寸时也必须给予注意。

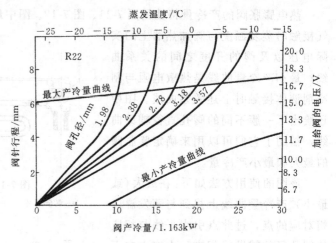

图 7-12 R22 热电膨胀阀的产冷量曲线

冷凝温度 54.4℃，蒸发温度 4.4℃，压降 1.62MPa，过热度 0℃

加入电压 24V，名义功率 4.8W，阀加热器 70Ω，热敏电阻（25°）50Ω

毛细管的选择计算中，应根据给定工况，确定其长度和内径，使流经它的制冷剂流量与装置的制冷量相匹配。由于毛细管内的流态是两相流动，理论计算复杂，计算结果又往往与实际情况偏差较大，对它的研究尚有待于进一步深入。

对于制冷剂为 R12 的毛细管实验确定方法在电冰箱一章中已有详细叙述，本章将对常用的其它方法如图解法和类比法分别加以介绍。它们适用于 R12、R22 制冷剂，且无回热时的情况。

5.3.1 图解法

设计的已知条件为冷凝压力、毛细管前制冷剂的温度（或过冷度）、蒸发压力、制冷剂种类、系统的制冷剂循环量及蒸发器的分路数。

所谓图解法即是在稳定工况下，对某种制冷剂按试验数据作出线图，实际应用时，根据已知条件，通过线图选择合适的毛细管长度和内径。

图 7-13 是内径 $d_i = 1.625$mm、长度 $L = 2030$mm 的标准毛细管在专门的试验装置中试验而得到的毛细管进口状态（压力 p_1 和过冷度 Δt_g 或干度 x）与通流量 q_{ma} 的关系图。此图适用于毛细管出口压力低于或等于临界压力的情况（一般情况下，空调器中毛细管工作时的出口压力均低于临界压力）。

由图 7-13 可见，在使用上述标准毛细管的情况下，根据 p_1、Δt_g 或 x，可求得该标准毛细管的流量 q_{ma}，而且当 p_1 一定时，进口过冷度 Δt_g 越大，流量 q_{ma} 越大；进口干度 x 越大，则流量 q_{ma} 越小。为使制冷机工作稳定，设计时不允许毛细管进口处有闪发蒸气，即进入毛细管的制冷剂都应是具有一定过冷度的过冷液体。

实际使用中，毛细管不一定采用上述标准尺寸，当采用其它尺寸的毛细管时，首先应计算毛细管的相对流量系数 φ，φ 表示每根毛细管的实际流量 q_m 与标准毛细管流量 q_{ma} 之比值，即 $\varphi = q_m/q_{ma}$。q_m 的数值可由热力计算中求得的制冷剂循环量除以蒸发器的分路数而获得。

图 7-14 表示了毛细管相对流量系数 φ 与内径 d_i 及长度 $L\left(\lambda=\dfrac{L}{d_i}\right)$ 的关系。求得 φ 值后即可利用图 7-14 找到相应的毛细管的内径 d_i 和长度 L 的数值。例如，$\varphi=0.6$ 时，作一水平线，在图中找到 A、B、C 三个点（或更多的点），这三个点分别表示在供液能力相同的情况下的三组毛细管尺寸，它们的内径分别为 $1.2mm$、$1.4mm$、$1.6mm$，相应的长度分别为 $1.05m$、$2.55m$、$5.2m$。由此可见，φ 一定时，d_i 越小则 L 越短，反之，d_i 越大，L 越长。而且 d_i 的微小变化能引起相应长度的较大变化。实际使用中，可根据装置的具体结构特点和要求，选择其中的任一组。

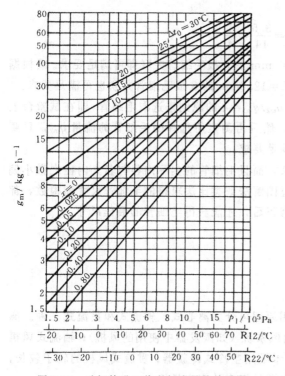

图 7-13 毛细管进口状态与流量的关系图

（适用于 R12 或 R22 制冷剂、$p_o \leqslant p_{cr}$、$d_i=1.625mm$、$L=2030mm$）

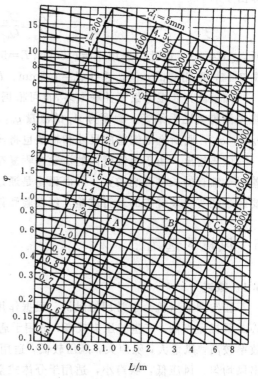

图 7-14 毛细管相对流量系数 φ 与内径 d_i 及长度 L ($\lambda=L/d_i$) 的关系

5.3.2 类比法

所谓类比法即是参考比较成熟的同类产品进行类比来选择新产品所需要的毛细管的几何尺寸。

根据制冷原理的热力计算可知，制冷量 $Q_o=q_m q_o$，对于两台制冷剂和工况都相同而制冷量不同的空调器，由于两者的 q_o 相同，则有

$$\frac{Q_{o1}}{Q_{o2}}=\frac{q_{m1}}{q_{m2}} \tag{7-15}$$

当毛细管长度一定时，流量 q_m 又与毛细管的流通截面 A 成正比，即

$$\frac{Q_{o1}}{Q_{o2}}=\frac{q_{m1}}{q_{m2}}=\frac{A_1}{A_2} \tag{7-16}$$

或 $$A_2 = \frac{Q_{o2}}{Q_{o1}} A_1 = \frac{q_{m2}}{q_{m1}} A_1 \qquad\qquad (7\text{-}17)$$

在 Q_{o1}、A_1、Q_{o2} 或 q_{m1}、A_1、q_{m2} 已知的情况下，即可根据式（7-17）求出所需毛细管的截面积 A_2。

例 7-3 新设计一台立柜式空调器，其制冷量 $Q_{o2}=14\text{kW}$（12000kcal/h），试通过类比法确定它的毛细管尺寸和根数。

解 它的毛细管尺寸和根数可通过一台比较成熟的、制冷量 $Q_{o1}=3.5\text{kW}$（3000kcal/h）的空调器中所采用的毛细管（内径 $d_i=1.6\text{mm}$、长度 $L=500\text{mm}$、二根并联）进行类比来确定，即由于

$$\frac{A_1}{A_2} = \frac{Q_{o1}}{Q_{o2}} = \frac{3.5}{14} = \frac{1}{4}$$

所以 $A_2=4A_1$，因此可选用 $d_i=1.6\text{mm}$、$L=500\text{mm}$ 的 8 根毛细管并联即可满足要求。或根据图 7-14，取相同的 φ 值，选择 $d_i=1.8\text{mm}$、$L=1250\text{mm}$ 的 8 根毛细管并联也可满足要求。

如果认为 8 根毛细管并联太多，也可根据 $q_{m2}/q_{m1}=4$ 的原则来选取毛细管，即在试验台上首先测得类比毛细管、截面为 A_1 的流量 q_{m1}，然后再测定所选择的毛细管的流量 q_{m2}，只要 $q_{m2}=4q_{m1}$，则所选毛细管的尺寸和根数也将满足要求。

应该指出，由于毛细管内的流动过程复杂，而且毛细管的实际内径与名义内径之微小偏差对毛细管的长度影响较大，因而无论是通过图解法或类比法求得的毛细管尺寸和根数，都要经过在实际装置中的运行试验，经校验和修正后，才能获得毛细管的最佳尺寸。

6 风机的选用

6.1 概述

在空调器（机）中常用的风机，根据作用原理可分为离心式、轴流式和贯流式三种。离心式风机噪声低，产生的压头较高，适用于通风系统（如蒸发器中使用的风机）；轴流式风机效率较高，风量大，噪声大，风压较低，适用于配用空冷式冷凝器；贯流式风机的转子较长，出风均匀，风压低，噪声小，适用于分体式空调机组中的室内机组。

6.2 离心式通风机

6.2.1 离心式通风机的构造、工作原理及分类

离心式通风机的构造如图 7-15 所示。它主要由叶轮、机壳、机轴、吸气口、排气口、轴承等部件组成。

叶轮又称工作轮，它由前盘、后盘及装在两盘之间的一系列叶片所组成。叶轮的作用是使被吸入的空气强迫高速旋转，产生离心力，从叶轮中甩出，以提高空气压力。

根据气流出口的角度大小，即叶片的出口方向（切线方向）和叶轮旋转的圆周方向（圆周切线方向）之间的夹角大小，叶片可分为前向式（<90°）、径向式（=90°）、后向式（>90°）

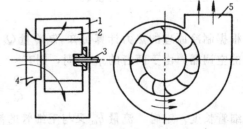

图 7-15 离心式通风机构造示意图

1—机壳 2—叶轮 3—机轴 4—吸气口 5—排气口

三种。后向式叶片的叶轮，空气和叶片之间的撞击小，能量损失少，效率高，运转时噪声低，但空气从风机中所获得的压头较低；前向式叶片的叶轮，其特点正好和后向式相反，其叶轮直径和转速可以较小；径向式叶片的叶轮特点介于前向式与后向式之间。

机壳的形状呈螺旋线形，它的作用是汇集叶轮中甩出的气体，沿着旋转方向引至风机的出风口，由于其断面逐渐扩大，可使气体的速度逐渐降低，动压减小，静压增大，起到增压作用。

叶轮在电动机带动下高速旋转，叶片间的气体也随叶轮旋转而获得离心力，并由径向甩出，同时在叶轮的吸气口形成真空，外界的空气不断地被吸入。旋转中的叶片对气体作功，气体获得动能和压力能。

风机工作时，气流由静止变为流动，单位质量流体所获得的能量增量称为风压或压头，单位用 Pa 表示。

离心式风机按其产生压头的不同，可分为低压风机（风压≤1000Pa）、中压风机（风压在1000～3000Pa 之间）和高压风机（风压＞3000Pa）。空调器（机）中使用的离心式风机的风压一般均小于 1000Pa，属低压风机。

6.2.2 风机的性能参数

(1) 风量　单位时间内风机所输送的气体体积流量称为风机的风量，用符号 q_V 表示，其单位是 m^3/s 或 m^3/h。

风机铭牌上所标出的风量值是指标准状态下的气体体积。标准状态是指压力为 101325Pa（760mmHg）、温度为 20℃、相对湿度为 50%、空气密度为 $1.2kg/m^3$ 时的空气状态。

(2) 风压　通风机出口空气全压与进口空气全压之差称为通风机的风压，用符号 H 表示，它表示了空气进入风机后所升高的压力，其单位用 Pa 表示。

空气流过蒸发器时所需风压 H（单位为 Pa）为

$$H=\Delta p_S+\Delta p_{滤}+\Delta p_{栅}+\Delta p_{余} \tag{7-18}$$

式中　Δp_S——翅片管簇的通风阻力，单位为 Pa；

　　　　$\Delta p_{滤}$——蒸发器前过滤网阻力，单位为 Pa；

　　　　$\Delta p_{栅}$——出风栅阻力，单位为 Pa；

　　　　$\Delta p_{余}$——机外余压，单位为 Pa。

设计计算时，可取 $\Delta p_{滤}=40Pa$，$\Delta p_{栅}=10Pa$，$\Delta p_{余}=40Pa$。

空气通过冷凝器时所需风压 H（单位为 Pa）为

$$H=\Delta p_S+\frac{1}{2}\rho w^2 \tag{7-19}$$

式中　Δp_S——翅片管簇的通风阻力，单位为 Pa；

　　　　$\frac{1}{2}\rho w^2$——空冷冷凝器出口动压，单位为 Pa；

　　　　w——冷凝器出口风速，单位为 m/s。

风机的出口平均风速 w 可用下式表示

$$w=\frac{q_V}{\frac{\pi}{4}D^2} \tag{7-20}$$

式中 q_V——风机风量，单位为 m³/s；

  D——风叶直径，单位为 m。

（3）功率与效率 通风机在单位时间内传递给空气的能量称为通风机的有效功率，用 P_e（kW）表示。它可由下式求出：

$$P_e = \frac{Hq_V}{1000} \tag{7-21}$$

式中 H——风压，单位为 Pa。

实际上，由于风机在运转时轴承内部有摩擦损失、漏气、涡流、撞击及流动阻力损失等，因此消耗在通风机轴上的功率 P_{fan} 要大于有效功率 P_e。P_{fan}（单位为 kW）可表示为

$$P_{fan} = \frac{P_e}{\eta_{fan}} \tag{7-22}$$

式中 η_{fan}——风机效率。

风机效率与叶轮中叶片构造形式有关。目前，对于后向式叶片风机，$\eta_{fan} = 0.8 \sim 0.9$；对于前向式叶片风机，$\eta_{fan} = 0.6 \sim 0.65$。

通风机的电机输出功率 P_m 还应考虑传动损失，即

$$P_m = \frac{P_{fan}}{\eta_m} \tag{7-23}$$

式中 η_m——机械效率。对电动机直接联动，$\eta_m = 1$；联轴器传动，$\eta_m = 0.98$；V 带传动，$\eta_m = 0.95$；齿轮传动，$\eta_m = 0.97 \sim 0.98$。

当选配电机时，还需考虑电动机效率及安全系数，因此所配电动机功率 P_{me}（kW）可用下式表示

$$P_{me} = \frac{KHq_V}{1000\eta_{fan}\eta_m\eta_{me}} \tag{7-24}$$

式中 η_{me}——电动机效率；

  K——安全系数，其数值可按表 7-34 选取。

表 7-34 电动机安全系数

电动机输出功率 P_m/kW	安 全 系 数	
	离 心 式	轴 流 式
<0.5	1.5	1.4
0.5~1	1.4	1.3
1~2	1.3	1.2

6.2.3 风机的特性曲线

（1）性能曲线 风机的空气动力性能以风机的风量、风压、转速、轴功率和效率等参数表示。在额定转速 n 下，通风机的特性曲线可用风压-风量（H-q_V）、功率-风量（P_{fan}-q_V）、风机效率-风量（η_{fan}-q_V）等表示。这些性能曲线都是通过实验得出的。实际使用中，为方便起见，一般将上述三条曲线按同一比例画在一张图上，如图 7-16 所示。不同型号的风机，其性能曲线也不相同。

由图 7-16 可以看出，在转速不变的情况下，当风量发生改变时，风压随风量的增大而减小；功率随风量的增大而增大；风机效率存在一个最高值。相应于最高效率下的风量、风压和轴功率称为通风机的最佳工况。在选择风机或风机运行时，应使其实际运转效率不低于最高效率的 90%，这也就确定了一台风机其风量的允许调节范围。

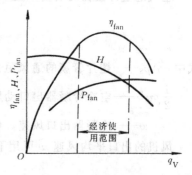

图 7-16 风机特性曲线

当转速发生改变时，风机的风量、风压、轴功率及效率等性能参数也都将随之发生变化，其变化规律用下式表示：

$$\frac{q_{V_1}}{q_{V_2}} = \frac{n_1}{n_2} \qquad (7\text{-}25)$$

$$\frac{H_1}{H_2} = \left(\frac{n_1}{n_2}\right)^2 \qquad (7\text{-}26)$$

$$\frac{P_{fan1}}{P_{fan2}} = \left(\frac{n_1}{n_2}\right)^3 \qquad (7\text{-}27)$$

式中 q_{V_1}、H_1、P_{fan1}——转速为 n_1 时风机的风量、风压和轴功率；

      q_{V_2}、H_2、P_{fan2}——转速为 n_2 时风机的风量、风压和轴功率。

图 7-17 示出当转速由 n_1 变为 n_2 时风机特性曲线的变化。

当转速及空气的密度不发生变化，改变风机叶轮直径时，其性能参数的变化规律用下式表示：

$$\frac{q_{V_1}}{q_{V_2}} = \left(\frac{D_1}{D_2}\right)^3 \qquad (7\text{-}28)$$

$$\frac{H_1}{H_2} = \left(\frac{D_1}{D_2}\right)^2 \qquad (7\text{-}29)$$

$$\frac{P_{fan1}}{P_{fan2}} = \left(\frac{D_1}{D_2}\right)^5 \qquad (7\text{-}30)$$

式中 D——叶轮直径。

图 7-18 示出风机叶轮直径改变时，其风压、风量、轴功率、效率随之而变的性能曲线。

当气体密度发生改变时，风机性能参数的变化规律如下

$$q_{V_1} = q_{V_2} \qquad (7\text{-}31)$$

$$\frac{H_1}{H_2} = \frac{\rho_1}{\rho_2} \qquad (7\text{-}32)$$

$$\frac{P_{fan1}}{P_{fan2}} = \frac{\rho_1}{\rho_2} \qquad (7\text{-}33)$$

式中 ρ——空气的密度。

当风机的转速、叶轮直径、空气的密度同时发生改变时，风机性能参数的变化规律可归纳如下

$$\frac{q_{V_1}}{q_{V_2}} = \frac{n_1 D_1^3}{n_2 D_2^3} \qquad (7\text{-}34)$$

$$\frac{H_1}{H_2} = \frac{n_1^2 D_1^2 \rho_1}{n_2^2 D_2^2 \rho_2} \qquad (7\text{-}35)$$

$$\frac{P_{fan1}}{P_{fan2}} = \frac{n_1^3 D_1^5 \rho_1}{n_2^3 D_2^5 \rho_2} \qquad (7\text{-}36)$$

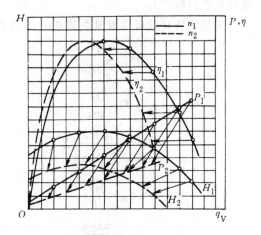

图 7-17   风机转速变化时特性曲线的变化

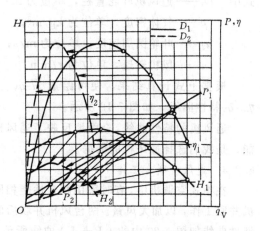

图 7-18   叶轮直径改变时特性曲线的变化

（2）比转速   所谓比转速是指同一类型（叶轮、蜗壳等气流通道部分的形状均几何相似）的风机在最佳工况（效率最高）下流量 q_V（m^3/s）、全压 H（单位为 Pa）、转速（r/min）

之间的关系数值，用 n_s 表示。在标准状况下比转速存在下列计算关系

$$n_s = n \frac{q_V^{0.5}}{H^{0.75}} \tag{7-37}$$

由上式可以看出，在一定转速下，风量越大、风压越小，则比转速越大。

同一类型的风机，即风叶几何相似，其比转速相等。比转速大的叶轮，表明风机的流量大，风压小，而且较小的风压变化会引起较大的流量变化；比转速小的叶轮，表明风机的流量小，风压高，较小的流量变化会引起较大的风压变化。离心式通风机的比转速一般小于80，轴流式通风机的比转速一般都大于80。

（3）无因次特性曲线　由于同类型风机具有几何相似、运动相似和动力相似的特性，因此可以采用无量纲特征数来表示其特性。用无量纲特征数画成的曲线对同一比转速的通风机来讲都是相同的，它综合反映了同一系列的通风机的性能（前述的性能曲线只能代表某一种型号风机的特性）。

无量纲特征数可用流量系数 $\bar{q}_V$、压力系数 $\bar{H}$、功率系数 $\bar{P}$ 来表示，它们分别为

$$\bar{q}_V = \frac{q_V}{\frac{\pi}{4} D_2^2 u_2} \tag{7-38}$$

$$\bar{H} = \frac{H}{\rho u_2^2} \tag{7-39}$$

$$\bar{P} = \frac{1000P}{\frac{\pi}{4} D_2^2 \rho u_2^3} \tag{7-40}$$

$$\eta_{fan} = \frac{\bar{q}_V \bar{H}}{\bar{P}} \tag{7-41}$$

$$u_2 = \frac{\pi D_2 n}{60} \tag{7-42}$$

式中　D_2——通风机叶轮直径，单位为 m；

　　　ρ——气体密度，单位为 kg/m^3；

　　　u_2——叶轮圆周速度，单位为 m/s；

　　　n——风机转速，单位为 r/min。

根据上式计算结果，便可绘成 $\bar{H}$-$\bar{q}_V$、$\bar{P}$-$\bar{q}_V$、η_{fan}-$\bar{q}_V$ 特性曲线，如图 7-19 所示。

通风机的特性曲线，全面地反映了通风机的性能，是我们选择通风机的依据。

6.2.4　通风机联合工作

在柜式空调机中，有时采用两台性能相同的风机并联工作，以加大风量。两台风机并联后的合成特性曲线如图 7-20 中的（Ⅰ＋Ⅱ）曲线所示，它是在风压相同的情况下将两台风机的风量（同一根曲线）相加而求得。图中 A_2 为两台风机并联后的工作点，A_1 为一台风机单独使用时的工作点。由图可以

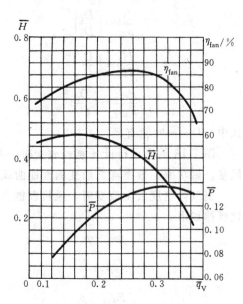

图 7-19　4-79 型无因次特性曲线

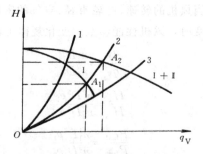

图 7-20　两台性能相同的风机
并联时的工作情况

看出，由于管道系统阻力特性的影响，两台风机并联后的总风量虽然大于一台风机的风量，但风量并没有成倍地增长。

风机并联使用时，只有在风道系统阻力较小时才比较有利。如果采用两台性能不同的风机并联工作时，并联后的风量甚至有可能低于一台风机的风量，达不到并联工作使风量增大的目的。

6.2.5 风机的选用

选择风机的任务在于确定风机的类型、叶轮直径及转速，使其工作在较高效率范围内，并满足所需要的风量和风压。

在进行选型前，必须知道系统所需要的风量和风压。考虑到通风管道系统的不严密、阻力计算的误差以及运行时的变工况，对系统的风量和风压均应增加一定的裕度。一般说来，对风量可增加 $5\% \sim 10\%$，对风压则可增加 $5\% \sim 15\%$。加上裕度后的风量与风压即作为选型的依据。

必须指出，样本或规范中的风量与风压值均是指标准状态下的数值，当使用条件改变时，应根据前述有关公式加以换算。

风机的选型可按照样本进行，也可按选择曲线或无量纲性能曲线进行选型。下面对后两种选型方法作简单介绍。

（1）根据风机的选择曲线进行选择　所谓风机的选择曲线是指将一个系列的各个机号的通风机，在最经济的工作范围内的风量和风压绘制在图上的曲线图（$q_V\text{-}H$ 图）。根据确定的参数，由 q_V 和 H 的数值在图中作出交点，交点所在位置即可确定风机的机号、转速和功率。如果交点并不正好落在图中的性能曲线上，则应选用比交点所在位置风压稍高的性能曲线，并由此确定与该性能曲线相应的风机型号、风量及风压。

（2）按无因次性能曲线进行选择　选择步骤大致如下：

1）查所选类型风机的无因次性能曲线，找出 $\eta_{fan} = \eta_{max}$ 时无因次性能参数 $\bar{q}_V$、$\bar{H}$、$\bar{P}$；

2）根据查得的 $\bar{q}_V$、$\bar{H}$ 值，按式（7-39）、式（7-38）计算风机的叶轮圆周速度 u_2 和叶轮直径 D_2：

$$u_2 = \sqrt{\frac{H}{\rho \bar{H}}} \qquad (7\text{-}43)$$

$$D_2 = \sqrt{\frac{4q_V}{\pi u_2 \bar{q}_V}} \qquad (7\text{-}44)$$

3）按照计算的 D_2 值选择风机机号中与 D_2 相近的机号，得到实际叶轮直径 D_2' 和圆周速度 u_2'；

4）按式（7-42）确定风机的转速 n，即

$$n = \frac{60}{\pi D_2'} \sqrt{\frac{H}{\rho \bar{H}}} \qquad (7\text{-}45)$$

并由此根据电机产品的转速选取实际的转速 n'；

5）计算实际转速下的圆周速度 u_2''，即

$$u_2'' = \frac{\pi D_2' n'}{60} \qquad (7\text{-}46)$$

6）按式（7-38）、式（7-40）计算所选风机的风量 q_V'（单位为 $\mathrm{m^3/s}$）及所需功率 P'（单

位为 kW）：

$$q_V' = \frac{\pi}{4} D_2'^2 u_2'' \bar{q}_V \tag{7-47}$$

$$P' = \frac{\rho}{1000} \frac{\pi}{4} D_2'^2 u_2''^3 \bar{P} \tag{7-48}$$

如果算出的风量 q_V' 与使用所要求的风量 q_V 相差较大，则应修正直径，即改选另外的机号。

风机制造厂在产品样本中给出了风机的性能表或性能曲线图，如表 7-35、表 7-36、图 7-21、图 7-22、图 7-23 所示，供选择风机时参考。

表 7-35　DF 系列低噪声离心通风机性能

序号	型号	转速 r·min⁻¹	风量 m³·h⁻¹	全压 ×10Pa	电动机 型号	电动机 功率 kW	传动方式	出风口位置	外形尺寸① 长×宽×高 mm×mm×mm	质量 kg
1	DF2.5A	900	1200～2600	18.1～19.9	YDW-0.25-6	0.25	直联	0°、90°、180°	449×531×345	20
		800	1067～2311	14.3～15.7	YDW-0.25-6					
		700	933～2022	11～12	YDW-0.25-6					
		600	800～1733	8～8.8	YDW-0.12-6	0.12				
2	DF3.5A	900	3140～5965	38.3～47	YDW-1.1-6	1.1	直联	0°、90°、180°	626×740×443	74
		800	2791～5302	30.3～37.2	YDW-0.8-6	0.8				
		700	2442～4640	23～28.5	YDW-0.8-6	0.8				
		600	2093～3977	17～21	YDW-0.55-6	0.55				
3	DF3.5AⅡ	900	4500～8323	36～39.3	YDW-1.5-6	1.5	直联	0°、90°、180°	626×740×555	84
		800	4301～7398	28.5～30.7	YDW-1.1-6	1.1				
		700	3763～6473	21.8～23.8	YDW-0.8-6	0.8				
		600	3226～5548	16～17.5	YDW-0.55-6	0.55				
4	DF4.5A	900	6674～12678	63.3～77.7	YDW-4-6	4	直联	0°、90°、180°	803×951×544	93.4②
		800	5032～11269	50～61.5	YDW-3-6	3				
		700	5190～9862	38～47	YDW-2.2-6	2.2				
		600	4448～8453	28～34.7	YDW-1.5-6	1.5				
5	DF2.5E	1200	2000～3800	33～37	Y801-4	0.55	V 带传动	0°、90°、180°	520×600×531	
		1100	1833～3483	27.7～31	Y801-4	0.55				
		1000	1667～3167	22.9～25.7	Y801-4	"				
		900	1500～2850	18.6～20.8		0.37				
		800	1333～2533	14.7～19.4		0.25				
6	DF3.5E	1200	5233～8720	74.7～80	Y100Y₂-4	3	V 带传动	0°、90°、180°	666×820×770	
		1100	4797～7993	62.7～67.2	Y100Y₁-4	2.2				
		1000	4361～7267	51.9～55.6	Y90L-4	1.5				
		900	3925～6540	42～45	Y90L-4	1.5				
		800	3489～5813	33.2～35.6	Y90S-4	1.1				

①　外形尺寸为出口位置 180°时的数值；

②　DF4.5A 质量不包括电动机。

表 7-36　DF 型离心通风机性能

型　号	风量 M³·h⁻¹	全压 10Pa	转速 r·min⁻¹	配功率 kW	(A 计权) 声功率级 dB	结构安装形式 单	双	内电机
DF2	980	8.5	720	0.06	50	✓	✓	
	1200	14	930	0.09	56	✓	✓	
DF2A	1000	13	900	0.08	55			✓
	800	8	750	0.08	50			✓
DF2B	1100	14	950	0.09	56			✓
DF2C	950	13	930	0.09	55			✓
DF2D	1200	28	1400	0.18	63	✓	✓	
	860	12	950	0.09	58	✓	✓	
DF2.4	1800	20	950	0.18	63	✓	✓	
	1400	11	720	0.09	59	✓	✓	
DF2.5	2000	19	900	0.37	61			✓
	1800	16	800	0.25	60			✓
	2500	40	1250	0.55	68			✓
	1500	12	700	0.25	56			✓
DF2.5A	1500	23.5	960	0.18	63	✓	✓	
	2500	67.2	1400	0.75	72	✓	✓	
DF2.7	2000	13.6	720	0.18	59	✓	✓	
	3000	25	900	0.37	66	✓	✓	
	4000	90	2000	3	78	✓		
DF3	2000	22	700	0.37	60		✓	✓
	3000	21.5	750	0.37	61		✓	✓
	3500	30	820	0.55	62			✓
	4000	35	900	0.75	63			✓
	4500	38.5	960	1.1	69		✓	
	6000	90	1400	3	75		✓	
DF3A	2700	16.5	700	0.37	64	✓	✓	
	5000	32	900	0.8	67	✓	✓	
DF3.3	3000	29	800	0.55	65	✓	✓	
	4500	39.5	900	1.1	69	✓	✓	
DF3.5	6000	65	1100	2.2	70	✓	✓	
	5000	41	900	1.1	67			✓
	4000	38	850	0.8	64			✓
	4000	34	800	0.8	62			✓
	3500	26	700	0.8	59			✓

（续）

型 号	风量 $M^3 \cdot h^{-1}$	全压 $10Pa$	转速 $r \cdot min^{-1}$	配功率 kW	(A 计权) 声功率级 dB	结构安装形式		
						单	双	内电机
DF4	9000	50	950	2.2	71			✓
	8000	48	850	1.8	69			✓
	6000	46	800	1.8	67			✓
DF4.2	10000	62	950	3	73			✓
	8000	50	800	2.2	70			✓

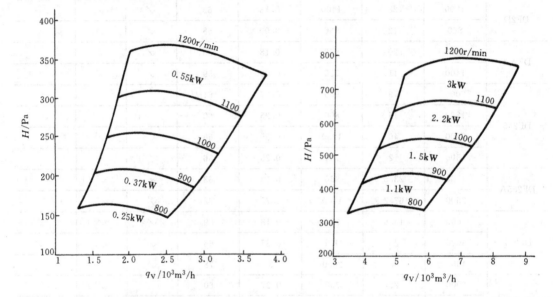

图 7-21　DF2.5E 低噪声离心通风机性能曲线　　　图 7-22　DF3.5E 低噪声离心通风机性能曲线

例 7-4　某立柜式空调机的送风状态为：温度 $t_o = 16℃$，相对湿度 $\varphi_o = 90\%$，要求送风量 $q_V = 3200 m^3/h$，风压 $H = 176Pa$，大气压力 $B = 101325Pa$，试选择风机型号及叶轮直径。

解　采用 DF 系列低噪声离心式通风机，根据图 7-23，在 $\eta_{fan} = \eta_{max}$ 时的无因次特性值为：$\bar{q}_V = 0.965$，$\bar{H} = 1.38$，$\bar{P}_e = 2.0$，$\eta_{fan} = 0.67$。

圆周速度

$$u_2 = \sqrt{\frac{H}{\rho \bar{H}}} = \sqrt{\frac{176}{1.2 \times 1.38}} \text{m/s} = 10.34 \text{m/s}$$

式中　ρ——标准状态下空气密度，$\rho = 1.2 \text{kg/m}^3$。

叶轮直径

$$D_2 = \sqrt{\frac{4}{\pi} \frac{q_V}{u_2 \bar{q}_V}} = \sqrt{\frac{4}{\pi} \frac{3200}{3600 \times 10.34 \times 0.965}} = 0.34 \text{m} = 340 \text{mm}$$

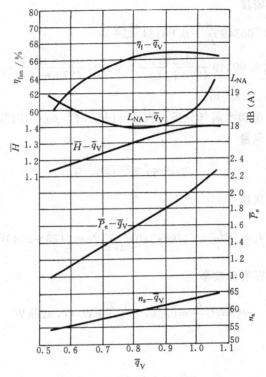

图 7-23　DF3.5A 低噪声离心通风机无因次特性曲线

$n = 860\text{r/min}$

查表 7-35，选用一台 DF3.5A 型离心式通风机，叶轮直径 $D' = 350\text{mm}$，转速 $n' = 600\text{r/min}$，风压 $H' = 170 \sim 210\text{Pa}$，配用功率 $P'_{\text{fan}} = 0.55\text{kW}$，风量 $q'_V = 2093 \sim 3977\text{m}^3/\text{h}$。

要求风机转速

$$n = \frac{60}{\pi D'_2} u_2 = \frac{60 \times 10.34}{\pi \times 0.35}\text{r/min} = 564\text{r/min}$$

实际转速为 600r/min，满足要求。

实际圆周速度

$$u''_2 = \frac{\pi D'_2 n'}{60} = \frac{\pi \times 0.35 \times 600}{60}\text{m/s} = 11\text{m/s}$$

实际风量

$$q''_V = \frac{\pi}{4} D'^2_2 u''_2 \bar{q}_V = \frac{\pi}{4} \times 0.35^2 \times 11 \times 0.965\text{m}^3/\text{s} = 1.02\text{m}^3/\text{s} = 3675\text{m}^3/\text{h}$$

所需功率

$$P_e = \frac{\rho}{1000} \frac{\pi}{4} D'^2_2 u''^3_2 \bar{P}_e = \frac{1.2}{1000} \times \frac{\pi}{4} \times 0.35^2 \times 11^3 \times 2.0\text{kW} = 0.307\text{kW}$$

送风状态下空气的密度

$$\rho_o = 0.00349 \frac{B}{T_o} - 0.00134 \frac{\varphi_o p_{qb}}{T_o} =$$
$$\left[0.00349 \frac{101325}{(273+16)} - 0.00134 \frac{0.9 \times 1813}{(273+16)} \right] kg/m^3 =$$
$$1.22 kg/m^3$$

式中 p_{qb}——t_o 温度下饱和水蒸气分压。当 $t_o=16℃$ 时， $p_{qb}=1813Pa$，

送风状态下风机的风量

$$q_{Vo} = q_V'' = 3675 m^3/h$$

送风状态下风机的风压

$$H_o = H' \frac{\rho_o}{\rho} = (170 \sim 210) \frac{1.22}{1.2} Pa = (173 \sim 214) Pa$$

送风状态下风机所需有效功率

$$P_o = P_e \frac{\rho_o}{\rho} = 0.307 \times \frac{1.22}{1.2} kW = 0.312 kW$$

轴功率

$$P_{fan} = \frac{P_o}{\eta_{fan}} = \frac{0.312}{0.67} kW = 0.465 kW$$

根据以上计算结果,所选风机能满足空调机的要求。

6.3 轴流式通风机

轴流式通风机由机壳、叶轮、吸入口、扩压器和电动机等部件组成，如图 7-24 所示。

当叶轮旋转时，空气由吸入口吸入，轴向流过风机。装有叶片的叶轮安装在圆形机壳内，空气在叶片和扩压器的作用下，压力增加，由排出口排出。

钟罩形吸入口用来避免进风的突然收缩，减少流动阻力损失。叶片通常采用等厚板扭曲型。有些风机的叶片安装角度可以调整，从而改变风机的性能。

对于小型空调器用轴流式风机，为简化其结构，仅由电动机与叶轮组成。图 7-25 示出

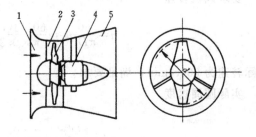

图 7-24　轴流式通风机结构示意图
1—吸入口　2—机壳　3—叶轮　4—电动机　5—扩压器

FZL 型轴流式风机的结构示意图及不同直径的叶片形状。表 7-37 列出该型号系列的性能表，供选择设计时参考。

轴流式通风机产生的风压较低，一般不大于 500Pa，但风量比离心式风机大，因而运行时噪声较大。

轴流式风机的性能与选择方法与离心式风机基本相同，其性能、参数可查阅制造厂家的产品样本。

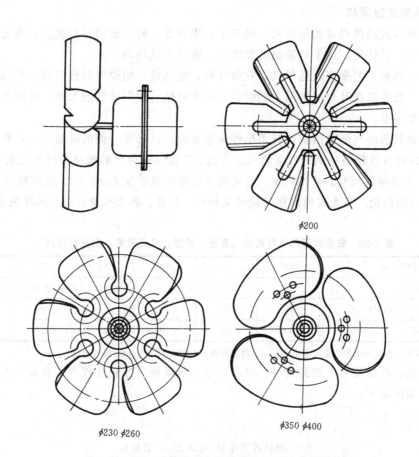

$\phi200$

$\phi230\ \phi260$

$\phi350\ \phi400$

图 7-25　FZL 型轴流式风机结构示意图及叶片形状

表 7-37　FZL 型系列轴流式通风机性能表

型　　号	电　动　机					风　机			
	电压 V	相　数	频率 Hz	功率 W	转速 r·min⁻¹	风量 m³·min⁻¹	风压 Pa	(A 计权) 声功率级 dB	质量 kg
200FZL-01	380	3	50	30	1400	4.5	40	50	1.2
200FZL-02	220	1	50	30	1400	4.5	40	50	1.2
200FZL-03	380	3	50	60	2700	9	120	55	1.2
200FZL-04	220	1	50	60	2700	9	120	55	1.2
250FZL-01	380	3	50	40	1400	12	60	55	1.72
250FZL-02	220	1	50	45	1400	12	60	55	1.72
250FZL-03	380	3	50	80	2700	24	120	60	2
250FZL-04	220	1	50	80	2700	24	120	60	2
300FZL-01	380	3	50	80	1400	18	70	55	2
300FZL-02	220	1	50	80	1400	18	70	55	2
350FZL-01	380	3	50	90	1400	30	100	58	2.7
350FZL-02	220	1	50	100	1400	30	100	58	2.7
400FZL-01	380	3	50	120	1400	48	150	60	3.4
400FZL-02	220	1	50	130	1400	48	150	60	3.4

6.4 小型贯流式通风机

近来，贯流式通风机以其风量大、风压小、噪声低、转子长的独特优点，在分体式空调器的室内机中广泛使用，由于叶轮轴向长度长，所以出风均匀。

贯流式通风机又名横流式通风机，它由叶轮、电动机、蜗壳等部件组成。电动机可以在叶轮的一端，也可以在叶轮的中间，同时带动两个叶轮。根据叶轮的长度，叶轮本身可为一节、二节以至多节。

贯流式通风机的气流是沿着与转子轴线垂直方向，以转子一侧的叶栅进入叶轮，穿过叶轮内部，再次通过叶轮另一侧的叶栅将气体压出。贯流式通风机的规格是以叶轮名义外径 d、叶轮长度 L 为其特征尺寸。名义风量、名义风压是指叶轮长度 $L=2.5d$、额定转速为 $2500\sim2600r/min$ 时的数值。贯流式通风机叶轮名义外径、长度、名义风量、名义风压值见表 7-38。

表 7-38 贯流式通风机叶轮名义直径、长度、名义风量、名义风压值[①]

叶轮名义外径/mm	40	45	50	55	60	70
叶轮长度/mm	$L=(2.5\sim7)d$			$L=(2.5\sim5)d$		
名义风量/($m^3 \cdot h^{-1}$)	30	35	40	50	60	70
名义风压/Pa	14	16	19	23	27	30

① 名义风量、名义风压为叶轮长度 $L=2.5d$，额定转速 $n=2500\sim2600r/min$ 时的量值。

贯流式通风机的型号由产品代号、规格尺寸、电动机与叶轮连接方式和设计改进序号组成。其排列顺序如下：

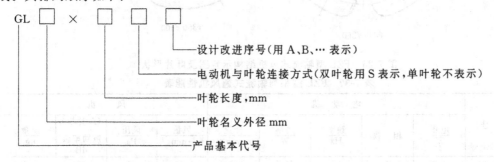

示例：GL40×100 表示叶轮外径 40mm、长度 100mm、电动机与单叶轮连接的小型贯流式通风机；

GL50×200SA 表示叶轮外径 50mm、长度 200mm、电动机与双叶轮连接、第一次设计改进的小型贯流式通风机。

表 7-39 列出部分国产小型贯流式风机的性能，供选用时参考。

表 7-39 部分国产小型贯流式风机性能

叶轮名义直径/mm	40	40	40	42	60
叶轮长度/mm	98	198	260	193	180
风量/($m^3 \cdot h^{-1}$)	40	78	90	69	149
风压/Pa	14.1	15.7	15.0	27	39.4
(A 计权) 声功率级/dB	42	42	52	50	57

7 管路及辅助设备的设计和选用

空调器（机）制冷系统中，除有压缩机、冷凝器、节流机构、蒸发器、离心风机和轴流（或贯流）风机外，尚有干燥过滤器、气液分离器、电磁阀等辅助设备，而且各设备之间用管道接通，构成一个封闭系统。辅助设备和管道的选择设计是否正确、合理，也将影响到空调器（机）的性能。

7.1 管路系统

制冷管路的设计应合理选择管材、管径，尽量缩短管线长度，以减少管路阻力损失，并防止制冷剂产生"闪气"现象。

中、小型空调器多采用 R22 为制冷剂，因此管材多选用紫铜管，为减轻重量和降低成本，又多选用薄壁铜管（$\delta=0.5\sim1.5$mm）。如果管径较大（$d\geqslant25$mm），亦可采用无缝钢管。

在确定管径时，主要是根据管道总压力损失的许可值。对吸气管道而言，总的允许压力损失约 $10\sim20$kPa，相当于制冷剂的饱和温度降低 1℃；对排气管道而言，总的允许压力损失约 $15\sim40$kPa，相当于制冷剂的饱和温度升高 $1\sim2$℃；冷凝器至节流机构之间的液体连接管路总压力损失应小于 20kPa。

在系统的制冷剂流量及工况已确定的情况下，压力损失决定于管内制冷剂的流速。空调器（机）中制冷剂的允许流速见表 7-40。对于上升的吸气管，考虑到回油问题，制冷剂的流速一般应不低于 8m/s。

表 7-40　R12、R22 制冷剂在管路中的允许流速　（单位为 m/s）

	吸气管	排气管	冷凝器至节流机构的液管
R12	$8\sim15$	$10\sim18$	$0.5\sim1.25$
R22	$8\sim15$	$10\sim18$	$0.5\sim1.25$

管道的压力损失可按下式进行计算：

$$\Delta p_r=\Sigma\Delta p_m+\Sigma\Delta p_l=\frac{1}{2}\rho w^2\Sigma\left(f\frac{l}{d_i}+\zeta\right)\qquad(7\text{-}49)$$

式中　Δp_r——总压力损失，单位为 Pa；

$\Sigma\Delta p_m$——总沿程摩擦阻力损失，单位为 Pa；

$\Sigma\Delta p_l$——总局部阻力损失，单位为 Pa；

ρ——气流密度，单位为 kg/m³；

w——流体速度，单位为 m/s；

f——沿程阻力系数；

ζ——局部阻力系数；

d_i——管道内径，单位为 m；

l——管长，单位为 m。

其中，f、ζ 的具体数值可查阅有关手册。

为了减少计算上的麻烦，也可根据已知条件（冷凝温度、蒸发温度、制冷量、管道当量长度、允许压力损失和制冷剂类型）直接从有关图表中查出管道内径和管内制冷剂流速。

常用紫铜管的规格见表 7-41。

制冷剂管道管径的配置也可根据各设备的进、出口口径的大小适当选配。

表 7-41　常用连接管道用紫铜管规格

规　格	壁厚 mm	净断面积 cm²	每米长外表面积 m²	规　格	壁厚 mm	净断面积 cm²	每米长外表面积 m²
6×0.5	0.5	0.196		14×0.75	0.75	1.227	0.0440
6×0.75	0.75	0.159	0.0189	14×1	1	1.130	
6×1	1	0.125		16×1	1	1.540	0.0503
8×0.5	0.5	0.385		18×1.5	1.5	1.760	0.0566
8×0.75	0.75	0.332	0.0252	19×1.5	1.5	2.010	0.0597
8×1	1	0.282		20×1.5	1.5	2.265	0.0628
10×0.5	0.5	0.636		22×1.5	1.5	2.835	0.0691
10×0.75	0.75	0.567	0.0134	24×1.5	1.5	3.460	0.0745
10×1	1	0.505		26×1.5	1.5	4.160	0.0816
12×0.75	0.75	0.866	0.0378	28×1.5	1.5	4.910	0.0881
12×1	1	0.735					

7.2　干燥过滤器

干燥器只用于氟利昂制冷系统中，装在节流机构前的液体管路上，用来吸附制冷剂中所含有的水分。干燥剂一般采用硅胶或分子筛。制冷剂液体在干燥器内的流速为 0.013～0.33m/s，流速过大易使干燥剂粉碎，将过滤器堵塞或将粉末带入系统。这一流速范围将作为选择干燥器直径大小的依据。

在小型氟利昂制冷装置中，通常将过滤器与干燥器合为一体，称为干燥过滤器，如图 7-26 所示。为防止吸附剂粉末进入管路系统，干燥过滤器的两端均装有网眼为 0.1mm 的铜丝网以及纱布、脱脂棉等过滤层。

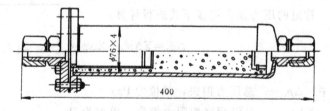

图 7-26　干燥过滤器

吸附剂吸附水分的能力是有限的，当吸附水分后，它的吸附能力随之降低，甚至丧失吸附水分的能力，因此在系统中往往与干燥过滤器平行设置旁通管路，并用截止阀隔开，以便在吸附剂的吸附能力明显下降（系统中发生冰堵现象）或过滤器被堵塞（系统中发生脏堵现象）时能将干燥过滤器拆下清洗，加热再生吸附剂或更换新的吸附剂，而又不影响制冷系统的正常工作。

干燥过滤器结构简单，一般制造厂都成套配给，可根据接管直径选用。

空调用小型过滤器如图 7-27 所示，基本参数列于表 7-42 中。

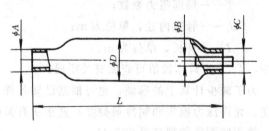

图 7-27　空调用过滤器

表 7-42　空调用过滤器基本参数　　　　　　　　(mm)

型　　号	ϕA	ϕB	ϕC	ϕD	L	最大工作压力/MPa
KG-1	4.2	—	9.6	25	62	2.5
KG-2	6.0	—	3.0	19	70	2.5
KG-3	2.6	6.0	9.6	19	70	2.5
KG-4	3.0	6.0	9.6	19	70	2.5
KG-5	3.1	6.0	8.0	19	70	2.5
KG-6	2.1	—	8.0	19	70	2.5

7.3　电磁阀

　　电磁阀是一种依靠电磁力自动启闭的截止阀。在中、小型空调器（机）系统中，它串联在节流装置前的液体管道上，并与压缩机同接一个启动开关，即当压缩机开机时，电磁阀打开，接通系统管路，使制冷系统正常运行；当压缩机停机时，电磁阀自动切断液体管路，阻止制冷剂液体继续流向蒸发器，以防止压缩机再次启动时造成液击现象。

　　中、小型空调器（机）中均采用直接作用式电磁阀，其结构如图 7-28 所示。

　　在电磁阀的选用中应注意其型号、工作电压、阀门通径、适用介质、使用温度、压力及压差等问题。安装时必须使电磁阀垂直地安装在水平管路上，并使液体制冷剂的流向与阀体标明的箭头指向一致。

　　目前，空调系统中广泛采用 FDF 型电磁阀，其技术参数见表 7-43，供选择时参考。

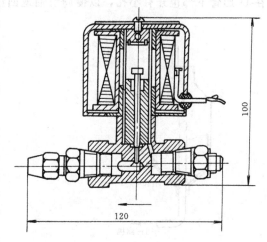

图 7-28　直接作用式电磁阀

表 7-43　FDF 型电磁阀技术参数

型号[①]	通径 mm	接管 mm	连接方式	开阀压力 MPa	工作介质	介质温度 ℃	电源电压/V	
							AC	DC
2FDF3	$\phi 3$	$\phi 6 \times 1$						
2FDF6	$\phi 6$	$\phi 8 \times 1$		气体 0.03~1.7			36, 110, 127, 220, 346, 380, 420	12, 24, 110, 220
2FDF8	$\phi 8$	$\phi 10 \times 1$						
2FDF10	$\phi 10$	$\phi 12 \times 1$	扩喇叭口		R12、R22	−20~65		
2FDF13	$\phi 13$	$\phi 16 \times 1.5$		液体 0.03~1.4				
2FDF16	$\phi 16$	$\phi 19 \times 1.5$						
2FDF19	$\phi 19$	$\phi 22 \times 1.5$						

　　①　用于 R12 时型号前去掉"2"，即为 FDF 型，用于 R22 时，型号前写"2"，即 2FDF 型。

7.4 气液分离器

在空调器（机）中，一般都采用空冷式或水冷套管式冷凝器，只有制冷量超过 60kW 的柜式空调机中才使用卧式壳管式冷凝器。在窗式空调器中制冷剂充注量较少，在柜式空调机中使用的水冷套管式或壳管式冷凝器，其本身又具有一定的贮液能力，再加上空调负荷一般变动较少，所以系统中一般不设置贮液器。但是在热泵式空调器（机）中，为了防止压缩机发生液击现象，在压缩机入口处都装有气液分离器。

对小型空调器中使用的管道型气液分离器见图 7-29。从室内或室外（作热泵使用时）热交换器来的含液蒸气流进气液分离器后，由于气流速度降低和气流转向，使其中的液滴分离，落入腔体内，蒸气由回气管上端进入压缩机，为了使润滑油能返回压缩机，在回气管下端开有 1mm 左右的回油小孔。

小型空调器（机）中另一种气液分离器型式为筒体形气液分离器，其结构如图 7-30 所示。从热交换器来的含液蒸气进入筒体内，气流中的液滴被分离后由 U 形回气管的一端进入压缩机。在 U 形管下部也开有小孔，以便润滑油返回压缩机。

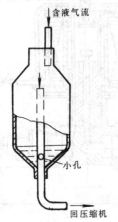

图 7-29 管道型气液分离器   图 7-30 筒体形气液分离器

筒体形气液分离器的主要技术参数列于表 7-44 上。

表 7-44 筒体形气液分离器主要技术参数

（新昌冷配厂）

型　号	容积 L	高度/mm		直径 D mm	接管尺寸 mm	固定方式
		A	B			
QFQ3.6	3.6	340	300	120	φ19×1	中间固定
QFQ2	2	240	200	120	φ19×1	底脚固定
QFQ2A	2	240	200	120	—	底脚螺钉

8 电器系统

空调器（机）的电器系统应对空调器（机）的运行实现自动调节，并对压缩机、电动机等部件进行自动保护，以保证空调器（机）安全、可靠、经济运行。

空调器（机）的电器系统由自动控制元件（如温度继电器、压力继电器、压差继电器、热继电器、时间继电器等）、交流接触器、保护电器等组成。

8.1 自动控制与电器元件

8.1.1 温度继电器

温度继电器又称温度控制器，它是对被空调房间的室温及其幅差（即温度波动范围）进行控制的电器开关。当室温达到所需温度时，继电器就控制压缩机的电动机的交流接触器，使其停止（或启动）运行，以达到控制室温的目的。空调器（机）中常用的温度继电器是以压力作用的原理来推动电触点的通与断，例如 WJ35 型温度控制器，它的温度调节范围为15℃～27℃，其动作温差为1℃～2℃，当电压为 220V 时，其触头容量的额定电流为 5A。

8.1.2 压力继电器

压力继电器是一种受压力信号控制的电器开关。当压缩机的吸、排气压力超出其正常工作压力范围时，高、低压继电器的电触头分别切断主电机电源，使压缩机停车，以起保护和自动控制作用。压力继电器的型式很多，可以由高压和低压继电器组合成一个压力继电器，如 KD 型压力继电器，也有高、低压继电器各自单独组成的继电器，如 TK 型和 TD 型，按实际需要而定。它们的动作原理基本相同，都是以波纹管气箱为动力室，接受压力信号后使气箱产生位移，通过顶杠直接与弹簧力作用，并用传动杆直接推动微动开关，以控制电路中触点的通与断，进而控制压缩机的开与停。KD 型压力继电器的规格及其技术参数见表 7-45，TK 及 TD 型压力继电器规格及其技术参数见表 7-46。

表 7-45 KD 型压力继电器技术数据

型号[①]	低压端压力调节范围 MPa	低压端压力差调节范围 MPa	高压端压力调节范围 MPa	高压端压力差 MPa	开关触头容量	适用介质
KD 255 255S	0.073～0.35	0.05±0.01～0.15±0.01	0.7～2.0	0.3±0.1	A. C 380/220V，300VA，	R22
KD 155 155S	0.073～0.35	0.05±0.01～0.15±0.01	0.6～1.5	0.3±0.1	D. C 115/230V，50W	R12

① 型号后"S"表示带手动复位装置。

表 7-46 TK、TD 型压力继电器技术数据

型　　号	压力调节范围 MPa	压力差调节范围 MPa	开关触头容量	适用介质
TK15	0.6～1.5	0.3±0.1	A. C 380/220V，300VA；D. C 115/230V，50W	R12
TK20	0.7～2.0	0.3±0.1		R12、R22
TD550	0.075～0.35	0.05±0.01～0.15±0.01		R22

8.1.3 压差继电器

压差继电器用于带有油泵润滑的压缩机，作为润滑系统的保护元件，故它也称为油压继电器。当润滑油压力与压缩机吸气压力之差值低于正常值时，波纹管产生的位移通过杠杆作用，使压力开关接通延时机构的电加热器，加热双金属片，在规定延时范围内压缩机仍正常运转，若超过延时范围，双金属片扭曲至使延时开关接点跳开，切断电源，迫使压缩机停车，起到安全保护作用。JC3.5 型压差继电器的技术性能如表 7-47 所示。

表 7-47　JC3.5 型压差继电器技术数据

压力差调节范围	0.05～0.35MPa	延时时间	60±20S
波纹管最大承受压力	1.6MPa	主触头容量	A.C220/380V，1000VA；
额定工作电压	A.C220/380V；D.C220V		D.C220V，50W

8.1.4 热继电器

热继电器在控制线路中对电动机具有过载保护和单相断线保护作用。国产 JR15 系列热继电器由加热元件、双金属片、电流调节器和控制触头等组成。加热元件串接在电动机的主电路中，常闭触头则串接在接触器的吸引线圈的回路中，当电动机过载时，电动机的输入电流超过其额定电流，使加热元件发热量增大，双金属片弯曲变形，推动导板，导板再推动杠杆，杠杆又推动簧片，使动触头与静触头分开，从而使电动机停止运转，起到保护电动机的作用。

8.1.5 交流接触器

交流接触器的作用是在按钮或继电器的控制下接通或断开带负载的主电路，以控制电动机的开、停。交流接触器由触头和电磁系统组成，一般有三对主触头和四对辅触头，每对触头由动、静触头组成。触头有"常开"、"常闭"之分，当吸引线圈未接通电流时，本来断开的一对触头称常开触头，本来闭合的触头称常闭触头。主触头一般总处于"常开"状态，而辅助触头则二种状态都有。电磁系统由吸引线圈、动静铁心和弹簧组成。吸引线圈的电源由控制电路控制，以达到控制触头的闭合与断开。

窗式空调器采用单相电源、全封闭压缩机，在电动机的定子绕组中不但有运转线圈，还有专供起动的起动线圈，因此需采用起动继电器来控制起动线圈，使之在起动过程中与电源接通和断开。起动继电器一般分为两个部分，即起动控制部分（起动接触器）和过载保护部分（单相热继电器）。由于单相电动机的起动转矩较小，因此在电路的起动绕组上串接电容，以增强其起动转矩。

熔断器的选择主要是选定熔丝的熔断电流，若熔断电流太大，则电动机将得不到应有的保护；若熔断电流太小，则电动机起动时又很容易烧断。一般熔丝的额定电流可取电动机的额定电流的 （1.5～2.5）倍。

8.2　电器控制线路

8.2.1　空调器（机）对电气控制的一般要求

空调器（机）对电气控制的一般要求如下：

（1）压缩机应与通风机联锁，只有当通风机运转后压缩机才能启动，联锁电路见图 7-31；

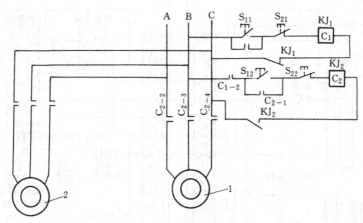

图 7-31　风机、压缩机联锁电路

1—压缩机　2—送风机

（2）冷凝器用轴流风机应与压缩机联锁，只有当轴流风机运转后压缩机才能投入运行。如冷凝器为水冷式，则水泵应与压缩机联锁，只有水泵运行后压缩机才能投入运行；

（3）通风机应可单独停、开；

（4）应设有温度控制器来控制压缩的停、开，以保持室内所需温度；

（5）电动机应设有热继电器，对电动机进行过载或断相保护；

（6）压缩机应有高、低压力自动保护。对具有油泵润滑系统的压缩机应设有油压差保护；

（7）电路中应设有指示灯，反映空调器（机）的工作状态。

8.2.2　空调器（机）电气线路图示例

空调器（机）的电气控制应根据运行的需要，由自动控制元件与控制电器组成各种型式的电气线路图。图 7-32、图 7-33、图 7-34 分别示出普通冷风型单相窗式空调器电气线路、分体式空调器（机）电气线路和柜式空冷式空调机的电器线路图，供设计时参考。

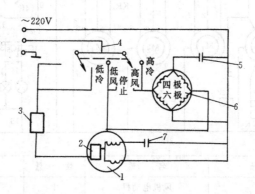

图 7-32　普通冷风型单相窗式空调器电气线路图

1—压缩机电动机　2—热继电器　3—温度控制器　4—联动选择开关　5、7—电容器　6—风扇电动机

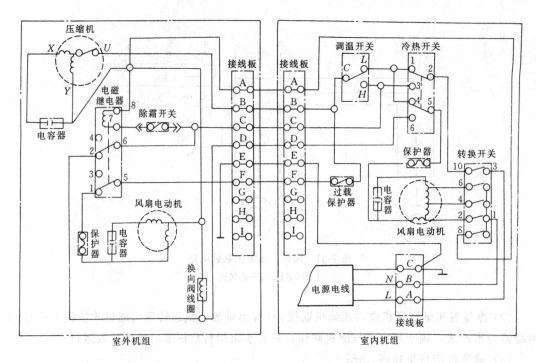

图 7-33 分体式空调器（机）电器线路图

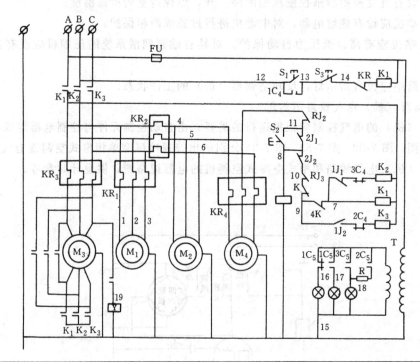

序　　号	代　号	名　　称	数　　量	规 格 型 号
1	M_1	风机电动机	1	JC_2-31/6 1.5kW
2	M_2、M_4	冷凝器电动机	2	JC_2-21/4 1.1kW

（续）

序　号	代　号	名　称	数　量	规　格　型　号
3	M₃	压缩机电动机	1	JC₂-61/4　13kW
4	K₁	交流接触器	1	CJ10-40A
5	K₂、K₃	交流接触器	2	CJ10-20A
6	KR₁、KR₂	热继电器	2	JRC-20/3D　25～45A
7	KR₃	热继电器	1	JRC-40/3D　25～40A
8	R	电阻	1	51Ω
9	K	高低压继电器	1	KD-155 型
10	Y	电磁阀	1	220V
11	T	变压器	1	423-6 型　220V/0-6-8V
12	Q	温度控制器	1	WJ35　27
13	KT	时间继电器	1	JS7-2A　380V
14	KM	中间继电器	1	JTY-2C　220V
15	S₁、S₂、S₃	按钮开关	3	LA19-11D

图 7-34　柜式空冷式空调机电器线路图

9　小型空调器选择性设计计算示例

试设计一台窗式空调器，名义工况下制冷量为 3150W，制冷剂为 R22。

（1）制冷循环热力计算

1）循环参数及压焓图

窗式空调器名义工况下制冷循环参数及室内、外空气参数如下：

蒸发温度 7.2℃，冷凝温度 54.4℃，

膨胀阀前液体温度 46.1℃，过冷温度 15℃，

吸气温度 20℃；

室内干球温度 27℃，湿球温度 19.5℃，

室外干球温度 35℃，湿球温度 24℃。

循环的 p-h 图如图 7-5a）所示。

2）各点参数值

查 R22 热力性质表和图得：

t_0 /℃	p_0 /MPa	t_k /℃	p_k /MPa	$t_{1'}$ /℃	$h_{1'}$ /(kJ·kg⁻¹)	$t_{1''}$ /℃	$h_{1''}$ /(kJ·kg⁻¹)	$v_{1''}$ /(m³·kg⁻¹)	t_2 /℃	h_2 /(kJ·kg⁻¹)	t_4 /℃	h_4 /(kJ·kg⁻¹)
7.2	0.625	54.4	2.146	15	414	20	418	0.041	88	451	46.1	257.9

3）热力计算

单位质量制冷量

$$q_o = h_{1'} - h_4 = 414 - 257.9 \text{kJ/kg} = 156.1 \text{kJ/kg}$$

单位理论功

$$w_o = h_2 - h_{1'} = 451 - 418 \text{kJ/kg} = 33 \text{kJ/kg}$$

制冷剂循环质量流量

$$q_m = \frac{Q_o}{q_o} = \frac{3150 \times 10^{-3}}{156.1} \text{kg/s} = 20.18 \times 10^{-3} \text{kg/s}$$

实际输气量

$$q_{V_s} = q_m v_{1''} = 20.18 \times 10^{-3} \times 0.041 \text{m}^3/\text{s} = 0.825 \times 10^{-3} \text{m}^3/\text{s}$$

输气系数

$$\lambda = \lambda_v \lambda_p \lambda_T \lambda_l$$

取 $\lambda = 0.65$（详细计算见第五章）

压缩机理论输气量

$$q_{V_h} = \frac{q_{V_s}}{\lambda} = \frac{0.825 \times 10^{-3}}{0.65} \text{m}^3/\text{s} = 1.27 \times 10^{-3} \text{m}^3/\text{s}$$

压缩机理论功率

$$P_o = q_m w_o = 20.18 \times 10^{-3} \times 33 \text{kW} = 0.67 \text{kW}$$

压缩机指示功率

取压缩机指示效率 $\eta_i = 0.8$，压缩机指示功率

$$P_i = \frac{P_o}{\eta_i} = \frac{0.67}{0.8} \text{kW} = 0.832 \text{kW}$$

压缩机轴功率

取压缩机的摩擦功率 $P_m = 0.1 \text{kW}$（详细计算见第五章），压缩机轴功率

$$P_e = P_i + P_m = 0.832 + 0.1 \text{kW} = 0.932 \text{kW}$$

（2）压缩机的选择及制冷剂流量校核

根据计算结果，查表 7-17，选用空调用 F4.3Q 全封闭往复式压缩机。额定制冷量为 3815W，电机输出功率为 1100W，压缩机的理论输气量为 1.32×10^{-3} m/s，均能满足设计要求。

该压缩机在名义工况下的制冷剂质量流量为

$$q_{m1} = \frac{Q_o}{q_{o1}} = \frac{Q_o}{h_{1''} - h_4} = \frac{3815 \times 10^{-3}}{418 - 257.9} \text{kg/s} = 23.83 \times 10^{-3} \text{kg/s}$$

（3）蒸发器设计计算

在进行窗式空调器制冷量测定时，不考虑新风量，因此设计计算中可以假定进入蒸发器的空气状态即为室内空气状态。空气经过蒸发器时的状态变化如图 7-7 所示。

1）蒸发器进口空气状态参数

蒸发器进口处空气干球温度 $t_{1g} = 27$℃，湿球温度 $t_{1s} = 19.5$℃，查湿空气的 h-d 图，得蒸发器进口处湿空气的比焓值 $h_1 = 55.8$kJ/kg，含湿量 $d = 11.1$g/kg，相对湿度 $\varphi_1 = 50\%$。

2）风量及风机的选择

蒸发器所需风量一般按每 kW 冷量取 0.05m³/s 的风量，故蒸发器风量为

$$q_v = 3.815 \times 0.05 = 0.19 \text{m}^3/\text{s} = 684 \text{m}^3/\text{h}$$

查表 7-36，选择 DF2A 型离心式通风机，该风机的风量 $q_v' = 800 \text{m}^3/\text{h}$（0.22m³/s），全压 $H = 8 \text{mmH}_2\text{O}$（80Pa），转速 $n = 750 \text{r/min}$，配用电动机功率 $P = 80\text{W}$。

3）蒸发器进、出口空气焓差及出口处空气焓值

蒸发器进、出口空气焓差

$$\Delta h = h_1 - h_2 = \frac{Q_o}{\rho q_v'} = \frac{3.815}{1.2 \times 0.22} \text{kJ/kg} = 14.45 \text{kJ/kg}$$

蒸发器出口处空气焓值

$$h_2 = h_1 - \Delta h = 55.8 - 14.45 \text{kJ/kg} = 41.35 \text{kJ/kg}$$

设蒸发器出口处空气的相对湿度 $\varphi_2 = 90\%$，则蒸发器出口处空气的干球温度 $t_{2g} = 15.6℃$，含湿量 $d = 10 \text{g/kg}$。将 h-d 图上的空气的进、出口状态点 1、2 相连，延长与饱和线相交，得 $t_3 = 14℃$，$h_3 = 39 \text{kJ/kg}$。

4）初步确定蒸发器结构参数

采用强制对流的直接蒸发式蒸发器，连续整体式铝套片。紫铜管为 ϕ10mm×0.5mm，正三角形排列，管间距 $S_1 = 25\text{mm}$，排间距 $S_2 = 21.65\text{mm}$，铝片厚 $\delta = 0.15\text{mm}$，片距 $S_f = 1.8\text{mm}$，铝片热导率数 $\lambda = 204 \text{W/(m·K)}$。

每米管长翅片表面积

$$a_f = \frac{\left(S_1 S_2 - \frac{\pi}{4}d_o^2\right) \times 2}{S_f} =$$
$$\frac{\left(0.025 \times 0.02165 - \frac{\pi}{4} \times 0.01^2\right) \times 2}{0.0018} \text{m}^2/\text{m} = 0.514 \text{m}^2/\text{m}$$

每米管长翅片间基管外表面积

$$a_b = \frac{\pi d_o (S_f - \delta)}{S_f} = \frac{\pi \times 0.01(0.0018 - 0.00015)}{0.0018} \text{m}^2/\text{m} = 0.0288 \text{m}^2/\text{m}$$

每米管长总外表面积

$$a_{of} = a_f + a_b = 0.514 + 0.0288 \text{m}^2/\text{m} = 0.543 \text{m}^2/\text{m}$$

每米管长内表面积

$$a_i = \pi d_i l = \pi \times 0.009 \times 1 \text{m}^2/\text{m} = 0.0283 \text{m}^2/\text{m}$$

肋化系数

$$\beta = \frac{a_{of}}{a_i} = \frac{0.543}{0.0283} = 19.2$$

肋通系数

肋通系数是指每排肋管外表面积与迎风面积之比，即

$$a = \frac{A_{of}}{NA_y} = \frac{a_{of}}{S_1} = \frac{0.543}{0.025} = 21.72$$

净面比

净面比是指最窄流通截面积与迎风面积之比,即

$$\varepsilon=\frac{(S_1-d_o)(S_f-\delta)}{S_1S_f}=\frac{(0.025-0.010)(0.0018-0.00015)}{0.025\times0.0018}=0.55$$

5）结构设计传热面积、管长及外形尺寸

取沿气流方向管排数 $N=3$，分两路供液，迎面风速取 $w_f=2\text{m/s}$，则最小截面流速为

$$w_{max}=\frac{w_f}{\varepsilon}=\frac{2}{0.55}\text{m/s}=3.64\text{m/s}$$

迎风面积

$$A_y=\frac{q_{V'}}{w_f}=\frac{800}{3600\times2}\text{m}^2=0.111\text{m}^2$$

总传热面积

$$A_{of}=A_yaN=0.111\times21.72\times3\text{m}^2=7.24\text{m}^2$$

所需管长

$$L=\frac{A_{of}}{a_{of}}=\frac{7.24}{0.543}\text{m}=13.33\text{m}$$

取蒸发器高度方向为 12 排，蒸发器高为

$$H=12S_1=12\times0.025\text{m}=0.3\text{m}$$

蒸发器长

$$L=\frac{A_y}{H}=\frac{0.111}{0.3}\text{m}=0.37\text{m}$$

蒸发器宽

$$B=NS_2=3\times21.65\times10^{-3}\text{m}=0.065\text{m}$$

6）传热温差

$$\theta_m=\frac{t_{1g}-t_{2g}}{\ln\dfrac{t_{1g}-t_o}{t_{2g}-t_o}}=\frac{27-15.6}{\ln\dfrac{27-7.2}{15.6-7.2}}\text{℃}=13.29\text{℃}$$

7）传热计算所需传热面积

取总的传热系数 $K=43.5\text{W/(m}^2\cdot\text{K)}$（详细计算见第 4 章,或参考有关书籍资料）,所需传热面积为

$$A_o=\frac{Q_o}{K\theta_m}=\frac{3815}{43.5\times13.29}\text{m}^2=6.9\text{m}^2<A_{of}$$

所设计的蒸发器能满足要求。

8）空气侧流动阻力

凝露工况下，气体横向流过整套叉排管簇时的阻力可按下式计算

$$\Delta p=1.2\times9.81A\left(\frac{B}{d_e}\right)(\rho w_{max})^{1.7}\psi$$

对于粗糙的翅片表面,$A=0.0113$

当量直径

$$d_e=\frac{2(S_1-d_o)(S_f-\delta)}{(S_1-d_o)+(S_f-\delta)}=\frac{2(25-10)(1.8-0.15)}{(25-10)+(1.8-0.15)}\text{mm}=2.97\text{mm}$$

沿气流方向蒸发器长（即蒸发器的宽度）$B=65\text{mm}$,空气密度 $\rho=1.2\text{kg/m}^3$,凝露工况下取 $\psi=$

1.2,则

$$\Delta p = 1.2 \times 9.81 \times 0.0113\left(\frac{65}{2.97}\right)(1.2 \times 3.64)^{1.7} \times 1.2 \text{Pa} =$$

$$42.8\text{Pa} < H(80\text{Pa})$$

所以，选择的 DF2A 型离心式通风机能满足压头要求。

（4）冷凝器设计计算

窗式空调器的冷凝器均采用强制对流式空冷冷凝器，外套整体式铝片。

1）冷凝器热负荷

根据循环的热力计算，冷凝器热负荷由下式计算

$$Q_K = q_{m1}(h_{2'} - h_{3'})$$

式中　q_{m1}——压缩机的制冷剂循环量，单位为 kg/s；

　　　$h_{2'}$——压缩机的实际排气比焓值，亦即制冷剂进入冷凝器时的比焓值，单位为 kJ/kg；

　　　$h_{3'}$——从冷凝器排出时制冷剂的比焓值，单位为 kJ/kg。

$$h_{2'} = \frac{h_2 - h_{1''}}{\eta_i} + h_{1''} = \frac{451 - 418}{0.8} + 418\text{kJ/kg} = 459.3\text{kJ/kg}$$

由于制冷剂在冷凝器内过冷 5℃，故冷凝器出口制冷剂的温度 $t_{3'} = (54.4 - 5)℃ = 49.4℃$，

$$h_{3'} = 262.57\text{kJ/kg}$$

所以　　　$Q_K = 23.83 \times 10^{-3}(459.3 - 262.57)\text{kW} = 4.688\text{kW} = 4688\text{W}$

2）冷凝器进、出口空气参数

冷凝器进风温度等于室外干球温度，即 $t_{a1} = 35℃$，取空气进、出口温差 $t_{a2} - t_{a1} = 10℃$，故冷凝器出风温度 $t_{a2} = 45℃$，冷凝器的冷凝温度 $t_K = 54.4℃$。

3）风量及风机的选择

冷凝器所需风量

$$q_V = \frac{Q_K}{\rho C_p(t_{a2} - t_{a1})} = \frac{4688}{1.2 \times 1000 \times 10}\text{m}^3/\text{s} = 0.39\text{m}^3/\text{s} = 1404\text{m}^3/\text{h}$$

查表 7-37，现选 250FZL-04 型轴流式通风机，该机风量 $q_{V'} = 24\text{m}^3/\text{min} = 1440\text{m}^3/\text{h}$，风压 $H = 120\text{Pa}$，功率 $P = 80\text{W}$，转速 $n = 2700\text{r/min}$。

4）初步规划冷凝器的结构

取冷凝器的传热管、翅片管结构参数及排列方式与蒸发器完全相同。

在窗式空调器中，冷凝器和蒸发器的长、高要相互配合，根据已设计好的蒸发器的 $L \times H = 0.37 \times 0.3\text{m}$ 以及选定的轴流风机的尺寸，我们设定冷凝器的结构：长 $L = 0.42\text{m}$，高 $H = 0.375\text{m}$，沿空气流动方向的管排数 $N = 3$，每排管数 $i = 15$。

5）结构设计传热面积

迎风面积

$$A_y = L \times H = 0.42 \times 0.375\text{m}^2 = 0.158\text{m}^2$$

迎面风速

$$w_f = \frac{q_{V'}}{A_y} = \frac{1440}{3600 \times 0.158}\text{m/s} = 2.53\text{m/s}$$

最窄流通截面风速

$$w_{\max}=\frac{w_f}{\varepsilon}=\frac{2.53}{0.55}\text{m/s}=4.6\text{m/s}$$

总传热面积

$$A_{of}=A_y aN=0.158\times21.72\times3\text{m}^2=10.3\text{m}^2$$

所需管长

$$L=\frac{A_{of}}{a_{of}}=\frac{10.3}{0.543}\text{m}=18.97\text{m}$$

6) 传热温差

$$\theta_m=\frac{t_{a2}-t_{a1}}{\ln\dfrac{t_k-t_{a1}}{t_k-t_{a2}}}=\frac{45-35}{\ln\dfrac{54.4-35}{54.4-45}}\text{℃}=13.9\text{℃}$$

7) 传热计算所需传热面积

取总传热系数 $K=35\text{W/(m}^2\cdot\text{K})$（详细计算见第 3 章,或参考有关书籍资料）。

所需传热面积

$$A_K=\frac{Q_K}{\theta_m K}=\frac{4688}{13.9\times35}\text{m}^2=9.6\text{m}^2<A_{of}$$

所设计的冷凝器结构能满足传热面积要求。

8) 空气侧流动阻力

干工况下,气体横向流过整套叉排管簇时的阻力可按下式计算

$$\begin{aligned}\Delta p&=1.2\times9.81A\left(\frac{B}{d_e}\right)(\rho w_{\max})^{1.7}=\\&\quad1.2\times9.81\times0.0113\left(\frac{65}{2.97}\right)(1.2\times4.6)^{1.7}\text{Pa}=\\&\quad53\text{Pa}<H(120\text{Pa})\end{aligned}$$

所以,所选风机能满足压头要求。

(5) 毛细管选择计算

1) 设计参数

制冷剂：R22;

冷凝压力：$p_k=2.146\text{MPa}$ $(t_k=54.4\text{℃})$;

蒸发压力：$p_o=0.625\text{MPa}$ $(t_o=7.2\text{℃})$;

节流阀前温度：$t_4=46.1\text{℃}$;

制冷剂循环量：$q_{m1}=23.83\times10^{-3}\text{kg/s}=85.8\text{kg/h}$;

蒸发器分路数：$Z=2$。

2) 毛细管尺寸估算

制冷剂在毛细管内的两相流动过程十分复杂,难以精确计算。用图解法选出的毛细管尺寸都要经过在实际装置中的运行试验,经修正后才能获得最佳尺寸。

为简化计算,假定由冷凝器出口至毛细管进口前的总流动阻力损失相当于饱和温度降低了 1.5℃,因此进毛细管时液体制冷剂的过冷度为

$$\Delta t=(54.4-46.1-1.5)\text{℃}=6.8\text{℃}$$

由 p_k、Δt 值查图 7-13 得标准毛细管的通流量 $q_m=52\text{kg/h}$。

流量系数

$$\varphi = \frac{q_{m1}}{Zq_m} = \frac{85.8}{2 \times 52} = 0.825$$

查图 7-14，如选毛细管内径 $d_i = 1.4\text{mm}$，则毛细管长度 $L = 1.2\text{m}$，共两根。

(6) 系统制冷剂充注量的估算

对于小型空调器（机）而言，由于没有贮液器，故系统内制冷剂的充注量对制冷机的经济、安全运行起着重要作用。充注量过少，蒸发器只有部分管壁得到润湿，蒸发器面积不能得到充分利用，蒸发量下降，吸气压力降低，蒸发器出口制冷剂过热度增加，这不仅使循环的制冷量下降，而且还会使压缩机的排气温度升高，影响压缩机的使用寿命；充注量过多，不仅蒸发器内积液过多，致使蒸发器压力升高，传热温差减小，严重时甚至会产生压缩机的液击现象，而且会使冷凝器内冷凝后的制冷剂液体不能及时排出，使冷凝器的有效传热面积减少，导致冷凝压力升高，压缩机耗功增加。由此可知，在一定工况下，系统内存在一个最佳充注量问题。

系统中制冷剂的充注量不等于制冷剂的循环量，它应根据系统的容积大小、制冷剂在系统各处的状态、干度等分别加以计算。据有关资料介绍，对制冷剂为 R22、小型空冷式空调器而言，系统的制冷剂充注量可用下式估算：

$$G = 0.5334V_H + 0.2247V_K \tag{7-50}$$

式中　G——系统制冷剂充灌量，单位为 kg；

　　　V_H——蒸发器容积，单位为 l；

　　　V_K——冷凝器容积，单位为 l。

本例中，由前面计算可知，蒸发器的总传热管长为 13.33m，冷凝器的总传热管长为 18.97m，考虑到弯管等因素，现取蒸发器、冷凝器的总传热管长为 16m 和 22m，相应的各自容积为

$$V_H = \frac{\pi}{4}d_i^2 L_H = \frac{\pi}{4} \times 0.09^2 \times 160\text{L} = 1.02\text{L}$$

$$V_K = \frac{\pi}{4}d_i^2 L_K = \frac{\pi}{4} \times 0.09^2 \times 220\text{L} = 1.4\text{L}$$

按式（7-50），可估算出该系统的制冷剂充注量为

$$G = 0.5334 \times 1.02 + 0.2247 \times 1.4\text{kg} = 0.86\text{kg}$$

应该指出，充注量对系统性能的影响因素是多方面的，也与毛细管的长度有关，在毛细管长度一定的情况下，存在一个最佳充注量，它与确定毛细管尺寸的情况类似，也应该通过在实际装置中进行实验后确定。

10　空调器（机）性能测试

目前，标定房间空调器（机）性能的试验方法大致有三种，即焓差法、风道热平衡法及房间热平衡法。

10.1　焓差法

焓差法是根据测定空调器（机）进、出口空气的干球温度、湿球温度和风量来确定空调器（机）的冷量，即

$$Q_\mathrm{o}=q_\mathrm{m}(h_1-h_2) \tag{7-51}$$

式中　Q_o——空调器（机）制冷量，单位为 kW；

　　　q_m——通过空调器（机）蒸发器风量，单位为 kg/s；

　　　h_1——进空调器（机）空气的比焓，单位为 kJ/kg；

　　　h_2——出空调器（机）空气的比焓，单位为 kJ/kg。

h_1、h_2 的数值可根据测得的干、湿球温度在湿空气的 h-d 图上查得。

这种方法简便可行，空调器（机）制造厂广为采用，它也是作为制冷量大于 8kW 的柜式空调机的一种标准测试方法。但对于制冷量小于 7kW 的小型空调器而言，因风量较小，机外全压较低，所以在使用测压管和一般的微压机来测定机组的循环风量时，常由于风速较小而使微压仪反应不太灵敏，读数的相对误差又较大，不易保证足够的精度，所测定的制冷量的误差可达 10% 以上。

10.2　风道热平衡法

风道热平衡法也是一种简易的测定空调器性能的方法。此法的原理是认为湿空气的等焓线与等湿球温度线近似重合，见图 7-35。测试时只要藉助于调整、控制热平衡风道中的电加热器功率，使 $t_{s_1}=t_{s_3}$，因为

$$Q_\mathrm{o}=q_\mathrm{m}(h_1-h_2)$$

电加热器功率　　　　$P=q_\mathrm{m}(h_3-h_2) \tag{7-52}$

如点 1 与点 3 的湿球温度相同（即 $t_{s_1}=t_{s_3}$），则 $h_1=h_3$，于是

$$P=q_\mathrm{m}(h_3-h_2)=q_\mathrm{m}(h_1-h_2)=Q_\mathrm{o} \tag{7-53}$$

即可求得空调器的制冷量。

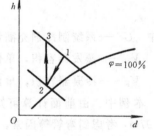

图 7-35　风道热平衡法测定
空调器冷量的原理

此种方法不需要测定循环风量，因而设备简单、可靠，空调器制冷量的测定误差小于 10%。但它仍存在下列缺点：①它只能标定非热泵型机组，而且也只能标定名义工况下的性能，不能进行结霜、低温等工况试验；②它无法同时用两种方法测定冷量，因而无法对测定的冷量进行校核验证；③从试验原理上讲它有一定的近似性，忽略了凝结水本身带走的热焓。因此风道热平衡法也仅可作为一般工厂企业所采用的一种简易的测定冷量的方法，它不是一种标准的测试方法。

10.3　房间热平衡法

房间热平衡法又称房间型量热计法。它用绝热隔墙把量热计室分成两间，即室内侧隔室和室外侧隔室。隔墙上开有孔洞，用于像正常使用情况那样安装被测定空调器。

房间型量热计法可同时在室内侧和室外侧测定空调器的制冷量或热泵制热量，是空调器性能测定的标准方法，在我国已作为国家标准（GB7725—87）被采用。

房间型量热计有标定型和平衡环境型两种形式。标定型量热计室内侧和室外侧均不设空调套间，不控制室外环境的温度和湿度，用标定的方法确定室内围护结构的热损失，因而结构简单，省掉套间及相应的空气调节系统，但这种型式对测定的稳定性和精度有一定影响。平衡环境型量热计室内侧和室外侧均分别设有受控套间，保证套间内的干球温度分别与室内、外侧的干球温度一致，使围护结构的热损失接近于零，提高了试验的稳定性和精度，但结构复杂，运行时调节较麻烦。

10.3.1 标定型房间量热计

标定型房间量热计如图7-36所示。其围护结构应有良好的隔热性能，使漏热量不超过被测空调器制冷量的5%。量热计室应架空，使空气能在地板下自由流通。

在量热计室内侧和室外侧分别设置了空气再处理机组，以便在室内侧模拟室内气象条件，室外侧模拟室外气象条件，创造所要求的各试验工况下各参数的规定值（见表7-48）。

试验时，各参数的读数与规定值的允许偏差见表7-49。

室内侧空气再处理机是由空气电加热器、电加湿器、风机、混合器（整流格栅）、双层百叶风口、冷却水盘管（热泵试验时用)等构件组成;室外侧空气再处理机是由空气冷却器（冷却盘管）、再加热器、风机、混合器、双层百叶风口等构件组成。

为了测得量热计室内的气象条件（干、湿球温度），在室的两侧分别设置了

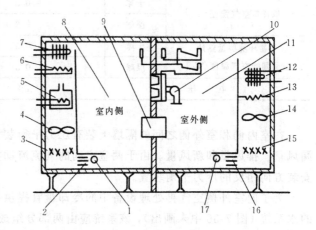

图 7-36 标定型房间量热计示意图
1、17—空气取样管 2、16—双层百叶风口 3、15—混合器
4、14—风机 5—加湿器 6—加热器 7、12—冷却盘管
8—室内侧 9—被测空调器 10—压力平衡装置
11—室外侧 13—再加热器

取样管。为方便读取温度计的数值，取样管的读值段可引出量热计室，但必须密封和保温，以防漏气和漏热。

表 7-48 空调器在不同工况下各参数的规定值 （单位为℃）

工 况 条 件	室内侧空气状态		室外侧空气状态	
	干球温度	湿球温度	干球温度	湿球温度
名义制冷	27.0	19.5	35.0	24.0
热泵名义制热	21.0	—	7.0	6.0
电热名义制热	21.0	—	—	—
最大制冷运行	32.0	23.0	43.0	25.5
热泵最大制热运行	24.0	—	21.0	15.5
凝 露	27.0	24.0	27.0	24.0
低 温	21.0	15.5	21.0	15.5
凝 水	27.0	24.0	27.0	24.0
除 霜	21.0	15.5	1.5	0.5

表 7-49　参数的读数与规定值的允许偏差值

读　　数		读数的平均值与名义 工况下规定值的偏差	间隔 10 分钟读取的各个读数对 名义工况下规定值的最大偏差
取样口空气温度/℃	干球	0.3	0.5
	湿球	0.2	0.3
平衡环境型量热计 套间的空气温度/℃	干球	0.5	1.0
	湿球	0.3	0.5
电　　压		1%	2%

在室内侧和室外侧之间的隔墙上装有压力平衡装置,以保证两侧压力平衡,并用以测量漏风量、排风量和新风量。由于两室之间的气流流动方向有可能变化,故应采用两套相同但安装方向相反的压力平衡装置。

为了向室外侧空气再处理设备中的冷却盘管提供符合要求的冷却水,应设置一套可调温的水系统(图 7-36 中未画出),该系统应由两部分组成,一部分是由制冷系统组成的冷源,提供低温水,另一部分是由温水箱、回水箱、混合水箱、给水泵、回水泵及电加热器等设备组成的调节、控制水系统,为试验提供各种温度的水。

10.3.2　平衡环境型房间量热计

平衡环境型房间量热计如图 7-37 所示。其主要特点是在室内侧和室外侧围护结构的外面分别设有温度可控的套间。室内、外侧的空气再处理机组、空气取样管、压力平衡装置及可调温水系统等均与标定型房间量热计的要求相同。

为保证套间内温度场的均匀性,量热计隔室的围护结构与其外套间的围护结构之间的距离应≥0.3m。

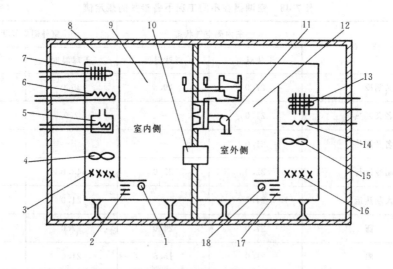

图 7-37　平衡环境型房间量热计示意图

1、18—空气取样管　2、17—双层百叶风口　3、16—混合器　4、15—风机　5—加湿器

6—加热器　7、13—冷却盘管　8—受控套间　9—室内侧　10—被测空调器

11—压力平衡装置　12—室外侧　14—再加热器

10.3.3　试验步骤、制冷量及制热量的计算

(1) 试验步骤

1) 将被测空调器安装在隔墙的孔洞内，四周围进行良好的密封；

2) 调节压力平衡装置，使两室之间的压力差不大于 1.25Pa；

3) 调节再处理机组的加热量和加湿量或制冷量和除湿量，使室内侧和室外侧的工况条件满足表 7-48、表 7-49 要求；

4) 当试验工况达到稳定后，进行连续 1h 的试验，每 10min 读数一次，连续七次；

5) 按室内侧测得的空调器制冷量（或制热量）与按室外侧测得的空调器制冷量（或制热量）之间的偏差不大于 4% 时，试验为有效；

6) 空调器的制冷量或制热量均以室内侧测得的数值为准。制冷量和制热量均取连续七次的平均值。

(2) 制冷量的计算　空调器室内侧制冷量是通过测定用于平衡制冷量和除湿量所输给量热计室内侧的热量和水量来确定；室外侧制冷量是通过测定用于平衡空调器冷凝器侧排出的热量和凝结水量而从量热计室外侧取出的热量和水量来确定。室内侧测定的热泵制热量是通过测量用于平衡热泵制热量而从量热计室内侧取出的热量来确定；室外侧测定的热泵制热量是通过测量用于平衡空调器蒸发器侧制冷量而输入量热计室外侧的热量来确定。

根据以上所述，室内侧测定的空调器总净制冷量可按下式计算

$$Q_r = \Sigma P_r + (h_{w1} - h_{w2})W_r + q_p + q_r \qquad (7\text{-}54)$$

式中　Q_r——室内侧测定的空调器总净制冷量，单位为 W；

ΣP_r——室内侧的总输入功率，单位为 W；

h_{w1}——加湿用的水或蒸汽的比焓值，如试验过程中未曾向加湿器供水，则 h_{w1} 取再处理机组中加湿器内水温下的比焓，单位为 J/kg；

h_{w2}——从室内侧排到室外侧的空调器凝结水的比焓，凝结水的温度通常假定等于空调器送风的湿球温度，该温度可测量或估算，单位为 J/kg；

W_r——空调器内的凝结水量，即为再处理机组中加湿器蒸发的水量，单位为 kg/s；

q_p——由室外侧通过中间隔墙传到室内侧的漏热量，单位为 W；

q_r——除了中间隔墙外，从周围环境通过墙、地板和天花板传到室内侧的漏热量，单位为 W。

室外侧测定的空调器总净制冷量按下式计算

$$Q_o = q_c - \Sigma P_o - P + (h_{w_3} - h_{w_2})W_r + q_p' + q_o \qquad (7\text{-}55)$$

式中　Q_o——室外侧测定的空调器总净制冷量，单位为 W；

q_c——室外侧再处理机组中冷却盘管带走的热量，单位为 W；

ΣP_o——室外侧的总输入功率，单位为 W；

P——空调机的总输入功率，单位为 W；

h_{w_3}——室外侧再处理机组排出的凝结水在离开量热计室的温度条件下的比焓，单位为 J/kg；

h_{w_2}——从室内侧排到室外侧的空调器凝结水的比焓，凝结水的温度通常假定等于空调器送风的湿球温度，这温度可测量或估算，单位为 J/kg；

q_p'——通过中间隔墙，从室外侧漏出的热量，当隔墙暴露在室内侧的面积等于暴露在室外侧的面积时，$q_p'=q_p$，单位为 W；

q_o——室外侧向外的漏热量（不包括中间隔墙），单位为 W。

（3）热泵制热量的计算　室内侧测定的热泵制热量按下式计算

$$Q_r^h = q_c^h - \Sigma P_r^h + q_p^h + q_r^h - W_r^h(h_{w_4} - h_{w_5}) \tag{7-56}$$

式中　Q_r^h——室内侧测定的热泵制热量，单位为 W；

q_c^h——室内侧再处理机组中冷却盘管带走的热量，单位为 W；

ΣP_r^h——室内侧的总输入功率，单位为 W；

q_p^h——由室内侧通过中间隔墙传到室外侧的漏热量，单位为 W；

q_r^h——室内侧向外的漏热量（不包括中间隔墙），单位为 W；

W_r^h——室内侧再处理机组中冷却盘管除下的凝结水量或加湿器的加湿水量，单位为 kg/s；

h_{w_4}——进入室内侧的水或蒸气的比焓，单位为 J/kg；

h_{w_5}——由室内侧排出的凝结水在离开量热计室的温度条件下的比焓，单位为 J/kg。

室外侧测定的热泵制热量按下式计算

$$Q_o^h = \Sigma P_o^h + P + q_p^{h'} + q_o^h + W_o^h(h_{w_6} - h_{w_7}) \tag{7-57}$$

式中　Q_o^h——室外侧测定的热泵制热量，单位为 W；

ΣP_o^h——室外侧的总输入功率，单位为 W；

P——空调器的总输入功率，单位为 W；

$q_p^{h'}$——由室内侧通过中间隔墙传到室外侧的漏热量。当隔墙暴露在室内侧的面积等于暴露在室外侧面积时，$q_p^{h'}=q_p^h$，单位为 W；

q_o^h——除中间隔墙外，通过墙、地板和天花板传入室外侧的漏热量，单位为 W；

W_o^h——室外侧空调器的凝结水量，即为室外侧再处理机组中加湿器的蒸发水量，单位为 kg/s；

h_{w_6}——进入室外侧的水或蒸气的比焓，单位为 J/kg；

h_{w_7}——室外侧排出的凝结水的比焓，单位为 J/kg。

10.3.4　试验项目

空调器的全部试验项目如表 7-50 所示。

表 7-50　空调器试验项目

序号	试验项目	序号	试验项目	序号	试验项目
1	制冷剂泄漏	7	制冷量测定	13	热泵最大制热运行试验
2	绝缘电阻	8	制冷消耗功率	14	性能系数（能效比）
3	电气强度	9	热泵制热量测定	15	噪声
4	运转试验	10	热泵制热消耗功率	16	防触电保护措施
5	外观检查	11	电热制热消耗功率	17	泄漏电流
6	标志和包装	12	最大制冷运行试验	18	接地电阻

空调器试验分出厂试验、型式试验和验收试验。

（1）出厂试验　空调器出厂试验必检项目见表 7-50 中序号 1～6 项内容，抽检项目见序号 7～18 项内容。

（2）型式试验　试制的新产品或当产品在设计、工艺和材料等方面有重大改变时，应进行型式试验。试验项目包括表 7-50 中的全部项目。

（3）验收试验　验收试验项目按表 7-50 规定。经验收试验后的合格样品可作为合格产品交付订货方。

第8章 小型冷库

1 概述

小型冷库冷藏量只有几吨到几十吨，它主要用于机关、工厂、商店等部门，其贮藏量不大，贮藏时间也不长，冷库温度一般为（0——18）℃，它几乎全部采用氟利昂制冷装置，库内空气采用制冷剂直接蒸发冷却，制冷装置运转实现全自动。

小型冷库的型式有组合式（装配式又称活动式）冷库和固定式冷库两种。

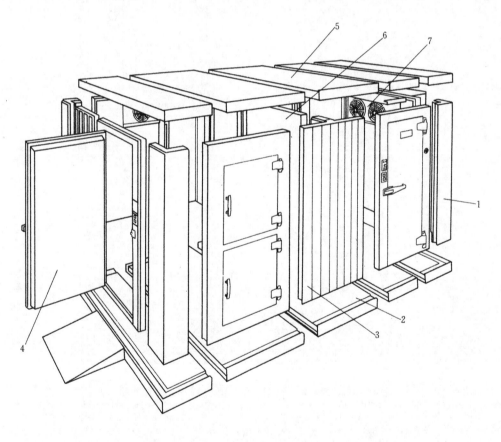

图 8-1　组合式冷库简图
1—角板　2—底板　3—立板　4—库门　5—顶板　6—隔板　7—冷风机

用得最多的小型冷库型式是组合式冷库。它的围壁、库顶、门和地坪预先在制造工厂加工好，根据设计要求订购。在制冷设备和系统选择好后，可以在现场很快安装好，因此组合式冷库建造速度快是它最主要的优点。另外，根据需要可任意选择库内容积的大小。组合式冷库大都是单层形式，其承重结构由薄壁型钢骨架组成，库内跨度可达 20～30m，中间一般没有柱子，高度一般为 2.5m，也有 6～7m 的。各种构件均按制造厂统一的标准在工厂成套预制，现场只要用螺栓连接。地坪下用通风管道，不冻液加热管等方式进行防冻，如果库温不是很低（0℃以上）的话，地坪也可直接敷在地面上。制冷装置采用成套压缩冷凝机组，冷却设备多用强制对流的空气冷却器（冷风机）。在现场只要接上水电，冷库即可投入运行。组合式冷库的简图如图 8-1 所示。组合式冷库规格之一见表 8-1。

表 8-1　部分组合式冷库标准规格

型　号	库体外形尺寸 $\frac{长}{m} \times \frac{宽}{m} \times \frac{高}{m}$	库内容积 /m²	库板厚度 /mm	库门尺寸 /m×m	制冷剂	库温 /℃	电源参数	冷藏量 /t	日进鲜货量 /t	制冷量 （+30℃/ −15℃） /kW	主机功率 /kW
ZL-20S	3.6×2.7×2.6	20						5.0	0.5	8.7	3.7
ZL-26S	4.5×2.7×2.6	26						6.5	0.5		
ZL-28S	3.6×3.6×2.6	28						7.0	0.8		
ZL-31S	5.4×2.7×2.6	31						8.0	0.8	12.4	5.5
ZL-35S	4.5×3.6×2.6	35						9.0	0.7		
ZL-37S	6.3×2.7×2.6	37						9.0	0.7		
ZL-42S	5.4×3.6×2.6	42	100	0.8×1.8	R22	−18	3P 380V 50Hz	10.5	0.7		
ZL-48S	8.1×2.7×2.6	48						12.0	1.2	17.5	7.5
ZL-50S	6.3×3.6×2.6	50						12.5	1.2		
ZL-57S	7.2×3.6×2.6	57						14	1.1		
ZL-65S	8.1×3.6×2.6	65						16	1.7	25.4	10.5
ZL-72S	9.0×3.6×2.6	72						18	1.6		
ZL-80S	9.9×3.6×2.6	80						20	1.6		

固定式小型冷库为砖木或混凝土结构，建成固定的建筑物型式。围壁结构内部用软木或泡沫塑料保温，冷却设备多用自然对流的空气冷却器（冷排管），它沿墙四面布置。制冷装置安装在冷藏间外面的机房内。图 8-2 表示的是固定式土建小冷库的平面图。

近年来随着经济繁荣，人民生活水平不断提高，对速冻食品的需要量也日渐增多，许多食品商店工厂都加工生产销售经过速冻的点心如馄饨、水饺、汤园、包子等。但它们每天的速冻量不大，因此带有速冻库的小型冷库型式也能经常遇到。由于有速冻库，要求的库温更低，一般达 −25℃ 以下，制冷装置的制冷量也要求大，制冷系统也较复杂，多数采用单独的制冷系统和冷藏库的制冷系统分开运行。图 8-3 表示带有速冻库的组合式小型冷库的平面图。

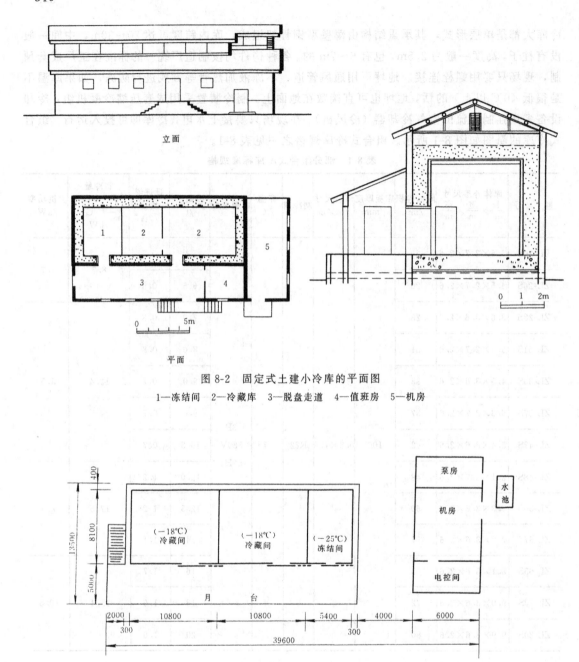

图 8-2　固定式土建小冷库的平面图

1—冻结间　2—冷藏库　3—脱盘走道　4—值班房　5—机房

图 8-3　有速冻库的组合式小型冷库平面图

2　小型冷库围壁结构的隔热与防潮

　　由于冷库的库温都低于外界气温,不可避免地会发生由外界通过围壁结构向库内的传热,成为冷库耗冷量的一个组成部分。减少这部分耗冷量不仅可以节省制冷装置的设备费用和经常的运转费用,更重要的是得以确保食品冷藏的"低温少波动"的工艺要求,且可降低食品的干耗。

另外，由于库内温度低，空气中的含湿量小，外界空气中的水蒸气会不断渗入围壁结构的隔热层中，隔热材料受潮后，其隔热性能显著恶化，当受潮严重时，会造成隔热材料变质失效，使冷库建筑构件内结冰结霜并受侵蚀，缩短冷库的使用寿命。

因此设计者不仅要进行传热计算还必须校核隔热层中的凝水区，把围壁的隔热层和隔气层设计得既经济合理，又可靠耐用。

2.1 围壁的隔热计算

通过围壁结构的传热，实际上是导热、对流换热和热辐射共同作用的结果。在外墙和冷库顶上有太阳辐射，在围壁结构和隔热材料层中主要通过导热，而对于围壁内表面的空气则为对流换热。为简化计算工作，围壁的隔热计算，按稳定传热计算。

图 8-4 表示一组合式冷库围壁的外墙结构，它由三层材料组成：面板为镀塑钢板，中间隔热层为聚氨脂硬质泡沫塑料，内胆为玻璃钢板。由稳定传热理论，其传热系数 K〔单位为 $W/(m^2 \cdot K)$〕

$$K = \frac{1}{\frac{1}{\alpha_w} + \frac{\delta_1}{\lambda_1} + \frac{\delta_2}{\lambda_2} + \frac{\delta_3}{\lambda_3} + \frac{1}{\alpha_n}}$$

式中　　　α_w、α_n——围壁外表面和内表面对空气的表面传热系数，单位为 $W/(m^2 \cdot K)$；

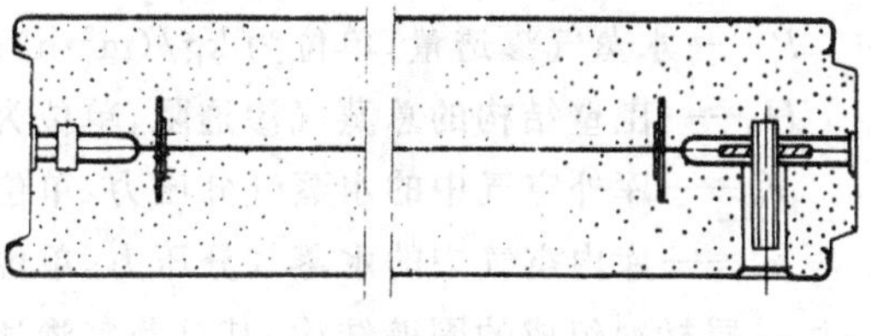

图 8-4　组合式冷库围壁的剖面图

δ_1、δ_2、δ_3——面板、隔热层、内胆的厚度，单位为 m；

λ_1、λ_2、λ_3——面板、隔热层、内胆的热导率，单位为 $W/(m \cdot K)$。

其传热量 Q（单位为 W）

$$Q = \frac{(t_h - t_m)A}{\frac{1}{\alpha_w} + \frac{\delta_1}{\lambda_1} + \frac{\delta_2}{\lambda_2} + \frac{\delta_3}{\lambda_3} + \frac{1}{\alpha_n}}$$

式中　　　A——外墙的面积，单位为 m^2；

t_h、t_m——库外，库内空气的温度，单位为℃。

事实上，对组合式冷库，围壁的热阻主要在中间的隔热材料层即聚氨酯硬质泡沫塑料层内。计算它的传热系数时可按单层平壁计算。

对固定式土建冷库的围壁结构，应考虑为多层壁结构。它的传热系数（单位为 $W/m^2 \cdot K$）和传热量（单位为 W）计算式分别为

$$K = \frac{1}{\frac{1}{\alpha_w} + \frac{\delta_1}{\lambda_1} + \frac{\delta_2}{\lambda_2} + \frac{\delta_3}{\lambda_3} + \cdots + \frac{1}{\alpha_n}} \tag{8-1}$$

$$Q = \frac{(t_h - t_m)A}{\frac{1}{\alpha_w} + \frac{\delta_1}{\lambda_1} + \frac{\delta_2}{\lambda_2} + \frac{\delta_3}{\lambda_3} + \cdots + \frac{1}{\alpha_n}} \tag{8-2}$$

式中　δ_1、δ_2、$\cdots$——各层材料的厚度，单位为 m；

λ_1、λ_2、……——各层材料的热导率,单位为 W/(m·K)。

2.2 隔气防潮的计算

由于冷库内外存在温度差,使空气中的水蒸气分压力不同,且冷库内的水蒸气分压力低于外界空气中的水蒸气分压力,这样就会发生水蒸气渗透现象,为了便于分析,我们把通过冷库围壁结构的水蒸气渗透过程按稳定条件考虑,如图 8-5 所示。

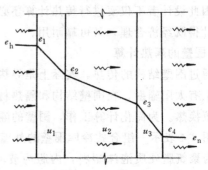

在稳定条件下,通过围壁结构的蒸气渗透量 P,与冷库内外水蒸气分压力差成正比,与渗透过程中受到的阻力成反比,即

$$P = \frac{1}{H_0}(e_w - e_n) \qquad (8\text{-}3)$$

图 8-5　围壁的蒸气渗透过程

式中　P——水蒸气渗透量,单位为 kg/(m²·h);

　　　H_0——围壁结构的总蒸气渗透阻,单位为(m²·h·Pa)/kg;

　　　e_w——库外空气中的水蒸气分压力,单位为 Pa;

　　　e_n——库内空气中的水蒸气分压力,单位为 Pa。

由 m 层材料组成的围壁结构,其总蒸气渗透阻可按下式确定:

$$H_0 = H_1 + H_2 + H_3 + \cdots + H_m = \frac{\delta_1}{\mu_1} + \frac{\delta_2}{\mu_2} + \frac{\delta_3}{\mu_3} + \cdots + \frac{\delta_m}{\mu_m} \qquad (8\text{-}4)$$

式中　H_1、H_2、H_3、……、H_m——围壁结构各层的蒸气渗透阻,单位为,m²·h·Pa/kg;

　　　δ_1、δ_2、δ_3、……、δ_m——各层材料的厚度,单位为 m;

　　　μ_1、μ_2、μ_3、……、μ_m——各层材料的蒸气渗透系数,单位为 kg/(m·h·Pa)。

由于围壁结构内外表面附近空气边界层的蒸气渗透阻与结构材料层的相比是很小的($H_w = 0.1$ m²·h·Pa/kg 和 $H_n = 0.2$ m²·h·Pa/kg,所以在计算总蒸气渗透阻 H_0 时可忽略不计,因而围壁结构内外表面的水蒸气分压力也近似地可取为 e_n 和 e_w。

为了判断围壁结构在水蒸气渗透过程中内部是否会出现水蒸气的冷凝现象,可按下述步骤进行:

1)根据库内外计算温度和相对湿度,确定 e_n 和 e_w,然后计算出围壁结构各层的水蒸气分压力,并作出 e 的分布线。

2)根据库内外计算温度,确定各层的温度,并查表作出相应的最大水蒸气分压

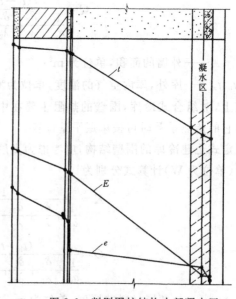

图 8-6　判别围护结构内部凝水区

力 E 的分布线。

　　3）根据 e 分布线和 E 分布线是否相交来判别围壁结构内部是否会出现冷凝现象。如 E 分布线与 e 分布线不相交，说明没有水分在其内部冷凝；若两条分布线相交，则会出现冷凝，如图 8-6 所示。这是因为相交点 $e=E$，$\phi=100\%$，两相交点间即为凝结区。

　　隔气防潮计算的目的是校核围壁结构内有无凝水区存在，如围壁内存在凝水区，就需合理布置围壁结构的各层材料和增加防潮性能良好的防潮材料层，以保证围壁内部水分不凝结。

　　对组合式冷库的围壁结构，由于它的表面层是防潮能力极好的不锈钢板或玻璃钢板，因此它们是不透水汽的，无需进行隔汽防潮计算。

　　常用隔热材料和防潮材料的性能如表8-2所示。

表 8-2　常用隔热材料和防潮材料的性能

材 料 名 称	密度 ρ $\dfrac{}{kg/m^3}$	热导率 λ $\dfrac{}{W/(m \cdot K)}$	比热容 $\dfrac{}{KJ/(kg \cdot K)}$	蒸气渗透系数 μ $\dfrac{}{kg/(m \cdot h \cdot Pa)}$
膨胀珍珠岩混凝土	600	0.17	0.84	3×10^{-7}
石灰砂浆	1600	0.81	0.84	1.2×10^{-7}
松和云杉(垂直木纹)	550	0.17	2.5	6×10^{-8}
松和云杉(顺木纹)	550	0.35	2.5	3.2×10^{-7}
水泥纤维板(木丝板)	300	0.14	2.1	3×10^{-7}
软木板	250	0.07	2.1	3.75×10^{-8}
玻璃棉	100	0.06	0.75	4.9×10^{-7}
膨胀珍珠岩	90	0.08	0.67	
聚氨脂泡沫塑料	$40 \sim 50$	0.028		
聚苯乙烯泡沫塑料	30	0.038	1.46	6×10^{-8}
稻壳	$135 \sim 160$	0.15	1.88	4.5×10^{-7}
石油沥青	1050	0.17	1.67	7.5×10^{-9}

2.3　组合式冷库围壁的生产工艺

　　组合式冷库的围壁有用现成隔热板（如聚苯乙烯板材）两边贴上金属面板的，也有用两层金属面板（喷塑钢板、彩色钢板、防锈铝板或不锈钢板）中间直接灌注发泡材料，使在一定的温度下发成多孔的隔热材料而成的这两种制造方法。

　　灌注时，在室温下极快地搅拌发泡材料，它们是聚醚树脂与多元异氰酸酯，催化剂三乙烯二胺或三乙醇胺，稳定剂硅油，发泡剂R113、R11等液体原料，使其充分混合反应，然后很快地倒入两层面板中间空间，经发泡反应制得闭孔型聚氨脂泡沫塑料，它能自粘于金属、木板、水泥等基材之上，而不需任何支撑，灌注所成的隔热层，没有接缝，制成的隔热板隔热性能好且制造方便。但在发泡过程中会产生很大的膨胀力，故对围壁面板要夹紧。另外，灌注时会逸出有毒的异氰酸蒸气（其最大允许体积分数是 0.02×10^{-6}，因此生产车间必须有完善的通风设施，以保证施工人员的卫生条件。

硬质聚氨脂泡沫塑料具有密度小、热导率低、强度高、吸水率低、有自熄性能、能用于低温隔热（－100℃）等优点，它的主要性能指标为：

热导率　　　　　　~ 0.028 W/(m·K)

抗压强度　　　　　不低于 0.15 MPa

密度　　　　　　　$50\sim 80$ kg/m³

最近国内外正有人用一种名为聚乙烯化学交联高发泡体(PEF)的材料来代替聚氨脂作隔热材料的试验，结果表明这种 PEF 材料有热导率小而稳定，吸水率小，蒸气渗透系数小，阻燃性好和抗老化性能好等优点。同时研究报告表明，这种新型的隔热材料目前还仅限于低温管道，设备的隔热上。组合冷库的围壁内还未见有用 PEF 材料的。

3　库房耗冷量的计算

3.1　库房容积的计算

小型冷库冻结容量（有速冻库时）和贮存容量的确定是由用户根据需要提出要求，无需考虑季节的变化和有关部门的规定。

库温为－25℃的冻结间，其库容量的大小与冻结方式、食品放置方式及每天周转次数有关，如用吊轨方式使屠宰后猪肉或牛肉冻结时每天的冻结量 G（单位为 kg/d）

$$G = Lgn \tag{8-5}$$

式中　L——吊轨总有效长度，单位为 m；

　　　g——吊轨单位长度的净载货量，单位为 kg/m；肉类：$g = 200\sim 230$kg/m；鱼类：15kg 铁盘装时 $g = 400$kg/m；20kg 铁盘装时 540kg/m；虾类：$g = 270$kg/m。

　　　n——每天的冻结次数。

设有吊轨的冻结间简图如图 8-7 所示。

对设有排管搁架的冻结间，其每天的冻结量 G'（单位为 kg/d）

$$G' = \frac{n'A}{f}\frac{24g}{\tau} \tag{8-6}$$

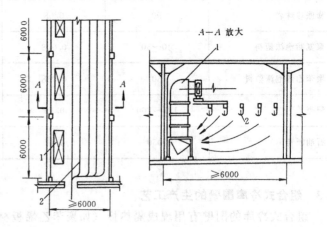

图 8-7　有吊轨的冻结间
1—冷风机　2—吊轨

式中 n' ——搁架利用系数,冻盘装食品 $n'=0.85\sim0.90$,冻听装食品 $n'=0.7\sim0.75$,冻箱装
食品 $n'=0.70\sim0.85$;

A ——搁架各层水平面积之和,单位为 m²;

f ——每件(盘、听、箱)冻结食品容积所占的面积,单位为 m²/件);

g ——每件(盘、听、箱)食品净重,单位为 kg/件;

τ ——冻结一次周转的时间,单位为 h。

冷藏库的库容量(单位为 kg),按高、低温库分别计算其计算公式如下

$$G=\rho\eta V \tag{8-7}$$

式中 G ——贮藏食品的质量,单位为 kg;

ρ ——贮藏食品的平均密度,见表 8-3;

η ——有效利用系数,固定式冷藏库取 0.4,对组合式冷藏库可取 0.6;

V ——库房内容积,单位为 m³。

表 8-3 食品的平均密度

序号	名　　称	平均密度/(kg·m⁻³)	序号	名　　称	平均密度/(kg·m⁻³)
1	冻猪肉	375	11	冰块(桶制)	800
2	冻牛肉	400	12	冰块(快速制冰)	750
3	冻羊肉	300	13	听装冰蛋	550
4	块状冻肉	650	14	箱装鲜蛋	300~320
5	块状冻副产品	650	15	箱装动物油脂	630
6	冻分割肉	400	16	桶装动物油脂	540
7	冻禽、冻兔	400	17	箱装新鲜水果	230
8	箱装冻家禽	350	18	罐头食品	600
9	冻鱼	450	19	其它食品	300
10	箱装冻鱼片	550			

3.2 库内外计算温度的确定

库内计算温度 t_{m} 即库温是由食品冷加工工艺条件,食品种类、贮藏期限等确定的。对于生鲜水果、蔬菜及鲜蛋等食品,其库温一般在 0~-2℃ 左右。对于鱼、肉禽类等食品,库温一般在 -18℃ 左右。对冻结库,库温一般在 -25℃ 左右。

库外计算温度 t_{h},应考虑当地最恶劣气候条件时的库外温度,但也要考虑选用制冷设备的经济性,在计算时,应以国家有关冷库规范中查取的数据作为库外计算温度。我国各主要城市的部分气象资料见表 8-4。

表 8-4 我国各主要城市的部分气象资料

地　　名	位置纬度	极端最高温度/℃	极端最低温度/℃	夏季空气调节日平均温度/℃
北　　京	39°49′	40.6	−27.4	29
上　　海	31°10′	38.9	−9.4	30
天　　津	39°06′	39.6	−22.9	29
哈 尔 滨	45°41′	36.4	−38.1	25
长　　春	43°54′	38	−36.5	26
沈　　阳	41°46′	38.3	−30.6	27
石 家 庄	38°04′	42.7	−26.5	30
太　　原	37°47′	39.4	−25.5	26
呼和浩特	40°49′	37.3	−32.8	25
西　　安	34°18′	41.7	−20.6	31
银　　川	38°29′	39.3	−30.6	26
西　　宁	36°35′	32.4	−26.6	20
兰　　州	36°03′	39.1	−21.7	26
乌鲁木齐	43°54′	40.9	−41.9	30
济　　南	36°41′	42.5	−19.7	31
南　　京	32°00′	40.7	−14.	32
合　　肥	31°51′	41	−20.6	32
杭　　州	30°19′	39.7	−9.6	32
南　　昌	28°40′	40.6	−7.7	32
福　　州	26°05′	39.3	−1.2	30
郑　　州	34°43′	43	−17.9	31
武　　汉	30°38′	39.4	−7.3	32
长　　沙	28°12′	40.6	−9.5	32
南　　宁	22°49′	40.4	−2.1	30
广　　州	23°08′	38.7	0	30
成　　都	30°40′	37.8	−4.6	28
贵　　阳	26°35′	37.5	−7.8	26
昆　　明	25°01′	31.5	−5.4	22
拉　　萨	29°42′	29.4	−16.5	18
台北（暂缺）				

3.3 库房耗冷量计算

冷库耗冷量 Q 由四部分组成，它们分别是①由于库房内外温差（包括太阳辐射热引起的过余温差）通过围壁的渗入热量，简称渗入热 Q_1；②食品在冷加工过程中放出的热量，简称食品热 Q_2；③由于通风或开库门，外界新鲜空气进入库内而带进的热量，简称换气热 Q_3；④由于冷库内工作人员操作、各种发热设备工作时产生的热量，简称操作热 Q_4。而耗冷量 Q（单位为 kW）为

$$Q=Q_1+Q_2+Q_3+Q_4 \tag{8-8}$$

3.3.1 渗入热的计算

渗入热 Q_1 包括两部分：①由于库内外空气温差而渗入的热量 Q_{1T}；②冷库外表面吸收太阳辐射热后渗入的热量 Q_{1C}。因此

$$Q_1=Q_{1T}+Q_{1C}$$

（1）由于库内外空气温差而渗入的热量 可按下式计算

$$Q_{1T}=KA(t_h-t_m) \tag{8-9}$$

式中 K——围壁结构的传热系数，单位为 $W/(m^2 \cdot K)$；

A——围壁的传热面积，单位为 m^2；

$t_h、t_m$——库外、库内空气的计算温度，单位为℃。

K、A、t_h、t_m 的确定，已如前所述。对传热面积 A 的计算规定，转角处的库房，外墙长度取墙外表面到内墙中心线的距离（见图 8-8 中的 a 和 b）。对中间的库房，外墙长度取两内墙中心线间的距离（见图中的 c）。

内墙长度取与之垂直的外墙内表面到另一内墙中心线间的距离（见图中的 d、e、f）。对中间的库房，可取二内墙中心线间的距离（见图中的 c）。

地坪和顶的尺寸取内墙的尺寸（见图中的 d、f 或 e、c）。

外墙和内墙的高度均取冷库的层高。

某冷库总的 Q_{1T} 应该是这冷库所有围壁温差渗入热量之和。

（2）围壁外表面吸收太阳辐射热后渗入的热量 Q_{1C} 的计算 在一般冷库设计书中对 Q_{1C} 的计算都有详细的讨论，为简化起见，本书将太阳辐射热的作用折合成"当量温度"，它实际上与太阳辐射具有等同的效果。在库房耗冷量计算中，常用每昼夜太阳辐射强度平均值 J_P 来计算太阳辐射的当量温度。故计算出的太阳辐射当量温度也是每昼夜平均的当量温度，当量温度如以 t_d 表示，则

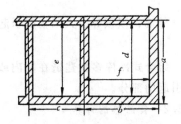

图 8-8 各种围壁的计算尺寸

$$t_d=\frac{PJ_P}{\alpha_w} \tag{8-10}$$

式中 P——围壁外表面太阳辐射吸收系数，见表 8-5；

J_P——冷库各朝向每昼夜的平均辐射强度值，单位为 W/m^2，见表 8-6；

α_w——外表面传热系数，单位为 $W/(m^2 \cdot K)$。

表 8-5　围壁外表面太阳辐射吸收系数 P

外表面类别	外表面状况	外表面颜色	吸收系数 P	外表面类别	外表面状况	外表面颜色	吸收系数 P
红瓦屋面	旧、中粗	红色	0.65～0.74	红砖墙	旧，中粗	红色	0.7—0.77
灰瓦屋面	旧、中粗	浅灰色	0.52	混凝土墙	平滑	暗灰色	0.73
水泥瓦屋面	新、光平	浅灰色	0.74	水泥粉刷墙面	新，光平	浅灰色	0.56
绿豆砂保护屋面		浅黑色	0.65	拉毛水泥墙面	不光滑，旧	蓝灰，米黄	0.63—0.56
油毡屋面	不光滑，新		0.88	陶石子墙面	粗糙，旧	浅灰	0.68
	不光滑，旧		0.81	砂石粉刷墙面	不光滑	深色	0.57
白铁皮屋面	光滑，旧	灰黑	0.86	混凝土砌块墙面		灰	0.65
镀锌铁皮屋面	表面光滑，新		0.66	浅色外粉刷	平滑	浅色	0.40
沥青屋面	不光滑，旧	黑	0.85	镀锌薄钢板	旧，光滑	灰黑色	0.89
白石子屋面			0.62	石棉水泥板	新	浅色	0.65
屋面上填土		土黄	0.68		旧	浅色	0.72—0.87

表 8-6　各朝向表面每昼夜的平均辐射强度 J_P　　　　　（单位为 W/m²）

纬度北纬	水平	东	东南	南	西南	西	西北	北	东北
23°	342	206	188	127	188	206	177	99	177
30°	368	209	183	121	183	209	165	97	165
35°	329	215	195	148	195	215	173	118	173
40°	323	219	206	168	206	219	172	115	172
45°	316	220	220	185	220	220	166	113	166

外墙、屋顶等由太阳辐射引起的渗入热 Q_{1C}（单位为 W）

$$Q_{1C} = K A t_d$$

组合式冷库多数建造在室内或有遮阳屋顶，故在计算围壁的渗入热时可不考虑太阳辐射热引起的部分。

3.3.2　食品热的计算

需要进行冷冻加工的食品在进库前的温度都高于库内温度，而且食品在加工过程中其中的水分会凝固。因此可用食品在加工前后的比焓差计算食品在冷冻过程中的发热量。

对冷藏库，我们认为食品在进库前已经过冻结，但食品进入冷藏库的温度与库温不同，因此仍有一部分食品热需在冷藏库内放出，另外冻结过的食品在运输途中受环境影响，食品温度可能超过冷藏温度而引起的回冷热量。

食品热 Q_2（单位为 W）的计算公式

$$Q_2 = \frac{G(h_1 - h_2)}{nZ}$$

式中　　　G——每昼夜进入冷藏库的食品量，单位为 kg/24h；

　　　　h_1、h_2——食品冷加工前后的比焓值，见表 8-7；

n——每昼夜冷加工的次数；

Z——食品冷加工时间，单位为 h。

如食品还有外包装，食品热还须计入包装材料降温时放出的热量 Q_2（单位为 W）

$$Q_2 = \frac{G(h_1 - h_2)}{nZ} + \frac{gc(t_1 - t_2)}{nZ} \tag{8-11}$$

式中　　　g——包装材料的质量，单位为 kg/24h；

　　　　　c——包装材料的比热容，单位为 J/(kg·K)；

　　　t_1、t_2——包装材料进、出冷库时的温度，单位为 ℃。

表 8-7　一些主要食品的比焓　　　　　　　　　　　（单位为 kJ/kg）

食品温度/℃	牛肉及禽类	羊肉	猪肉	鱼	鲜蛋	牛奶	各类水果	糖水果	奶油	牛奶冰淇淋
−25	−8.4	−10.9	−10.5	−12.1	−8.8	−12.6	14.2	−17.6	−9.2	−14.6
−20	0	0	0	0	0	0	0	0	0	0
−19	2.1	2.1	2.1	2.5	2.1	2.9	3.3	3.8	1.7	2.9
−18	4.6	4.6	4.6	5	4.2	5.4	6.7	7.9	3.8	6.3
−17	7.1	7.1	7.1	8	6.3	8.4	10	12.1	5.9	9.6
−16	10.1	9.6	9.6	10.9	8.4	11.3	13.4	16.7	7.9	13.4
−15	13	12.6	12.1	14.2	10.5	14.2	17.2	21.3	10	17.6
−14	15.9	15.5	15.1	17.6	12.6	17.6	20.9	26.3	12.5	22.2
−13	18.8	18.4	18	21	15.1	21.4	25.1	31.4	14.2	27.2
−12	22.2	21.8	21.4	24.7	17.6	25.1	29.7	36.8	17.6	33
−11	26	25.5	25.1	28.9	20.4	28.9	34.3	43.1	20.5	39.7
−10	30.1	29.7	28.9	33.5	22.6	32.7	39.4	49.3	23.4	47.2
−9	34.8	33.9	33.1	38.5	25.5	37.3	44.8	56.4	26.3	55.6
−8	39.4	38.5	37.3	43.5	28.5	42.3	51.07	64.8	29.3	65.2
−7	44.4	43.5	41.9	49.4	31.8	48.4	58.6	75.7	32.6	76.9
−6	50.7	49.4	47.3	56.5	36	54.8	68.7	89.5	36.4	92
−5	57.4	55.7	54.4	64	41.4	62.8	82.9	107.8	40.5	111.6
−4	66.2	64.5	62	74.1	47.7	73.7	104.3	135	44.7	138.4
−3	75.4	77	73.7	89.2	$\frac{227.8}{57.8}$	88.8	139	180.2	50.6	181
−2	98.8	95.9	91.7	111.8	$\frac{230.7}{75.8}$	111.4	211	239.5	60.2	229.5
−1	185.9	179.6	170	212.3	$\frac{234}{128.5}$	184.2	268	243.3	91.5	232.8
0	232.4	224	211.9	265.9	237.4	319	271.7	246.6	94.9	236.2
1	235.7	227.3	214.8	269.6	240.3	322.8	275.5	250.4	97.8	239.5
2	241.2	230.3	217.7	273	243.7	326.6	279.3	253.7	101.2	242.9
3	242	233.6	221.1	276.7	246.6	330.8	283	257.9	104.7	246.6
4	245.3	236.6	224	280.1	250	334.5	286.8	261.3	107.6	250

（续）

食品温度/℃	牛肉及禽类	羊肉	猪肉	鱼	鲜蛋	牛奶	各类水果	糖水果	奶油	牛奶冰淇淋
5	248.3	239.9	226.9	283.4	252.9	338.7	290.6	265	111	253.7
6	251.6	242.8	229.9	287.2	256.2	342.5	294.3	268.4	114.3	257.1
7	255	246.2	233.2	290.6	259.2	346.7	298.1	272.1	117.6	260.4
8	258.3	249.1	236.1	294.3	262.5	350.4	301.9	275.5	121.4	263.8
9	261.3	252.5	239.1	297.7	265.4	354.2	305.6	279.3	125.6	267.1
10	264.6	255.4	242	301	268.8	358.4	309.4	282.6	129.8	270.5
11	268	258.7	245.3	304.8	271.1	362.2	313.2	286.4	134	274.2
12	270.9	261.7	248.3	308.1	275.1	366.3	316.9	289.7	138.6	277.6
13	274.2	265	251.2	311.9	278.4	370.1	320.7	293.5	144	280.9
14	277.6	268	254.1	315.3	281.4	374.3	324.5	296.8	149.5	284.3
15	280.5	271.3	257.1	318.6	284.7	378.5	328.2	300.6	155.3	287.6
16	283.9	274.2	260.4	322.4	287.6	382.3	332	304	161.2	291
17	287.2	277.6	263.3	325.7	291	386.4	335.8	307.7	166.6	294.3
18	290.1	280.5	266.3	329.5	293.9	390.6	339.5	311.1	172.1	297.7
19	293.5	283.9	269.2	332.9	297.3	394.4	343.3	314.8	177.5	301
20	296.8	286.8	272.6	336.2	300.2	398.6	347.1	318.2	182.5	304.4
21	299.8	290.1	275.5	340	303.5	402.4	350.9	322	187.6	307.7
22	303.1	293.1	278.4	343.3	306.9	406.5	354.6	325.3	192.2	311.1
23	306.5	296.4	281.4	346.7	309.8	410.3	358.4	329.1	196.4	314.4
24	309.8	299.4	285.5	350.4	313.2	414.5	362.2	332.4	200.5	317.8
25	312.8	302.7	287.6	353.8	316.1	418.3	365.9	336.2	204.7	321.1
26	316.1	305.6	290.6	357.6	319.5	422.4	369.7	339.5	208.5	324.9
27	319.5	309	293.5	360.9	322.4	426.2	373.5	343.3	212.3	328.2
28	322.4	311.9	296.8	364.7	325.7	430.4	377.2	346.7	215.6	331.6
29	325.7	315.3	299.8	368	328.7	434.2	381	350.4	219	334.9
30	329.1	318.2	302.3	371.4	332	438.4	384.9	353.8	222.7	338.3
31	332.4	321.5	305.6	375.1	334.9	442.1	388.5	357.6	226.5	341.6
32	335.4	324.5	309	378.5	338.3	445.9	392.3	360.9	230.3	345
33	338.7	327.8	311.9	382.3	341.2	450.1	396.1	364.7	234	348.3
34	342.1	330.8	314.8	385.6	344.6	453.8	399.8	368	237.4	351.7
35	345.4	334.1	317.8	389	347.5	458	403.6	371.8	240.3	355.5

　　带有速冻库的小型冷库，其冷加工食品过程是周期性工作的，食品热在冷加工过程中有很大的变化。开始时，当把热的食品装进低温的速冻库，由于这时食品与库温有最大的温差，所以食品热最大。随着食品冷却和冻结过程的进行，它们间的温差逐渐变小，食品热也逐渐

变小。而按上述公式计算出的食品热是指整个冷加工过程中的平均值。显然，根据它来确定速冻设备的负荷和选配速冻设备是不能满足开始冷加工时食品热的要求的。这时，在进货后，速冻库的库温会很快上升，使速冻库不能正常工作。为此，在确定速冻的设备负荷时，把按上述公式计算得的食品热适当地增大 30%，即取食品热为 $1.3Q_2$ 是很必要的。这样对速冻库基本上能满足刚进货时食品热对冷却设备的要求。而对冷藏库则不必增大 30% 食品热。

3.3.3 换气热的计算

在专门贮藏鲜蛋、蔬菜、水果等食品的冷藏库中，由于冷藏食品的要求，需定期更换库内空气，以消除库内的异味、降低空气中二氧化碳的浓度，供贮藏食品呼吸之用。如库内有人操作，则为满足操作工人呼吸需要，也需向库内不断补充新鲜空气，保证冷藏库内的卫生条件。换气热 Q_3（单位为 kW）为

$$Q_3 = V n \rho_m (h_h - h_m)/(3600 \times 24) \tag{8-12}$$

式中　V——冷藏库的容积，单位为 m^3；

n——冷藏库每昼夜所需的换气次数，一般在 $1 \sim 6$ 之间；

ρ_m——冷藏库空气的密度，单位为 kg/m^3；

h_h——库外新鲜空气比焓，单位为 KJ/kg，按规定应采用夏季通风温度，相对湿度时的比焓；

h_m——冷藏库中空气的比焓，单位为 KJ/kg。

如冷藏库内有人操作时，每人所需的换气量为 $30m^3/h$，则换气热 Q_3（单位为 kW）为

$$Q_3 = 30 p \rho_m (h_h - h_m)/3600 \tag{8-13}$$

式中　p——冷藏库中工作人员数；

其它符号说明同上。

3.3.4 操作热的计算

冷库操作热包括四部分热量，它们是：照明热 Q_4^I，动力热 Q_4^{II}，人体发热 Q_4^{III} 和开门时渗入热 Q_4^{IV}。

(1) 照明热 Q_4^I　照明灯的耗电功率 P_{CB} 全部转变成热量，即

$$Q_4^I = P_{CB}$$

根据对库房（冷却间、冻结间、冷藏间）照明标准为每 m^2 地板面积配 3W，照明的同时工作系数为 1。而对生产性的库房，规定标准为每 m^2 地板面积配 7.5W，照明的同时工作系数为 0.6。这样，每 m^2 的照明热 q_4^I 分别为：生产性的库房约 $4.5W/m^2$；普通库房约 $3W/m^2$。整个库房的照明热 Q_4^I（单位为 kW）则为

$$Q_4^I = q_4^I A \times 10^{-3} \tag{8-14}$$

式中　A——库房地板面积，单位为 m^2

(2) 动力热 Q_4^{II}　冷库中某些工作机械如冷风机、搅拌机和水泵等都需用电动机带动。电动机的能耗最终都转变成热量，构成冷库操作热。

如果带动机械的电动机在冷库中，那么它的有用功和能量损失转变成热量后都传给了冷库。设工作机械的电动机功率为 P_{GB}，则其动力热为 Q_4^{II}（单位为 kW）

$$Q_4^{II} = \eta \Sigma P_{GB}$$

式中　η——工作机械的同时工作系数，$\eta = 0.4 \sim 1$。

若工作机械的电动机装在冷库的外面，则动力热只有它的有用功转变的热量

$$Q_4^{\mathrm{I}} = \eta \Sigma \eta_{\mathrm{GB}} P_{\mathrm{GB}} \tag{8-15}$$

式中　η_{GB}——电动机效率。

（3）人体发热 Q_4^{II}　在冷库中，一个人在中等劳动强度下工作时产生的热量，当库温高于或等于 $-5℃$ 时，取 280W；当库温低于 $-5℃$ 时，取 400W。如果冷库中有几个人在工作时，则其操作热为 Q_4^{II}（单位为 kW）

$$Q_4^{\mathrm{II}} = p q_4^{\mathrm{II}} \times 10^{-3} \tag{8-16}$$

式中　q_4^{II}——每个操作人员产生的热量，单位为 W；

　　　p——同时工作的人数。

（4）开门渗入热 Q_4^{N}　冷库开门时，外界空气侵入冷库带进的热量 Q_4^{N}。开门渗入热无法进行精确计算，只能利用一般经验数据来计算。每 m^2 冷库地板的开门渗入热 q_4^{N} 的数据列于表 8-8。表中的数据是对高度为 3.6m 的冷库的。因此整个冷库的开门渗入热为 Q_4^{N}（kW）

$$Q_4^{\mathrm{N}} = q_4^{\mathrm{N}} A \times 10^{-3} \tag{8-17}$$

式中　A——冷库地板的面积，单位为 m^2。

总的操作热 Q_4 对制冷机组而言，由于各库的操作热不可能同时发生，所以总的操作热只取上述四项之和的 (50—70)%，即

$$Q_4 = (0.5 \sim 0.75)(Q_4^{\mathrm{I}} + Q_4^{\mathrm{II}} + Q_4^{\mathrm{II}} + Q_4^{\mathrm{N}}) \tag{8-18}$$

对确定每个冷库的设备负荷而言，由于操作热的各项组成可能同时出现，所以计算冷库的设备时操作热应取它们之和，即

$$Q_4 = Q_4^{\mathrm{I}} + Q_4^{\mathrm{II}} + Q_4^{\mathrm{II}} + Q_4^{\mathrm{N}} \tag{8-19}$$

如果在计算负荷时，由于缺乏资料难于确定操作热，这时可近似取 $Q_4 = (0.1 \sim 0.4)(Q_1 + Q_3)$。对小型制冷装置应取大值。

表 8-8　每 m^2 冷库地板的开门渗入热 q_4^{N}　　　　（单位为 W/m^2）

冷库用途	冷库地板面积/m^2		
	<50	<150	>150
冷却库、冻结库	18.5	9.5	7.0
收、发货间	46.5	23.0	11.5
冷却物冷藏库	17.5	9.3	7.0
冻结物冷藏库	13.0	7.0	4.5

4　冷却设备和制冷压缩机的选择

4.1　冷却设备负荷的确定

对每个冷库，将它的 $Q_1 \sim Q_4$ 各项热量加起来求和，乘上一个安全系数 P，就可得到某库的冷却设备负荷 Q_s。

对冷却与冻结库

$$Q_s = P(Q_1 + 1.3Q_2 + Q_3 + Q_4) \tag{8-20}$$

对冷藏库

$$Q_s = P(Q_1 + Q_2 + Q_3 + Q_4) \tag{8-21}$$

式中 P——安全系数,$P=1.1\sim1.5$。

4.2 冷却设备的选择

对小型冷库,不论是固定式的,还是组合式的,冷却设备应都选用冷风机。因它与自然对流冷排管相比,具有结构紧凑,重量轻,降温速度快,库内温度均匀,不占用冷库实用面积等优点。另外,由于它是强制送风的,所以能使冷库内贮藏的食品迅速降温,大大提高了贮藏食品的保鲜度。

表 8-9 列出浙江嵊县制冷热交换器厂生产的冷风机系列产品的主要技术参数。其中 DL型冷风机适用于库温为 0℃ 左右的冷库,如保存鲜蛋和蔬菜的冷库。DD 型的冷风机适用于库温为 $-18℃$ 左右的冷库,作为鱼类、肉类等冷冻食品的冷藏用。DJ 型的冷风机适用于库温为 $-25℃$ 的冷库作为鲜肉或鲜鱼等的冻结用。

表 8-9 DJ、DD、DL 系列冷风机的主要技术参数

| 型号 | 名义制冷量/W | 冷却面积/m² | 片距/mm | 风机 | | | | | | 融霜电热器 | | | 质量/kg | 备注 |
				数目/(台)	直径/mm	风量/m³·h⁻¹	风压/Pa	风机电动机功率/W	电动机电压/V	盘管/kW	水盘/kW	电压/3相380VY型连接/V		
DJ-1.2/8	1200	8	9	2	φ330	2×1700	98	2×90	380	1.8	0.9	220	35	(1)也可用于R22和R502
DJ-2.1/15	2100	15	9	3	φ330	3×1700	98	3×90	380	2.4	1.2	220	50	
DJ-3.6/20	3600	20	9	2	φ400	2×3000	118	2×250	380	3.6	1.2	220	95	
DJ-4.6/30	4600	30	9	2	φ400	2×3000	118	2×250	380	4.8	1.2	220	107	
DJ-7.1/40	7100	40	9	2	φ500	2×6000	147	2×550	380	6.0	1.2	220	157	
DJ-8.9/55	8900	55	9	2	φ500	2×6000	167	2×550	380	7.8	1.2	220	177	(2)可根据用户需要改为水冲霜
DJ-11.6/70	11600	70	9	3	φ500	3×6000	167	3×550	380	9.6	1.5	220	232	
DJ-14.3/85	14300	85	9	3	φ500	3×6000	167	3×550	380	12	1.5	220	252	
DJ-17.1/100	17100	100	9	4	φ500	4×6000	167	4×550	380	13.8	2.1	220	290	
DJ-19.6/115	19600	115	9	4	φ500	4×6000	167	4×550	380	15.6	2.1	220	330	
DD-1.3/7	1300	7	6	1	φ330	1700	98	90	380	0.9	0.6	220	27	(1)可用于R22和R502
DD-2.2/12	2200	12	6	2	φ330	2×1700	98	2×90	380	1.8	0.9	220	40	
DD-2.8/15	2800	15	6	2	φ330	2×1700	98	2×90	380	1.8	0.9	220	46	
DD-3.7/22	3700	21.5	6	3	φ330	3×1700	98	3×90	380	1.8	1.2	220	55	
DD-5.6/30	5600	30	6	2	φ400	2×3000	118	2×250	380	3.0	1.2	220	100	(2)可根据用户需要也可改为水冲霜
DD-7.5/40	7500	40	6	2	φ400	2×3000	118	2×250	380	4.2	1.2	220	112	
DD-11.2/60	11200	60	6	2	φ500	2×6000	147	2×550	380	6.0	1.2	220	160	
DD-14.9/80	14900	80	6	2	φ500	2×6000	167	2×550	380	7.8	1.2	220	180	
DD-18.7/100	18700	100	6	3	φ500	3×6000	167	3×550	380	9.6	1.5	220	240	
DD-22.4/120	22400	120	6	3	φ500	3×6000	167	3×550	380	12.0	1.5	220	260	
DD-26.2/140	26200	140	6	4	φ500	4×6000	167	4×550	380	13.8	2.1	220	300	
DD-30/160	30000	160	6	4	φ500	4×6000	167	4×550	380	15.6	2.1	220	340	

（续）

型号	名义制冷量/W	冷却面积/m²	片距/mm	风机						融霜电热器			质量/kg	备注
				数目/(台)	直径/mm	风量/m³·h⁻¹	风压/Pa	风机电动机功率/W	电动机电压/V	盘管/kW	水盘/kW	电压3相380VY型连接/V		
DL-2.0/10	2000	10	4.5	1	φ330	1700	98	90	380	0.6	0.24	220	30	（1）可用于R22和R502
DL-3.0/15	3000	15	4.5	2	φ330	2×1700	98	2×90	380	0.9	0.6	220	43	
DL-4.1/20	4100	20	4.5	2	φ330	2×1700	98	2×90	380	0.9	0.6	220	50	
DL-5.0/25	5000	25	4.5	3	φ330	3×1700	98	3×90	380	1.2	0.6	220	59	
DL-8.0/40	8000	40	4.5	2	φ400	2×3000	118	2×250	380	1.5	0.6	220	105	（2）可根据用户需要也可不装电加热器
DL-11.2/55	11200	55	4.5	2	φ400	2×3000	118	2×250	380	2.1	0.6	220	115	
DL-16.2/80	16200	80	4.5	2	φ500	2×6000	147	2×550	380	3.0	0.6	220	165	
DL-21.3/105	21300	105	4.5	2	φ500	2×6000	167	2×550	380	4.2	0.6	220	185	
DL-25.0/125	25000	125	4.5	3	φ500	3×6000	167	3×550	380	4.8	0.78	220	249	
DL-32.6/160	32600	160	4.5	3	φ500	3×6000	167	3×550	380	6.0	0.78	220	270	
DL-37.6/185	37600	185	4.5	3	φ500	4×6000	167	4×550	380	7.2	0.9	220	310	
DL-42.7/210	42700	210	4.5	4	φ500	4×6000	167	4×550	380	7.8	0.9	220	350	

冷风机型号表示意义：

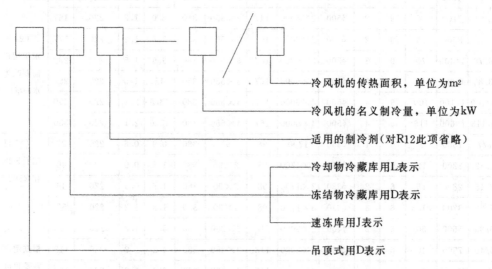

冷风机的外形图如图 8-9 所示。

对 DJ 型号是用 R12 在 $t_库 = -25℃$，$\Delta t = t_库 - t_0 = 7℃$ 下的制冷量。对 DD 型号是用 R12 在 $t_库 = -18℃$，$\Delta t = 7℃$ 下的制冷量。对 DL 型号是用 R12 在 $t_库 = 0℃$，$\Delta t = 7℃$ 下的制冷量。

冷风机在不同工况下运行时其制冷量是不同的，它的制冷量与库温与蒸发温度之差（称

它为进风温差 Δt_1)、制冷剂的种类和冷库内空气的相对湿度 φ 等因素有关。冷风机在实际使用条件下的制冷量 Q_0 与系列冷风机技术参数表中的名义制冷量 Q_{0n} 关系如下

$$Q_0 = CFQ_{0n} \tag{8-22}$$

式中　CF——冷风机工况的修正系数，对 DL 系列冷风机可查表 8-10。对 DD 系列冷风机和
　　　　　DJ 系列冷风机可查表 8-11。

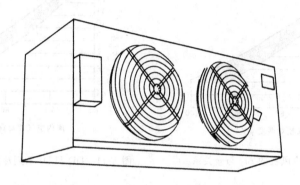

图 8-9　冷风机的外形图

表 8-10　DL 系列冷风机的工况修正系数 CF

		R12						R22/R502						
$t_{库}$	℃	5	0	−5	10	−15	−20	5	0	−5	−10	−15	−20	−25
	5	0.70	0.70	0.69	0.68	0.66	0.63	0.73	0.73	0.73	0.73	0.72	0.70	0.70
	6	0.87	0.86	0.85	0.82	0.79	0.75	0.89	0.89	0.87	0.86	0.86	0.85	0.83
	7	1.01	1.0	0.99	0.96	0.90	0.86	1.04	1.03	1.01	1.00	0.99	0.97	0.94
Δt_1/℃	8	1.15	1.14	1.11	1.08	1.01	0.96	1.18	1.17	1.15	1.14	1.13	1.10	1.07
	9	1.30	1.27	1.24	1.18	1.11	1.04	1.32	1.31	1.30	1.28	1.25	1.23	1.18
	10	1.42	1.38	1.35	1.28	1.20	1.11	1.46	1.45	1.44	1.41	1.37	1.34	1.30

表 8-11　DD 和 DJ 系列冷风机的工况修正系数 CF

		R12					R22/R502						
$t_{库}$	℃	−10	−15	−18	−20	−25	−5	−10	−15	−18	−20	−25	−30
	5	0.73	0.71	0.70	0.70	0.68	0.76	0.76	0.76	0.76	0.76	0.75	0.73
	6	0.89	0.87	0.86	0.84	0.81	0.95	0.94	0.92	0.91	0.90	0.89	0.87
	7	1.05	1.02	1.0	0.98	0.95	1.13	1.11	1.08	1.07	1.06	1.03	1.02
Δt_1/℃	8	1.21	1.16	1.13	1.10	—	1.29	1.27	1.24	1.22	1.21	1.17	—
	9	1.35	1.30	1.27	1.21	—	1.44	1.43	1.38	1.36	1.25	1.30	—
	10	1.49	1.43	1.35	1.30	—	1.57	1.56	1.52	1.49	1.48	1.43	—

冷风机的进风温差 Δt_1 与库内空气相对湿度 φ 的关系对 DL 系列冷风机可查图 8-10。对 DD 系列冷风机和 DJ 系列冷风机可查图 8-11。

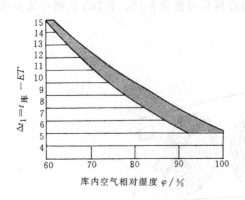

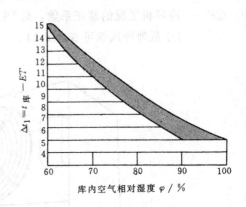

图 8-10　DL 系列冷风机的 Δt_1 与 φ 关系　　　　图 8-11　DD 和 DJ 系列冷风机的 Δt_1 与 φ 关系

4.3　计算举例

例 8-1：试计算 DL-8.0/40 冷风机在库内相对湿度 $\varphi=80\%$，库温 $t_库=5℃$ 时使用 R502 制冷剂时的制冷量。

解：查图 8-10，$\varphi=80\%$ 时，$\Delta t_1=8℃$ 查表 8-10，对 R502，在 $t_库=5℃$，$\Delta t_1=8℃$ 时的工况修正系数 CF=1.18。DL-8.0/40 冷风机的名义制冷量查 DL 系列冷风机技术参数表，得 $Q_{0n}=8000W$。

则 $Q_0 = CF \times Q_{0n} = 1.18 \times 8000 = 9440W = 9.44kW$。

例 8-2：试计算 DD-7.5/40 冷风机在库内相对湿度 $\varphi=90\%$，库温 $t_库=-15℃$ 时使用 R502 制冷剂时的制冷量。

解：查图 8-11，$\varphi=90\%$ 时，$\Delta t_1=5.8℃$ 查表 8-11，得 CF=0.89（用内插法）。DD-7.5/40 的名义制冷量为 $Q_{0n}=7500W$。

则 $Q_0 = CF \times Q_{0n} = 0.89 \times 7500W = 6680W = 6.68kW$。

国外能应用新工质制冷剂 R134a 的冷风机有库泊（küBA）蒸发器的技术资料可供设计时选用，见图 8-12、表 8-12 和图 8-13。

型号 SGB、SGBE 差别仅在有 E 的是带电热融霜装置的冷风机，没有 E 的是不带电热融霜装置的冷风机。图中箭头指示是当库温为 +2℃，温差（库温-蒸发温

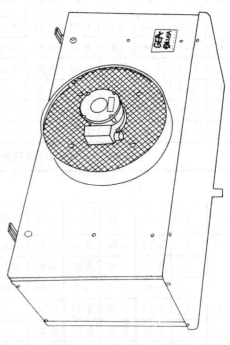

图 8-12　库泊冷风机的外形

度）为 8℃ 时，需 2.63kW 制冷量的冷风机，应选用型号为 SGB51 或 SGBE51。
选择冷风机时得到的 Q_0 必须大于或等于计算出的 Q_s 才可选用。

表 8-12　SGB、SGBE 系列翅片片距 7.0mm

型号	制冷量（R22）		换热面积	空气流量	射程	排管容积	连接管径			风机					
	RT+2℃ TD=8K	RT−20℃ TD=8K					入口	出口	个数	叶片直径	230±10% V1-相 50/60Hz	230/400 ±10% V3-相 50/60Hz	电动机参数/风机 （50Hz）		
	kW	kW	m²	m³/h	m	dm³	mm	mm		φmm			r·min⁻¹	W	A
SGB11	0.78	0.54	4.9	700	8	1.3	φ12	φ15	1	250	●		1365	32	0.15
SGB21	0.97	0.67	6.5	640	8	1.7	φ12	φ15	1	250	●		1365	32	0.15
SGB31	1.57	1.15	8.3	1300	12	2.1	φ12	φ15	1	300	●		1370	81	0.35
SGB41	2.00	1.47	11.1	1180	12	2.8	φ12	φ18	1	300	●		1370	81	0.35
SGB51	2.63	1.87	15.3	1770	14	3.8	φ12	φ18	1	400	●		1325	95	0.41
SGB61	3.28	2.37	19.2	1760	14	4.8	φ12	φ22	1	400	●		1325	95	0.41
SGB42	4.00	2.93	21.8	2360	17	5.3	φ12	φ22	2	300	●		1370	81	0.35
SGB71	4.35	3.20	22.9	2800	20	5.7	φ12	φ22	1	400		●	1420	190	0.52
SGB81	6.10	4.60	34.2	2900	20	8.9	φ12①	φ22	1	400		●	1420	190	0.52
SGB62	6.56	4.73	37.8	3520	19	9.1	φ12①	φ28	2	400	●		1325	95	0.41
SGB91	7.80	5.80	41.0	4530	26	10.7	φ12①	φ28	1	500		●	1410	360	0.90
SGB72	8.70	6.40	45.3	5600	28	10.7	φ12①	φ35	2	400		●	1420	190	0.52
SGB101	10.20	7.80	54.5	4660	26	13.7	φ12①	φ35	1	500		●	1410	360	0.90

① 带有库泊分液头 KUBA-CAL。

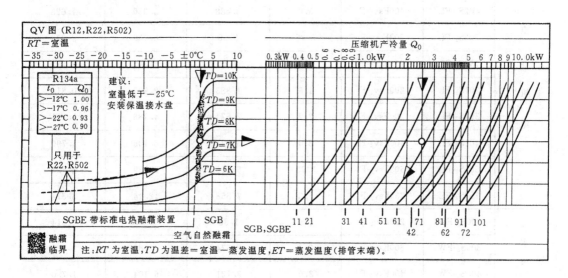

注：必要的过热度为 $TD=6K$，最小 3.7K。以上表格和图表中所列参数，适合 50Hz 的电动机，
若应用 60Hz 电动机，制冷量将提高 10%，空气流量增加 20%。

图 8-13　冷风机选型表

4.4 机械负荷的确定

机械负荷是指制冷压缩机组的制冷量。由于小型冷库的制冷压缩机组一般设计成不是连续工作的，因此给它选用制冷压缩机组的制冷量时应比计算出来的冷负荷要大一些，如果规定制冷装置每天工作时间不能超过某值，即制冷压缩机组的工作有工作时间系数的限制，选择制冷压缩机组时，它的制冷量考虑工作时间系数后计算公式如下

$$Q'' = \frac{Q'}{b}$$

式中　Q''——考虑工作时间系数后的制冷压缩机组的制冷量，单位为 kW；

　　　Q'——不考虑工作时间系数时制冷压缩机组的制冷量，单位为 kW；$Q' = (1.05 \sim 1.07)Q_s$。

　　　b——制冷压缩机组的工作时间系数，一般 b 在 $0.5 \sim 0.7$ 之间。

小型冷库选用较多的制冷压缩机组是半封闭式的制冷压缩机组。表 8-13 和表 8-14 分别列出了泰州商业机械厂和沈阳第一冷冻机厂生产的产品。

表 8-13　泰州商业机械厂生产的冷库用低温压缩冷凝机组

冷却方式	机组型号	半封闭压缩机		制冷量/kW		
		型号	功率/kW	$t_0 = -15℃$，$t_k = 35℃$　R12	$t_0 = -15℃$，$t_k = 35℃$　R22	$t_0 = -40℃$，$t_k = 35℃$　R502
空冷机组	200S$_2$-FL	200Fsv$_2$-F	1.5	1.767	2.837	0.802
	300S$_2$-FL	300Fsv$_2$-F	2.2	2.5	3.895	1.163
	402S$_2$-FL	400Fsv$_2$-F	3.0	3.488	5.930	1.628
	503S$_2$-FL	503Fsv$_2$-F	3.75	5.00	8.139	2.279
	755S$_2$-FL	755Fsv$_2$-F	5.5	7.44	12.32	3.232
	201S$_2$-FL	200Fsv$_2$-F	1.5	1.883	2.907	0.814
	301S$_2$-FL	300Fsv$_2$-F	2.2	2.674	4.186	1.221
	401S$_2$-FL	400Fsv$_2$-F	3.0	3.721	6.105	1.790
	504S$_2$-FL	503Fsv$_2$-F	3.75	5.116	8.139	2.325
	756S$_2$-FL	755Fsv$_2$-F	5.5	7.558	12.44	3.314
水冷机组	200S$_2$-FW	200Fsv$_2$-F	1.5	1.88	2.90	0.814
	300S$_2$-FW	300Fsv$_2$-F	2.2	2.674	4.186	1.221
	400S$_2$-FW	400Fsv$_2$-F	3.0	3.721	6.104	1.790
	503S$_2$-FW	503Fsv$_2$-F	3.75	5.116	8.139	2.325
	755S$_2$-FW	755Fsv$_2$-F	5.5	7.558	12.44	3.314

Fsv₂-F 系列半封闭制冷压缩机系泰州商业机械厂从日本日立公司引进生产的压缩机,零件通用化程度高,同一机型可使用 R12,R22 和 R502 三种工质,技术指标先进,采用特殊自动回油机构,运转平稳,过载能力大,耐久性高,适用配套于各类气候环境下的冷藏与冷冻设备。

表 8-14　沈阳第一冷冻机厂生产的冷库用低温压缩冷凝机组

冷却方式	机组型号	半封闭压缩机		制冷量/kW		
		型　号	功率/kW	$t_0=-15℃$, $t_k=30℃$ R12	$t_0=-15℃$, $t_k=30℃$ R22	$t_0=-30℃$, $t_k=30℃$ R502
空冷机组	S32-AL	S31A	2.2	3.49		2.62
	S33-AL	S31A	2.2		3.35	
	S42-AL	S41	3.0	4.3		3.60
	S43-AL	S41	3.0		6.74	
	S52-AL	S51A	3.7	5.58		4.65
	S53-AL	S51A	3.7		8.72	
	S82-AL	S81	5.5	8.14		6.16
	S83-AL	S81	5.5		12.44	
	S102-AL	S101A	7.5	11.05		9.30
	S103-AL	S101A	7.5		17.44	
	S152-AL	S151A	10.5	15.80		14.40
	S153-AL	S151A	10.5		25.3	
水冷机组	S32-WL	S31	2.2	3.49	3.35	2.62
	S42-WL	S41	3.0	4.30	6.74	3.60
	S52-WL	S51	3.7	5.58	8.72	4.65
	S82-WL	S81	5.5	8.4	12.44	6.16
	S102-WL	S101	7.5	11.05	17.44	9.30
	S152-WL	S151	10.5	15.80	25.30	14.40
	6L22-WL	6L22	22.0	34.88	55.81	30.23

S 系列半封闭制冷压缩机系沈阳第一冷冻机厂从日本三菱重工引进技术生产的压缩机,同一机型可使用 R12,R22,和 R502 三种工质,也可配套于各类气候环境下的冷藏与冷冻设备。

5　制冷系统的选择

小型冷库制冷系统比较简单,多用单级氟利昂制冷直接膨胀供液系统,如果选用的制冷剂为 R502,则库温可降到-25℃,因此用单级制冷循环就可满足冻结食品的需要。图 8-14 是一典型的小型冷库制冷系统图。该冷库制冷系统使用 R22 制冷剂。为满足低温库(鱼、肉库)-10℃和高温库(菜库和乳品、蛋库)+4℃时蒸发温度的不同要求,在高温库蒸发器的出口管路上安装了一只背压阀 6(又称蒸发压力调节阀)。这样可以使高温库蒸发器内维持较高的蒸

360

发压力,以保持较高的蒸发温度,而制冷压缩机的吸气压力正与蒸发温度最低的蒸发器中的蒸发压力保持平衡。

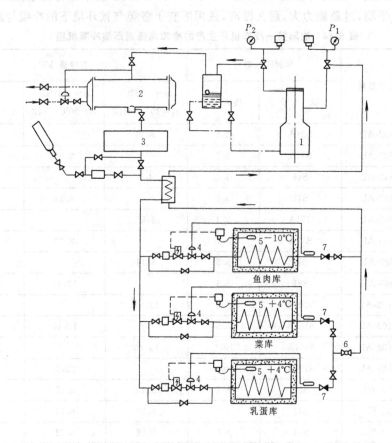

图 8-14 小型冷库的制冷系统

1—制冷压缩机 2—冷凝器 3—贮液器 4—热力膨胀阀 5—冷库 6—背压阀 7—单向阀

如图所示,两个以上在不同蒸发温度下工作的蒸发器连接在同一根回气管路上,一旦制冷压缩机停车,有可能使高温蒸发器中的制冷剂气体倒流入低温蒸发器中去冷凝。结果,当再次起动制冷压缩机时容易造成液击事故。为此,在低温库蒸发器的出口管路上,应安装单向阀 7,以防止制冷压缩机被液击。

为保证制冷系统能安全可靠地工作,系统中还应安装各种自控元件和辅助设备。

有不少带冻结库的小型冷库,它们的制冷系统是冷藏库制冷系统与冻结库制冷系统分开独立的。这样可使制冷系统简单且能单独工作。其组成见 6 的例子。

6 小型冷库计算举例

设上海地区某单位需建造一个带冻结食品能力的小型冷库。冷藏食品主要是鱼肉禽类,规定的冷藏量是 32t,冻结食品为鱼肉禽类,冻结量每天 3t,冻结时间为 12h,要求的冷藏温度为 −18℃,冻结温度为 −25℃。试为该单位设计满足上述要求的小型冷库。

6.1 冻结库、冷藏库容积确定

因该小型冷库不仅要求冷藏食品而且需要冻结食品,故小型冷库应由冷藏库和冻结库组成。

6.1.1 冻结库容积确定

考虑到单位的冷库进食品种类较多,冻结库容积按设有搁架的公式计算

$$G' = \frac{n'A}{f} \cdot \frac{24g}{\tau}$$

已知:

$$G' = 3000 \text{kg/d}$$

取搁架利用系数 $n' = 0.85$
取鱼肉盘面积 $f = 0.5 \text{m}^2/\text{盘}$
取每盘食品净重 $g = 20 \text{kg/盘}$

$$\tau = 12 \text{h}$$

则总面积

$$A = \frac{G'f\tau}{24n'g} = \frac{3000 \times 0.5 \times 12}{24 \times 0.85 \times 20} \text{m}^2 = 44.11 \text{m}^2$$

取

$$A = 44 \text{m}^2$$

设搁架分设四层,则它的占地面积为 $44/4\text{m}^2 = 11\text{m}^2$。

考虑到库内需留有供安装冷风机、操作和搬运的空间,故取冻结库的面积为 15m^2。它的高度因搁架有四层,故取 2.4m。

冻结库的内容积为

$$V = 15 \times 2.4 \text{m}^3 = 36 \text{m}^3$$

6.1.2 冷藏库容积的确定

冷藏库容积按公式计算:

$$G = \rho\eta V$$

式中 ρ——冷藏食品的密度,单位为 kg/m^3;

     η——容积利用系数,对 $<100\text{m}^3$ 的组合冷库取 0.6,对 $>100\text{m}^3$ 的组合冷库取 0.4;

     G——冷藏库的贮藏量,单位为 kg;

     V——冷藏库容积,单位为 m^3。

若将冷藏库分设两间,则每间冷藏库的贮藏量 $G = 16$ 吨。假设冷藏食品为冻牛肉,查表 8-3 得 $\rho = 400\text{kg/m}^3 = 0.4\text{t/m}^3$。则

$$V = \frac{G}{\rho\eta} = \frac{16}{(0.4 \times 0.6)} \text{m}^3 = 66.7 \text{m}^3$$

冷藏库与冻结库一样高,取 2.4m,所以冷藏库的面积为 $66.7\text{m}^3 \div 2.4\text{m} = 27.77\text{m}^2$。

6.2 冷库类型选择

根据要求,本冷库可以设计成固定式的小型冷库,也可以选用现成的组合式冷库,由于组合式冷库一系列的优点,特别适用于小型冷库场合。为此查产品目录,选用 ZL-65S 型的组合式冷库两个加 ZL-35S 型的一个。

它的平面布置如图 8-15 所示。两间冷藏间总的冷藏量为 32t,冻结间的冻结量为 3t/24h,

冷藏温度－18℃,冻结温度－25℃。冷藏间两间总面积为55.54m²,一间冻结间的面积为15m²,库房高度为2.4m,因此均能满足设计要求。

6.3 库板传热系数计算

由组合式冷库标准规格可知,冷库库板隔热材料采用硬质聚氨脂泡沫塑料,库板内外面板采用喷塑钢板,隔热材料厚度100mm。如果不计库板内外喷塑钢板面板的热阻,则可按下式计算传热系数[单位为 W/(m²·K)]

$$K = \frac{1}{\frac{1}{\alpha_1} + \frac{\delta}{\lambda} + \frac{1}{\alpha_2}}$$

式中　α_1——库板外侧面板的表面传热系数,取 $\alpha_1 = 23.26\text{W/(m}^2 \cdot \text{K)}$;

　　　α_2——库板内侧面板的表面传热系数,取 $\alpha_2 = 17.45\text{W/(m}^2 \cdot \text{K)}$;

　　　λ——隔热材料的热导率,$\lambda = 0.028\text{W/(m} \cdot \text{K)}$。

所以

$$K = \frac{1}{\frac{1}{\alpha_1} + \frac{\delta}{\lambda} + \frac{1}{\alpha_2}} = \frac{1}{\frac{1}{23.26} + \frac{0.1}{0.028} + \frac{1}{17.45}} \text{W/(m}^2 \cdot \text{K)} = 0.22\text{W/(m}^2 \cdot \text{K)}$$

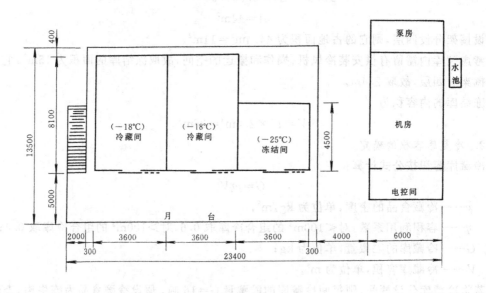

图 8-15　小型冷库平面图

6.4 库房耗冷量计算

6.4.1 渗入热计算

因为本冷库顶上有凉棚,正面有遮阳月台,所以计算时可不考虑太阳辐射热引起的渗入热量。渗入热量仅为库内外温差渗入的热量。

对冷藏库

$$Q_{1T} = KA(t_h - t_m)$$

式中　t_h——库外计算温度,对上海地区,根据冷库设计规范取 $t_h = 34℃$;

　　　t_m——库内设计温度,$t_m = -18℃$;

A——冷藏库的总面积。因冷藏库有一内墙与冻结库相邻,略去它的传热量,则

$$A=(2\times7.2\times2.4+2\times7.2\times8.1+8.1\times2.4+3.6\times2.4)m^2=179.28m^2$$

$$Q_{1T}=KA(t_h-t_m)=0.22\times179.28\times[34-(-18)]W=2050W=2.05kW$$

$$q_{1A}=K(t_h-t_m)=0.22\times52W/m^2=11.44W/m^2$$

对冻结库,略去它与冷藏库间的传热量,则它的传热面积

$$A=2\times3.6\times2.4+2\times4.5\times3.6+4.5\times2.4m^2=60.48m^2$$

此时 $t_m=-25℃$。所以

$$Q_{1T}=KA(t_h-t_m)=0.22\times60.48\times[34-(-25)]W=0.785kW$$

$$q_{1A}=0.22\times59W/m^2=12.98W/m^2$$

我国冷库设计标准规定 $q_{1A}=K(t_h-t_m)$ 应在 $(11.6\sim14.0)W/m^2$ 之内,本例的 q_{1A} 基本符合标准的规定。

6.4.2 食品热计算

根据要求,食品先经 12h 冻结至 $-15℃$,然后再搬运至冷藏库内贮藏,但由于食品不可能冻透,假设先冻至 $-15℃$,而从冻结库取出进入冷藏库时温度回升为 $-12℃$。经冷藏库贮藏后才冻至 $-18℃$。

对冻结库的食品热计算如下

$$Q_2=\frac{G(h_1-h_2)}{nZ}$$

式中　$G=3000kg$;

$n=2$;

$Z=12h$;

h_1——食品进冻结库时的比焓,取 $t=34℃$ 鱼肉禽类的平均比焓 $h_1=347.5kJ/kg$;

h_2——食品冻结后的比焓,也取平均值,$t=-15℃$ 时鱼肉禽类的平均比焓值 $h_2=13.1kJ/kg$。

$$Q_2=\frac{G(h_1-h_2)}{nZ}=\frac{3000\times(347.5-13.1)}{2\times12}kJ/h=11.6kW$$

对冷藏库的食品热计算如下

$$Q_2=\frac{G(h_1-h_2)}{nZ}$$

式中　$G=16t=16000kg$;

$n=1$;

$Z=24h$;

$h_1=22.2kJ/kg$;

$h_2=4.7kJ/kg$;

h_1,h_2 均自查表 8-7 得

$$Q_2=\frac{G(h_1-h_2)}{nZ}=\frac{16000\times(22.2-4.7)}{1\times24}kJ/h=3.24kW$$

由于贮藏的是鱼肉禽类食品,不需要换气,所以冷藏库,冻结库都没有换气热 Q_3。

6.4.3 操作热计算

组合式冷库的冷却设备都用冷风机。本设计冷藏库和冻结库也分别采用冷风机冷却,因此库内有冷风机电动机产生的热量。对每间冷藏库选用两台 DD-3.7/22 的冷风机,查表得冷风机电动机的功率为 $6\times0.09=0.54\mathrm{kW}$。对冻结库选用 DJ-19.6/115 冷风机,它的电动机功率为 $4\times0.55\mathrm{kW}$。

对每个冷藏库

$$Q_4^{\mathrm{I}}=\eta N_{GB}=2\times3\times0.09\mathrm{kW}=0.54\mathrm{kW}$$

对冻结库

$$Q_4^{\mathrm{I}}=\eta N_{GB}=1\times4\times0.55\mathrm{kW}=2.2\mathrm{kW}$$

操作热中还应计入库门开启时渗入的热量。对冷藏库

$$Q_4^{\mathrm{N}}=q_4^{\mathrm{N}}A\times10^{-3}$$

式中 q_4^{N}——每 m^2 冷库地板的开门渗入热,查表 8-8,得 $q_4^{\mathrm{N}}=13\mathrm{W/m^2}$;

A——每间冷藏库地板的面积,$A=29.16\mathrm{m}^2$。

$$Q_4^{\mathrm{N}}=q_4^{\mathrm{N}}A\times10^{-3}=13\times29.16\times10^{-3}\mathrm{kW}=0.379\mathrm{kW}$$

对冻结库,查表 8-8,得 $q_4^{\mathrm{N}}=18.5\mathrm{W/m^2}$,$A=16.2\mathrm{m}^2$。

$$Q_4^{\mathrm{N}}=q_4^{\mathrm{N}}A\times10^{-3}=18.5\times16.2\times10^{-3}\mathrm{kW}=0.299\mathrm{kW}$$

组合式冷库耗冷量汇总表如下:

序 号	库 名	$t_{\mathrm{m}}/℃$	$t_0/℃$	Q_1/kW	Q_2/kW	Q_3/kW	Q_4/kW	$\Sigma Q/\mathrm{kW}$
1	冷藏	−18	−25	1.025	3.24	0	0.919	5.184
2	冷藏	−18	−25	1.025	3.24	0	0.919	5.184
3	冻结	−25	−35	0.785	11.6	0	2.499	14.884

6.5 冷却设备和制冷压缩机选择

6.5.1 冷却设备的选择

对冷藏库

$$Q_s=P(Q_1+Q_2+Q_3+Q_4)$$

取安全系数 $P=1.2$

$$Q_s=P(Q_1+Q_2+Q_3+Q_4)=1.2\times5.184\mathrm{kW}=6.22\mathrm{kW}$$

对冻结库

$$Q_s=P(Q_1+1.3Q_2+Q_3+Q_4)$$

取 $P=1.1$

$$Q_s=P(Q_1+1.3Q_2+Q_3+Q_4)=1.1\times(0.785+1.3\times11.6+0+2.499)\mathrm{kW}=20.2\mathrm{kW}$$

由表 8-9 对每间冷藏库选用两台 DD-3.7/22 的冷风机。当它使用 R22 时应乘上修正系数

CF,由表 8-11,$CF=1.07$。因此两台 DD-3.7/22 冷风机使用 R22 时的制冷量为

$$Q_0=2\times1.07\times3.7\mathrm{kW}=7.9\mathrm{kW}$$

它大于需要的 6.22kW,可以满足使用要求。

由表 8-9 对冻结库选用 DJ-19.6/115 的冷风机。当它使用 R502,$\Delta t=10℃$ 时应乘上修正系数 CF,由表 8-11,$CF=1.43$。则 DJ-19.6/115 冷风机的制冷量为

$$Q_0=1.43\times19.6\mathrm{kW}=28\mathrm{kW}$$

它大于需要的 20.2kW,可以满足使用要求。

6.5.2 制冷压缩机组的选择

制冷压缩机组可选表 8-13 或表 8-14 所列出的泰州商机厂或沈阳第一冷冻机厂生产的风冷或水冷机组。对每间冷藏库

$$Q'=(1.05\sim1.07)Q_{\mathrm{s}}$$

取 $Q'=6.6\mathrm{kW}$,设冷库的工作时间系数不高于 0.7。则

$$Q''=Q'/b=6.6/0.7\mathrm{kW}=9.43\mathrm{kW}$$

本设计制冷机组采用水冷式,冷凝温度考虑上海地区气象条件设为 $t_{\mathrm{k}}=40℃$。当 $t_0=-25℃$ 时,查图表得沈阳第一冷冻机厂生产的 S102-WL 水冷机组比较合适。同理对冻结库 $Q'=21.4\mathrm{kW}$,$Q''=30.6\mathrm{kW}$,选用沈阳第一冷冻机厂生产的 6L22-WL 水冷机组。

制冷系统原理图如图 8-16 所示。

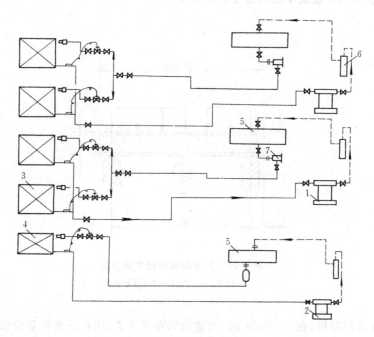

图 8-16　冷库制冷系统原理图

1—S102-WL 型制冷压缩机　2—6L22-WL 型制冷压缩机　3—DD-3.7/22 型冷风机

4—DJ-19.6/115 型冷风机　5—冷凝器　6—油分离器　7—干燥过滤器

计算结果汇总如下表：

	冷藏量/(t/d)	冻结量/(t/12h)	库容/m²	库内高/m	库内尺寸BL/mm	冷风机型号	机组型号	制冷剂
冷藏库 1	16.0		64.4	2.4	3.4×7.9	DD-3.7/22	S102-WL	R22
冷藏库 2	16.0		64.4	2.4	3.4×7.9	DD-3.7/22	S102-WL	R22
冻结库		1.5	36	2.4	3.4×4.4	DJ-19.6/115	6L22-WL	R502

7 组合式冷库性能的测定

为保证组合式冷库各项性能指标达到标准规定的要求,应对组成它的面板,隔热材料和粘结层等分别进行物理性能、机械性能、传热性能等项指标的测定。具体测试的项目有隔热材料的热导率、密度、吸水性、抗压强度、抗弯强度、抗拉强度、相对挠度、与面板的粘接强度、传热系数等项目。

组装成套后的冷库应对其整体的传热性能进行测试,测定库体的传热系数,空库打冷时降温的时间和停止运行后库温回升的时间,另外还需测定它的工作时间系数和进行凝露及除霜的试验。本节仅介绍几项主要性能的测试方法。

7.1 组合冷库围壁板相对挠度的测定

图 8-17 表示围壁板试样在试验装置上的位置。

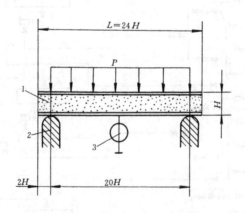

图 8-17　围壁板相对挠度的测定
1—试样　2—支座　3—百分表

试验时开动试验机,在 1~3min 内,匀速加均布压力 P,用百分表记录位移量(图上垂直方向均布测点不少于四个)。同时测出试样受压后的下垂量,则它的相对挠度可按下式计算

$$S=\frac{f_s-f_b}{L}$$

式中　S——围壁的相对挠度;

f_s——最大使用载荷下,试样的位移量,单位为 mm;

f_b——最大使用载荷下,试样支座的下垂量,单位为 mm;

L——试样的长度,单位为 mm。

围壁板在 $49.05\mathrm{N/m^2}$ 均布载荷下其相对挠度不应超过 1/250。

7.2 组装成套后冷库性能测定

组合式冷库装配成套后,应测定其实际库容。其实际库容当在 $100\mathrm{m^3}$ 以下时,不得小于名义值的 98%,当在 $101\sim500\mathrm{m^3}$ 时,不得小于名义值的 95%。

库体外观应无重大缺陷,密封性能良好,库门开关灵活,制冷机组和冷风机安装位置合理。

组装成套的冷库性能测定项目已如前述,试验前应完成制冷系统的压力试验、真空试验、充注制冷剂和进行管道的隔热,并将自控系统,电路系统调整到规定值。各种元件动作都应准确灵活。

7.2.1 库体传热系数 K 值的测定

测定库体传热系数 K 值,一般用库内装电加热器的内部加热方法。

库内加热时,至少应使库内外温差保持大于 20℃,当稳定后,记录数据,根据

$$K=\frac{Q}{A(t_1-t_0)}$$

$$A=\sqrt{A_1A_2}$$
$$Q=P_1+P_2$$

计算出库体的传热系数 K 值。

式中　K——库体传热系数,单位为〔$\mathrm{W/(m^2 \cdot K)}$〕;

A——库体围壁的传热面积,单位为 $\mathrm{m^2}$;

A_1——冷库外表面积,单位为 $\mathrm{m^2}$;

A_2——冷库内表面积,单位为 $\mathrm{m^2}$;

Q——通过库体围壁的传热量,单位为 W;

P_1——电加热器功率,单位为 W;

P_2——扰动风机电动机功率,单位为 W;

t_0——库外空气温度,单位为℃;

t_1——库内空气温度,单位为℃;

库体传热系数 K 值应取三种不同的库内外温差(每种温差之间差别不小于5℃)且每种温差测定四次以上取其平均值。

图 8-18 表示温度测点的位置。其中 A、B、C、D、E、F、G、7 点温度的平均值表示库内空气温度 t_1。M、N、O、P、Q、5 点温度的平均值表示库外空气温度 t_0。

空库库体的传热系数应符合表 8-15 的规定。

7.2.2 空库降温和温度回升试验

试验时,关闭空库库门,熄灭库内照明灯,启动制冷机组,将温度控制器调整到设计库温,当库温达到设计温度±1℃ 时,记录降温时间。在温度控制器的控制下使机组连续运转 $4\sim6\mathrm{h}$ 停车,记录库温回升到环境温度的时间。各种库温下空库的降温速度应符合表 8-16 的规定。

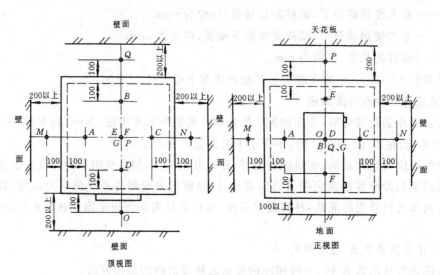

图 8-18　温度测点位置图

表 8-15　空库库体的传热系数　　　　　　　　　　　(h)

库温 ℃ 单位	−2〜+12	−10〜−2	−20〜−10	−30〜−20
W/(m²・K) 〔kCal/(m²・h・℃)〕	≤0.48 (0.42)	≤0.38 (0.33)	≤0.29 (0.25)	≤0.23 (0.20)

表 8-16　空库降温速度　　　　　　　　　　　(h)

库温 ℃ 库容 / m³	−2〜+12	−10〜−2	−20〜−10	−30〜−20
≤100	≤1	≤1.5	≤2.5	≤3.5
101〜500	≤2.0	≤2.5	≤3.5	≤5.0

7.2.3　制冷装置工作时间系数测定

让冷库保持在设计温度±1℃ 左右运行,由温度控制器控制制冷装置的开停,记录每次开机的时间和停机的时间,连续测定 24h。则制冷装置工作时间系数按下式计算

$$f = \frac{\Sigma\tau_K}{\Sigma\tau_K + \Sigma\tau_S}$$

式中　f——制冷装置工作时间系数;

　　$\Sigma\tau_K$——连续 24h 内开机的时间总和,单位为 h;

　　$\Sigma\tau_S$——连续 24h 内停机的时间总和,单位为 h。

在名义工况下,制冷机组的工作时间系数,对库容≤100m³ 时<0.7,对库容在 101〜500m³ 时≤0.8。

7.2.4　凝露试验

进行凝露试验时,关闭库门,熄灭库内照明灯,起动制冷机组,对空库进行降温,直至库温达到设计温度±1℃,由温度控制器控制制冷机组连续运转,6h 后测定冷库外表面的温度。

冷库外表面温度,至少应在某一围壁板的中心部位,板间拼缝部位,拼缝的交叉部位及库门的中心部位 4 处进行测定。它们的值应高于外界空气的露点2℃以上。

冷库的除霜试验因不作考核,故内容从略。

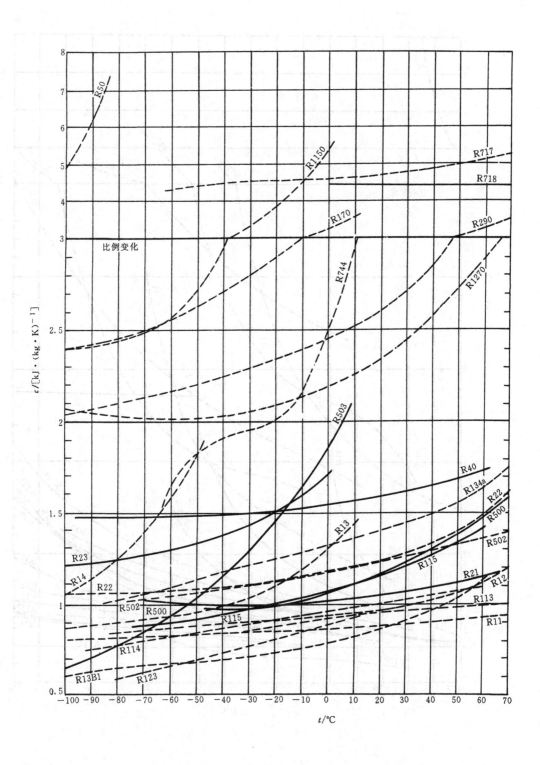

附录图1 制冷剂饱和液体比热容

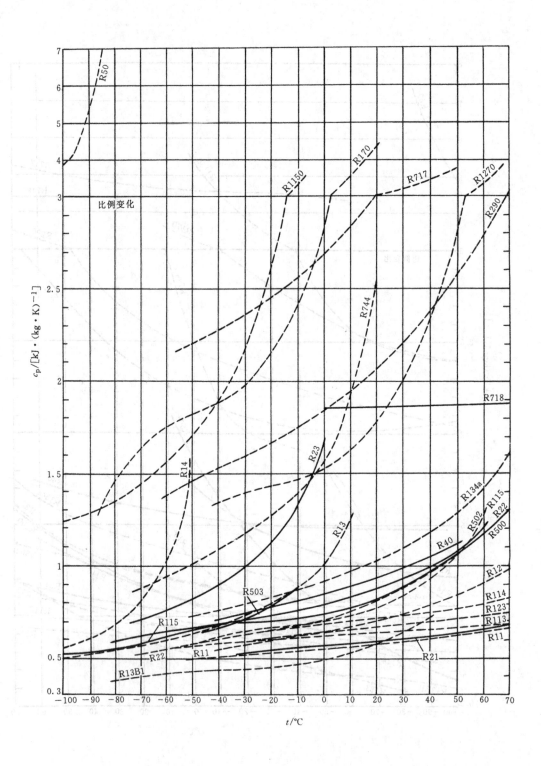

附录图 2　制冷剂饱和气体比定压热容

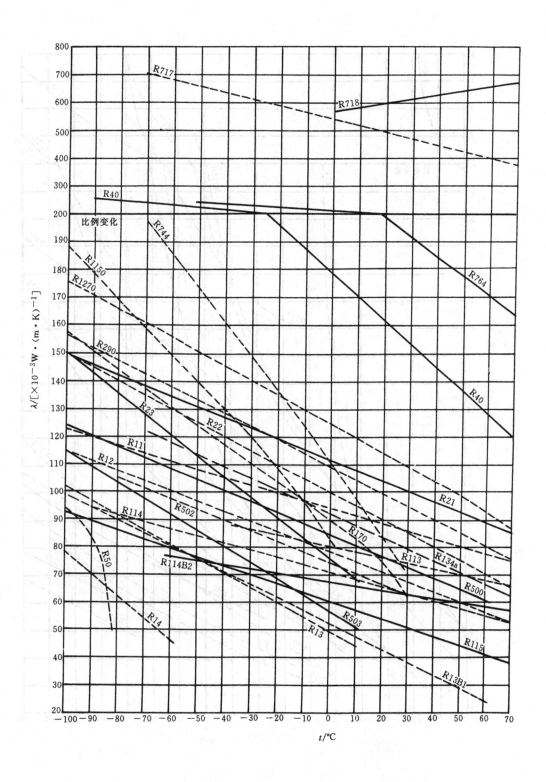

附录图 3 制冷剂饱和液体热导率

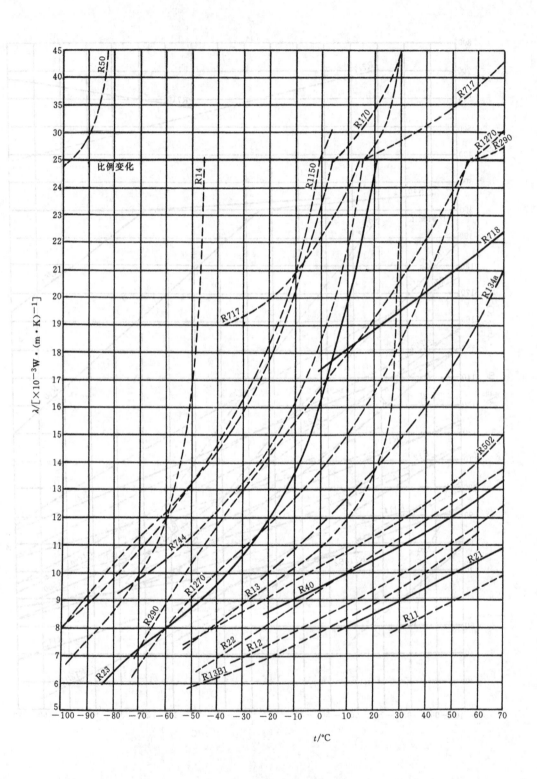

附录图 4　制冷剂饱和气体热导率

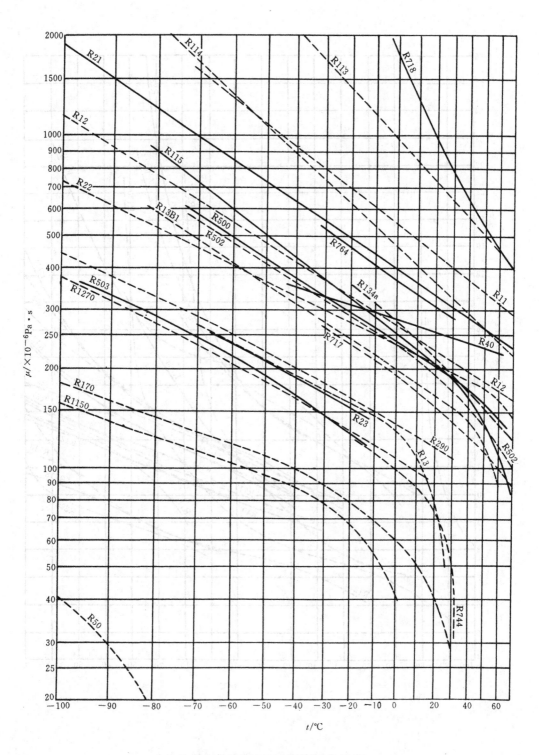

附录图 5　制冷剂饱和液体动力粘度

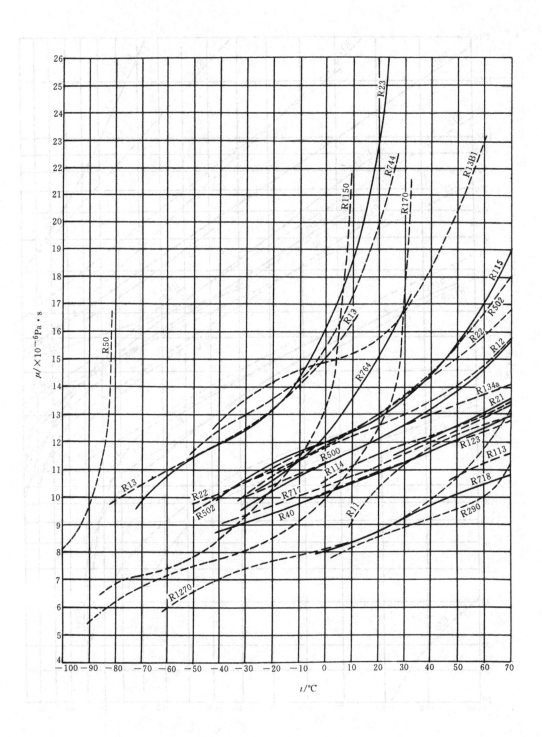

附录图 6　制冷剂饱和气体动力粘度

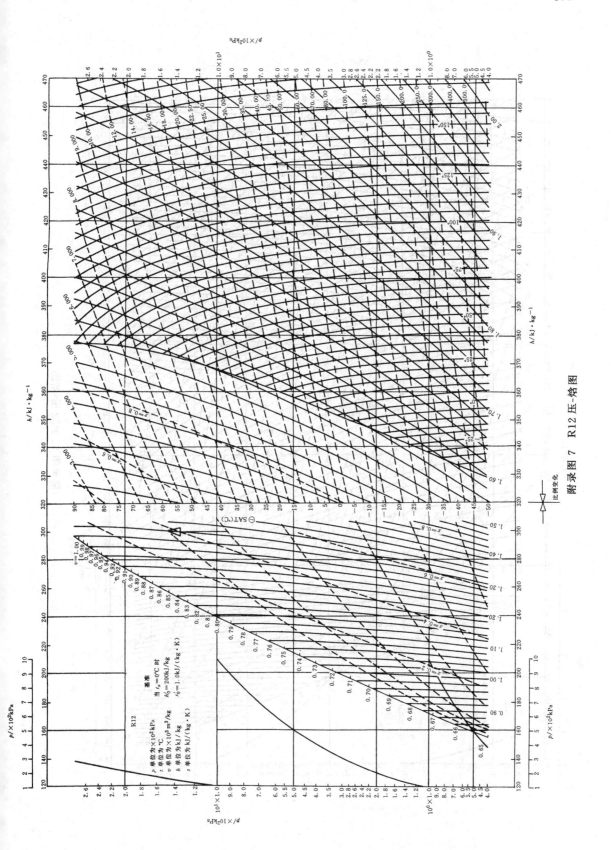

附录图 7　R12 压-焓图

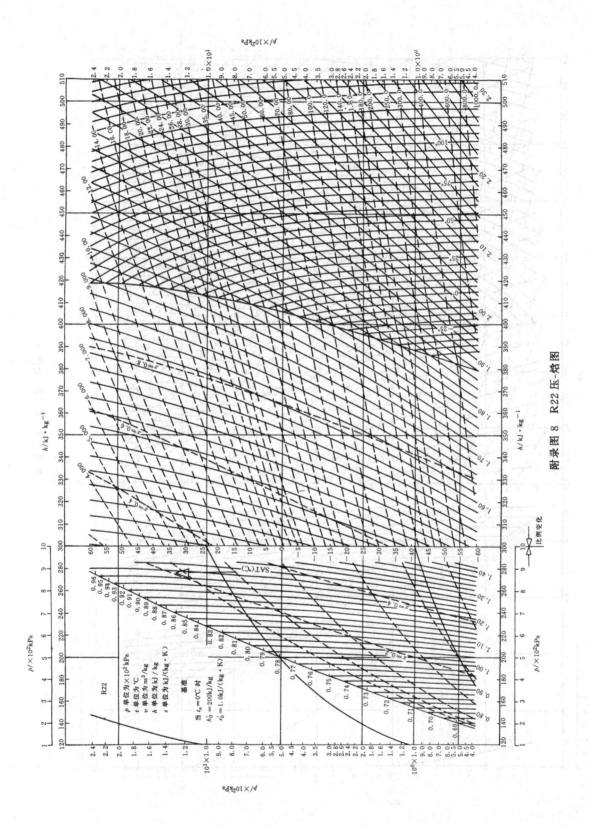

附录图 8　R22 压-焓图

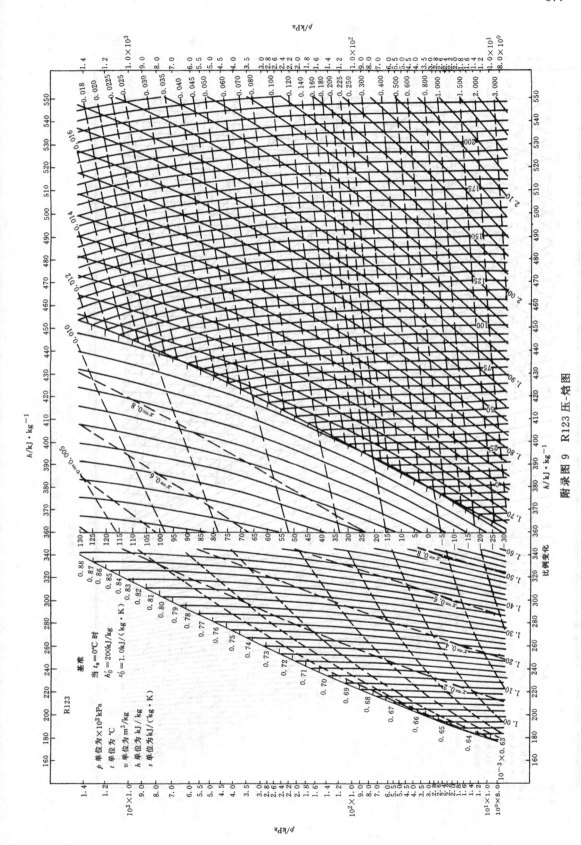

附录图 9　R123 压-焓图

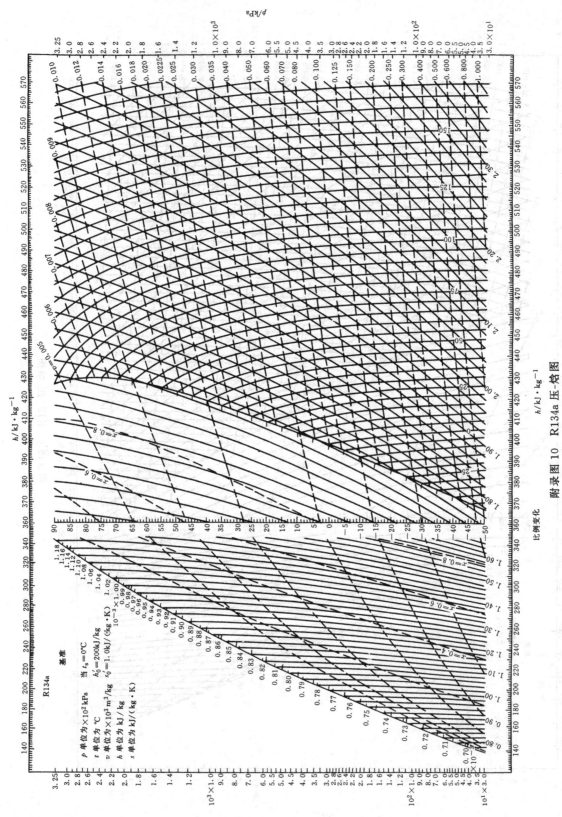

附录图 10　R134a 压-焓图

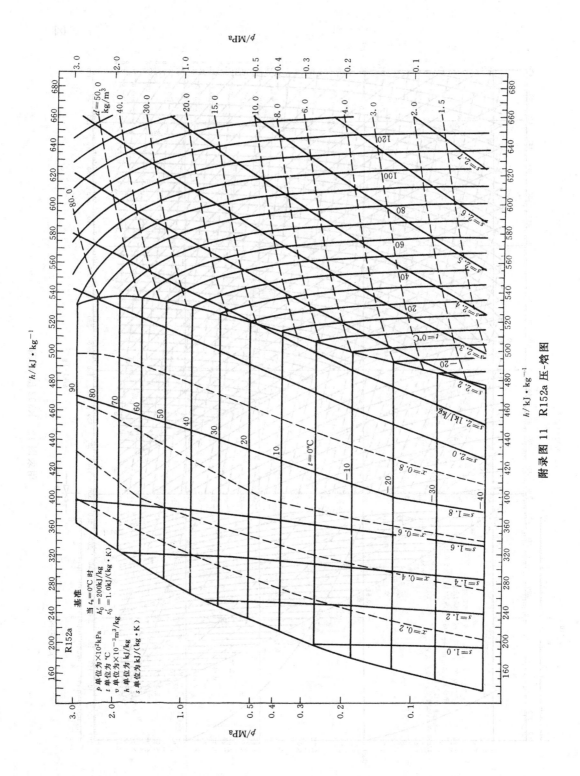

附录图 11　R152a 压-焓图

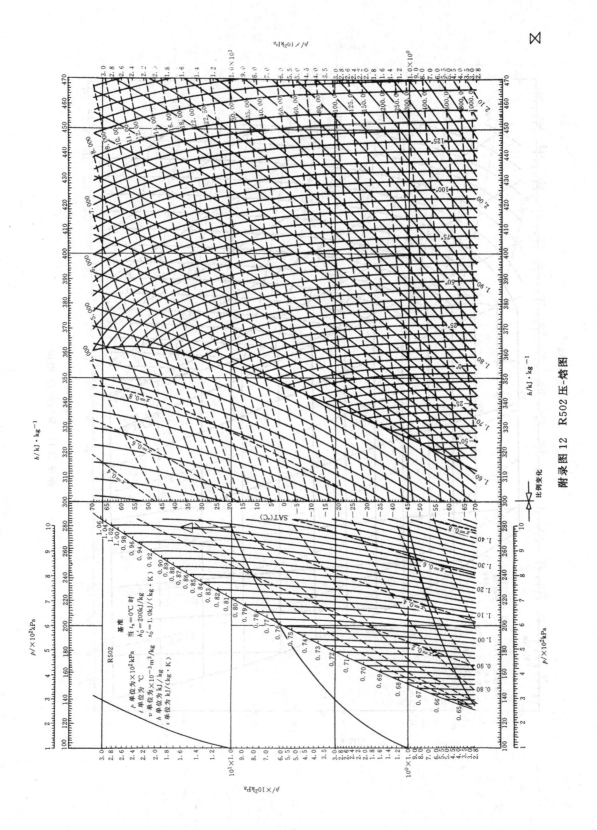

附录图 12 R502 压-焓图

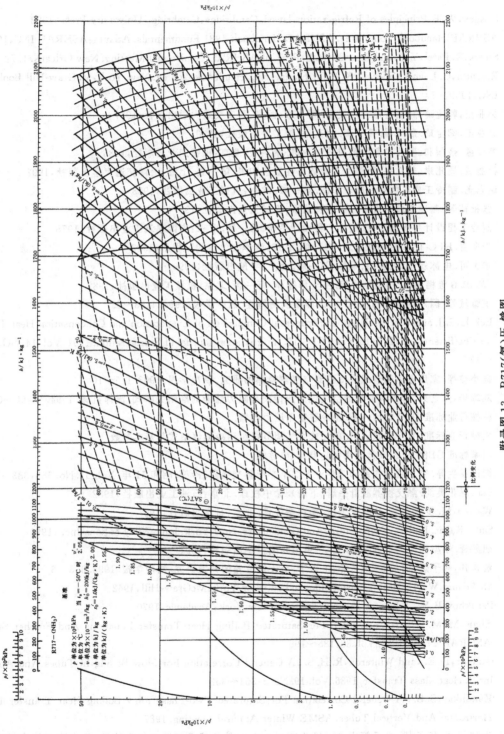

附录图 13　R717（氨）压-焓图

参 考 文 献

1　Gosney,W. B. Principles of Refrigeration. lst ed. Cambridge:Cambridge University Press,1982

2　ASHRAE Handbook Committee. ASHRAE Handbook 1981 Fundmentals. Atlanta:ASHRAE INC,1981

3　Swers,R. Patel,Y. P. and Stewart,R. B. Proc. of ASHRAE Semiannual Meeting. New Orleans. 1972

4　Rescorla,C. L. and Miller,D. K. Plant Engineering Handbook. 2nd ed. New York:McGraw-Hill Book Co. INC,1959

5　吴业正,韩宝琦等. 制冷原理及设备. 第一版. 西安:西安交通大学出版社,1987

6　吴业正,韩宝琦. 制冷器. 第一版. 北京:机械工业出版社,1990

7　茅以惠,余国和. 吸收与蒸气喷射式制冷机. 第一版. 北京:机械工业出版社,1985

8　蒋能照,吴兆琳,翁文兵. 新制冷工质热力性能图和表. 第一版. 上海:上海交通大学出版社,1992

9　沈志光. 制冷工质热物理性质表和图. 第一版. 北京:机械工业出版社,1983

10　张祉祐等. 制冷原理与设备. 第一版. 北京:机械工业出版社,1987

11　制冷工程设计手册编写组. 制冷工程设计手册. 第一版. 北京:中国建筑工业出版社,1978

12　朱明善. HFC-134a 热物性手册. 第一版. 北京:清华大学热能工程系,1993

13　单大可. 电冰箱设计、使用、维修. 第一版. 北京:宇航出版社,1990

14　〔苏〕B. Б 雅柯勃松. 小型制冷机. 王士华等译. 第一版. 北京:机械工业出版社,1982

15　王维城等. 国产制冷剂 HFC-134a 的冷凝换热特性. 制冷学报. 1994. 4:18~23

16　Eckels,S. J. and Pate,M. B. An Experimental Comparison of Evaporation and Condensation Heat Transfer Coefficients for HFC-134a and CFC-12. International Journal of Refrigeration. 1991. Vol. 14. NO. 2:70 ~77

17　杨小琼等. 家用电冰箱管线式冷凝器空气侧换热的研究. 制冷学报. 1993. 1:5~10

18　刘维华,陈芝久. 管带式换热器空气侧传热传质与阻力性能的准则关联式. 流体机械. 1994. 10:60~63

19　机械行业标准 JB/T6917—93. 制冷装置用压力容器.

20　机械行业标准 JB/T5444—91. 单元式空气调节机组用冷凝器型式与基本参数

21　国家标准 GB8059. 2—87. 家用制冷器具(电冰箱)

22　细田泰生等. 空氣調和機用のスリットフィン形熱交換器. 冷凍. 昭和 51 年. Vol. 51. No. 583:383~388

23　〔日〕尾花英朗. 熱交換器設計手册(下册). 徐中权译. 北京:石油工业出版社,1982

24　Warten,M. 罗森诺等. 传热学手册. 李荫亭等译. 北京:科学出版社,1987

25　Sadic Kakac. Boilers,Evaporators,And Condensers. New York:John Wiley & Sons Inc. ,1991

26　胡鹏程. 小型制冷与空调器具. 北京:中国环境科学出版社,1991

27　董长伟,喻子达,何传乔,卢芝坤,王东宁. 全无氟冰箱的开发研究. 制冷学报. 1993. 3:3~6

28　McAdams,W. H. . Heat Transmission. 2nd ed. New York:McGraw-Hill,1942

29　Petukhov,B. S. . Advances In Heat Transfer. New York:Academic,1970

30　Shah,M. M. . Chart Correlation For Saturated Boiling Heat Transfer Equations And Further Study. ASHRAE Trans. 1982. Vol. 88:185~196

31　Gungor,K. E. ,and Winteron,R. H. S. . A General Correlation For Flow Boiling In Tubes And Annuli. Int. J. Heat Mass Transfer. 1986. Vol. 19. No. 3:351~358

32　Kandlikar,S. S. . A General Correlation For Saturated Two-Phase Flow Boiling Heat Transfer Inside Horizontal And Vertical Tubes. ASME Winter Annurual Meeting. 1987

33　鳥越邦和,蛭子毅. 水平管内におけるHFC-134aの熱伝達及び壓力損失特性. 日本冷凍協會論文集. 1993. Vol. 10. No. 3:89~96

34　Schlager,L. M. ,Pate,M. B. ,And Bergles,A. E. . Heat Transfer And Pressure Drop During Evaporation

And Condensation of R-22 In Horizontal Micro-Fin Tubes. Int. J. Refrigeration. 1989. Vol. 12:6~14

35 吉田骏. 特定 フロンCFC12 代替としこのHFC134a. 冷凍. 1994. Vol. 69. No. 795. 72~76

36 McQuiston, F. C. . Correlation of Heat, Mass, And Momentum Transport Coefficients For Plate-Fin-Tube Heat Transfer Surfaces With Staggered Tube. ASHRAE Trans. . 1978. Vol. 84. No. 1:290~308

37 McQuiston, F. C.. Heat, Mass, And Momentum Transfer Data For Five Plate-Fin-Tube Heat Transfer Surfaces. ASHRAE Trans. 1978. Vol. 84. No. 1:226~293

38 Gray, D. L. , And Webb, R. L. . Heat Transfer And Friction Correlations For Plate Finned-Tube Heat Exchangers having Plain Fins. Proceedings of The Eighth Int. Heat Transfer Conference. 1986.

39 Johnson, B. M. , Kreid, D. K. , And Hausen, S. G. . A Method of Comparing Performance of Extended-Surface Heat Exchangers. Heat Transfer Eng. . 1983. Vol. 4. No. 1:32~42

40 Poredos, A. , Gaspersic, B. . Influence of Geometrical Parameters On Heat, Mass And Momentum Transport Coefficients In Dehumidifying Finned Heat Exchangers. Proceedings of The 16th International Congress of Refrigeration. 1983

41 Hosada, T. , Uzuhashi, H. , And Kobayashi, N. . Louver Fin Type Heat Exchangers. Heat Transfer-Japanese Research. 1977. Vol. 6 No. 2:69~74

42 Nakayama, W. , And Xu, L. P. . Enhanced Fins For Air-Cooled Heat Exchanger-Heat Transfer And Friction Factor Correlations. ASME-JSME Thermal Engineering Joint Conference Proceedings. 1983

43 缪道平等. 活塞式制冷压缩机. 第 2 版. 北京:机械工业出版社,1992

44 〔日〕川平睦義. 封闭式制冷机. 张友良、彭伯彦译. 北京:轻工业出版社. 1987

45 刘东等. 小型全封闭制冷压缩机. 北京:科学出版社. 1990

46 单大可. 电冰箱和小型制冷机. 北京:轻工业出版社. 1987

47 李文林,周瑞秋,赵超人. 回转式制冷压缩机. 北京:机械工业出版社. 1992

48 邓定国,束鹏程等. 回转压缩机(修订本). 北京:机械工业出版社. 1989

49 齐铭等. 制冷附件. 北京:航空工业出版社. 1992

50 杨象忠. 电冰箱修理大全. 第一版. 杭州:浙江科学技术出版社,1991

51 张涵. 电冰箱空调器维修手册. 第一版. 北京:中国轻工业出版社,1988

52 史美中、王中铮. 热交换器原理与设计. 第一版. 南京:东南大学出版社,1987

53 朱聘冠. 换热器原理及计算. 第二版. 北京:清华大学出版社,1987

54 清华大学等四院校编. 空气调节. 第一版. 北京:中国建筑工业出版社,1986

55 朱瑞琪. 制冷装置自动化. 第一版. 西安:西安交通大学出版社,1994

56 长春冶金建筑学校等三院校. 通风工程. 第一版. 北京:中国建筑工业出版社,1981

57 胡家泽. 用工况参数法计算制冷机氟的注入量. 制冷. 1994,No. 1

制冷与低温技术书目

制冷压缩机	缪道平主编	2000 年出书
制冷与低温原理	陈光明　陈国邦主编	2000 年出书
制冷装置自动化	陈芝久主编	已出版
透平压缩机强度与振动	刘士学主编	已出版
食品冷冻冷藏原理与设备	华泽钊等编著	已出版
低温绝热与贮运技术	徐烈等编著	已出版
小型制冷装置设计指导	吴业正主编	已出版